人工智能与大数据专业群人才培养系列教材

Hadoop 大数据技术项目化教程

石　慧　谢志明　主　编

電子工業出版社
Publishing House of Electronics Industry
北京 · BEIJING

内 容 简 介

本书作为 Hadoop 大数据技术的项目化实战教材，以任务驱动为导向，深入浅出地介绍了 Hadoop 及其周边框架的应用，涵盖了当前 Hadoop 生态系统中的主流大数据技术。

全书共 12 个项目，包括云计算和大数据基础概论、CentOS 的安装与网络配置、MPI 集群部署及应用、Hadoop 集群部署及应用、MapReduce 基本原理及应用、HBase 数据库的搭建及使用、Hive 数据仓库的安装及应用、Pig 数据分析、Sqoop 数据迁移、Flume 日志收集系统、Spark 部署及数据分析、大数据技术编程实例。本书秉承“实践为主、理论够用、注重实用”原则，在任务实施中融入各个知识点与课程教学内容，以便读者能更好地学习和掌握大数据关键技术。

本书既可以作为高职高专院校和应用型本科院校计算机相关专业的教材，还可以作为 IT 类培训机构培训云计算和大数据技术等相关课程的实训教材，并可以作为相关技术人员的参考书。

图书在版编目（CIP）数据

Hadoop 大数据技术项目化教程 / 石慧，谢志明主编 . -- 北京：电子工业出版社，2023.1
ISBN 978-7-121-44795-2

Ⅰ . ① H… Ⅱ . ①石… ②谢… Ⅲ . ①数据处理软件－教材 Ⅳ . ① TP274

中国版本图书馆 CIP 数据核字（2022）第 255000 号

责任编辑：李　静
印　　刷：北京七彩京通数码快印有限公司
装　　订：北京七彩京通数码快印有限公司
出版发行：电子工业出版社
　　　　　北京市海淀区万寿路 173 信箱　邮编　100036
开　　本：787 × 1092　1/16　印张：24　字数：615 千字
版　　次：2023 年 1 月第 1 版
印　　次：2023 年 9 月第 4 次印刷
定　　价：68.80 元

凡所购买电子工业出版社图书有缺损问题，请向购买书店调换。若书店售缺，请与本社发行部联系，联系及邮购电话：（010）88254888，88258888。

质量投诉请发邮件至 zlts@phei.com.cn，盗版侵权举报请发邮件至 dbqq@phei.com.cn。

本书咨询联系方式：（010）88254604，lijing@phei.com.cn。

《Hadoop 大数据技术项目化教程》编委会

主　编： 石　慧　谢志明

副主编： 蔡少霖　刘少锴　郑伟亮　张良均

参　编： 邓奎彪　陈培辉　张海珍　叶小容

陈焕彬　罗海洋　李广用

主　审： 花罡辰

前　言

近年来，国家多个部委陆续出台了多项与大数据有关的专项支持政策，并把大数据列为国家重点支持和发展的战略新兴产业，大数据的迅速发展已经成为当今科学界、教育界，甚至世界各国政府部门关注的热点。大数据具有庞大的价值空间，而且大数据的价值体系也有非常大的成长空间，从消费互联网到产业互联网阶段，大数据的价值得到了越来越多的体现。此外，大数据还被列入"新基建"计划，这为大数据带来了更强的资源整合能力，将全面推动大数据的实践应用。

目前，"Hadoop 大数据技术"课程已经成为大数据、云计算、人工智能、计算机网络技术等相关专业的必修课，选择一本合适的教材对课程教学非常重要。本书依据高职高专的教学特色及职业教育培养理念，以"重实操、弱理论"方式组织内容，以项目化任务驱动教学逻辑进行编排，强化学生的实操实训能力和培养学生的职业道德素养。全书注重实用性，图文并茂，方便学生对照任务中提供的知识点进行学习。

本书由汕尾职业技术学院和广东省高等教育学会高职高专云计算与大数据专业委员会共同牵头，组织院校教师与企业工程师共同编写。本书的编写也获得了深圳信息职业技术学院的大力支持，是深圳信息职业技术学院与汕尾职业技术学院校际教材建设帮扶项目成果之一。同时，本书还凝聚了许多来自教学一线的教师近些年来的相关教科研成果，主要有：2020 年度广东省普通高校创新团队项目（自然科学）（课题编号：2020KCXTD045）、2021 年度广东省普通高校重点领域专项（新一代信息技术）（课题编号：2021ZDZX1101）、2021 年度广东省普通高校重点领域专项（数字经济）（课题编号：2021ZDZX3041）、2021 年度广东省教育科学规划课题（高等教育专项）项目（课题编号：2021GXJK515、2021GXJK589）、2020 年度第二批中国高校产学研创新基金"新一代信息技术创新项目"（课题编号：2020ITA03032）、2021 年广东省高职计算机教指委教育教学改革研究与实践项目（JSJJZW2021028）、2021 年广东省高等教育学会职业教育研究会立项课题（课题编号：GDGZ21Z003）等科研成果。

本书是在汕尾职业技术学院校长蔡昭权教授的指导下编写完成的，全书由深圳信息职业技术学院花罡辰老师主审。石慧编写了项目 7、8、9，谢志明编写了项目 2、3，蔡少霖编写了项目 5、6，刘少锴、郑伟亮和蔡少霖共同编写了项目 4，邓奎彪和张海珍共同编写了项目 10，陈培辉、刘少锴和郑伟亮共同编写了项目 1，石慧和张良均共同编写了项目 11，谢志明和张良均共同编写了项目 12，叶小容、陈焕彬、罗海洋、李广用等老师及学生对本书的任务实施部分进行了验证。本书的编写也得到了相关企业的支持，广东泰迪智能科技股份有限公司对本书编写进行了技术指导，广州五舟科技股份有限公司为本书提供了大数据实训室建设解决方案。正因为有了他们的支持和帮助，我们才能如期完成本书的撰写和编排工作，在此深表感谢。

大数据技术涉及面很广且更新较快，编者基于大量的重复实验及多年的工作经验积累，参考并引用了诸多前辈学者的研究成果和论述，并在与之相关的研究基础上进行了扩充和改进，编者在此向这些前辈学者深表敬意。大数据技术作为一门正在快速发展的新兴技术，新方法、新架构层出不穷，加之编者的经验和水平有限，本书的结构、内容难免存在疏漏和不足之处，恳请同行专家和读者给予批评和指正。如有任何意见和建议，可发送电子邮件至 455987511@qq.com，以便我们及时修正和完善。

为方便师生教学和学习的需要，本书配有电子课件、微课、源代码、课后习题等相关资源，请有此需要的师生登录华信教育资源网注册后免费下载。电子工业出版社为方便院校教师的教学工作，特建立了教学服务 QQ 群：892043175（或者扫描以下二维码入群），广大老师可进群后交流。

编　者

2022 年 9 月

目　　录

项目1 云计算和大数据基础概论

【项目介绍】

本项目主要涵盖云计算和大数据的基础知识，主要学习目标是认识和理解云计算的内涵和定义，了解云计算中的虚拟化技术，理解大数据的内涵和定义，认识大数据的技术架构及其应用，了解大数据技术的发展及其在当下面临的挑战等。

本项目分解为以下6个任务：

- 任务1　认识云计算
- 任务2　云计算中的虚拟化技术
- 任务3　云计算与大数据
- 任务4　大数据的技术架构
- 任务5　大数据的应用前景
- 任务6　大数据的发展历程及其面临的挑战

【学习目标】

- 了解云计算的产生背景及其发展；
- 了解云计算的定义和特点；
- 了解云计算的服务类型和部署方式；
- 认识虚拟化技术，了解常用虚拟化软件和系统虚拟化技术；
- 了解云计算与大数据的关系；
- 了解大数据的技术架构；
- 了解大数据的应用前景；
- 了解大数据的发展历程及其面临的挑战。

任务1　认识云计算

【任务概述】

云作为当前大数据运算的支撑平台，随着云原生概念的提出，云计算的发展成为大家关注的焦点。本任务着重介绍云计算的产生背景与发展、云计算的定义与特点、云计算的服务类型和部署方式。

【支撑知识】

1. 云计算的产生背景与发展

云计算是一种由传统计算机技术和网络技术广泛融合的技术产物，集合了分布式计算、并行计算、网络存储、数据存储、虚拟化、负载均衡等多种技术。云计算是当前最热门的技术之一，它的出现，要从三次计算机革命带来的技术革新浪潮讲起，同时让我们来进一步了解云计算的发展历程。

1）云计算的产生背景

1987 年 9 月 14 日中国发出了第一封电子邮件；1989 年欧洲粒子物理研究所发明了万维网（World Wide Web），也就是俗称的 WWW，简称 Web。万维网的发明，给全世界信息的传播带来了革命性的变化，自此，计算机开始走进全人类的生活。

Web 时代分为两个节点，第一个节点是 Web1.0，第二个节点是 Web2.0。

Web1.0 时代，始于 1994 年，主要使用静态 HTML 网页存储和发布信息，使用浏览器获取网络信息。Web1.0 的特点是单向传输，并没有良好的在线交互功能，其本质是网络信息的聚合，表现为巨量、无序，但能够满足人们日常的信息获取。在这个时期，诞生了一批初级互联网企业，其中包括当前的互联网巨头，如谷歌、亚马逊、百度等。

Web2.0 时代，始于 2004 年，此时的互联网开始转向“软件即服务”，Web 从网站演变为网络应用服务平台，从单向传输变成了双向传递，既能获取信息也能主动创造信息，具体表现为用户参与、在线协作、社交关系网络化、文件共享等，此时的互联网焕发了新的生命力。

21 世纪初，人类迎来了移动互联网革命。过去传统的互联网主要是以计算机形式为主的，不易携带、受限于网络传输。移动设备的发展，给互联网带来了新的发展动力，人们能够随时随地浏览、获取、下载信息，视频、图片、文字、数字等不同类型的信息得以通过移动设备快速传递到世界的各个角落。得益于移动互联网的高速发展，全世界也迎来了数据量的爆发，开始进入大数据时代。

从计算机诞生到大数据时代，计算机的储存容量单位由 KB 到如今的 ZB（1ZB 相当于 10 亿 TB）。随着移动互联网的不断发展，数据量正呈现爆炸式增长，预计 2025 年全球数据总量将达 175ZB。据国际数据公司（IDC）的定义，大数据的基本定义为至少有超 100TB 可供分析的数据量。除了数据量大，当前的数据类型已从最初的文本类型，发展为如今的结构化、半结构化、非结构等多种数据类型并存。

数据的产生，必然伴随着数据的处理，这样才能获取蕴藏在数据中的价值。而数据的爆炸式增长给数据处理带来了新的难题，大数据处理技术的发展也需要紧跟其上，否则大数据只会沦为计算机内存空间上的负担。云计算的发展，为大数据的处理带来了一种新的数据解决方案，两者相互促进、相互发展。

2）云计算的提出和发展

1983 年，Sun Microsystems 提出了“网络即电脑”的概念，这一概念也被称为云计算的雏形。这一概念的解释为：随着网络宽带的发展和普及，任何用户都可以通过 PDA（Personal Digital Assistant，也称掌上电脑），随时随地获取任何 PC 端的数据资源。这一理念是非常先进的。实际上，正式将云计算的概念变为现实技术是在 2006 年，Amazon 首次推出了弹性计算云（Elastic Computer Cloud，EC2）服务。

云计算概念从提出至今，其技术发展是快速的，让我们一起来见证其发展历程：

1983 年，Sun Microsystems 提出"网络即电脑"；

2006 年 3 月，Amazon 提出弹性计算云服务；

2006 年 8 月，Google 提出"云计算"概念；

2007 年 10 月，Google 与 IBM 联合推广"云计算计划"；

2008 年 1 月，Google 启动"云计算学术计划"；

2008 年 2 月，IBM 宣布在无锡为中国软件公司建立全球第一个云计算中心；

2008 年 7 月，Yahoo、HP 和 Intel 推出联合研究计划，推进云计算的研究进程；

2008 年 8 月，Dell 申请了"Cloud Computing"商标；

2010 年 3 月，Novell 与加拿大国家航天局共同宣布"可信任云计算计划"；

2010 年 7 月，美国航天局和 AMD、Rackspace、Intel、Dell 等共同宣布"OpenStack"开放源码计划；

2011 年 2 月，Cisco 正式加入 OpenStack；

2013 年，我国 IaaS（基础设施及服务）市场规模达 10.5 亿元，增速达 105%；

2017 年，华为云业务部门 CloudBU 正式成立；

2018 年，阿里云业务保持快速增长，领跑亚洲市场；

2019 年，我国云计算产业规模达 4300 亿元。

未来，我国将进一步推动企业利用云计算加速数字化、网络化、智能化转型，推进互联网、大数据、人工智能和实体经济深度融合。

2. 云计算的定义与特点

广泛意义上，云计算（Cloud Computing）可以理解为是一种基于互联网的服务模式，通常涉及通过互联网来提供动态易拓展且经常是虚拟化的资源，从而为用户提供强大的运算能力，用于实际的各类生产、开发和应用场景中。

云计算目前没有统一的定义。下面给出百度百科、维基百科、中国科学院陈国良院士关于云计算的描述。

1）百度百科给出的描述

云计算是分布式计算的一种，指的是通过网络"云"将巨大的数据计算处理程序分解成无数个小程序，然后，通过多台服务器组成的系统处理和分析这些小程序，并将得到的结果返回给用户。早期的云计算，简单地说，就是简单的分布式计算，解决任务分发，并进行计算结果的合并。因此，云计算又称为网格计算。通过这项技术，可以在很短的时间内（几秒钟）完成对数以万计的数据的处理，从而提供强大的网络服务。

2）维基百科给出的描述

云计算是分布式计算技术中的一种，其最基本的概念是通过网络将庞大的计算处理程序自动分拆成无数个较小的子程序，再交给由多台服务器组成的庞大系统经搜寻、计算分析之后将处理结果回传给用户。通过这项技术，网络服务提供者可以在数秒之内，达成处理数以千万计甚至亿计的信息，提供和“超级计算机”同样强大功能的网络服务。最简单的云计算技术在网络服务中已经随处可见，如搜索引擎、网络信箱等，使用者只要输入简单指令即能得到大量信息。未来如手机、GPS（全球定位系统）设备等行动装置都可以通过云计算技术，发展出更多的应用服务。未来的云计算不仅可以搜索、分析资料，还可以分析 DNA 结构、定序基因图谱、解析癌症细胞等。

3）中国科学院陈国良院士给出的描述

云计算是基于当前相对成熟与稳定的互联网的新型计算模式，其把原本存储于个人电脑、移动设备等个人设备上的大量信息集中在一起，在强大的服务器端协同工作。它是一种新兴的共享计算资源的方法，能够将巨大的系统连接在一起以提供各种计算服务。

云计算具备以下特点：

（1）强可靠性。

在传统 IT 系统中，由于个人计算机的软件、硬件故障导致计算不可用的概率接近 95%，其中以软件故障最为普遍，因停电、断网导致计算不可用的概率微乎其微，因服务器故障导致计算不可用的概率不到 5%。因此当一家企业采用云计算后，因为云端是一个纯硬件、低功耗的产品，并且 CPU、内存都焊死在主板上，又没有硬盘，所以云端出故障的概率极低。

（2）高可用性。

云端采用多路供电、恒温恒湿系统，引入集群技术、容错技术及负载均衡技术等确保计算持续可用，因此由云端、网络、终端组成的云计算系统具备极高的可靠性和安全性，且计算可用性非常高。

（3）服务多样性。

随着公有云技术的迭代升级，云服务商意识到：依赖单一的互联网基础设施已经无法满足企业客户日益增长的需求，多样化的云服务技术及形态才是“云端”制胜之道。在众多的 IaaS 服务模式中，“裸金属即服务”与“容器即服务”近来在云服务市场上被频繁提及。这火热的发展势头也反映出公有云客户对云计算的性能、安全性、稳定性的更高追求。

（4）编程便利性。

为了能够低成本、高效率地处理海量数据，主要的互联网公司都在大规模集群系统上研发了分布式编程系统，使普通开发人员可以将精力集中于业务逻辑上，不用关注分布式编程的底层细节和复杂性，从而降低了普通开发人员编程处理海量数据并充分利用集群资源的难度。

（5）经济性。

云计算的实现完全依赖网络，云计算就是一种基于互联网的计算方式，其以网络为基础，将所有的计算资源互连，逐渐汇聚成为具有超强计算能力的整体。云计算将闲置资源充分利用起来，达到高效利用的目的。云计算通过共享的软硬件资源和信息可以按需供给。

（6）绿色环保。

IDC 发布的《全球云计算二氧化碳减排预测，2021—2024》报告是业界首次对云计算的二氧化碳减排进行的定量分析和预测。该报告估算了数据中心每年的二氧化碳排放量，研究结果显示，从 2021—2024 年，持续采用云计算可减少超过 10 亿吨二氧化碳的排放。

3. 云计算的服务类型

云计算的基本理念是"一切皆是服务（Everything as a Service）"。任何能通过网络提供给用户服务的技术都可以成为云计算的应用形式，而用户在使用这些服务时一般采取"租用"的形式进行付费使用。

从形式上看，云计算是一种集资源、平台和软件的服务平台，用户按需购买服务。

从技术层面上看，云计算集合了分布式计算、并行计算、网络存储、数据存储、虚拟化、负载均衡等多种技术。Web2.0 到大数据爆发及软件虚拟化技术的发展，进一步推动了云计算的发展和成熟，如图 1-1 所示是云计算的主要相关技术。

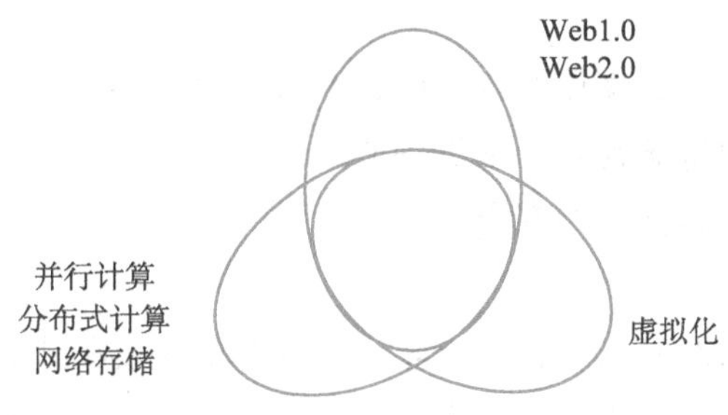

图 1-1　云计算的主要相关技术

当前，云计算具有 3 种服务类型，如图 1-2 所示是云计算的服务形式。

1）软件即服务（SaaS）

其全称为 Software as a Service，即通过网络提供软件服务。供应商将应用软件统一部署在企业自有的服务器上，客户根据个人的实际需求，向企业购买个性化的软件服务，企业提供相应的配套软件服务。SaaS 包含免费、付费和增值 3 种付费模式。

2）平台即服务（PaaS）

其全称为 Platform as a Service，即通过网络提供服务器平台的服务。实际上，PaaS 是 SaaS 的延伸和推广，是 SaaS 模式的一种应用，其将软件研发平台作为一种新的服务形式，以 SaaS 的模式提供给用户个性化的服务。PaaS 的出现给 SaaS 的发展起到了良好的促进作用，加快了 SaaS 应用的开发速度。

3）基础设施即服务（IaaS）

其全称为 Infrastructure as a Service，即通过网络提供基础设施的服务。将各种 IT（互联网技术）基础设施作为一种服务，根据用户的实际资源需求，基于计费模式通过网络对外提供服务。在这种服务模式下，普通用户不用构建个人的硬件中心设施，而是通过租用的方式，利用网络提供相应的付费服务，包括服务器、内存、网络等。

三者之间没有必然的联系，三者的共同点是基于互联网提供按需付费的服务。从技术角度出发，IaaS 是基础，PaaS 在 IaaS 的基础上构建平台，在平台之上开发和提供 SaaS。

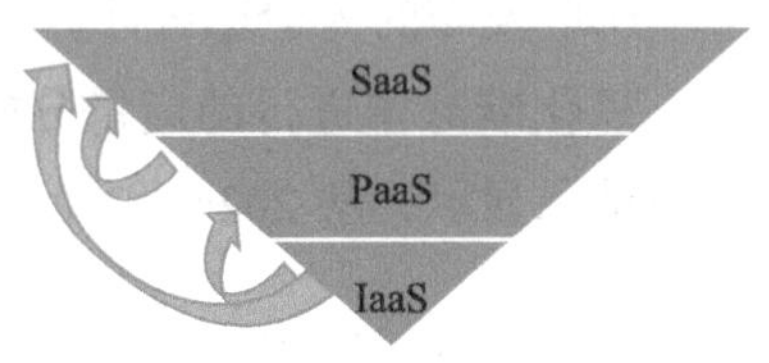

图 1-2　云计算的服务形式

4. 云计算的部署方式

当前，云计算有 3 种部署方式，分别为：公有云、私有云和混合云。如图 1-3 所示是云计算的部署方式。

1）公有云

公有云通常是指第三方提供商为用户提供的能够使用的云，公有云一般可通过因特网使用，可能是免费或成本低廉的，公有云的核心属性是共享资源服务。这种云有许多实例，可在当今整个开放的公用网络中提供服务。

2）私有云

私有云是为一个客户单独使用而构建的，其可以对数据的安全性和服务质量进行最有效的控制。私有云既可以部署在企业数据中心的防火墙内，也可以部署在一个安全的主机托管场所，私有云的核心属性是专有资源。

3）混合云

混合云融合了公有云和私有云，是近年来云计算的主要模式和发展方向。我们已经知道私有云主要面向企业用户，出于安全考虑，企业更愿意将数据存放在私有云中，但是同时又希望可以获得公有云的计算资源，在这种情况下混合云被越来越多地采用，它将公有云和私有云进行混合和匹配，以获得最佳的效果，这种个性化的解决方案，达到了既省钱又安全的目的。

图 1-3　云计算的部署方式

任务 2　云计算中的虚拟化技术

【任务概述】

虚拟化技术是一种资源管理技术，是云计算的重要组成部分。本任务主要介绍虚拟化技术的概念、发展、优势、劣势及其分类，重点阐述常见的虚拟化软件和系统虚拟化，使读者对虚拟化技术有一定的认识和了解。

【支撑知识】

1. 虚拟化技术的简介

在计算机中，虚拟化（Virtualization）是一种计算机资源的管理技术，虚拟化技术通过将计算机的各种实体资源，包括服务器、运行内存、硬盘内存、网络分配等，以某种个性化的组合方式呈现为一种虚拟的“计算机”供用户使用，清除了计算机硬件结构不可切割的障碍，使得计算机资源可以被更好地利用。

通过虚拟化技术，可以将一台计算机虚拟为多台逻辑计算机（也称为虚拟机），使用户可以在同一台实体计算机（也称为物理机）中同时运行多个逻辑计算机，每个逻辑计算机都可以运行不同的操作系统，并且应用程序可以相互独立地在内存空间中运行而互不干扰，从而显著提高计算机的工作效率。

虚拟基础架构是云计算的基础。当前 x86 架构的计算机，其硬件只能运行单个操作系统和单个应用程序，云计算的广泛意义是利用一切网络可通的计算机设备进行更高效地运算。虚拟化技术基于虚拟基础架构，借助虚拟化手段，实现了在单台物理机上运行多个虚拟机的效果，这为云计算的推广和发展奠定了基础。

1）虚拟化技术的发展

1961 年，IBM709（IBM 电子管计算机）实现了分时系统，该系统能够将 CPU 切分为多个极短的时间片，通过对各时间片进行轮训将其伪装成多个 CPU，从而实现在同一台物理机上同时运行多个系统和应用，这就是虚拟化的雏形。

1972 年，IBM 正式推出虚拟机——IBM System 360（IBM 大型计算机）的分时系统。

1990 年，IBM 推出支持逻辑分区的 IBM System 390（IBM 大型计算机），实现了将物理 CPU 进行分割，每个子 CPU 独立运行。

随着 20 世纪 90 年代开源计划的推广，IBM 将分时系统开源后，个人计算机的虚拟化迎来曙光，也进一步促进了虚拟机软件的发展。

通过虚拟化技术实现的虚拟机上的系统称为客户系统（GuestOS），作为客户系统载体的物理机称为宿主系统（HostOS）。

2）虚拟化技术的优点

（1）集中化管理。

管理员不用再跑上跑下地处理每个工位上的主机，所有日常操作通过远程完成。复制、快照等功能为管理员的日常维护工作提供了帮助。

（2）提高硬件利用率。

提高硬件利用率包括两方面。一方面，企业 IT 的物理资源利用率都是非常低的，因为所有的物理资源必须满足当前甚至几年以后的“峰值”计算需求。而在出现虚拟化技术以后，可以通过动态扩展 / 调整来解决“峰值”问题，在一台物理机上运行多个虚拟机以利用额外的“闲时”容量，而不必增加大量的物理资源。另一方面，在没有虚拟化技术之前，为了保证应用的可靠性和可用性，避免它们之间的冲突和相互影响，每个物理机一般不会同时运行多个重要应用，也就是说物理资源一般得不到有效的利用。而虚拟化技术的隔离特性很好地解决了该问题，从而也提高了硬件的利用率。

（3）动态调整机器 / 资源配置。

虚拟化技术把操作系统和应用程序与服务器硬件分离开来，不用关闭及拆卸物理机，就可以为虚拟机增加或减少资源。

（4）高可靠性。

通过虚拟化技术可以部署额外的功能，提供具有负载均衡、动态迁移、快速复制等特性的服务器应用环境，减少服务器或应用系统的停机时间，提高可靠性。

（5）减少总体成本。

在 IT 基础设施中使用此技术的最大优势之一就是不需要购买昂贵的设备，内部的专业人员就可以轻松访问各种软件和服务器。此外，虚拟化技术的价格也是可以接受的，我们只需要向拥有和维护所有服务器的第三方支付虚拟化服务费用，无须支付额外的费用。

（6）降低终端设备数量。

通过虚拟化技术可以将多个网管系统整合到一台主机上，因此在不影响网管系统使用的基础上，可以有效减少硬件设备的数量，降低电力资源的消耗，减少设备所需的机架位置，避免因设备数量增长造成的机房环境改造问题。

除此之外，虚拟化技术在安全性、可用性、可扩展性方面也有不错的改进。

3）虚拟化技术的缺点

虚拟化技术有诸多优点自然也伴随着不足之处，当然并不是每个应用程序都可以虚拟化。如有些应用程序因为需要直接调用硬件，所以必须在共享的内存空间中运行，或者需要与特定设备兼容的专用的设备驱动程序。

（1）前期高额的费用。

虽然从长远来看，虚拟化技术是有经济效益的。但是我们不得不在硬件上投入更多的资金，所以现实成本还是较高的。

（2）降低硬件利用率。

这点似乎与上面所说的优点矛盾了，其实只是角度不同而已。虚拟机必然需要占用一部分资源（CPU/ 内存 / 硬盘），一个可以发挥出 100% 性能的物理机，加上虚拟机后，可能只能发挥出 80% 的性能，所以说它会降低资源的利用率。因此某些需要占用较多资源的应用可能并不适合虚拟化的环境。

（3）更大的错误影响面。

一般情况下，如果是物理机的硬盘损坏，那么可以恢复出绝大部分文件，但如果是虚拟机的镜像文件损坏，那么虚拟机里的文件可能会全部损坏。

（4）配置实施复杂，管理复杂。

一般的管理员并不能很好地排查并解决虚拟化技术使用过程中的问题，如经常碰到虚拟机不能启动或死机。

（5）一定的限制性。

使用虚拟化技术的一个主要缺点是它涉及各种限制。并非所有服务器和应用程序的虚拟化都是友好的，这意味着你的企业的 IT 基础设施的某些方面可能与虚拟化解决方案并不兼容。

（6）安全性。

虽说虚拟化技术的安全性较高，但是虚拟化技术自身存在一定的安全隐患。例如，在虚拟化的过程中服务器可能会意外地对他人可见。

2. 虚拟化技术的分类

目前常见的虚拟化技术有以下几种类型。

1）完全虚拟化

完全虚拟化需要使用 Hypervisor（虚拟机监视器），这是一种能够直接与物理机的磁盘空间和 CPU 进行通信的软件。Hypervisor 监视着物理机上的资源，使每台虚拟机保持独立性，它也会在关联的虚拟机运行时，将物理机的资源中继给虚拟机。完全虚拟化的不足是 Hypervisor 有其自身的处理需求，这会降低运行速度，影响服务器性能。

2）半虚拟化

与完全虚拟化不同，半虚拟化需要将整个网络作为一个有凝聚力的单元来协同工作。在半虚拟化模式下，虚拟机上的操作系统都能感知到彼此，因此，虽然半虚拟化仍然需要使用 Hypervisor，但其不需要使用与完全虚拟化模式同样多的处理能力来管理操作系统。

3）操作系统层虚拟化

不同于完全虚拟化和半虚拟化，操作系统层虚拟化不使用 Hypervisor。相反，虚拟化功能就是物理机操作系统的一部分，负责执行 Hypervisor 的所有任务。不过，使用这种虚拟化模式时，所有虚拟机都必须运行与物理机相同的操作系统。

目前市场上有多家企业具有较为成熟的服务器虚拟化平台，服务器虚拟化平台包括

Citrix XenServer、VMware vSphere、Hyper-V 等。

3. 常见的虚拟化软件

目前使用的虚拟化软件来自开源和商业两大阵营，开源阵营的代表有 VirtualBox、KVM 等，商业阵营的代表有 VMware Workstation、Hyper-V 等。在这里主要介绍 VirtualBox 和 VMware Workstation。

1）VirtualBox

VirtualBox（见图 1-4）是一款开源虚拟化软件，其功能强大、性能优异、简单易用，支持的可虚拟的系统包括 Windows、macOS、Linux、OpenBSD、Solaris、IBM OS/2 及 Android 等。

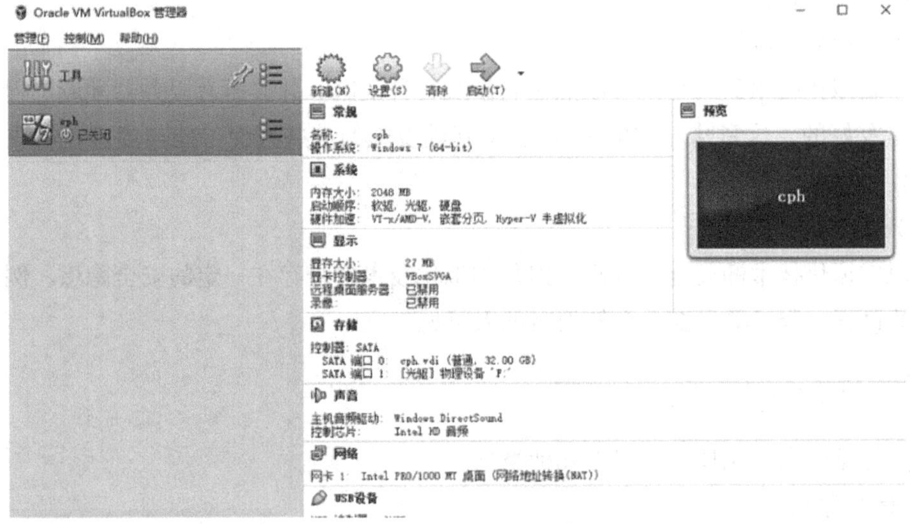

图 1-4　VirtualBox

VirtualBox 的主要特性有：

① 支持 64 位客户端操作系统，即使主机使用 32 位 CPU。

② 支持 SATA 硬盘 NCQ 技术。

③ 虚拟硬盘快照。

④ 内建远程桌面服务器，实现单机多用户。

⑤ 3D 虚拟化技术支持 OpenGL、Direct3D、WDDM。

⑥ 支持 iSCSI。

⑦ 支持 USB 和 USB2.0。

2）VMware Workstation

VMware Workstation（见图 1-5）可以在一台机器上同时运行两个或更多的 Windows、DOS、Linux 等操作系统，真正实现“同时”运行多个操作系统在主操作系统的平台上，是一款功能强大的桌面虚拟化软件，用户可在一个桌面上同时运行不同的操作系统，以及开发、测试、部署新的应用程序的最佳解决方案。

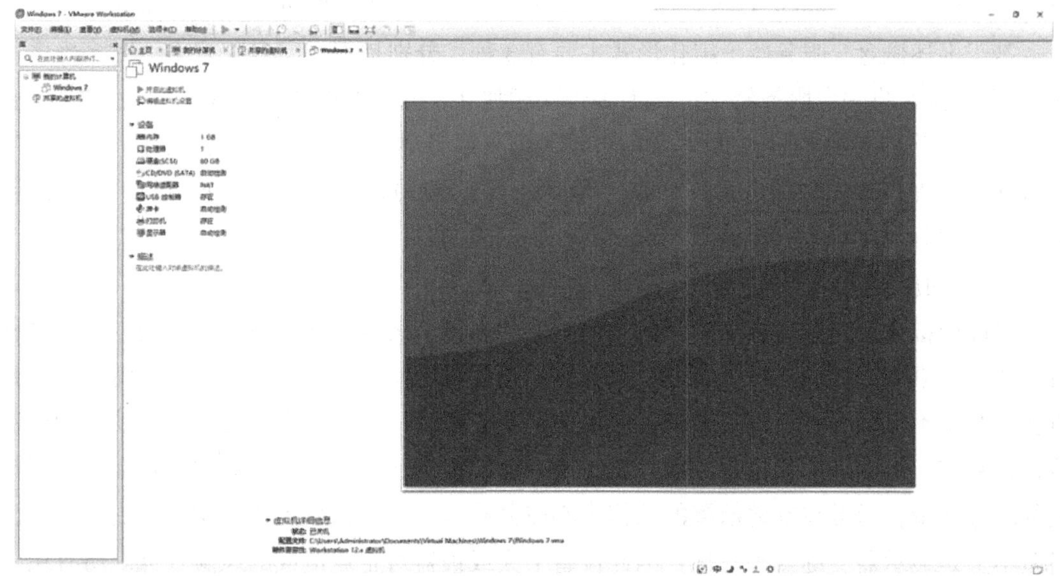

图 1-5　VMware Workstation

VMware Workstation 的主要特性有：

① 可大规模创建虚拟机。

② 限制对虚拟机的访问，提高安全性。

③ 支持高分辨率显示屏。

④ 可连接到 VMware vSphere、ESXi。

⑤ 具备快照功能，实时还原。

⑥ 具备高性能 3D 功能。

⑦ 具备跨平台交叉兼容性。

⑧ 可实现虚拟机共享。

⑨ 支持超过 200 种客户操作系统。

⑩ 支持 Red Hat Linux、Ubuntu、CentOS、Oracle Linux、SUSE Linux 等多种常用的 64 位主机操作系统。

4. 系统虚拟化

系统虚拟化是在计算机系统层上的虚拟化，主要包括服务器虚拟化、桌面虚拟化和网络虚拟化。

1）服务器虚拟化

服务器虚拟化是指将服务器的物理资源抽象成逻辑资源，打破物理上的界限，将 CPU、内存、磁盘、I/O 等硬件转换为可动态管理的储备资源，从而将一台服务器转换为多台相互独立的虚拟服务器，或者使多台服务器共同服务于一个实体，以大幅提高服务器资源的调度和利用效率。服务器虚拟化的主要优势为：提高了服务器的可用性；降低了运维成本；消除了服务器的复杂性；提高了应用性能；加快了工作负载的部署速度。

基于上述概念，服务器虚拟化形式主要有 3 种，分别是“一虚多”“多虚一”“多虚多”。“一虚多”是指将一台服务器虚拟化为多台互相独立、资源可调节的“独立”服务器；“多虚一”是指将多台服务器虚拟化为一台“大型”服务器，内部资源共享互通；“多虚多”是指在“多虚一”的基础上，再将该“大型”服务器虚拟化为多台新的“独立”服务器，从而可二次分配原有的机器资源。

2）桌面虚拟化

桌面虚拟化是一种模拟用户工作站的方法，以便从远程连接设备进行访问。通过这种方式对用户桌面进行抽象后，企业可以支持用户通过网络在不同地方工作，支持使用台式电脑、笔记本电脑、平板电脑或智能手机访问企业资源，而无须考虑远程用户使用的设备或操作系统。桌面虚拟化也是数字化工作空间的关键组成部分。虚拟桌面运行在桌面虚拟化的服务器中，通常在本地部署的数据中心或公有云中的虚拟机上执行操作。由于用户设备基本上是显示器、键盘和鼠标，因此设备丢失或被盗对企业造成的风险较低。所有用户数据和程序都存储在桌面虚拟化服务器中，而不在客户端设备中。

桌面虚拟化有 3 种最常见的类型：虚拟桌面基础架构（VDI）、远程桌面服务（RDS）和桌面即服务（DaaS）。

（1）虚拟桌面基础架构。

VDI 将熟悉的桌面计算模式模拟为在本地部署的数据中心或公有云中的虚拟机上运行的虚拟桌面会话。采用此模式的企业将像管理本地部署的任何其他应用服务器一样管理桌面虚拟化服务器。由于所有终端用户的计算都从用户设备移回数据中心，因此初始部署运行 VDI 会话的服务器可能需要一笔较大的投资，但无须更新终端用户设备。

（2）远程桌面服务。

RDS 通常用于不必将完整的 Windows、macOS 或 Linux 桌面虚拟化或需要虚拟化的应用数量有限的情况。在此模式下，应用流式传输运行自己的操作系统的本地设备。因为只进行虚拟化应用，所以 RDS 系统可以针对每个虚拟机提供更高的用户密度。

（3）桌面即服务。

DaaS 将提供桌面虚拟化的负担转移给了服务提供商，这大大减轻了 IT 提供虚拟桌面的负担。

3）网络虚拟化

网络虚拟化是指在一个物理网络中模拟出多个逻辑网络，通常是借助软件形式呈现，其中最典型的软件应用是 VPN（Virtual Private Network，虚拟专用网络）。VPN 对网络连接的概念进行了抽象，允许远程用户访问组织的内部网络，就像物理上连接到该网络一样。网络虚拟化可以帮助保护运行环境，防止来自互联网的威胁，同时使用户能够快速、安全地访问应用程序和数据。

网络虚拟化不仅可以获取到同实际的物理网络相同的功能特性和服务保障，还具备了虚拟化技术特有的的运维优异、硬件独立、快速方便等特点。

任务 3　云计算与大数据

【任务概述】

云计算与大数据是密切相关的，大数据提供云计算的原材料——数据，云计算提供可进行大数据运算的支撑平台——服务。本任务主要介绍大数据的内涵、云计算与大数据的关系。

【支撑知识】

1. 大数据的内涵

近年来，大数据已成为当前最热门的重点技术之一，也是各国重点关注和深度研究的对象之一。根据可查阅的文献记录，全球知名咨询公司麦肯锡在《大数据：创新、竞争和生产力的下一个前沿领域》报告中提出“大数据”概念，在该报告中称：“数据，已经渗透到当今每一个行业和业务职能领域，成为重要的生产因素。而人们对于海量数据的运用将预示着新一波生产率增长和消费者盈余浪潮的到来。”

大数据是一个广泛的技术概念，具有丰富的内涵，它既包括大规模数据，也包括能处理大规模数据的技术。针对当前大数据的应用场景来说，可以理解为是一种管理和开发大规模数据的商业模式。在这个模式中，通过对数据进行采集、分类、处理、分析、计算和展现，最终挖掘并呈现出其中所蕴含的巨大价值，以供商业投资和开发。

1）大数据的定义

“大数据”一词由 Big Data 直译而来，迄今为止并没有一个统一的定义。目前已有的一些定义如下：维基百科从处理方法的角度给出大数据的定义，即大数据是指利用常用软件工具捕获管理和处理数据所耗时间超过可容忍时间限制的数据集；麦肯锡公司认为将数据规模超出传统数据库管理软件的获取存储管理及分析能力的数据集称为大数据；高德纳咨询公司将大数据归纳为是需要新处理模式才能增强决策力、洞察力和流程优化力的海量高增长率和多样化的信息资产；IDC 将大数据定义为：为更经济地从高频率的、大容量的、不同结构和类型的数据中获取价值而设计的新一代架构和技术。

2）大数据的特征

大数据具有 5 大特征，分别是体量大（Volume）、速度快（Velocity）、类别多（Variety）、真实性（Veracity）、高价值（Value），统称为 5V。如表 1-1 所示是大数据的特征。

表 1-1 大数据的特征

特 点	内 涵
体量大（Volume）	体量大，数据量级可达 TB、PB 甚至 EB 以上
速度快（Velocity）	数据分析和处理速度快，俗称“秒级定律”
类别多（Variety）	数据类型多样
真实性（Veracity）	数据反映客观事实
高价值（Value）	价值稀疏性，即具有高价值、低密度的特点

3）数据的来源

在过去，数据的产生主要依赖传统纸质文字的沉淀。随着计算机、多媒体设备、传感器、数字设备等硬件设备的发展，数据类型变得越来越多样化，包括文字、数字、图片、视频、波形等，数据结构呈现出结构化、半结构化、非结构化的特点。如表 1-2 所示是数据的来源。

表 1-2 数据的来源

来 源	过 程	数据类型	数据结构
人类活动	社交网络、金融交易、交通网络、医疗网络等	文字、图片、视频、数字等	结构化、半结构、非结构化
计算机 / 移动设备	信息系统、数据库系统等	文本文件、图片、数据表、日志等	结构化、半结构、非结构化
数字设备	实验设备、气象设备、物联网设备等	数字信息、气象数据、物联网信息等	结构化、半结构、非结构化

4）数据的计量单位

数据的计量单位从字节开始，随着计算机的发展，内存技术的进步，以及大数据的爆发，计量单位在逐步地发生变化，常用的 KB、MB 和 GB 已不能有效地描述海量数据。下面对数据的计量单位进行介绍。

计算机学科中采用二进制数来表示数据信息，数据信息的最小单位是比特（bit），一个 0 或 1 就是 1 比特，8bit 为 1Byte（字节），如“10010111”就是 1Byte，通常用大写的 B 表示 Byte。数据信息的计量一般以 2^{10} 为一个进制，如 1024Byte=1KB（KiloByte，千字节），更多常用的数据单位换算关系如表 1-3 所示。

表 1-3 数据计量单位及其换算关系

单 位	换算关系
Byte（字节）	1 Byte=8 bit
KB（KiloByte，千字节）	1 KB=1024 B
MB（MegaByte，兆字节）	1 MB=1024 KB

续表

单　位	换算关系
GB（GigaByte，吉字节）	1 GB=1024 MB
TB（TeraByte，太字节）	1 TB=1024 GB
PB（PetaByte，拍字节）	1 PB=1024 TB
EB（ExaByte，艾字节）	1 EB=1024 PB
ZB（ZettaByte，泽字节）	1 ZB=1024 EB
YB（YottaByte，尧字节）	1 YB=1024 ZB
BB（BrontoByte，珀字节）	1 BB=1024 YB
NB（NonaByte，诺字节）	1 NB=1024 BB
DB（DoggaByte，刀字节）	1 DB=1024 NB

目前市面上主流的硬盘容量大都为 TB 级，现在对于大数据的规模一般以 PB 为单位。

2. 云计算与大数据的关系

大数据的特点之一是数据规模巨大，为高效地处理大规模数据，必须采用相应的可进行大型运算的计算机器——分布式计算架构。云计算提供了一个良好的平台，它的分布式处理、分布式数据库、云存储和虚拟化技术与大数据相辅相成，在云计算的基础之上能更好地挖掘和发挥大数据的价值。

一定程度上，云计算与大数据是相辅相成的关系。云计算为大数据的高效管理提供了平台和工具，大数据为云计算的应用提供了必不可少的原材料，大数据通过云计算这一途径，对大规模的数据进行分析、处理、运算，从而提取出其中具有高价值的信息。

要进一步了解云计算与大数据的关系，需要对其异同点进行总结和归纳，如表 1-4 所示。

表 1-4　云计算与大数据的异同点

		大数据	云计算
不同点	背景	互联网发展所产生的非结构、异构，但极具价值的海量数据	基于互联网的服务工具，其形式日益丰富
	目标	充分挖掘、分析海量数据中极具高价值的信息	扩展和管理计算机软硬件的资源和能力
	对象	各类结构、非结构化的数据	IT 资源、能力和应用
	价值	发现蕴含在数据中的价值	节省 IT 资源的部署和计算成本
相同点	目的	数据存储、管理、计算和处理服务，需占用大量的存储和计算资源	
	技术	大数据是云计算的重要基础，云计算的关键技术中包括海量数据的存储技术、管理技术及 MapReduce 编程模型，而这些技术也是大数据技术的基础	

任务 4　大数据的技术架构

【任务概述】

大数据是一个宏观的技术概念，具体而言，大数据包括数据源、数据获取、数据存储、数据处理、数据建模、数据应用 6 个方面，本任务将简要介绍大数据的技术架构。

【支撑知识】

大数据从来源到应用，可分为 6 层：数据源层、数据采集层、数据存储层、数据处理层、数据建模层、数据应用层，如图 1-6 所示。

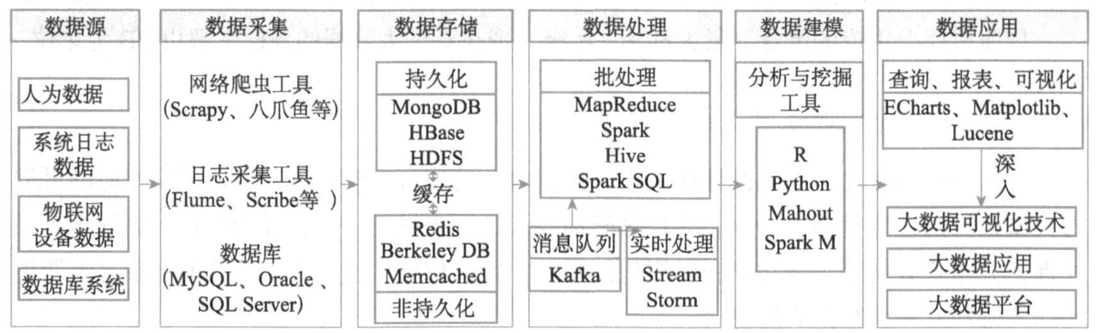

图 1-6　大数据的技术架构

1. 数据源层

大数据主要来源于人类活动、计算机、移动设备和数字设备，其中以计算机和移动设备为主，如基于互联网产生的用户数据、Web 端产生的日志数据（包含用户提交、系统日志等）、企业产生的各类数据等。下面举两个例子。

1）人为数据

人为数据是大数据的主要来源，包括文档、图片、视频、音频、电子邮件等，随着移动互联网的流行，移动设备端产生的数据也日益增多，如微信、微博等社交媒体产生的数据，在这些数据源中，数据结构主要以非结构化为主，数据类型主要是文本、图片和视频，需要用到相应的文本分析和视频、图片处理技术。

2）物联网设备数据

物联网是目前大数据和人工智能的重要技术领域，在人类行动和机器行为的共同作用下，来自感应器、量表、定位系统、智能家居、智能电表及其他联网的传感设备产生的数据，能够用于构建行为分析模型，用于制定更佳的决策来辅助人类更好地生活，在网络的支持下，这是一个持续性的监测和预测过程。

2. 数据采集层

数据采集层采用 ETL 操作完成对数据的采集，ETL 的全称为 Extract-Transform-Load，其完整含义表示为对数据源层进行数据的抽取（Extract）、转换（Transform）、加载（Load），最终将其存储到对应的设备中，如各类数据库。完整的数据开发过程包括数据采集、数据清洗、数据建模和分析，数据采集是这一条完整技术链条中最初也最重要的一环，通过对产生数据的数据端口进行 ETL 操作，可以获取各种结构化、半结构化、非结构化的大规模数据。

在实际的数据采集过程中，目前主要有以下 3 种方式。

1）日志采集系统

绝大多数公司的业务平台，尤其是大型互联网公司，每天都在产生大量的业务日志数据。这些业务日志数据，包括日常业务行为和用户行为，通过对这些业务日志数据进行采集、分析，挖掘蕴含在其中的日志价值和用户行为，可以为公司决策和后台服务提供可靠的数据保障。

日志采集系统主要负责日志数据的采集，并提供离线和在线的实时分析。常用的日志采集工具有 Flume、Scribe 等。

2）网络爬虫

Web 是互联网数据最广泛的来源之一，通常采用网络爬虫或其他网络平台提供的公共 API（应用程序接口）抓取 Web 上非结构化、半结构化的原始数据，然后通过提取、清洗将其转换为结构化的数据，并存储在本地文件或数据库中。

目前，常用的网络爬虫工具有 Scrapy 框架，该框架主要是以并行化抓取的方式，增量式抓取 Web 上的数据。在这个过程中，有时也会遇到反爬虫机制，通常需要用模拟单击等方式应对反爬虫。

3）数据库

数据库是目前企业存储数据最重要的方式，大多数企业的业务主要以关系型数据库为主，如 MySQL、Oracle 等。随着业务的发展，数据类型也越来越丰富，目前也有其他类型的数据库，如 Redis 等。由于企业每天产生的数据都存储在各自的数据库中，因此数据库是最重要的数据来源。

3. 数据存储层

当完成数据采集后，就需要将这些数据进行存储，通常分为两种存储形式，持久化存储和非持久化存储。持久化存储是指将数据写入磁盘中，即使关机和断电，都不会影响数据的完整性；非持久化存储是指将数据写在内存中，优点是读 / 写速度快，但当关机或断电时会导致数据丢失。

对于持久化存储而言，主要是以文件系统和数据库系统为主要的存储方式，针对大数据有分布式文件系统 HDFS、分布式非关系型数据库系统 HBase、MongoDB 等。对于非持久化存储而言，可以采用 Redis、BerkeleyDB 和 Memcached 为持久化存储提供缓存机制，有效分担持久化存储的压力。

4. 数据处理层

经过数据源层和数据采集层，原始的非结构化、半结构化等异构数据，已经转换为结构化的数据存储在本地系统中，接下来的工作就是要考虑如何发挥这些“干净”的大数据的价值，因此需要对这部分数据进行处理。大数据的处理模式，目前分为两类：批处理（离线处理）和实时处理（在线处理）。

离线处理是过去最主要的处理大数据的计算模式，其特点是对实时响应要求较低；在线处理是对离线处理的有效补充，对于实时响应要求高的业务需求给予了必要的技术支撑。

Hadoop 的 MapReduce 计算框架是离线处理模式的主要框架，后续又提出了新的管理框架 YARN 和计算框架 Spark。在此基础上，Hive、Pig、Impala 和 Spark SQL 等工具相继出现，简化了目前常见的一些查询工作。

在 MapReduce 的思想基础上，Stream 和 Storm 的出现提供了流式计算框架，补充了在线处理的短板，提升了大规模数据处理的实时性。结合 Kafka 和 ActiveMQ 的消息机制，能够对在线处理进行增量更新，实时性更强。

5. 数据建模层

经过上述的数据采集、数据存储和数据处理，已经完成了大数据开发的基础工作，接下来的工作就是要基于实际的业务需求，对数据应用或设计算法进行建模。在这个过程中，通常借助机器学习算法，包括决策树、朴素贝叶斯、随机森林等，并且结合实际的业务场景，可以进行单一模型或多模型融合的建模，挖掘有价值的信息，从而更好地为业务应用提供可靠的决策和支撑数据。

6. 数据应用层

数据应用层是大数据技术开发框架的最终目标，即将上述结果形成具备良好图形可视化的数据分析报告，在这个过程中需要借助一些可视化工具，如 Python 自带的 Matplotlib 和开源可视化框架 Echarts、Elasticsearch、Lucene 等。

任务 5　大数据的应用前景

【任务概述】

大数据蕴藏在我们的生活中，已融入社会的各行各业，随着互联网的发展，大数据在各个领域的应用已十分广泛。本任务主要介绍大数据在各个行业领域的应用情况，重点介绍大数据在通信网络、金融行业、医疗行业、推荐系统等方面的应用。

【支撑知识】

大数据无处不在，包括电信、金融、餐饮、零售、政务、医疗、能源、娱乐、教育等在内的各行各业都已经融入了大数据的印迹，表 5-1 是大数据在各个领域的应用情况。

表 1-5　大数据在各个领域的应用情况

领　域	大数据的应用
电信行业	利用大数据实现用户行为分析、流量使用分析、离网分析等
金融行业	利用大数据对高频交易、信贷风险进行分析，有利于做好风险控制管理
餐饮行业	利用大数据对实体餐馆运营的 O2O（Online to Offline，线上到线下）模式提供运营支持，有效提升餐馆的经营收益
城市管理	利用大数据实现智能交通、环保监测、城市规划和智能安防
生物医学	利用大数据可对流行病的传播进行预测，从而促进智慧医疗、加强健康管理
能源行业	利用大数据可以分析用户用电信息，了解用户用电模式，有助于提升电网运行和分配效率，合理地设计电力需求响应系统，确保电网运行安全
互联网行业	利用大数据构建用户画像和分析客户行为，有助于商品推荐和进行针对性的广告投放，提升互联网经济效益
物流行业	利用大数据构建智慧物流，有助于优化物流网络，提高物流效率，降低物流成本
安全领域	利用大数据构建国家安全保障体系，建立互联网舆论实时监测系统，有利于加强安全领域的防御能力，同时可借助大数据来预防犯罪
个人生活	利用大数据分析个人行为和生活习惯，能够为每个人提供更加个性化的服务

从个人到国家，从企业到行业，大数据在各个领域都发挥着巨大的作用。下面我们重点介绍几个大数据的典型应用，让读者更加清楚大数据在其中的作用，从而进一步了解和学习大数据。

1. 大数据在通信网络中的应用

大数据技术和云计算技术的发展推动了各行各业的资源配置和优化，作为承载着互联网数据传输的重要载体——通信网络，大数据与通信网络的结合为通信网络带来了新的应用创新。在通信领域中引入和应用大数据技术是未来发展的重要趋势，大数据技术的应用可以为通信领域的运营商提供更加丰富全面的数据信息，保障其工作开展得更加顺利，做出的决策也更加合理，能够适应当前越来越突出的竞争压力；另外，在通信领域中应用大数据技术还能够在当前人们比较关注的移动流量方面发挥出较强的积极作用，确保移动流量业务更加合理，符合客户需求。

当前 5G 技术是我国领先全球的重要通信技术，5G 通信网络具备传输速度快、低延迟等优点，将促进数据的指数级增长。将大数据技术融入 5G 通信网络中，对于优化和提升 5G 通信网络服务，全面提高通信网络系统的发展水平和运营水平是极为重要的，但同时也面临一定的挑战。

2. 大数据在金融行业中的应用

随着大数据、云计算、区块链、人工智能等新技术的快速发展，新技术与金融行业的深度融合激活了金融创新活力，释放了金融应用潜能，大大推动了金融行业的转型升级，有利于助力金融更好地服务实体经济，促进金融行业的整体发展。

大数据技术和云计算技术与金融行业的融合，有效地推动了“金融云”的建设与落地，为金融大数据奠定了良好的应用基础，金融行业数据与其他跨领域数据的融合应用也在不断强化。同时，人工智能正在成为金融大数据应用的新方向，金融行业数据的整合、共享和开放正在成为趋势，将会给金融行业带来新的发展机遇和巨大的发展动力。

目前，大数据技术在金融行业中有着广泛的应用，包括银行、证券、保险等金融细分领域。在银行领域，主要从构建客户画像、精准营销、风险管理、风险控制和运营优化等方面来驱动业务运营；在保险领域，主要从客户细分、精细化营销、欺诈行为分析和精细化运营等方面来驱动业务运营；在证券领域，主要从股价预测、客户关系管理、智能投资顾问、投资景气指数等方面来驱动业务运营。如中信银行信用卡中心使用大数据技术实现了实时营销，光大银行建立了社交网络信息数据库，招商银行利用大数据发展小微贷款。

3. 大数据在医疗行业中的应用

伴随着医疗行业从传统纸质化转向电子信息化，大数据技术在医疗信息化中具有重要的应用价值，分别体现在技术层面和业务层面。在技术层面，大数据技术可以对大量非结构化数据，包括 PACS 影像、B 超、大量电子病历、居民健康档案、疾病监控系统实时采集的数据等，结合医生的专业知识，进行更精准地分析和设计治疗方案；在业务层面，大数据技术可以向医生提供临床辅助决策和科研支持，向管理者提供管理辅助决策、行业监管、绩效考核支持，向居民提供健康监测支持，向药品研发提供统计学分析、就诊行为分析支持。

在具体的应用过程中，大数据技术、人工智能、可穿戴设备等在医疗行业现代化、信息化、智能化的进程中扮演着不同的角色，从医疗行业的具体分支来看，其对医疗系统、信息平台建设、临床辅助决策、医疗科研领域、健康监测、医药研发、医药副作用研究都发挥着巨大的作用。如图 1-7 所示是医疗大数据的应用。

- 用药分析：通过大数据高效地对用药成分、用药剂量、用药时间等进行分析，找到最佳的答案组合
- 病因分析：通过对大量临床数据的科学分析，根据症状逆向准确找出病因，去除或改善病因来缓解病症
- 移动医疗：通过终端设备利用医疗大数据辅助医生进行临床诊断，以及收集患者的健康数据
- 基因组学：通过对基因序列的大量分析，快速、准确地发现和预测疾病
- 疾病预防：根据大量临床病因数据分析，有效地避免病因的发生
- 可穿戴医疗设备：主要作为收集医疗数据的一种重要手段，同时部分设备可协助康复及预警

图 1-7　医疗大数据的应用

4. 大数据在推荐系统中的应用

随着互联网时代的发展，尤其是移动互联网的爆发和大数据时代的到来，人们瞬间从信息匮乏的时代过渡到信息爆炸的时代，为了让用户从海量信息中高效地获取个人所需的信息，推荐系统应运而生。

推荐系统的主要任务是构建“用户—项目”，通过将用户和项目进行联系对比，一方面可以帮助用户发现对自己有价值的“项目”，另一方面能够让有用的“项目”展现在更多的用户面前，从而让“用户”和“项目”互相被彼此发现，这样既满足了用户的个性化需求，又最大化了信息的价值效益。基于大数据的推荐系统通过分析用户的历史记录了解用户的喜好，从而主动为用户推荐其感兴趣的信息，满足用户的个性化推荐需求。

目前，推荐系统在搜索引擎、电子商务、社交网络、在线音乐和在线视频等各类网站和应用中都发挥着重要的作用。第一，在搜索引擎方面，如百度、360、搜狐等，可以让用户通过输入关键词精准找到自己所需的相关信息，但在这个过程中，首先需要用户自己输入准确的关键词，否则搜索引擎无法自动反馈。第二，在电子商务方面，Amazon 作为推荐系统的鼻祖，已经将推荐的思想渗透在应用的各个角落中，其核心技术是通过数据挖掘算法和用户之间消费偏好的对比，来预测用户可能感兴趣的商品。第三，在社交网络方面，豆瓣以图书、电影、音乐和同城活动为中心，形成了一个多元化的社交网络平台，豆瓣的推荐是根据用户的收藏和评价自动得出的，每个人的推荐清单都是不同的，每天推荐的内容也可能会有变化。收藏和评价越多，豆瓣给用户的推荐清单就会越准确和丰富。如图 1-8 所示是推荐系统的工作原理。

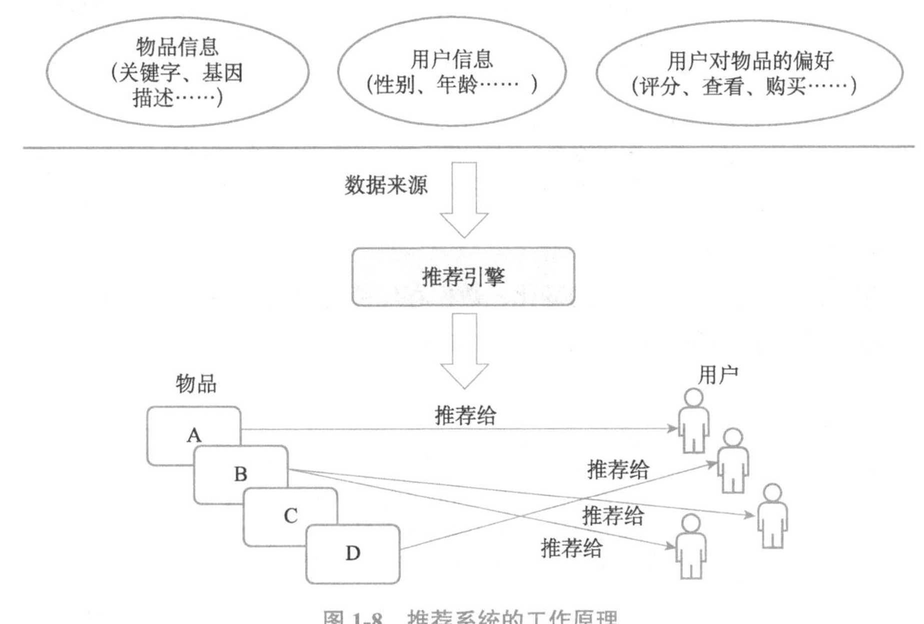

图 1-8　推荐系统的工作原理

任务 6　大数据的发展历程及其面临的挑战

【任务概述】

虽然大数据的技术架构成熟，应用前景广泛，但在安全、隐私、政策等方面也存在着问题与挑战。本任务主要介绍大数据的发展历程、发展趋势和大数据应用面临的挑战。

【支撑知识】

1. 大数据的发展历程

1）以发展阶段来划分

以大数据的发展历程来划分，大数据技术经历了 3 个阶段：萌芽期、成熟期和应用期，如表 1-6 所示。

表 1-6　以发展阶段来划分

阶　段	时　间	内　容
第一阶段：萌芽期	20 世纪末	这一阶段是大数据技术的初级阶段，随着数据挖掘理论和数据库技术的成熟，一些商业智能工具和知识管理技术开始被应用，如数据仓库、专家系统、知识管理系统等
第二阶段：成熟期	21 世纪初	Web2.0、社交网络的流行导致大量半结构化和非结构化数据出现，传统处理方法难以应对，数据处理系统、数据库架构开始重构，出现了并行计算和分布式系统，谷歌的 GFS 和 MapReduce 等大数据技术受到重视，Hadoop 平台开始大行其道
第三阶段：应用期	21 世纪 10 年代至今	大数据概念开始风靡全球，大数据技术的应用渗透到各行各业中，成为新兴技术的基石，数据驱动业务、信息社会智能化程度大幅提高

2）以数据量的大小来划分

大数据的发展伴随着数据规模的变化，数据存储能力也与日俱增，通过数据规模的变化可以认识到大数据的发展历程，具体如表 1-7 所示。

表 1-7　以数据量的大小来划分

阶　段	时　间	内　容
第一阶段：MB～GB	20 世纪 70 年代到 80 年代	商业数据的量级从 MB 达到 GB 是最早出现的挑战“大数据”的信号，迫切需要存储数据并运行关系型数据查询以完成商业数据的分析和报告，产生了数据库计算机和可以运行在通用计算机上的数据库软件系统
第二阶段：GB～TB	20 世纪 80 年代末期	单个计算机系统的存储和处理能力受限，提出了数据并行化技术思想，可实现内存共享数据库、磁盘共享数据库和无共享数据库，这些技术及系统的出现成为后来使用分治法并行化数据存储的先驱

续表

阶　段	时　间	内　容
第三阶段：TB～PB	20 世纪 90 年代末期至今	进入互联网时代，PB 级的半结构化和非结构化的网页数据迅速增长，虽然并行数据库能够较好地处理结构化数据，但是对于处理半结构化数据或非结构化数据几乎没有提供任何支持。为了应对 Web 规模的数据管理和分析挑战，Google 提出了 GFS 文件系统和 MapReduce 编程模型，运行 GFS 和 MapReduce 的系统能够向上和向外扩展，能处理无限的数据。在此阶段，出现了著名的"第四范式"、Hadoop、Spark、NoSQL 等新兴技术
第四阶段：PB～EB	不久的将来	大公司将迎来海量数据存储和分析的需求，目前几乎所有 IT 公司，如 EMC、Oracle、Microsoft、Google、Amazon 和 Facebook 等都开始启动各自的大数据项目。但迄今为止仍没有出现革命性的新技术能够处理更大的数据集

3）大数据相关技术的发展

大数据相关技术的发展如表 1-8 所示。

表 1-8　大数据相关技术的发展

技术类型	现状描述	相关技术
大数据的采集与预处理	最常见的问题是数据的多源和多样性导致数据的质量存在差异，从而影响数据的可用性	Kafka、ActiveMQ、ZeroMQ、Flume、Sqoop、Socket(Mina、Netty)、FTP/SFTP
大数据的存储与管理	最常见的挑战是存储规模大，存储管理复杂，需要兼顾结构化、非结构化和半结构化的数据。分布式文件系统和分布式数据库相关技术的发展正在有效地解决这些问题。包括大数据索引和查询技术、实时及流式大数据存储与处理技术	HDFS、HBase、Hive、S3、Kudu、MongoDB、Neo4J 、Redis、Alluxio (Tachyon)、Lucene、Solr、Elasticsearch
大数据的计算模式	多种典型的计算模式，包括大数据查询分析计算、批处理计算、流式计算、迭代计算、图计算、内存计算	MapReduce、Spark、Storm、Flink
大数据的分析与挖掘	在数据类型迅速膨胀的同时，还要进行深度的数据分析和挖掘，因此越来越多的大数据分析工具和产品应运而生	Hive、Pig、Impala、Kylin、Tez、Akka、S4、Mahout、MLlib
大数据的可视化	通过可视化方式来帮助人们探索和解释复杂的数据，有利于决策者挖掘数据的商业价值，进而有助于大数据的发展	ECharts、Tableau

2. 大数据的发展趋势

互联网的高速发展迎来了数字时代，大数据受到的关注也越来越高，在过去的十年中，我国的数据量不仅呈现爆炸式的增长，大数据技术和产业大数据的应用也越来越成熟，以大数据作为支撑推动产业数字化转型已是热潮。因此，紧跟并掌握大数据技术的发展趋势是至关重要的。

依据相关预测，大数据技术的未来发展趋势或许可以从增强分析、持续智能、内存计算、边缘计算、数据虚拟化等方面着力。如表 1-9 所示是大数据的发展趋势。

表 1-9　大数据的发展趋势

趋　势	描　述
增强分析	增强分析通过人工智能和机器学习工具及相关框架拓展了商业智能（BI）工具包，它将机器学习和人工智能元素集成到组织的数据准备、分析和商业智能（BI）流程中，以提高数据的管理性能，从而大大减少与数据准备和清理相关的工作，并且未来可能无须数据科学家的介入就可以为商业决策提供可供参考的分析报告

续表

趋　势	描　述
持续智能	持续智能是指在业务运营中集成实时分析功能，能够在线、实时地处理当前数据，有助于在新数据到达时增强基于历史数据的快速决策
内存计算	在内存中计算是加快分析速度的有效方法，能够提升数据的访问速度，加强实时数据的处理和查询速度，有助于组织制定决策并立即采取行动
边缘计算	边缘计算是一种分布式计算框架，允许在数据源附近进行即时运算，通过将数据处理管道的部分移近原点（物联网设备）来减少数据生产者和数据处理层之间的延迟，大大提升了云平台的计算效率
数据虚拟化	不同于 ETL 方法，数据虚拟化可以对来自不同数据源的数据（如数据仓库、云存储或 SQL Server 数据库等）进行组合或分析，以便基于分析做出业务决策。数据虚拟化集成了不同系统的所有组织数据，并将其实时提供给业务用户。直接寻址数据源并对其进行分析，无须在数据仓库中复制数据源，这节省了数据处理的存储空间和时间

随着大数据技术、云计算技术、人工智能技术的发展，未来的大数据产业也是值得关注的。当下我国的大数据产业主要面向数字政府、数字生态等方面。

1）数字政府

在数字时代的大背景下，我国在推进“数字政府”的概念并积极推动各项应用落地。“数字政府”是指在现代计算机、网络通信等技术的支撑下，政府机构的日常办公、信息收集与发布、公共管理等事务在数字化、网络化的环境下进行的国家行政管理形式。它是一种新型的政府运行模式，遵循“体制创新 + 技术创新 + 管理创新”三位一体的架构。它通过数据对话、数据决策、数据创新的形式推动数字生态建设，是实现经济高质量发展的重要抓手。

目前，数字广东打造的“粤省事”移动政务服务平台、“粤商通”涉企移动政务服务平台、粤政易移动办公平台、广东政务服务一体机、广东政务服务网、电子公文交换平台等均为广东省发展数字经济的代表。如图 1-9 所示是数字广东官网主页。

2）数字生态

数字生态作为一种新的产业发展方向，是“互联网 +”持续推进、深入发展、促进数字经济快速增长的新动力。数字生态是数字经济的基本组成单元，具备价值循环体系、产业融合价值、社会协同平台 3 大特征，能够不受时间、空间限制，将大量异质性的企业借助大数据等新兴技术紧密地融合在一起，形成共生、互生、再生的价值循环体系，产生新的产业融合机制，并形成一种能跨地域、跨行业、跨系统、跨组织、跨层级的广泛合作的社会协同平台。

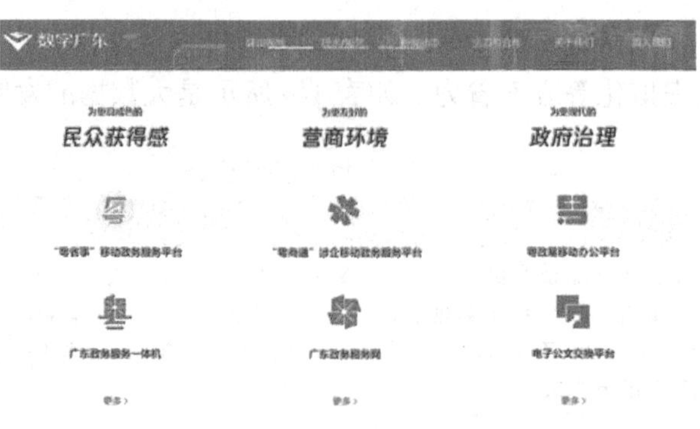

图 1-9　数字广东官网主页

3. 大数据应用面临的挑战

大数据以“迅雷不及掩耳之势”席卷全球，各项工具和应用快速发展和落地。有研究称，整个人类文明所获得的全部数据，有 90% 是近两年产生的。随着互联网和数字时代的发展，未来的数据量将持续呈几何级增长，庞大的数据量蕴藏着无限的价值。

经过各项技术的发展，在数字经济这一背景下，大数据项目部署得越来越多，但实际上大数据项目的落地并不是轻而易举的。大数据应用面临的挑战主要可分为以下 3 个方面：

1）数据质量问题

为了保证数据源的广泛性、数据类型的多样性，一般都会通过各种技术手段和非技术手段来确保数据的质量，以满足大数据项目对数据规模和数据质量的基本要求。但由于许多客观原因，通过各个渠道获得的数据并不总是绝对的高质量。如果使用规模小、质量差的数据进行挖掘分析，其结果必然有误差，进一步就会导致决策失误，甚至项目失败。

2）数据模型问题

在数据质量得到保障的基础上，需要基于算法和模型对变量元素进行相关性分析，这是挖掘大数据中所蕴藏的规律的重要手段。对于要素构成的简单场景，采用相关性分析是可行的。但目前大多数问题都是复杂系统，其数据规模大、多源异构、快速多变，仅有相关性解释是远远不够的，实际结果容易与数据规律背道而驰。要进一步地利用机器学习、信息检索、数据挖掘等多种方法对复杂系统问题构建融合模型进行深度挖掘，要分析数据之间、数据与真实事件映射的现象之间的联系。

3）数据安全问题

大数据项目所获取的数据往往携带大量的隐私信息。这些信息既有个人信息，也有政府机构、组织、企业的信息。当前业界各方的隐私保护意识都在增强，甚至很多国家把隐私保护提高到法律的高度加以规范，在这样的大背景下，大数据项目必须对数据安全和隐私保护给予足够重视，并通过技术手段和管理措施两方面加以保障。组织单位在大数据基础设施与企业应用程序的连接方面要有全面的预见能力和安全把控能力。

大数据已渗透到各行各业，对经济发展、社会治理、国家管理、人民生活都产生着重大影响。如何有效解决大数据技术在发展和应用中存在的问题，使其发挥更大的价值，成为大数据时代业界思考的关键问题。

同步训练

一、选择题

1. 云计算是对（　　）技术的发展与运用。

A. 并行计算　　B. 网格计算

C. 分布式计算　　D. 3 个选项都是

2. 一般认为，我国的云计算产业链主要分为 4 个层面，其中包含底层元器件和云基础设施的是（　　）。

A. 基础设施层　　B. 平台与软件层

C. 运行支撑层　　D. 应用服务层

3. 下列不属于云计算特点的是（　　）。

A. 超大规模　　B. 虚拟化

C. 私有化　　D. 高可靠性

4. 从服务方式角度可以把云计算分为（　　）3 类。

A. 私有云　　B. 金融云

C. 混合云　　C. 政务云

D. 公有云　　F. 桌面云

5. 下列（　　）特性不是虚拟化的主要特征。

A. 高拓展性　　B. 高可靠性

C. 高安全性　　D. 实现技术简单

二、简答题

1. 请列举身边与大数据相关的真实应用。
2. 简答大数据的定义及大数据具有哪些基本特征。
3. 简答大数据的完整技术架构包括哪些方面。
4. 简答当前大数据应用所面临的问题和挑战。
5. 简答大数据与人工智能的结合场景及其应用前景。

项目 2　CentOS 的安装与网络配置

【项目介绍】

CentOS（Community Enterprise Operating System）是 Linux 发行版本 RHEL（Red Hat Enterprise Linux）的再编译版本，在开始学习 CentOS 时要了解 Linux 的相关背景知识。本项目在实训环节将讲解如何在 VMware 虚拟机上安装 CentOS，重点介绍如何修改网络配置文件 ifcfg-ens33 并使其连接因特网，讲解使用命令对防火墙进行管理及修改 SELinux 文件设置其安全级别，介绍修改 yum 源配置文件 repo 使其能使用本地镜像源安装相关软件。

本项目分解为以下 4 个任务：

- 任务 1　Linux 操作系统概述
- 任务 2　使用 VMware 虚拟机安装 CentOS
- 任务 3　CentOS 网络环境配置
- 任务 4　yum 源设置及使用

【学习目标】

- 了解 Linux 操作系统及相关知识；
- 学会安装 VMware 和 CentOS；
- 掌握 CentOS 网络配置相关文件；
- 掌握 Linux 常用网络配置命令；
- 学会简单的网络安全管理方法；
- 掌握 yum 源的设置及使用方法。

任务 1　Linux 操作系统概述

【任务概述】

Linux 是一种在企业和组织中非常流行的操作系统，它是一个多用户、多任务的开源操作系统，具有低成本和高安全性等特点，在 Web 服务器、云计算、大数据、人工智能领域中极受欢迎。本任务主要介绍的内容有 Linux 的简介、Linux 的特点、Linux 的结构、Linux 的系统目录及 Linux 的版本。

【支撑知识】

1. Linux 的简介

Linux 是一种自由和开放源码、系统性能稳定的类 UNIX 操作系统，英文解释为 Linux is not UNIX。芬兰人林纳斯 · 托瓦兹（Linus Torvalds）在赫尔辛基大学上学时受到 Minix 和 UNIX 思想的启发，出于个人兴趣爱好于 1991 年开始了 Linux 内核的编写工作。Linux 继承了 UNIX 以网络为核心的设计思想，是一个性能稳定的多用户、多任务、多线程和多 CPU 的网络操作系统，能运行主要的 UNIX 工具软件、应用程序和网络协议。Linux 遵循 GNU 通用公共许可协议，任何个人和机构都可以自由地使用 Linux 的所有底层源代码，也可以自由地修改和再发布。目前主流的发行版本主要有 RHEL、CentOS、Fedora、Debian、Ubuntu、Linux Mint 等。

2. Linux 的特点

1）设备独立性

Linux 把所有外部设备统一当成文件，对用户而言，就像使用文件一样使用这些设备，而无须了解它们的具体存在形式。

2）多用户访问和多任务编程

Linux 是一个多用户操作系统，它允许多个用户同时访问系统而不会造成用户之间的相互干扰，即在一个 Linux 主机上规划出不同等级的用户，每个用户的工作环境可以不同，还允许不同用户在同一时间登录主机以使用主机的资源。另外，Linux 还支持真正的多用户编程，一个用户可以创建多个进程，并使各个进程协同工作。

3）可靠的安全性

Linux 采取了多种安全措施，如将文件分为可读、可写、可执行 3 类。此外，这些属性还可以分为 3 类：文件拥有者、文件所属用户组、其他非拥有者与用户组者，这对其他项目的开发者具有良好的保密性，为网络多用户环境提供了必要的安全保障。

4）良好的界面

Linux 具有两种用户界面，分别为字符界面和图形界面。在字符界面下用户可以通过键盘输入相应的指令来进行操作。Linux 还提供了类似 Windows 的图形界面，用户可以使用鼠标、键盘来进行操作，给用户呈现了一个直观、易操作、交互性强的友好界面。

5）模块化程序

Linux 的内核设计非常精巧，分成进程调度、内存管理、进程间通信、虚拟文件系统和网络接口 5 大部分。其独特的模块机制可根据用户的需求，实时地将某些模块插入内核或从内核中移走，使得 Linux 的内核可以被裁剪地非常小。

6）良好的可移植性

POSIX（Portable Operating System Interface，可移植操作系统接口）是由 ANSI

（American National Standards Institute，美国国家标准学会）和 ISO（International Organization for Standardization，国际标准化组织）制定的一种国际标准，为可移植的 Linux 操作系统接口，它在源代码级别上定义了一组最小的 Linux 操作系统接口，任何操作系统只有符合这一标准，才能运行 UNIX 程序。由于 Linux 遵循这一标准，因此它和其他类型的 Linux 操作系统之间可以很方便地相互移植平台上的应用软件。

7）支持多种文件系统

Linux 把许多不同的文件系统以挂载的形式连接到本地主机上，包括 EXT2/3、FAT32、NTFS、OS/2 等文件系统，以及网络上其他计算机共享的文件系统等，是数据备份、数据同步、数据复制的良好平台。Linux 最常用的文件系统是 EXT2，它的文件名长度可达 255 个字符，并且还有许多特有的功能，因此它比常规的 UNIX 文件系统更加安全。

8）提供丰富的网络功能

Linux 使用 TCP/IP 作为默认的网络通信协议。此外，它还内置了 WWW、NFS、DHCP、FTP 等服务器软件，可直接用来搭建网络服务器。

3. Linux 的结构

Linux 操作系统由 Linux 内核、shell 解释器和各种应用程序 3 部分组成。

1）Linux 内核的整体架构和子系统划分

Linux 内核作为 Linux 操作系统的一部分，其核心功能是管理系统的所有硬件设备。根据 Linux 内核的核心功能提出了 5 个子系统，如图 2-1 所示，其功能分别如下。

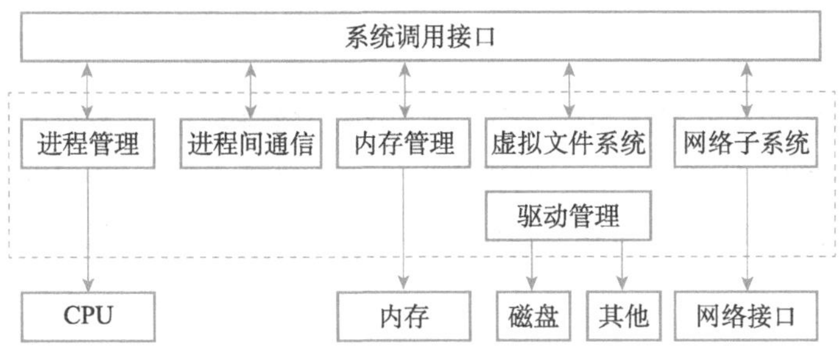

图 2-1　Linux 内核架构图

（1）进程管理（Process Scheduler），也称进程调度。负责管理 CPU 资源，以便让各个进程可以以尽量公平的方式访问 CPU。

（2）内存管理（Memory Manager）。负责管理内存资源，以便让各个进程可以安全地共享机器的内存资源。另外，内存管理会提供虚拟内存的机制，该机制可以让进程使用多于系统可用内存的内存空间，不用的内存空间会通过文件系统保存在外部的非易失存储器中，需要使用的时候，再使用。

（3）虚拟文件系统（Virtual File System）。Linux 内核将不同功能的外部设备，如 Disk 设备（硬盘、磁盘、NAND Flash、Nor Flash 等）、输入 / 输出设备、显示设备等，抽象为可以通过统一的文件操作接口（open、close、read、write 等）来访问。

（4）网络子系统（Network Sub System）。负责管理系统的网络设备，并实现多种多样的网络标准。

（5）进程间通信（Inter-process Communication）。主要负责 Linux 中进程之间的通信。

2）shell 解释器

Linux 内核并不能直接接收来自终端的用户命令，也不能直接与用户进行交互操作，因此需要 shell 这一交互命令解释程序来充当用户和 Linux 内核之间的桥梁。shell 是给用户提供的与 Linux 内核进行交互操作的一种接口，负责接收用户输入的命令并把它送入内核中执行。

shell 是一个用 C 语言编写的应用程序，它既是一种命令语言又是一种程序设计语言。shell 与 MS-DOS 中的批处理命令类似，但比批处理命令的功能强大。shell 脚本是一种为 shell 编写的脚本程序，其跟 JavaScript、PHP 一样，只要有一个能编写代码的文本编辑器和一个能解释执行的脚本解释器就可以了。此外，在 shell 脚本中还可以定义和使用变量，进行传递参数、控制流程和调用函数等。

3）应用程序

Linux 的应用程序主要来源于以下几个方面：

（1）专门为 Linux 开发的应用程序，如 PDF 阅读器 Zathura。

（2）由 UNIX 移植到 Linux 的应用程序，如文本编辑器 Vi 和 Vim。

（3）由 Windows 移植到 Linux 的应用程序，如办公软件 WPS Office。

4. Linux 的系统目录

Linux 和 UNIX 的文件系统均是一个有层次的树形结构。文件系统的最上层为根目录。在 UNIX 和 Linux 的设计理念中，一切皆为文件——包括硬盘、分区和可插拔介质。这就意味着所有其他文件和目录（包括其他硬盘和分区）都位于根目录 / 中。位于根目录下的常见目录如下。

1）系统启动

/boot：启动配置文件，存放启动 Linux 时使用的内核文件，包括连接文件及镜像文件。

/etc：存放系统需要的配置文件和子目录列表，更改目录下的文件可能会导致系统不能启动。

/lib：系统库文件，存放基本代码库（如 C++ 库），其作用类似 Windows 里的 DLL 文件。几乎所有的应用程序都需要用到这些共享库。

/sys：虚拟文件系统。和 /proc 目录一样，不是硬盘中的文件，是内核中的数据结构的可视化接口。与 /proc 不同的是，/proc 中的文件只能读，但 /sys 中的文件可读写。

2）指令集合

/bin：重要的二进制应用程序文件，存放最常用的程序和指令。

/sbin：重要的系统二进制文件，只有系统管理员能使用的程序和指令。

3）外部文件管理

/dev：设备文件，存放的是 Linux 的外部设备信息。需要注意的是，在 Linux 中访问设备和访问文件的方式是相同的。

/media：与 Windows 的其他设备类似，如 U 盘、光驱等，识别后 Linux 会把设备放到这个目录下。

/mnt：临时挂载其他的文件系统，例如，将光驱挂载在 /mnt/ 上，进入该目录后就可以查看光驱里的内容。

4）临时文件

/run：一个临时文件系统，存储系统启动以来的信息。当系统重启时，这个目录下的文件应该被删掉或清除。如果你的系统上有 /var/run 目录，就应该让它指向 /run。

/lost+found：一般情况下为空，系统非法关机后，这里会存放一些文件。

/tmp：存放临时文件的目录。

5）账户

/root：系统管理员的用户主目录。

/home：本地用户主目录，以用户的账号命名。

/usr：用户的很多应用程序和文件都放在这个目录中，类似 Windows 下的 Program Files 目录。

/usr/bin：系统用户使用的应用程序与指令。

/usr/sbin：超级用户使用的比较高级的管理程序和系统守护程序。

/usr/src：内核源代码默认的放置目录。

6）运行过程

/var：存放经常修改的数据，如程序运行的日志文件。

/proc：用于管理内存空间。这个目录是虚拟的目录，是系统内存的映射，通过访问这个目录可以直接获取系统信息。这个目录的内容不在硬盘上而是在内存里，里面的某些文件可以直接被修改。

7）扩展

/opt：默认是空的，提供一个可选的应用程序安装目录。

/srv：存放服务器启动后需要提取的数据。

5. Linux 的版本

Linux 主要分为内核版本和发行版本两种，其中内核版本又分为稳定版本和开发版本。

1）Linux 内核版本

稳定版本的内核稳定性强，适用于应用和部署；开发版本的内核不稳定，版本变化快，仅适用于试验，不适用于部署。Linux 内核版本号由 3 组数字组成，格式为：r.x.y。

各组数字越大，表示版本号越高。各组数字的具体含义如下：

（1）r：第 1 组数字，表示目前发布的内核主版本号。

（2）x：第 2 组数字，偶数表示稳定版本，奇数表示开发版本。

（3）y：第 3 组数字，表示错误修订的次数。

下面以 3.10.0-957.el7.x86_64 版本号为例进行说明。

r：第 1 组数字为 3，表示主版本号为 3。

x：第 2 组数字为 10，次版本号，由于 10 是偶数，所以为稳定版本。

y：第 3 组数字为 0-957，修订版本号，表示修订的次数。

前两个数字合在一起可以描述内核系列。如稳定版本的3.10.0，它是3.10版内核系列。

el7：代表内核是 RHEL7 系列的。

x86_64：代表这是 64 位的系统，即安装软件时，需要 64 位的 RPM 包。

2）Linux 发行版本

Linux 内核不是一套完整的操作系统，它只是操作系统的核心，是提供设备驱动、文件系统、进程管理、网络通信等功能的系统软件。一些组织或厂商将 Linux 内核与各种软件和文档包装起来，并提供系统安装界面和系统配置、设定与管理工具，就构成了 Linux 的发行版本。Linux 的各个发行版本使用同一个 Linux 内核，因此在内核层不存在兼容性问题。在 Linux 内核的发展过程中，正是各种 Linux 发行版本的出现推动了 Linux 的应用，让更多的人开始关注 Linux。

目前 Linux 的发行版本可以大体分为两类：

（1）商业公司维护的发行版本，以 RHEL 为代表。

（2）社区组织维护的发行版本，以 Debian 为代表。

任务 2　使用 VMware 虚拟机安装 CentOS

【任务概述】

VMware（威睿）是全球桌面到数据中心虚拟化解决方案的领导厂商。全球不同规模的客户依靠 VMware 来降低成本和运营费用，确保业务持续性，加强安全性并走向绿色。CentOS 是免费的、开源的、可以重新分发的 Linux 社区企业操作系统。本任务要求学会安装 VMware 虚拟机及选择其工作模式，并要求学会在 VMware 中安装 CentOS。

【支撑知识】

1. VMware 简介

VMware 是全球云基础架构和移动商务解决方案厂商，提供基于 VMware 的解决方案，通过数据中心改造和公有云整合业务，借助企业安全转型维系客户信任，实现任意云端和设备上运行、管理、连接及保护任意应用的服务。

VMware 最著名的产品为 ESX，其是安装在裸服务器上的强大服务器，系列产品升级更名为 vSphere 系列，是 VMware 的企业级产品，该产品一直遥遥领先 Microsoft Hyper-V 与 Citrix Xen Server，是构建大企业数据中心的不二之选。

VMware 的第二大产品为 VMware Workstation，是一个在 Windows 或 Linux 上运行的应用程序，它可以模拟一个基于 X86 的标准计算机环境。在使用上，这台虚拟机和真正的物理机没有太大的区别，都需要分区、格式化、安装操作系统、安装应用程序和软件，总之，一切操作都与在一台真正的计算机上一样。

2. VMware 工作模式

VMware 提供了 3 种工作模式，分别是桥接模式（bridged）、网络地址转换模式（NAT）和主机模式（host-only）。

1）bridged

桥接模式下 VMware 虚拟出来的操作系统就像是局域网中的一台独立的主机，它可以访问局域网中的任何一台计算机。在该模式下，需要手动为虚拟系统配置 IP 地址、子网掩码，而且还要和宿主机器处于同一网段，这样虚拟系统才能和宿主机器进行通信。使用桥接模式的虚拟系统和宿主机器的关系，就像连接在同一个 Hub（集线器）上的两台计算机。

2）NAT

NAT 模式就是让虚拟系统借助网络地址转换功能，通过宿主机器所在的网络来访问公网。也就是说，使用 NAT 模式可以实现在虚拟系统中访问互联网。虚拟系统的 TCP/IP 配置信息是由 VMnet8 虚拟网络的 DHCP 服务器提供的，无法进行手动修改，因此虚拟系统也就无法和本局域网中的其他真实主机进行通信。采用 NAT 模式最大的优势是虚拟系统接入互联网非常简单，不需要进行任何其他的配置，只需要宿主机器能访问互联网即可。

3）host-only

在 host-only 模式中所有的虚拟系统是可以相互通信的，但虚拟系统和真实的网络是被隔离开的。虚拟系统的 TCP/IP 配置信息（如 IP 地址、网关地址、DNS 服务器等），都是由 VMnet1 虚拟网络的 DHCP 服务器来动态分配的。在某些特殊的网络调试环境中，如果要求将真实环境和虚拟环境隔离开，这时可选择 host-only 模式。

3. CentOS 简介

CentOS 是 RHEL 再编译版本，它在 RHEL 的基础上修订了不少已知的 Bug（程序错误），它可以像 RHEL 一样构筑企业级的 Linux 系统环境，且无须向 Red Hat 支付任何费用。

相对其他的 Linux 发行版本，其稳定性值得信赖。

CentOS 主要有两个版本，分别是 CentOS Linux 和 CentOS Stream。

（1）CentOS Linux 版本每两年发行一次，每个版本的系统会提供 10 年的安全维护支持。系统的基本源代码由 RHEL 对应版本的开源代码提供，是 RHEL 的下游。

（2）CentOS Stream 版本为滚动更新版，没有固定的版本号，是动态更新的。系统的基本源代码也是由 RHEL 对应版本的开源代码提供的。但代码更加激进，是合并进 RHEL 前的一个试验版本，比 RHEL 更新新特性的速度更快，需等到相关新代码成熟后再合并进 RHEL，是 RHEL 的上游。

4. 硬件基本要求

Linux 设计时的初衷之一是希望能使用较低的系统配置提供高效的系统服务，因此目前个人计算机的配置基本都能达到安装 Linux 操作系统的要求，以下为建议安装 CentOS 的基本配置要求。

（1）CPU：使用 Pentium（奔腾处理器）或更高性能的 64 位处理器。

（2）硬盘：至少有 1GB 的硬盘空间。

（3）内存：一般不低于 512MB。

（4）显卡：无特殊要求，一般的 VGA 兼容显卡即可。

5. OpenSSH

OpenSSH 是 Secure Shell（SSH）协议工具集中的一个自由可用的版本，用以远程控制一台计算机或在计算机之间传输文件。OpenSSH 旨在提供一个服务器守护程序和客户端工具来保障安全、加密的远程控制和文件传输操作，以有效地取代传统的工具。OpenSSH 服务器组件 SSHD 持续监听来自任何客户端的连接请求。当一个连接请求发生时，SSHD 根据客户端连接的类型来设置当前连接。使用 SSH 协议进行 FTP 传输的协议称为 SFTP（安全文件传输协议）。

【任务实施】

1. 安装 VMware 虚拟机

本任务是在 Windows 7 上安装 VMware 虚拟机软件，版本为 VMware Workstation 15 Pro，具体的安装操作步骤如下。

（1）双击准备好的 VMware Workstation 安装包，在弹出的 VMware Workstation 安装向导对话框中单击“下一步”按钮，如图 2-2 所示。选择“我接受许可协议中的条款”复选框，再单击“下一步”按钮，如图 2-3 所示。

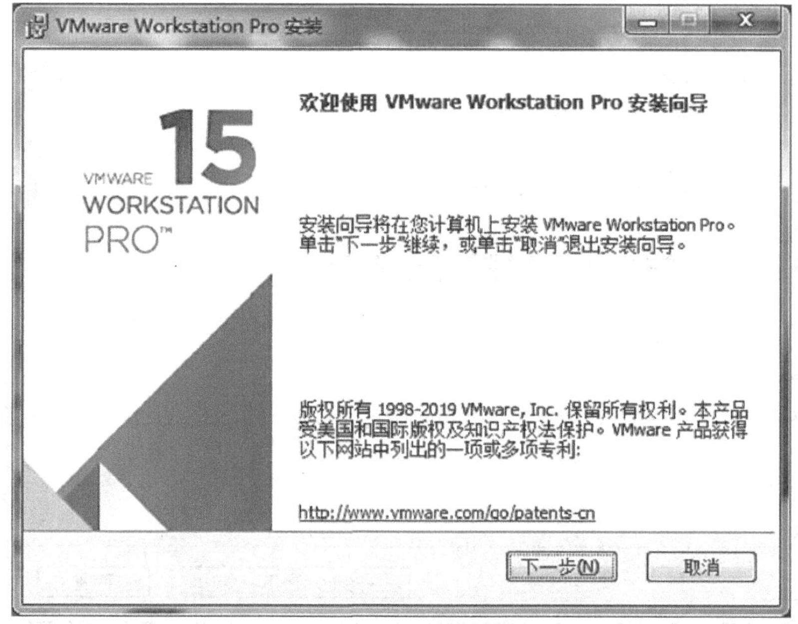

图 2-2　VMware Workstation 安装向导对话框

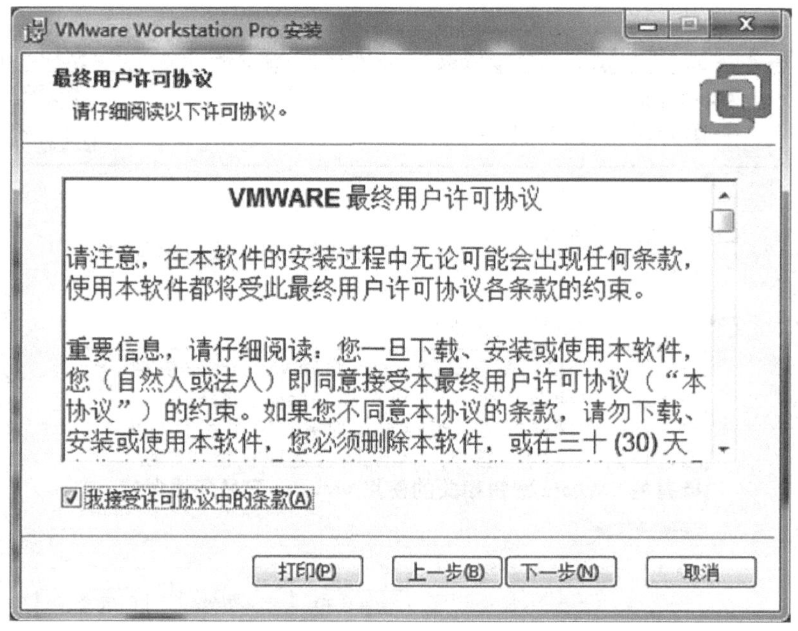

图 2-3　“最终用户许可协议”对话框

（2）若需更改默认的安装位置，则单击“更改”按钮，在弹出的对话框中选择合适的安装位置后，单击“确定”按钮返回到 VMware Workstation 安装向导窗口。在这里我们选择默认的安装位置，直接单击“下一步”按钮即可，如图 2-4 所示。在“用户体验设置”对话框中根据需要进行相应的选择，在这里取消勾选“加入 VMware 客户体验提升计划”复选框，然后单击“下一步”按钮，如图 2-5 所示。

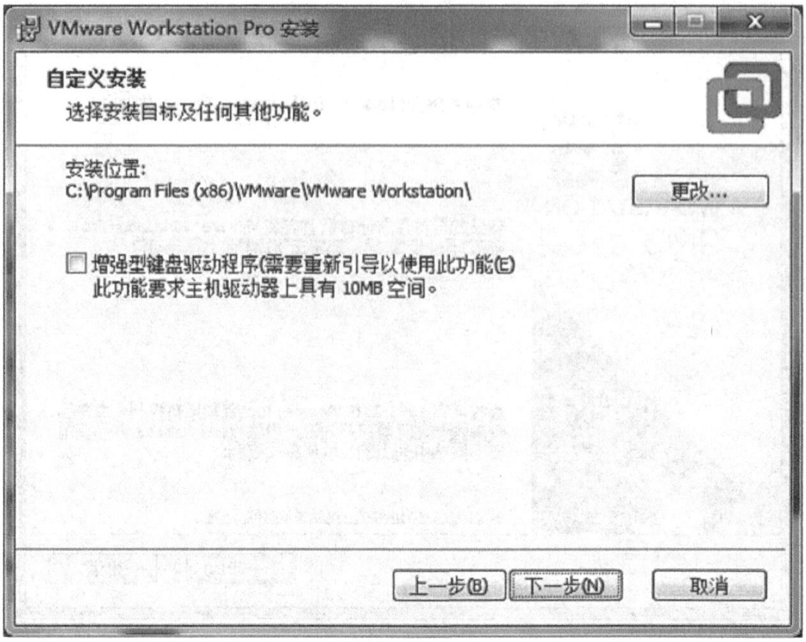

图 2-4 “自定义安装”对话框

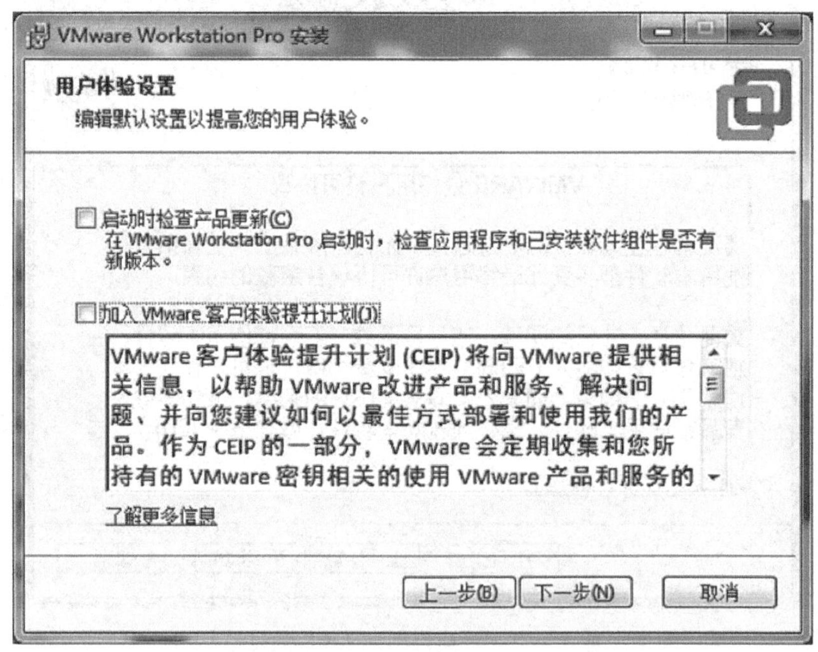

图 2-5 “用户体验设置”对话框

（3）在“快捷方式”对话框中可以根据需要选择创建快捷方式的类型，这里选择默认选项，然后单击“下一步”按钮，如图 2-6 所示。进入“已准备好安装 VMware Workstation Pro”对话框后，单击“安装”按钮进行安装，如图 2-7 所示。安装过程大约 1～2 分钟，安装完成后，在弹出的对话框中单击“完成”按钮，完成安装。

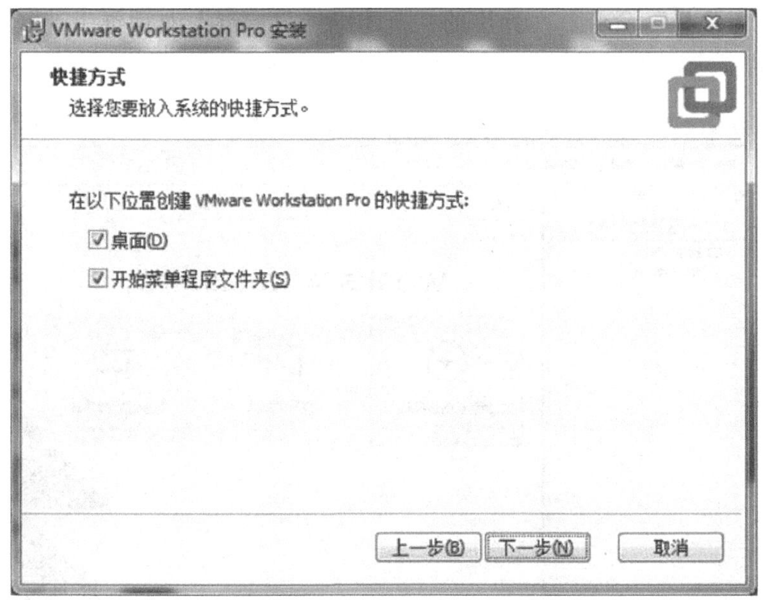

图 2-6　“快捷方式”对话框

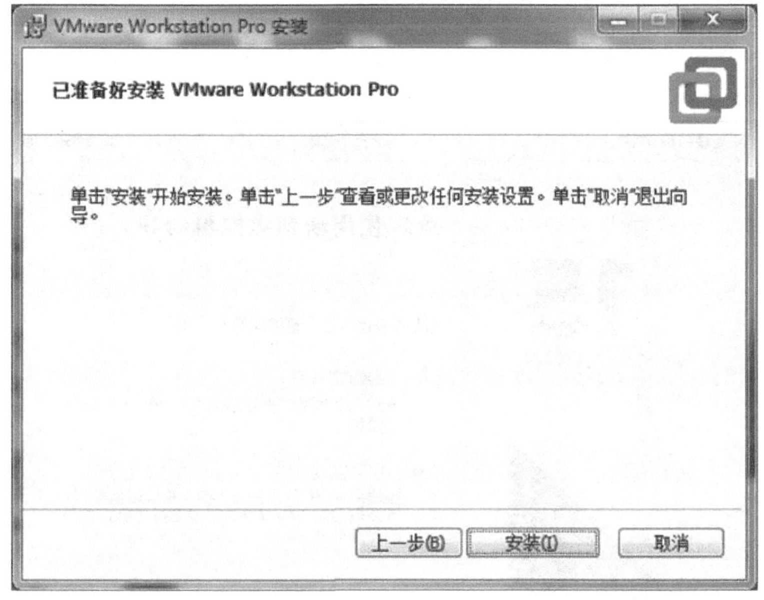

图 2-7　“已准备好安装 VMware Workstation Pro”对话框

2. 创建 CentOS 虚拟机

要想在 VMware Workstation 中顺利安装 CentOS，需要提前为 VMware 做好相关准备工作，具体操作过程如下。

（1）启动 VMware Workstation，在“主页”选项卡中单击“创建新的虚拟机”按钮来创建新的虚拟机，如图 2-8 所示。也可在菜单栏中选择“文件”选项，在弹出的下拉菜单中选择“新建虚拟机”命令。在弹出的“新建虚拟机向导”对话框中选择“自定义（高级）”单选按钮，然后单击“下一步”按钮，如图 2-9 所示。

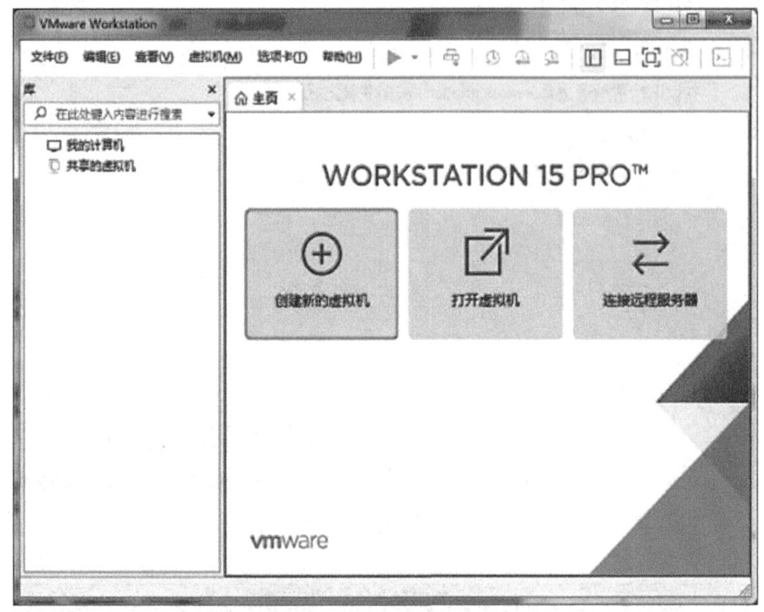

图 2-8　VMware Workstation“主页”选项卡

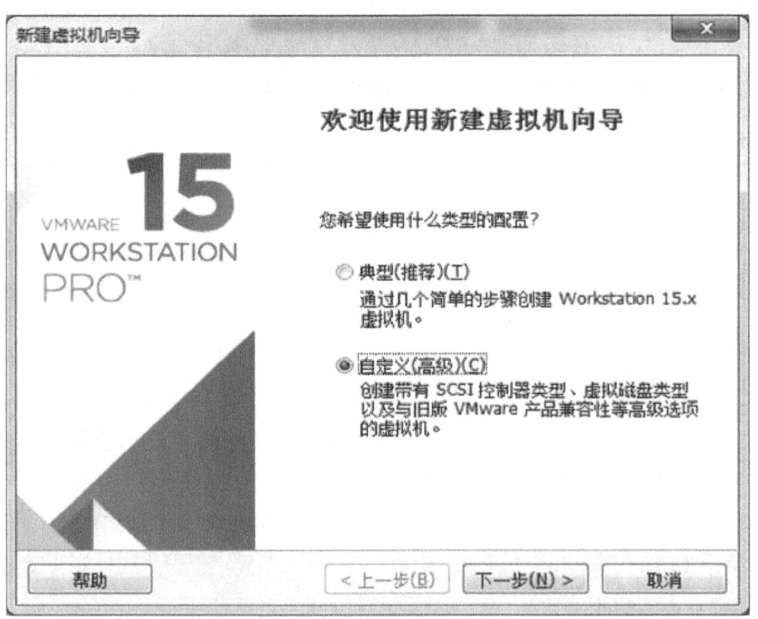

图 2-9　“新建虚拟机向导”对话框

（2）在弹出的“选择虚拟机硬件兼容性”对话框中单击“下一步”按钮，如图 2-10 所示。在弹出的“安装客户机操作系统”对话框中选择“稍后安装操作系统”单选按钮，如图 2-11 所示，然后单击“下一步”按钮。

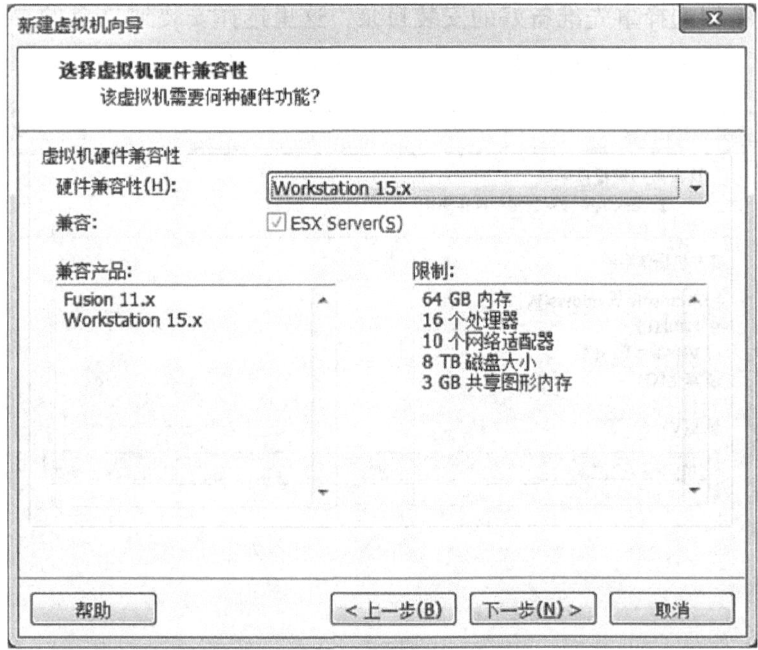

图 2-10　“选择虚拟机硬件兼容性”对话框

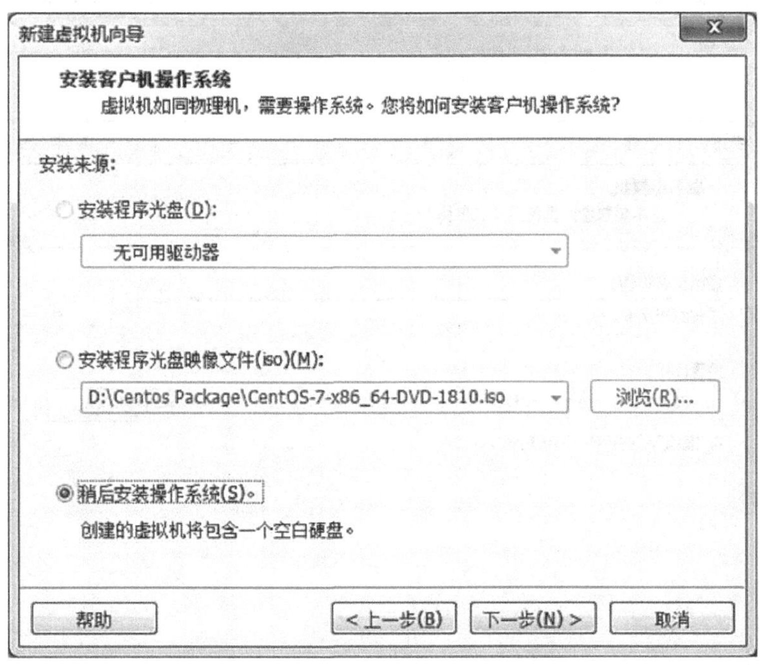

图 2-11　“安装客户机操作系统”对话框 1

（3）在图 2-12 中选择“Linux”单选按钮，在“版本”下拉列表中选择“CentOS 7 64 位”。然后单击“下一步”按钮，弹出“命名虚拟机”对话框，可在“虚拟机名称”文本框中输入为虚拟机取的名字，这里保留默认名称，在“位置”文本框中输入或单击右侧的“浏览”按钮选择事先准备好的安装目录，这里选择安装到 D 盘的 CentOS clusters\CentOS7 目录，如图 2-13 所示，然后单击“下一步”按钮。

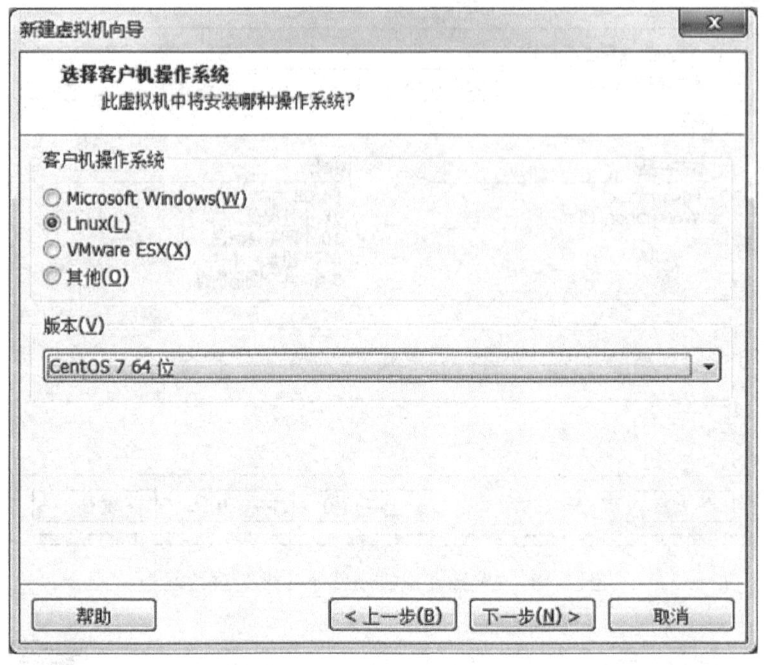

图 2-12 “选择客户机操作系统”对话框 2

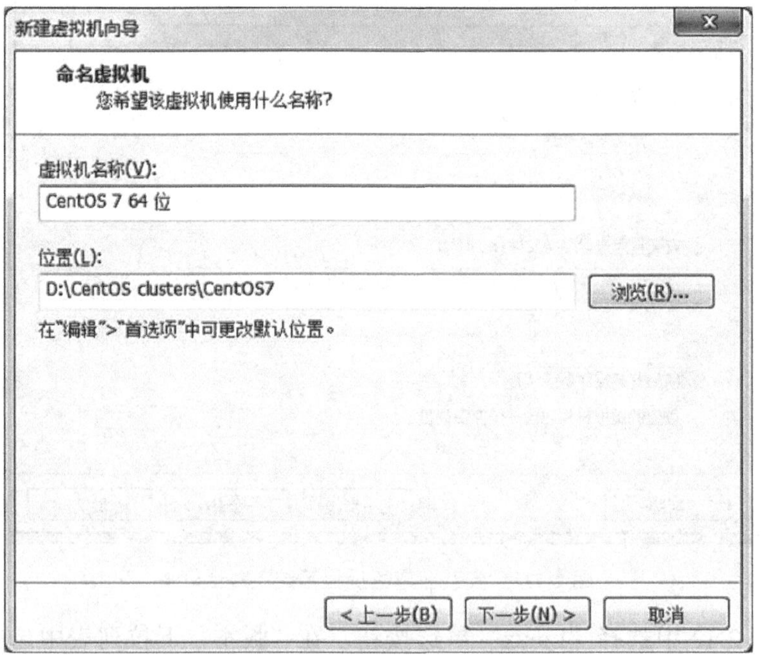

图 2-13 “命名虚拟机”对话框

（4）在弹出的“处理器配置”对话框中可以选择处理器数量和每个处理器的内核数

量，这里都选择 2，如图 2-14 所示，然后单击“下一步”按钮。在弹出的“此虚拟机的内存”对话框中设置所需内存的大小，输入 2048 即设定虚拟机内存为 2GB，如图 2-15 所示，然后单击“下一步”按钮。

新建虚拟机向导

处理器配置

为此虚拟机指定处理器数量。

处理器

处理器数量(P): 2

每个处理器的内核数量(C): 2

处理器内核总数: 4

帮助　< 上一步(B)　下一步(N) >　取消

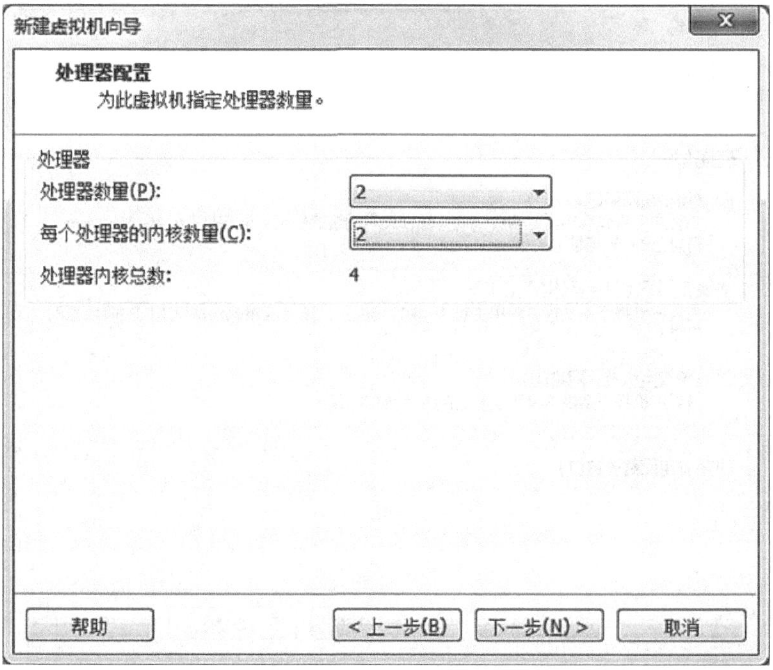

图 2-14　“处理器配置”对话框

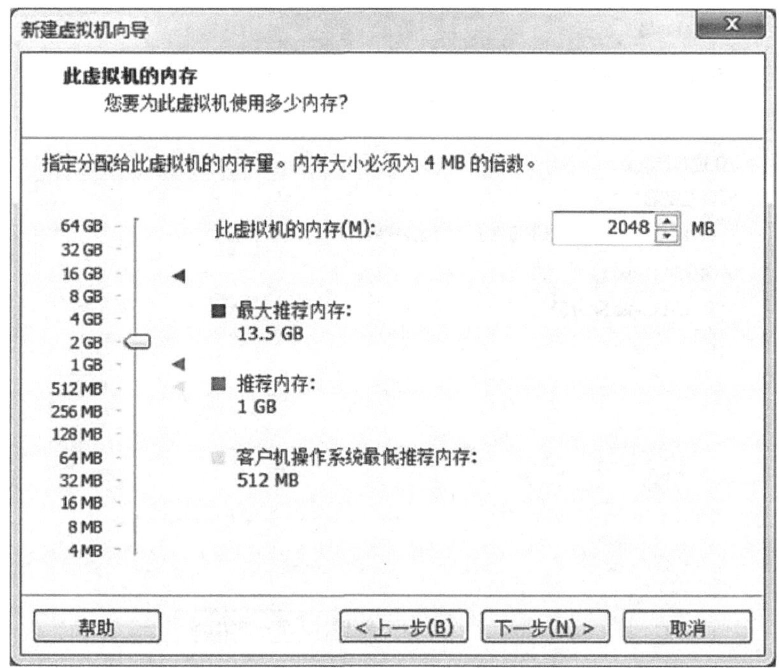

图 2-15　“此虚拟机的内存”对话框

（5）在弹出的“网络类型”对话框中选择“使用网络地址转换（NAT）”单选按钮，如图 2-16 所示，然后单击“下一步”按钮。在弹出的“选择 I/O 控制器类型”对话框中选择推荐的 SCSI 控制器（LSI Logic），如图 2-17 所示，然后单击“下一步”按钮。

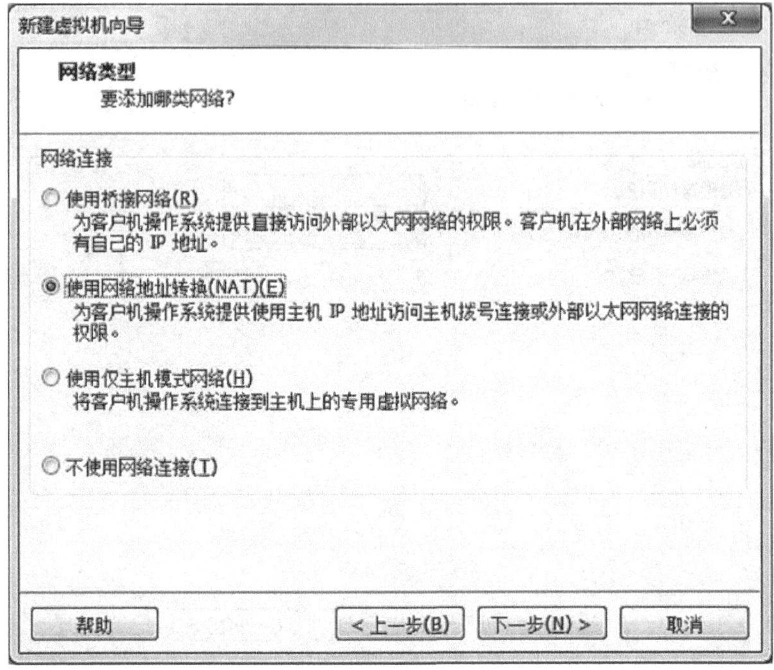

图 2-16 “网络类型”对话框

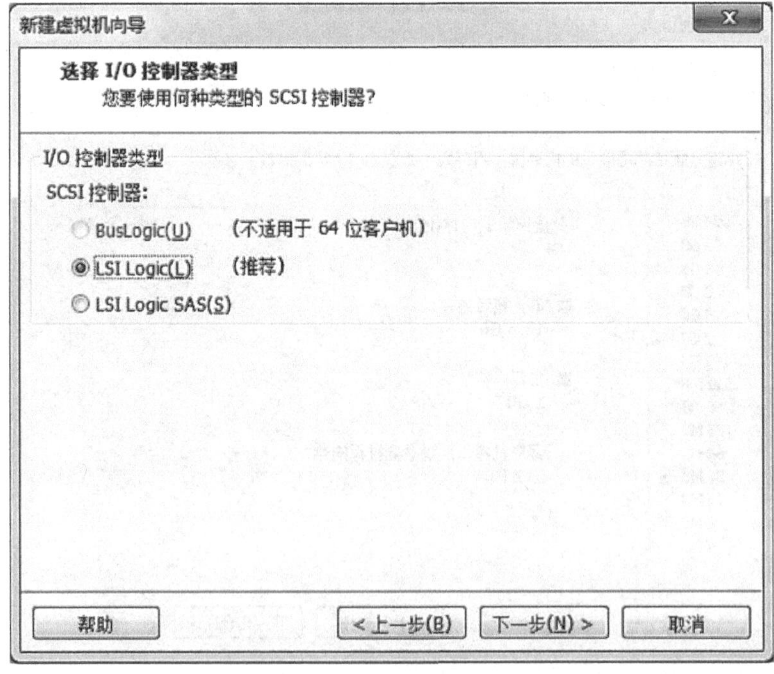

图 2-17 “选择 I/O 控制器类型”对话框

（6）在弹出的“选择磁盘类型”对话框中选择推荐的虚拟磁盘类型（SCSI），如图 2-18 所示，然后单击“下一步”按钮。在弹出的“选择磁盘”对话框中选择“创建新虚拟磁盘”单选按钮，如图 2-19 所示，然后单击“下一步”按钮。

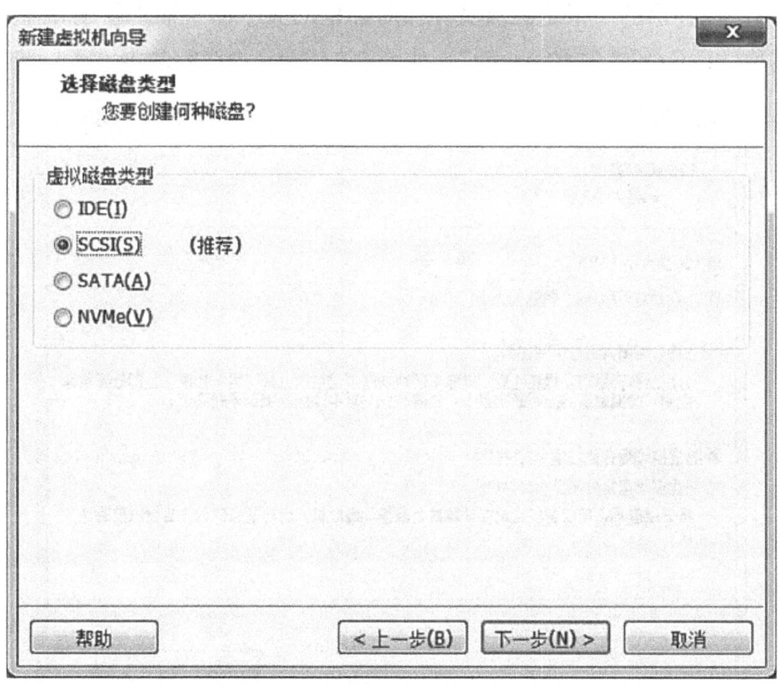

图 2-18　“选择磁盘类型”对话框

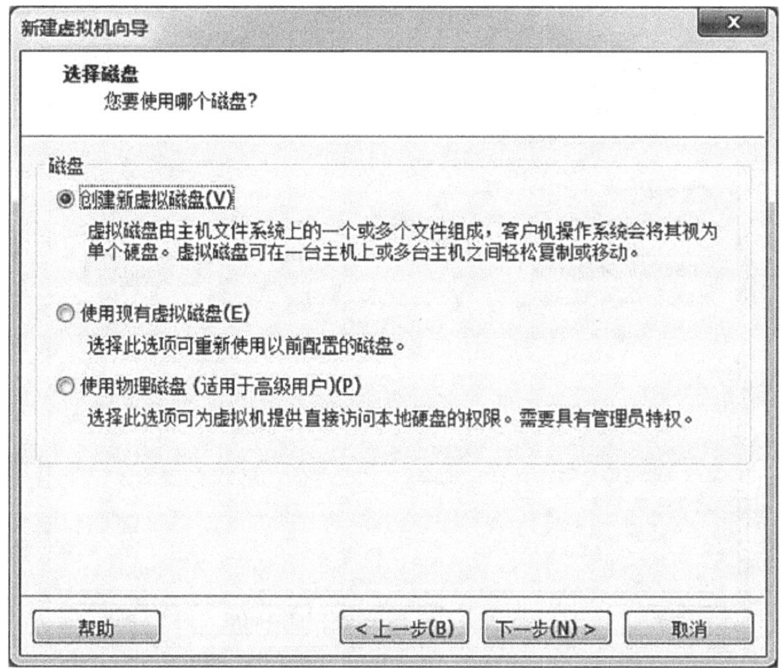

图 2-19　“选择磁盘”对话框

（7）在弹出的“指定磁盘容量”对话框中可通过设置“最大磁盘大小（GB）”选项设置虚拟机磁盘容量大小，此处采用默认值 20GB；并根据需要选择是否进行磁盘拆分，这里为方便后续实验选择“将虚拟磁盘存储为单个文件”单选按钮，如图 2-20 所示，然后单击“下一步”按钮。在弹出的“指定磁盘文件”对话框的文本框中输入新建磁盘文件名称，此处采用默认名称“CentOS 7 64 位 .vmdk”，如图 2-21 所示，然后单击“下一步”按钮。

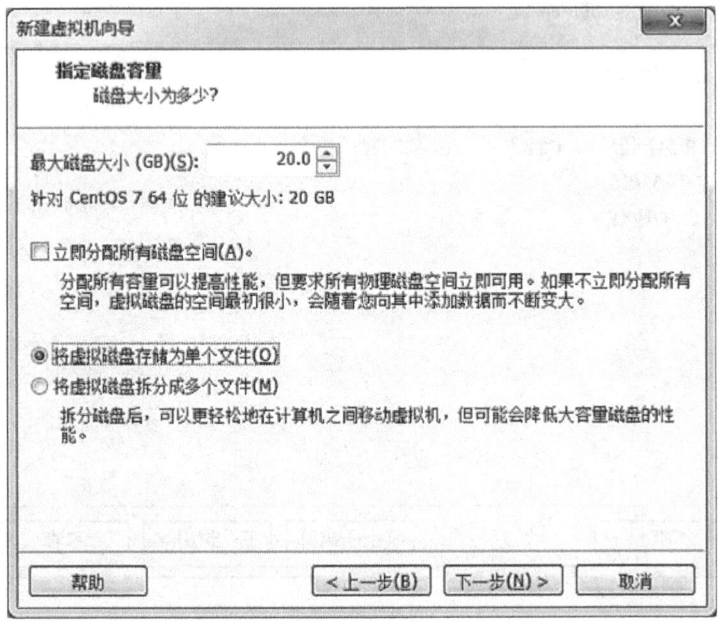

图 2-20 “指定磁盘容量”对话框

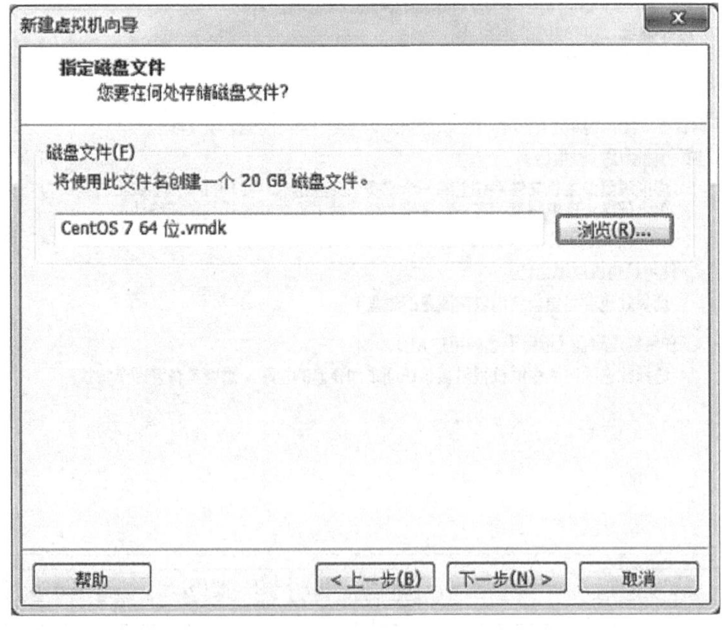

图 2-21 “指定磁盘文件”对话框

（8）在弹出的“已准备好创建虚拟机”对话框中可以查看创建的虚拟机配置信息，如图 2-22 所示。单击“自定义硬件”按钮，弹出“硬件”对话框，在“设备”栏中单击“新 CD/DVD（IDE）”选项，在右侧的“连接”选项卡中选择“使用 ISO 映像文件”单选按钮，然后选择 CentOS 的 ISO 存储路径，其他配置均采用默认值即可，如图 2-23 所示。单击“关闭”按钮，返回到“已准备好创建虚拟机”对话框，单击“完成”按钮，完成虚拟机硬件配置。

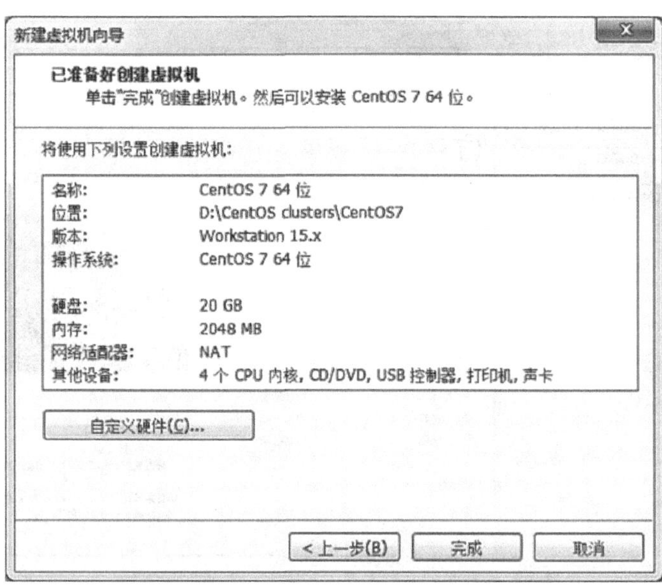

图 2-22　“已准备好创建虚拟机”对话框

图 2-23　“硬件”对话框

3. 安装 CentOS

CentOS 是云计算和大数据常用的 Linux 操作系统，它因免费和开源而被众多企业认可。下面详细介绍在 VMware 环境下安装 CentOS 的完整过程。

（1）第一次启动 VMware Workstation 的界面如图 2-24 所示，选择“CentOS 7 64 位”选项卡中的“开启此虚拟机”选项，启动虚拟机并开始安装 CentOS。

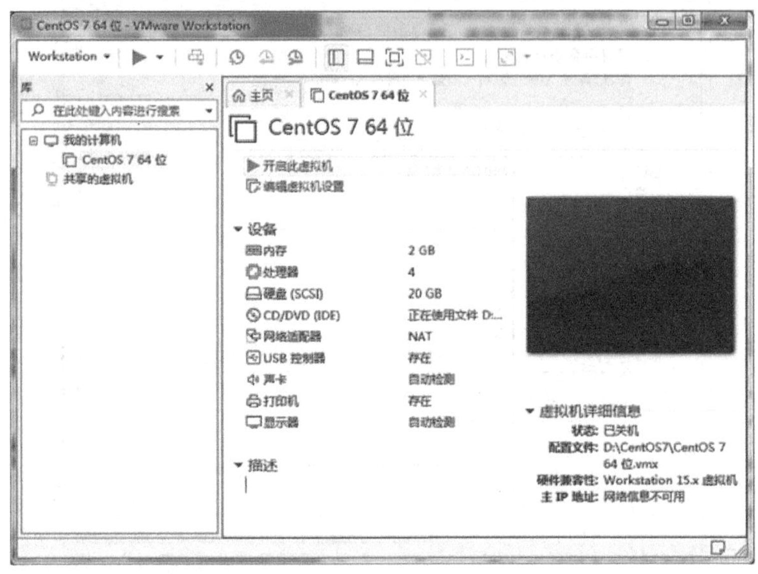

图 2-24 VMware Workstation 的界面

（2）Linux 主机加电并进行硬件自检后，读取并加载硬盘 MBR 中的启动引导器，CentOS 安装开始界面如图 2-25 所示，在安装时如果要对磁盘进行测试，请选择“Test this media & install CentOS 7”选项；如果无须进行磁盘自检，可以选择“Install CentOS 7”选项直接开始安装；“Troubleshooting”为修复故障选项。本任务选择第 1 项直接安装 CentOS，按回车键，进入安装过程。

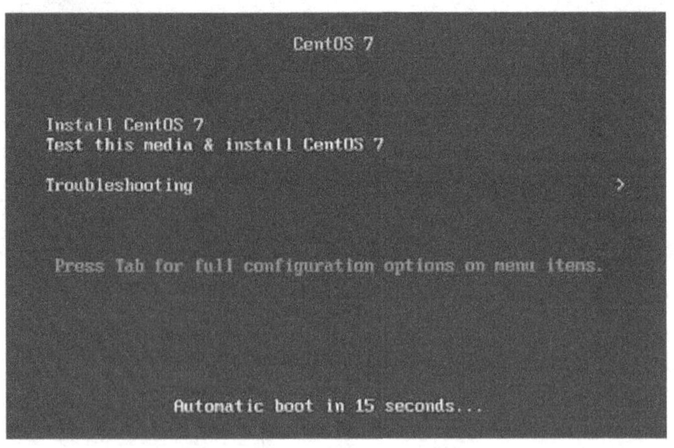

图 2-25 CentOS 安装开始界面

（3）进入 CentOS 欢迎界面后，选择所需使用的语言，默认是英语。此处在语言栏中选择“中文”选项后再继续选择“简体中文（中国）”选项，如图 2-26 所示。在“安装信息摘要”界面，单击“日期与时间”选项，设置“地区”为“亚洲”，“城市”为“上海”，将日期时间调整为当前日期时间，如图 2-27 所示。单击“完成”按钮，返回“安装信息摘要”界面，其他可根据实际需求单击界面上的按钮进行相关设置。

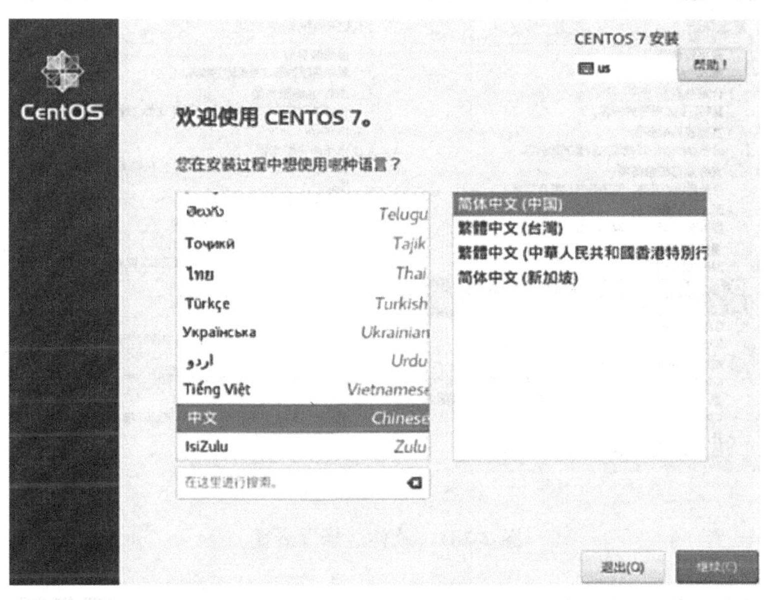

图 2-26　CentOS 欢迎界面

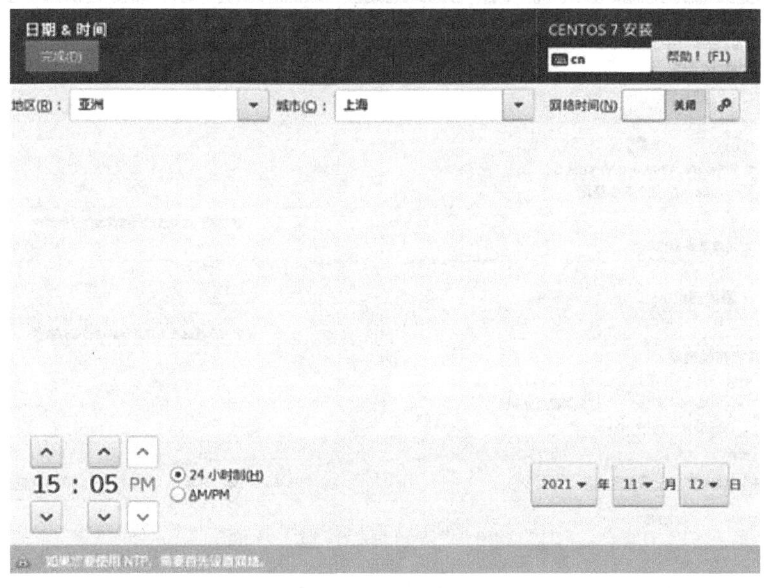

图 2-27　“日期 & 时间”界面

（4）在“安装信息摘要”界面中，单击“软件”栏中的“软件选择”选项，在弹出的“软件选择”界面中选择“带GUI的服务器”单选按钮，如图2-28所示，然后单击“完成”

按钮，返回“安装信息摘要”界面。单击“系统”栏中的“安装位置”选项，弹出“安装目标位置”界面，此处选择默认选项，如图 2-29 所示，单击“完成”按钮，返回“安装信息摘要”界面。

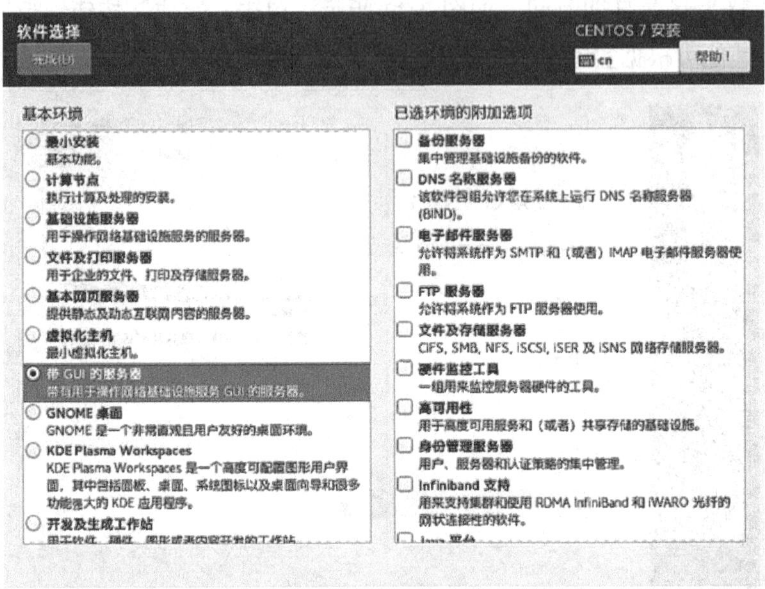

图 2-28 “软件选择”界面

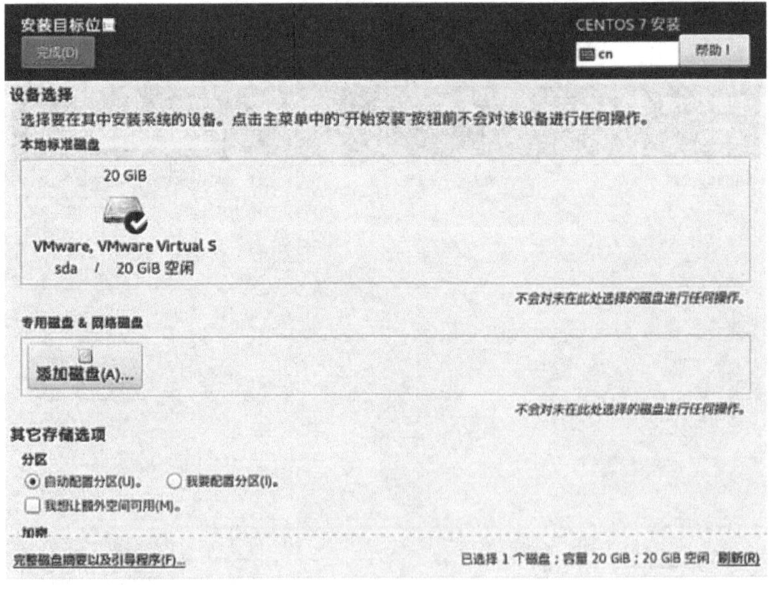

图 2-29 “安装目标位置”界面

（5）在“安装信息摘要”界面中，单击“系统”栏中的“KDUMP”选项，取消勾选“启用 kdump”复选框，如图 2-30 所示，然后单击“完成”按钮，返回“安装信息摘要”界面。全部设置完成后的“安装信息摘要”界面如图 2-31 所示。

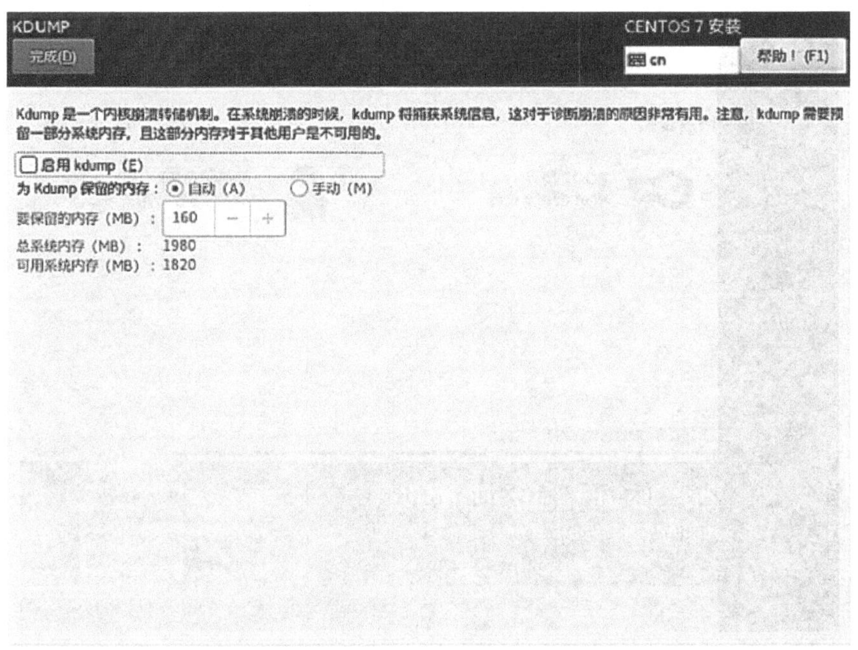

图 2-30　“KDUMP”界面

图 2-31　全部设置完成后的“安装信息摘要”界面

（6）在“安装信息摘要”界面中单击“开始安装”按钮进入安装过程，在安装过程中用户可以设置 ROOT 密码和创建用户，如图 2-32 所示。单击“用户设置”下的“ROOT 密码”选项，打开“ROOT 密码”界面，输入自定义密码，要求两次输入的密码保持一致，如图 2-33 所示，单击“完成”按钮返回“配置”界面。

图 2-32 “配置”界面

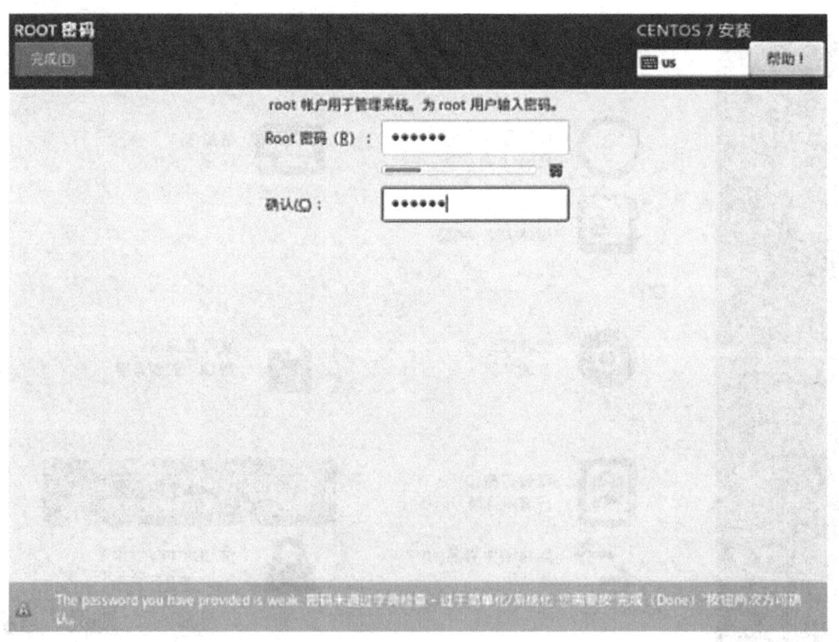

图 2-33 “ROOT 密码”界面

（7）在“配置”界面，单击“用户设置”下的“创建用户”选项，打开“创建用户”界面，输入用户名和密码，如图 2-34 所示。单击“完成”按钮返回“配置”界面，等待安装完成，如图 2-35 所示，然后单击“重启”按钮，重启虚拟机，等待一段时间后，进入“初始设置”界面。

创建用户
完成(D)
CENTOS 7 安装
us
帮助！
全名(F) swzy
用户名(U) swzy
提示：您的用户名长度要少于 32 个字符并且不能有空格。
将此用户做为管理员
使用此帐户需要密码
密码(P) ••••••
确认密码(C) ••••••
高级(A)...

图 2-34　“创建用户”界面

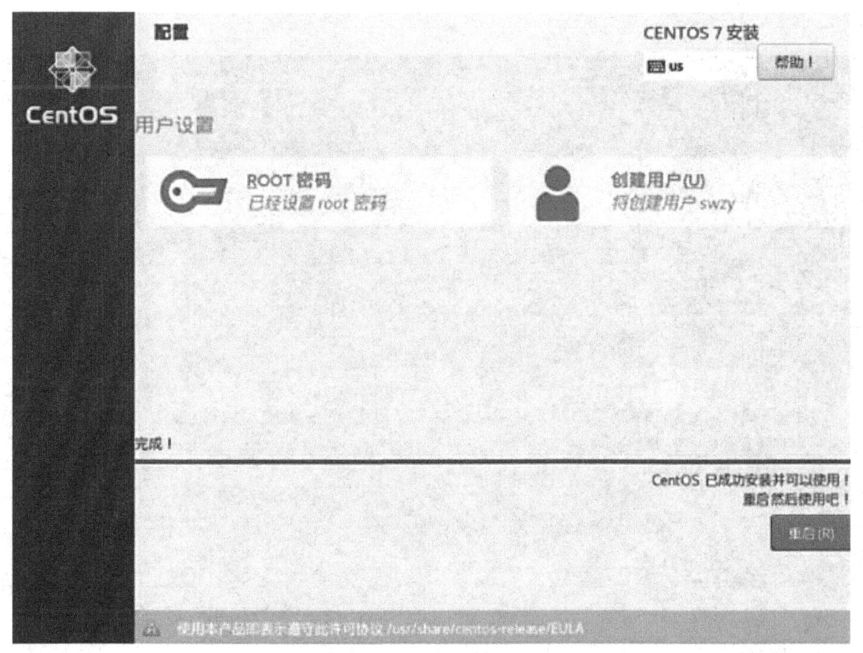

图 2-35　安装完成界面

（8）在“初始设置”界面，单击“LICENSE INFORMATION”选项，如图 2-36 所示，进入“许可信息”界面，勾选“我同意许可协议”复选框后，单击“完成”按钮返回“初始设置”界面，再单击“完成配置”按钮，进入用户登录界面，如图 2-37 所示。

备注：本书软件界面截图中帐户应为账户。

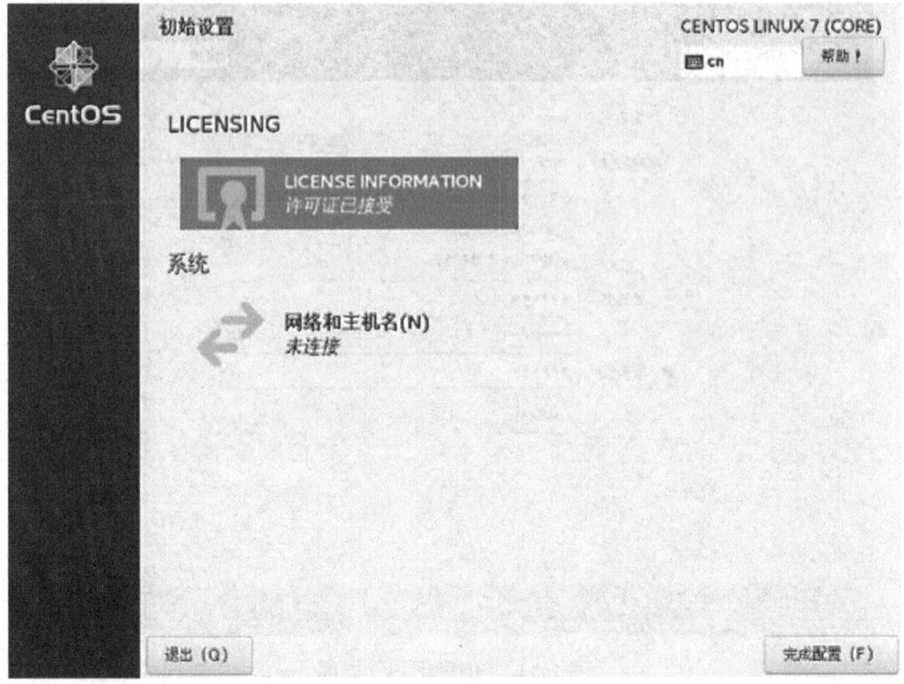

图 2-36 “初始设置”界面

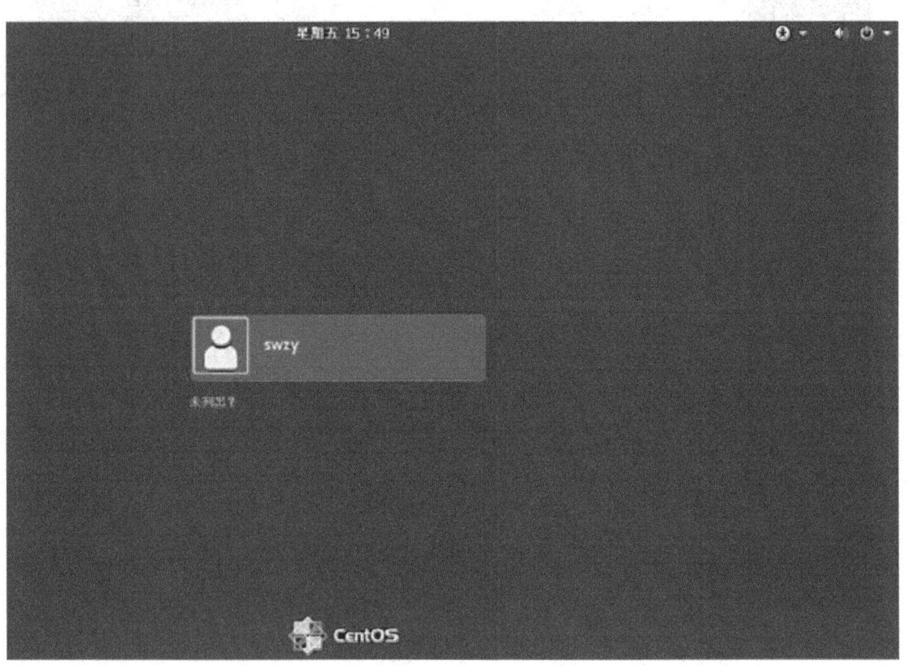

图 2-37 用户登录界面

（9）在用户登录界面中，单击“未列出？”，打开用户名输入界面，在文本框中输入“root”，如图 2-38 所示，然后单击“下一步”按钮，进入密码输入界面，输入之前自定义的密码，如图 2-39 所示，再单击“登录”按钮，进入 CentOS 欢迎界面。

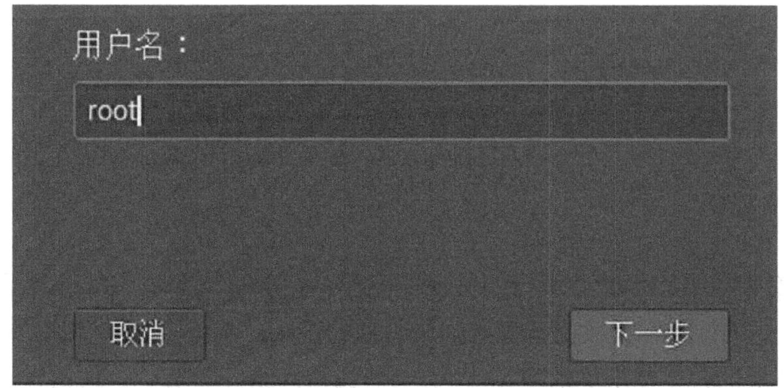

图 2-38　用户名输入界面

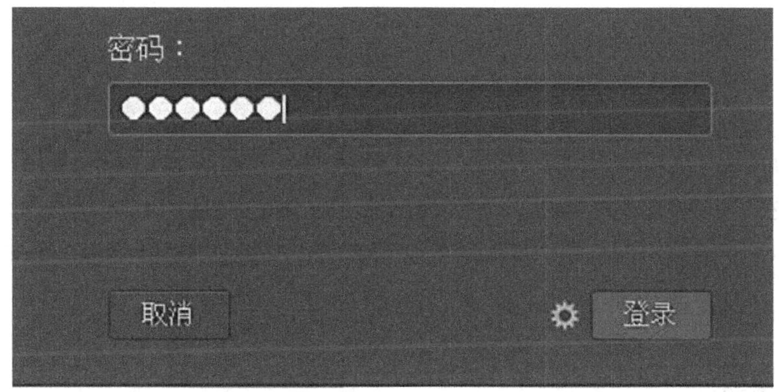

图 2-39　密码输入界面

（10）第一次进入 Linux 操作系统时需要对 CentOS 的“欢迎”“输入方式”“隐私”等进行简单设置，这里选择默认设置，即都单击“前进”按钮；当弹出“在线账号”时单击“跳过”按钮即可进入“准备好了”界面，如图 2-40 所示，单击“开始使用 CentOS Linux”按钮，即可开启 CentOS Linux 学习之旅。

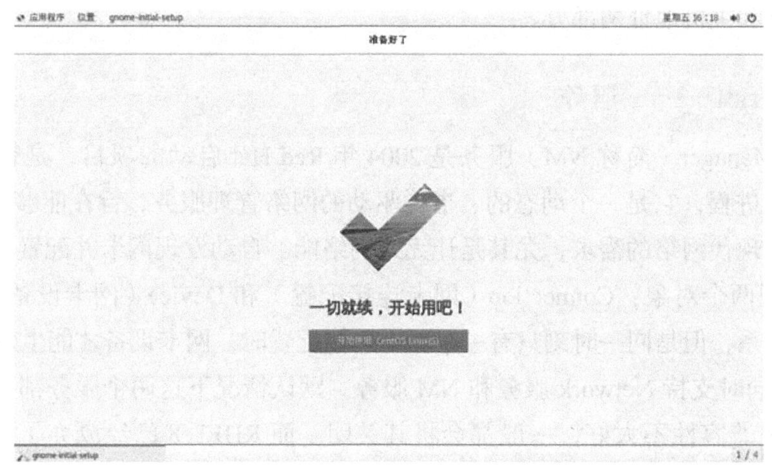

图 2-40　“准备好了”界面

任务 3　CentOS 网络环境配置

【任务概述】

CentOS 安装完成后，需要进行网络环境配置，实现网络互联。CentOS 网络环境配置和管理的方法是云计算和大数据集群维护和管理的基础，本任务要求掌握通过修改相应配置文件来改变主机名，要求能够使用 Vi 编辑器编辑网络配置文件，同时能够了解网络管理的相关知识，如网关、子网掩码、NetworkManager 服务等。

【支撑知识】

1. 网关

网关（Gateway）又称网间连接器、协议转换器。顾名思义就是一个网络连接到另一个网络的“关口”。网关在网络层以上实现网络互联，是复杂的网络互联设备，仅用于两个高层协议不同的网络互联。按照不同的分类标准，网关也有很多种，TCP/IP 里的网关是最常用的，在这里我们所指的“网关”均为 TCP/IP 下的网关。

2. 子网掩码

子网掩码（Subnet Mask）又叫网络掩码、地址掩码，它用来指明一个 IP 地址的哪些位标识的是主机所在的子网，以及哪些位标识的是主机的位掩码。子网掩码是一个 32 位的地址，用于屏蔽 IP 地址的一部分以区别网络标识和主机标识，并说明该 IP 地址是在局域网上，还是在广域网上。

子网掩码不能单独存在，它必须结合 IP 地址一起使用，其作用就是将某个 IP 地址划分成网络地址和主机地址两部分。

3. NetworkManager 服务

NetworkManager（简称 NM）服务是 2004 年 Red Hat 启动的项目，是管理和监控网络设置的守护进程，它是一个动态的、事件驱动的网络管理服务，旨在能够让 Linux 用户更轻松地处理现代网络的需求，尤其是让无线网络能够自动发现网卡并配置 IP 地址。NM 服务主要管理两个对象：Connection（网卡连接配置）和 Device（网卡设备），它们之间是多对一的关系，但是同一时刻只有一个网卡连接配置时，网卡设备才能生效。

RHEL 7 同时支持 Network 服务和 NM 服务。默认情况下这两个服务都有开启，但是由于 NM 服务兼容性不太好，一般都会将其关闭。而 RHEL 8 已经废弃了 Network 服务（默认不安装），只能通过 NM 服务进行网络配置。

4. 主机名

主机名（hostname）就是计算机的名字，又称节点名称（nodename）。无论是在局域网上还是在因特网上，都会给每台主机分配一个 IP 地址，这样做是为了区分此台主机和彼台主机，也就是说 IP 地址类似主机的门牌号。但 IP 地址不方便记忆，所以又有了域名。每个域名都对应一个 IP 地址，但一个 IP 地址可对应多个域名，所以说主机名和 IP 地址之间没有一对一的关系。

在一个局域网中，为了便于区分不同的主机，可以为每台计算机设置不同的主机名，用容易记忆的方法来相互访问。例如，我们在局域网中可以根据每台计算机的功能来为其命名。

5. 防火墙

防火墙（firewalld）指的是一个由软件和硬件设备组合而成，在内部网和外部网之间、专用网和公共网之间构造的保护屏障。通俗地讲，就是一种将内部网和外部网（如因特网）分开的方法，它实际上是一种隔离技术，它是在两个网络通信时执行的一种访问控制尺度，它能允许你“同意”的人和数据进入你的网络，同时将你“不同意”的人和数据拒之门外，最大限度地阻止网络中的黑客访问你的网络。

6. SELinux

SELinux（Security-Enhanced Linux）是一种基于域—类型（domain-type）模型的强制访问控制（MAC）安全系统，它由美国国家安全局在 Linux 社区的帮助下编写并设计成内核模块包含到内核中，某些与安全相关的应用也被打了 SELinux 补丁。在这种访问控制体系的限制下，进程只能访问那些在它的任务中所需要的文件。SELinux 默认安装在 Fedora 和 RHEL 上，在其他发行版本上安装 SELinux 也是容易实现的。

SELinux 提供了 3 种工作模式：enforcing、permissive 和 disabled，默认是 enforcing。

（1）enforcing：表示强制执行所有的安全策略规则。如果你违反了策略，程序就无法继续执行下去。

（2）permissive：表示安全策略规则并没有被强制执行。即使你违反了策略，仍让你继续操作，但是会把你违反的内容记录下来，相当于 debug 模式，在我们开发策略的时候非常有用。

（3）disabled：关闭 SELinux 服务，默认的自主访问控制（DAC）方式被使用。对于那些不需要增强安全性的环境来说，该模式是非常有用的。

【任务实施】

1. 配置网关

安装好的 CentOS 要想在局域网内互通或能连接因特网，还需要依据实际情况选择网络类型及配置网关。

（1）在 VMware Workstation 界面中，单击菜单栏中的“编辑”按钮，在弹出的下拉列表中选择“虚拟网络编辑器”选项，打开“虚拟网络编辑器”对话框，在“类型”列中选择“NAT 模式”，在“子网 IP”地址栏中输入“192.168.2.0”，在“子网掩码”地址栏中输入相应的地址，此处采用默认值“255.255.255.0”，然后单击“应用”按钮，完成 NAT 模式的网络配置，如图 2-41 所示。

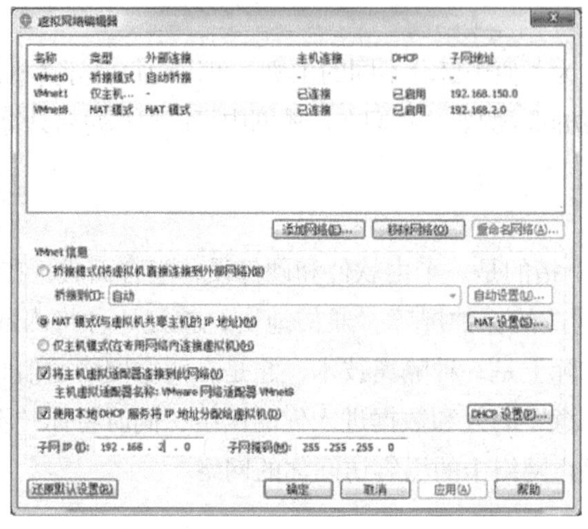

图 2-41 “虚拟网络编辑器”对话框

（2）在打开的“虚拟网络编辑器”对话框中找到“VMnet 信息”部分，单击右边的“NAT 设置”按钮，弹出“NAT 设置”对话框，发现“网关 IP”地址栏中的 IP 地址已经自动变为“192.168.2.2”，如图 2-42 所示，然后单击“确定”按钮，完成网关设置。如果想要重新设定网关地址，在此处直接更改即可。

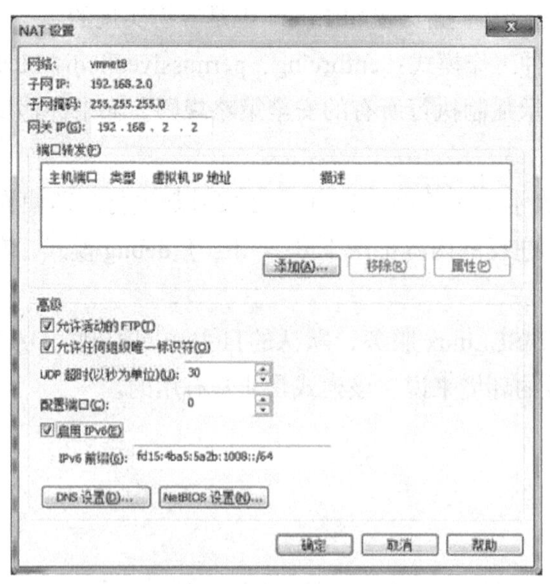

图 2-42 “NAT 设置”对话框

2. 配置 NetworkManager 服务

由于 NM 服务的兼容性较差，为保障后续任务正常进行、免受干扰，建议关闭 NM 服务。

（1）查看当前 NM 状态，操作命令如下：

```
[root@localhost ~]# systemctl status NetworkManager
```

（2）临时停止 / 开启 NM 服务，操作命令如下：

```
[root@localhost ~]# systemctl stop/start NetworkManager
```

（3）永久停止 / 开启 NM 服务，操作命令如下：

```
[root@localhost ~]# systemctl disable/enable NetworkManager
```

3. 编辑网络配置文件

CentOS 安装完成后，网卡设备名、IP 地址、网关、子网掩码等配置信息都保存在网卡配置文件中，每张网卡对应一个配置文件，配置文件存放在 /etc/sysconfig/network-scripts 目录中，文件以“ifcfg-ens”格式命名。网卡配置信息采用“项目名称 = 项目设备值”格式。

（1）查看网卡配置文件 ifcfg-ens33 文件，操作命令如下：

```
[root@localhost ~]# cat /etc/sysconfig/network-scripts/ifcfg-ens33
```

ifcfg-ens33 文件的初始内容如下：

```
TYPE=Ethernet
PROXY_METHOD=none
BROWSER_ONLY=no
BOOTPROTO=dhcp
DEFROUTE=yes
IPV4_FAILURE_FATAL=no
IPV6INIT=yes
IPV6_AUTOCONF=yes
IPV6_DEFROUTE=yes
IPV6_FAILURE_FATAL=no
IPV6_ADDR_GEN_MODE=stable-privacy
NAME=ens33
UUID=f06e1024-ef14-4f21-9ee9-bf70c5eb944c
DEVICE=ens33
ONBOOT=no
```

（2）修改网卡配置文件，操作命令如下：

```
[root@localhost ~]# vi /etc/sysconfig/network-scripts/ifcfg-ens33
```

修改后的 ifcfg-ens33 文件内容如下：

```
TYPE=Ethernet
```

```
PROXY_METHOD=none
BROWSER_ONLY=no
BOOTPROTO=static            # 将 dhcp 修改为 static
DEFROUTE=yes
IPV4_FAILURE_FATAL=no
IPV6INIT=yes
IPV6_AUTOCONF=yes
IPV6_DEFROUTE=yes
IPV6_FAILURE_FATAL=no
IPV6_ADDR_GEN_MODE=stable-privacy
NAME=ens33
UUID=f06e1024-ef14-4f21-9ee9-bf70c5eb944c
DEVICE=ens33
ONBOOT=yes                  # 将 no 修改为 yes
IPADDR=192.168.2.101        # 新增：本机 IP 地址
PREFIX=24                   # 新增：子网掩码
GATEWAY=192.168.2.2         # 新增：默认网关 IP
DNS1= 114.114.114.114        # 新增：国内中国移动、中国电信和中国联通通用的 DNS 地址
DNS2= 8.8.8.8                # 新增：Google 公司提供的 DNS 地址，全球通用
```

上述配置文件中主要参数名称的含义如下：

① TYPE：接口类型，常见的有 Ethernet、Bridge。

② BOOTPROTO：激活此设备时使用的地址配置协议，常用的有 dhcp、static、none、bootp。其中 dhcp 表示动态获得 IP 地址；static 表示静态的、指定的 IP 地址；none 表示不指定，就是静态 IP 地址；bootp 表示通过 bootp 获取 IP 地址。

③ IPV4_FAILURE_FATAL：若为 yes，则 IPv4 配置失败，禁用设备。

④ NAME：表示网卡名称。

⑤ UUID：设备的唯一标识，不同设备的 ID 号不一样。

⑥ DEVICE：描述网卡对应的设备名称。

⑦ ONBOOT：设定系统引导时是否激活此设备，取值为 no 或 yes。

⑧ IPADDR：给定网卡的 IP 地址。

⑨ PREFIX：PREFIX 与 NETMASK 的作用一样，都是子网掩码。若两个都存在，则 PREFIX 优先生效。值的大小是子网掩码的长度，取值范围是 0～32，如这里的 24 表示前 24 个二进制数字为 1，也就是 11111111.11111111.11111111.00000000，换算成十进制数就是 255.255.255.0。

⑩ GATEWAY：默认网关，写入之前给虚拟机配置的网关 IP 地址。

⑪ DNS1：第一个 DNS 服务器指向的 IP 地址。

⑫ DNS2：第二个 DNS 服务器指向的 IP 地址。

（3）重启网络，启用修改后的网卡配置文件，操作命令如下：

```
[root@localhost ~]# systemctl restart network.service
```

（4）查看网络重启后网卡的 IP 地址，可使用 ifconfig 或 ip addr 命令查看，操作命令

及结果如下：

```
[root@localhost ~]# ifconfig
ens33: flags=4163<UP,BROADCAST,RUNNING,MULTICAST>  mtu 1500
        inet 192.168.2.101  netmask 255.255.255.0  broadcast 192.168.2.255
        inet6 fe80::20c:29ff:fe5b:17d7  prefixlen 64  scopeid 0x20<link>
…
```

（5）测试网络是否通畅，如使用 ping 命令测试百度网站，操作命令如下：

```
[root@localhost ~]# ping www.baidu.com
```

测试结果如下所示，使用“Ctrl+C”组合键可随时中断测试。

```
PING www.a.shifen.com (220.181.38.149) 56(84) bytes of data.
64 bytes from 220.181.38.149 (220.181.38.149): icmp_seq=1 ttl=128
time=48.2 ms
64 bytes from 220.181.38.149 (220.181.38.149): icmp_seq=2 ttl=128
time=49.1 ms
64 bytes from 220.181.38.149 (220.181.38.149): icmp_seq=3 ttl=128
time=47.9 ms
```

4. 命名主机名

hostname 命令用于显示设备系统的主机名称，但使用 hostname 命令只能临时起修改作用，Linux 系统重启后会恢复为之前的主机名。若需要永久修改主机名，则可以使用 hostnamectl 命令或通过修改 /etc/hosts 文件来实现。

（1）查看当前主机的主机名，操作命令如下：

```
[root@localhost ~]# hostname
localhost.localdomain
```

（2）临时修改及查看修改后的新主机名，操作命令如下：

```
[root@localhost ~]# hostname master
[root@localhost ~]# hostname
master
```

此外，我们还可以重新打开一个新的“终端”，可以看到 root 名称框中的主机名也被修改成了 master。

```
[root@master ~]#
```

（3）使用 hostnamectl 命令实现永久修改主机名，操作命令如下：

```
[root@localhost ~]# hostnamectl set-hostname master
```

查看主机名方法同上。

（4）修改 /etc/hosts 文件，实现 IP 地址与主机名之间的映射。

hosts 称为主机名查询静态表，以 ASCII 码的形式保存在 /etc 目录下，是 Linux 中一个负责 IP 地址与域名快速解析的文件。hosts 文件包括 IP 地址与主机名之间的映射，还包括主机的别名。将常用的域名和 IP 地址映射加入 hosts 文件中，可以快速、方便地访问。

修改 /etc/hosts 文件的操作命令如下：

```
[root@localhost ~]# vi /etc/hosts
```

修改后的 /etc/hosts 文件内容如下：

```
127.0.0.1    localhost localhost.localdomain localhost4 localhost4.localdomain4
::1          localhost localhost.localdomain localhost6 localhost6.localdomain6
192.168.2.101   master
```

（5）测试 IP 地址与主机名之间的映射是否成功，操作命令如下：

```
[root@master ~]# ping master
PING master (192.168.2.101) 56(84) bytes of data.
64 bytes from master (192.168.2.101): icmp_seq=1 ttl=64 time=0.071 ms
64 bytes from master (192.168.2.101): icmp_seq=2 ttl=64 time=0.065 ms
64 bytes from master (192.168.2.101): icmp_seq=3 ttl=64 time=0.042 ms
```

从运行结果可以看到，使用 ping 命令 ping 主机名是成功的，说明修改 /etc/hosts 文件后，主机名就被解析为对应的 IP 地址了。

5. 配置防火墙服务

防火墙内置于 CentOS，默认是开启状态。虽然防火墙能很好地保护用户的网络免受非法用户入侵，但是同时也限制了网络的一些正常功能，导致一些软件不能正常安装或部署，鉴于此，还需要学会对防火墙服务进行相关配置与管理。

（1）查看防火墙服务运行状态，操作命令如下：

```
[root@master ~]# systemctl status firewalld.service
```

若为“Active: active (running)”（绿色字体），则表明防火墙服务处于运行状态。若为“Active: inactive (dead)”，则表明防火墙服务处于关闭状态。

（2）启动及查看防火墙服务，操作命令如下：

```
[root@master ~]# systemctl start firewalld.service
[root@master ~]# firewall-cmd --state
running
```

（3）停止及查看防火墙服务，操作命令如下：

```
[root@master ~]# systemctl stop firewalld.service
[root@master ~]# firewall-cmd --state
not running
```

（4）重启防火墙服务，操作命令如下：

```
[root@master ~]# systemctl restart firewalld.service
```

（5）设置开机自动启动防火墙服务，操作命令如下：

```
[root@master ~]# systemctl enable firewalld.service
```

（6）取消开机自动启动防火墙服务，操作命令如下：

```
[root@master ~]# systemctl disable firewalld.service
Removed symlink /etc/systemd/system/multi-user.target.wants/firewalld.service.
Removed symlink /etc/systemd/system/dbus-org.fedoraproject.FirewallD1.service.
```

6. 配置 SELinux 安全服务

CentOS 的内核中是默认启用 SELinux 的，它是 Linux 史上杰出的新安全子系统。SELinux 在完全开启的状态下会导致部分程序不能正常运行，因此需要对其进行相应地设置，放行部分可信任程序或软件。

（1）查看 SELinux 当前状态，操作命令如下：

```
[root@master ~]# sestatus
SELinux status:                 enabled
SELinuxfs mount:                /sys/fs/selinux
SELinux root directory:         /etc/selinux
Loaded policy name:             targeted
Current mode:                   enforcing
Mode from config file:          enforcing
Policy MLS status:              enabled
Policy deny_unknown status:     allowed
Max kernel policy version:      31
```

（2）查看 SELinux 进程，操作命令如下：

```
[root@master ~]# getenforce
Enforcing
```

（3）临时开启 SELinux 进程。

命令语法格式如下：

```
setenforce [ Enforcing | Permissive | 1 | 0 ]
```

1 代表开启，0 代表关闭，操作命令如下：

```
[root@master ~]# setenforce 1
[root@master ~]# getenforce
Enforcing
```

（4）临时关闭 SELinux 进程，操作命令如下：

```
[root@master ~]# setenforce 0
```

```
 [root@master ~]# getenforce
Permissive
```

（5）永久保存修改后的 SELinux 进程。

要想保证系统开机或重启后使用原先设定好的进程状态，可以通过修改 SELinux 的配置文件 /etc/selinux/config 来实现，修改后的文件内容如下：

```
[root@master ~]# cat /etc/selinux/config
# This file controls the state of SELinux on the system.
# SELINUX= can take one of these three values:
#     enforcing - SELinux security policy is enforced.
#     permissive - SELinux prints warnings instead of enforcing.
#     disabled - No SELinux policy is loaded.
SELINUX=enforcing
# SELINUXTYPE= can take one of three values:
#     targeted - Targeted processes are protected,
#     minimum - Modification of targeted policy. Only selected ……
#     mls - Multi Level Security protection.
SELINUXTYPE=targeted
```

将配置文件中的“SELINUX=enforcing”改为“SELINUX=permissive”或“SELINUX=disabled”，即可实现允许部分安全程序通过；完全关闭 SELinux 子系统即可实现允许所有程序通过。此处设为“SELINUX=permissive”允许部分安全程序通过。

任务 4　yum 源设置及使用

【任务概述】

CentOS 网络配置完成后，你可能还需要安装一些应用软件，如 Vim、GCC、JDK 等。掌握使用 yum 来安装相关软件是学习云计算和大数据集群维护和管理的核心。本任务要求了解什么是 yum，如何配置 yum 源，如何使用 yum 安装相关软件等。

【支撑知识】

1. yum 的概念

yum（Yellow dog Updater Modified）俗称“大黄狗”，是一个在 Fedora 和 RHEL 中的 Shell 前端软件包管理器。基于 RPM 软件包管理，yum 能够从指定的服务器上自动下载 RPM 软件包并进行安装，能够自动处理依赖关系，一次性安装所有依赖的软件包，无须烦琐地一次次下载、安装，是一个非常好用的软件。这个软件在应用上类似 Android 和 iOS 系统中的应用商店。

2. yum 的语法格式

```
yum [options] [command] [package …]
```

options：可选，选项包括 -h（帮助）、-y（当安装过程提示选择全部为 yes）、-q（不显示安装过程）等。

command：要进行的操作。

package：安装的软件包名。

3. yum 的常用命令

check-update	列出所有可更新的软件包清单
clean	清除指定的缓存数据
clean all	清除缓存目录下的所有软件包
deplist	列出软件包的依赖关系
downgrade	降级软件包
erase	从系统中移除一个或多个软件包
groups	显示或使用组信息
help	显示用法提示
history	显示重做或回滚历史事务信息
info	显示关于软件包或组的详细信息
install	向系统中安装一个或多个软件包
list	列出一个或一组软件包
provides	查找提供指定内容的软件包
reinstall	覆盖安装软件包
remove	删除软件包
repo-pkgs	将一个源当作一个软件包组，一次性安装 / 移除全部软件包
repolist	显示已配置的源
search	查找软件包
shell	运行交互式的 yum shell
update	更新系统中的一个或多个软件包
updateinfo	更新存储库信息
upgrade	更新软件包同时考虑软件包的取代关系
version	显示机器和可用的源版本

【任务实施】

1. 挂载本地光盘

要想把本地光盘作为 yum 源仓库，首先需要确保虚拟机的设备状态已连接，以及使用的 ISO 文件已正常加载。

（1）打开 VMware Workstation，在菜单栏中单击“虚拟机”按钮，在出现的下拉菜单中选择“设置”选项，打开“虚拟机设置”对话框，在“硬件”选项卡的“设备”栏中选择“CD/DVD（IDE）”选项，在右边“设备状态”选区中勾选“已连接”和“启动时连接”复选框，同时还需要确保“连接”选区中的“使用 ISO 映像文件”挂载了 ISO 文件，如图 2-43 所示。

图 2-43 “虚拟机设置”对话框

（2）ISO 文件操作。

①新建光盘挂载目录，操作命令如下：

```
[root@master ~]# mkdir /mnt/cdrom
```

②将本地光盘挂载到指定的目录位置，操作命令如下：

```
[root@master ~]# mount /dev/sr0 /mnt/cdrom/
mount: /dev/sr0 写保护，将以只读方式挂载
```

③查看是否挂载成功，操作命令及结果如下：

```
[root@master ~]# mount
/dev/sr0 on /mnt/cdrom type iso9660 (ro,relatime,uid=0,gid=0,…)
```

看到这条记录就表示光盘挂载成功，文件类型为 iso9660 格式。

（3）卸载已挂载的 ISO 文件，操作命令如下：

```
[root@master ~]# umount /mnt/cdrom/
```

（4）永久挂载。

上述磁盘挂载方法只对当前系统有效，系统关机或重启之后会自动断开连接，如果想要再次使用镜像源，还需要重新挂载光盘。

下面介绍通过修改 /etc/fstab 文件实现开机自动挂载光盘。在该文件的末尾处新增一条记录，内容为挂载光盘的位置及格式等，修改后的 /etc/fstab 文件内容如下：

```
[root@master ~]# vi /etc/fstab
# /etc/fstab
# Created by anaconda on Fri Nov 12 15:18:54 2021
# Accessible filesystems, by reference, are maintained under '/dev/disk'
# See man pages fstab(5), findfs(8), mount(8) and/or blkid(8) for more
info
/dev/mapper/centos-root /                       xfs     defaults        0 0
UUID=1849fefd-3ae3-4fd0-a237-ddd99944db12 /boot xfs     defaults        0 0
/dev/mapper/centos-swap swap                    swap    defaults        0 0
/dev/sr0          /mnt/cdrom       iso9660 defaults 0 0
```

2. 远程控制软件 Xshell 的使用

Xshell 是一个强大的安全终端模拟软件，它支持 SSH1、SSH2，以及 Windows 平台的 TELNET 协议。Xshell 可以在 Windows 平台中访问远端不同系统下的服务器，从而比较好地达到远程控制终端的目的。Xshell 界面如图 2-44 所示。

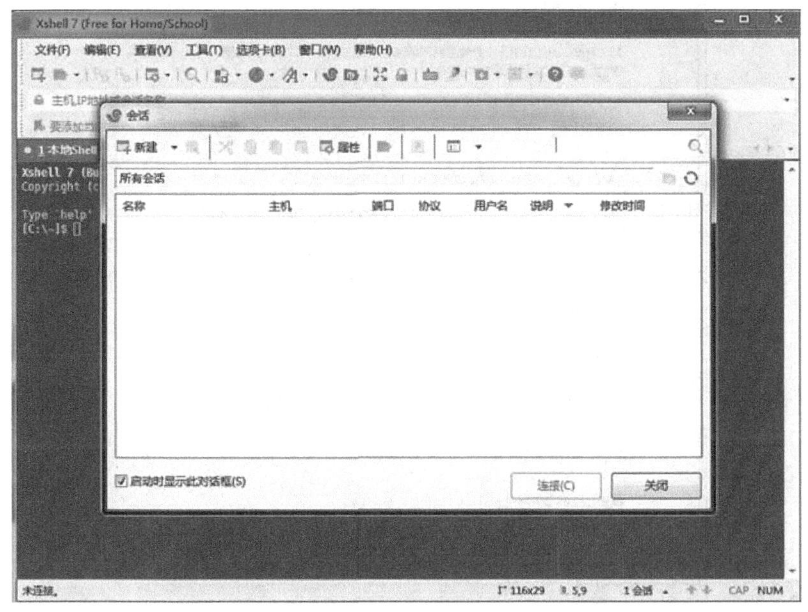

图 2-44　Xshell 界面

在 Xshell 界面中的“会话”对话框中单击“新建”按钮，打开“新建会话属性”对话框，在“常规”选区进行以下设置，“名称”文本框中填写“master”，“协议”选择“SSH”，“主机”文本框中填写要连接的 IP 地址，“端口号”设置为默认值“22”，如图 2-45 所示。单击“连接”或“确定”按钮后弹出“SSH 安全警告”对话框，如图 2-46 所示。

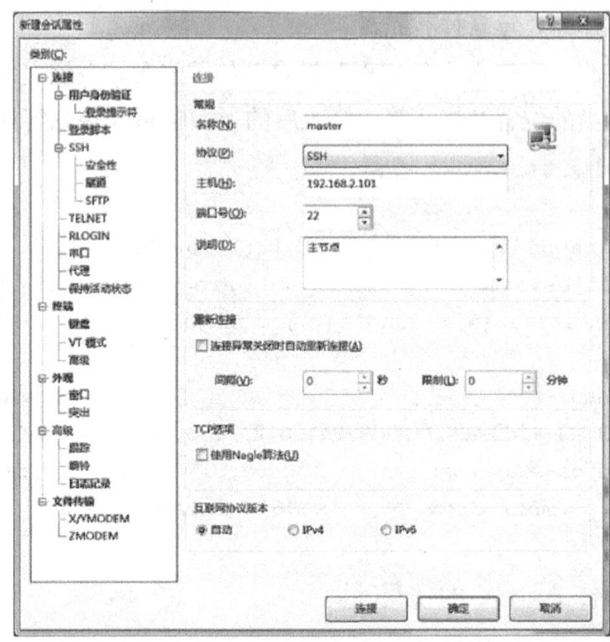

图 2-45 “新建会话属性”对话框

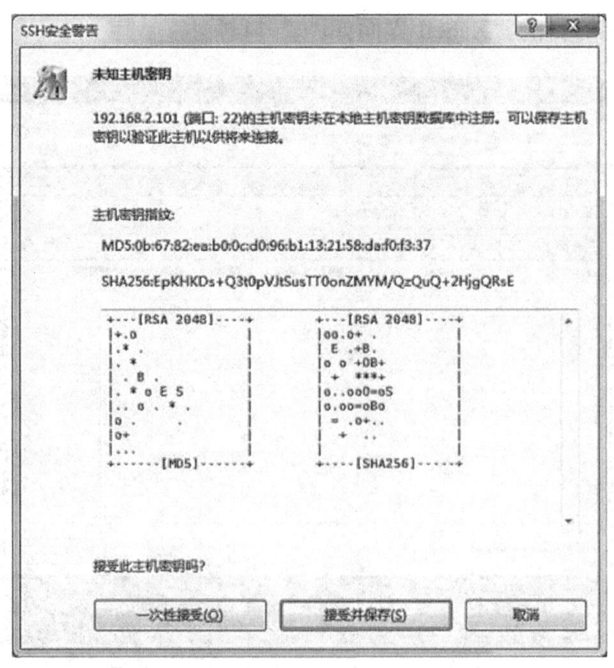

图 2-46 “SSH 安全警告”对话框

单击“SSH 安全警告”对话框中的“接受并保存”按钮，返回到“会话”对话框中，如图 2-47 所示。在“会话”对话框中选择“master”，打开“SSH 用户名”对话框，在“请输入登录的用户名”文本框中输入“root”，如图 2-48 所示，然后单击“确定”按钮，弹出“SSH 用户身份验证”对话框。

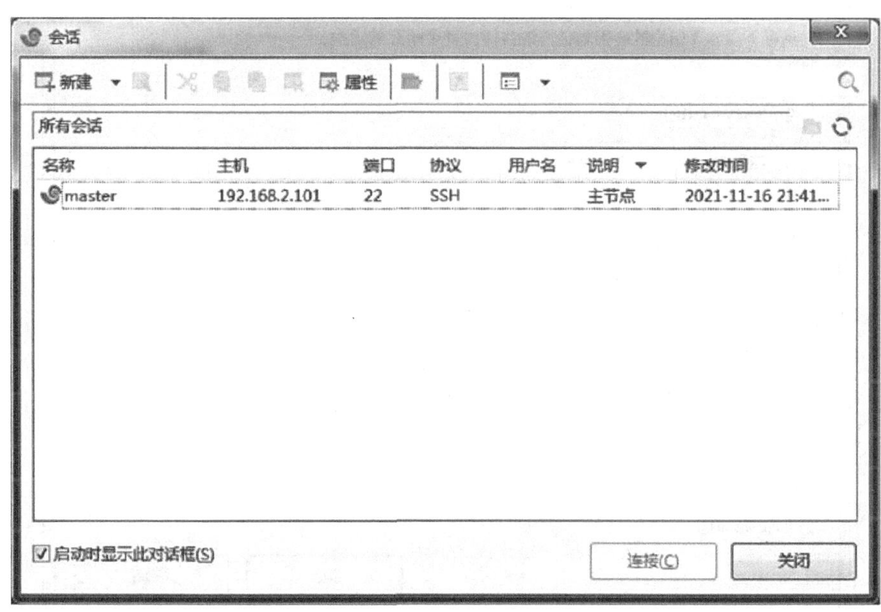

图 2-47　“会话”对话框

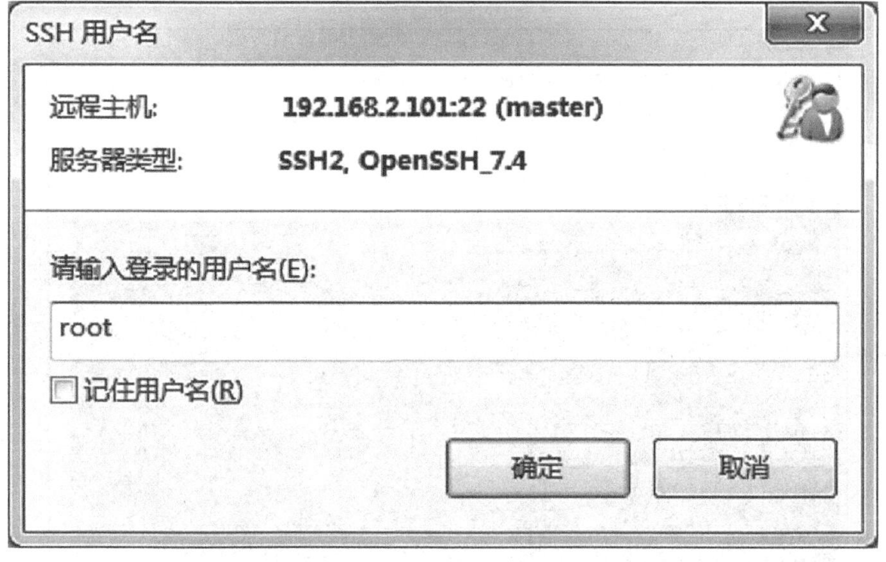

图 2-48　“SSH 用户名”对话框

在“SSH 用户身份验证”对话框中选择“Password”单选按钮并输入密码，如图 2-49 所示，验证通过后即可进入 Xshell 工作界面，如图 2-50 所示。

图 2-49 “SSH 用户身份验证”对话框

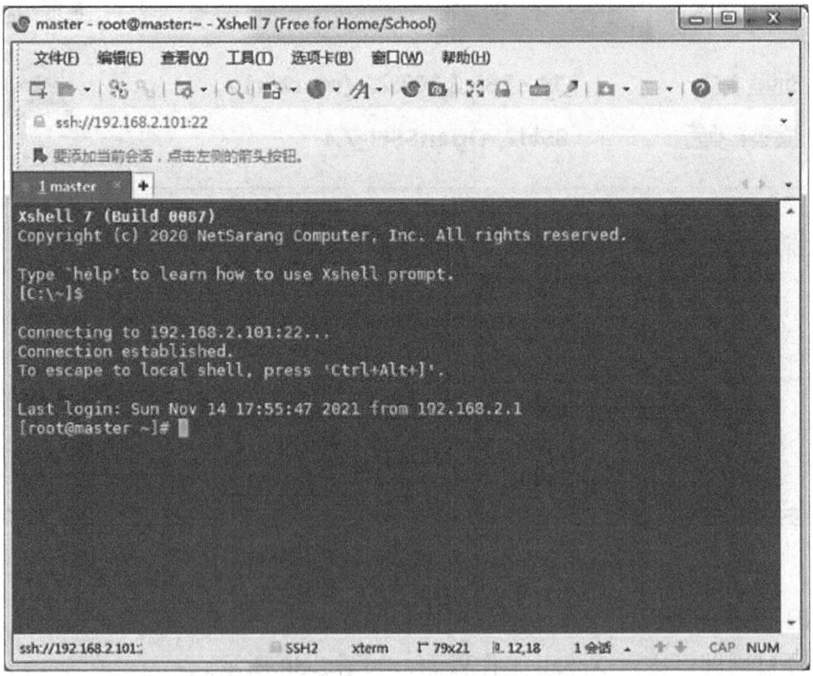

图 2-50 Xshell 工作界面

3. 使用 yum 安装软件

（1）yum 源的配置。

查询 yum 源配置文件所在的位置，操作命令及结果如下：

```
[root@master ~]# find / -name *.repo
/etc/yum.repos.d/CentOS-Base.repo
/etc/yum.repos.d/CentOS-CR.repo
/etc/yum.repos.d/CentOS-Debuginfo.repo
/etc/yum.repos.d/CentOS-Media.repo
/etc/yum.repos.d/CentOS-Sources.repo
/etc/yum.repos.d/CentOS-Vault.repo
/etc/yum.repos.d/CentOS-fasttrack.repo
```

（2）修改 yum 源配置文件 repo。

删除 /etc/yum.repos.d/ 目录下所有以 .repo 结尾的文件，或者备份到一个目录中临时存放（以下程序中未显示，请读者依据情况进行备份），操作命令及结果如下：

```
[root@master ~]# cd /etc/yum.repos.d/
[root@master yum.repos.d]# rm -rf *.repo
[root@master yum.repos.d]# ll
总用量 0
```

（3）新建一个 repo 文件，作为 yum 源仓库，操作命令如下：

```
[root@master yum.repos.d]# vi local.repo
```

在 local.repo 空白文件中写入如下内容：

```
[local]          # 仓库 ID，唯一标识，不能重复
name=local       # 完整的仓库名称
baseurl=file:///mnt/cdrom/    # yum 仓库指明的访问路径
gpgcheck=0       # 是否检查完整性和来源合法性
enabled=1        # 是否启用此 yum 仓库，默认启用
清除缓存
[root@master yum.repos.d]# yum clean all
已加载插件：fastestmirror, langpacks
正在清理软件源：local
Cleaning up list of fastest mirrors
Other repos take up 968 M of disk space (use --verbose for details)
查看新配置好的 yum 源情况
[root@master yum.repos.d]# yum repolist
已加载插件：fastestmirror, langpacks
Determining fastest mirrors
local                                                  | 3.6 kB  00:00:00
(1/2): local/group_gz                                  | 166 kB  00:00:00
(2/2): local/primary_db                                | 3.1 MB  00:00:00
```

```
源标识                              源名称                                     状态
local                               local                                     4,021
repolist: 4,021
```

（4）安装 Vim 文本编辑软件，操作命令及结果如下：

```
[root@master ~]# yum install vim
已加载插件：fastestmirror, langpacks
Loading mirror speeds from cached hostfile
软件包 2:vim-enhanced-7.4.160-5.el7.x86_64 已安装并且是最新版本
无须任何处理
```

由于之前安装的 CentOS 是带 GUI（图形用户界面）的服务器版本，系统默认已经安装了 Vim 文本编辑器等相关软件，如果安装的是 CentOS 最小化版本（只包含必需的软件包、无界面、仅有命令行），当使用 vim 命令时就需要为其安装 Vim 文本编辑器。

同步训练

一、选择题

1. 默认情况下系统管理员创建了一个用户，就会在（　　）目录下创建一个用户主目录。

A. /usr　　B. root

C. /home　　D. /etc

2. 临时修改主机名的命令是（　　）。

A. hostnamectl　　B. hostname

C. hosts　　D. vi

3. 按下（　　）组合键能终止当前运行的命令。

A. Ctrl+D　　B. Ctrl+F

C. Ctrl+X　　D. Ctrl+C

4. 下面关于文件 /etc/sysconfig/network-scripts/ifcfg-ens33 描述正确的是（　　）。

A. 它是一个系统脚本文件　　B. 它是可执行文件

C. 它用于存放本机的名字　　D. 它指定本机网口的 IP 地址

5. 下列关于 /etc/fstab 文件描述正确的是（　　）。

A. 启动时按照 fstab 文件描述内容加载文件系统

B. fstab 文件中描述的文件系统不能被卸载

C. fstab 文件只能描述 Linux 文件系统

D. CD_ROM 和软盘必须是自动加载的

6. 显示当前用户的 SELinux 状态的命令是（　　）。

A. setenforce　　B. getenforce

C. sestatus　　D. systemctl

7. 光盘所使用的文件系统类型是（　　）。

A. EXT2　　B. EXT3　　C.swap　　D. iso9660

8. 若要使用进程名来结束进程，则应该使用（　　）命令。

A. ps　　B. kill　　C. su　　D. useradd

9. 以下选项中，（　　）命令可以关机。

A. init 0　　B. init 1　　C. init 4　　D.init 6

10. 改变文件所有者的命令是（　　）。

A.chmod　　B.touch　　C.cat　　D.chown

二、简答题

1. 简答 Linux 系统的几个运行级别及其相应的含义。

2. 简答 Linux 的概念及创始人。简答 Linux 系统的诞生、发展和成长过程始终依赖的重要支柱有哪些。

三、操作题

1. 在 VMware Workstation 虚拟机上安装一台 CentOS 最小化操作系统。

2. 假设你的用户账号是 swzy，现在登录 Linux 系统，查看当前登录到系统中的用户，查看当前系统中运行的进程，然后退出系统。

3. 修改主机名及设置 IP 地址与主机名之间的映射。

4. 尝试为你的 CentOS 安装汉字输入法软件。

项目 3　MPI 集群部署及应用

【项目介绍】

本项目通过安装 MPICH 构建 MPI（Message Passing Interface）编程环境，从而进行并行程序的开发。MPICH 是 MPI 的一个应用实现，支持最新的 MPI-2 接口标准，是用于并行运算的工具。本项目任务实施部分讲解如何安装单节点 MPI 和部署多节点 MPI，并通过案例讲解 MPI 编程方法。完成此项目需要提前完成时间同步、免密码登录和网络文件共享等相关工作。

本项目分解为以下 5 个任务：

- 任务 1　NTP 时间同步设置
- 任务 2　SSH 证书登录
- 任务 3　使用 NFS 设置共享目录
- 任务 4　MPI 的安装及测试
- 任务 5　MPI 编程实战

【学习目标】

- 掌握为集群系统设置时间同步方法；
- 掌握 SSH 证书登录方法；
- 掌握网络文件系统相关知识点；
- 掌握安装单节点 MPI 方法；
- 掌握部署多节点 MPI 方法；
- 掌握 MPI 并行程序设计方法。

任务 1　NTP 时间同步设置

【任务概述】

集群系统需要硬件和软件的支持，本任务要求设计一个集群系统对集群节点进行规划，从而使集群节点之间的时间同步。本任务主要包括备份多个 CentOS 副本、配置各节点网络 IP 地址和使用 chrony 软件设置各节点时间同步。

【支撑知识】

1. 集群技术

集群技术是一种较新的技术，通过集群技术，可以在付出较低成本的情况下获得在性能、可靠性、灵活性方面相对较高的收益，而任务调度是集群系统中的核心技术。集群是一组相互独立的、通过高速网络互联的计算机，它们构成了一个组，并以单一系统的模式进行管理。一个客户端与集群相互作用时，集群就像一个独立的服务器提供计算能力。

2. 网络时间协议

1）NTP 简介

网络时间协议（Network Time Procotol，NTP）是用来使网络中各个计算机的时间同步的一种协议，它的用途是把计算机的时钟同步到协调世界时（Universal Time Coordinated，UTC）。UTC 是由原子钟报时的国际标准时间，而 NTP 可以从原子钟、天文台、卫星获得 UTC，也可以从互联网获得 UTC，其精度在局域网内可达 0.1ms，在互联网上为 1～50ms。NTP 服务器是利用 NTP 提供时间同步服务的。

Linux 下的 NTP 服务器配置相对来说比较容易，但有个弊端，就是不同时区或时间相差太大时无法同步，所以在配置 NTP 服务器之前需要将时间配置成相同的。

2）NTP 服务器的作用

（1）大数据系统是由各种计算设备集群组成的，计算设备将统一的、同步的标准时间用于记录各种事件的发生时序，如 email 信息、文件创建和访问时间，数据库处理时间等。

（2）大数据系统内不同计算设备之间的各种操作都具有时序性，若计算设备之间的时间不同步，则这些操作将无法正常进行。

（3）大数据系统是对时间敏感的计算处理系统，时间同步是大数据能够得到正确处理的基础保障，是大数据得以发挥作用的技术支撑。

（4）在大数据时代，整个大数据系统内的大数据通信都是通过网络进行的。时间同步也是如此，利用大数据的互联网络传送标准时间信息，实现大数据系统内的时间同步。

（5）NTP 是时间同步的技术基础。

3）NTP 时间同步方式

NTP 在 Linux 下有两种时间同步方式，分别为直接同步和平滑同步。

（1）直接同步：使用 ntpdate 命令直接进行时间变更。如果服务器上存在一个需要在 12 点运行的任务，且当前服务器时间是 13 点，但标准时间是 11 点，那么使用此命令可能会造成任务的重复执行。由于使用 ntpdate 命令进行时间同步可能会引发风险，因此该命令多用于配置第一次同步时间。

（2）平滑同步：使用 ntpd 命令进行时间同步，可以保证一个时间不会经历两次，并且每次同步时间的偏移量不会太大，因此，ntpd 平滑同步耗时可能会更长。

【任务实施】

1. 集群系统的规划

本任务使用3台虚拟机作为集群节点机，通过远程控制软件Xshell等管理和操作集群。集群系统规划如表 3-1 所示，集群系统拓扑图如图 3-1 所示。

表 3-1　集群系统规划

主机名	IP 地址	网　关	角　色	操作系统
Master	192.168.2.101	192.168.2.2	Master（主节点机）	CentOS Linux
Slave1	192.168.2.102	192.168.2.2	Slave（从节点机）	CentOS Linux
Slave2	192.168.2.103	192.168.2.2	Slave（从节点机）	CentOS Linux
Administrator	原 IP 地址	原网关 IP 地址	Desktop（客户端主机）	Windows

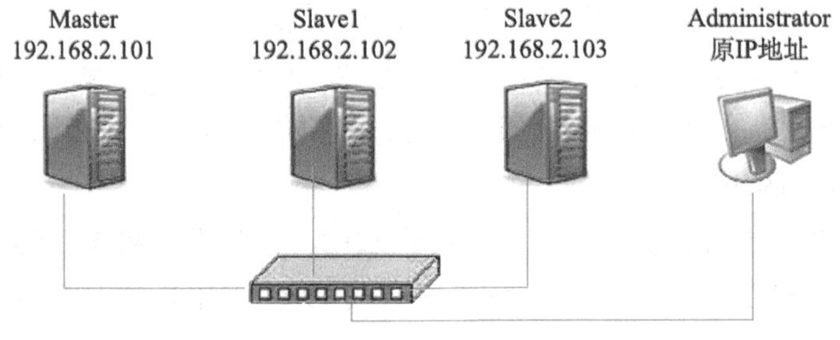

图 3-1　集群系统拓扑图

2. 部署集群各节点机

搭建 MPI 集群和后续项目要学习的 Hadoop 集群都需要多台节点机。我们使用 3 台节点机组成集群，每台节点机上安装 CentOS-7-x86_64 系统。3 台节点机使用的 IP 地址及主机名如表 3-1 所示。

（1）克隆虚拟机。

在准备克隆虚拟机前，先要关闭被克隆的虚拟机。

本任务是在 D:\CentOS clusters 目录下将之前安装好的 CentOS7 在该目录下备份出两个 CentOS7 副本，构建一个小规模集群，如图 3-2 所示。为方便识别，一般会对克隆完成的虚拟机重命名，本集群将其分别命名为 CentOS7-Slave1 和 CentOS7-Slave2。

（2）修改克隆完成的虚拟机名称。

打开 VMware Workstation，在“主页”选项卡中单击“开启此虚拟机”按钮，在弹出的“打开”对话框中找到“D:\CentOS clusters\CentOS7-Slave1”文件夹，选中“CentOS 7 64 位.vmx”文件，单击“打开”按钮，返回到 VMware Workstation 界面。单击“编辑虚

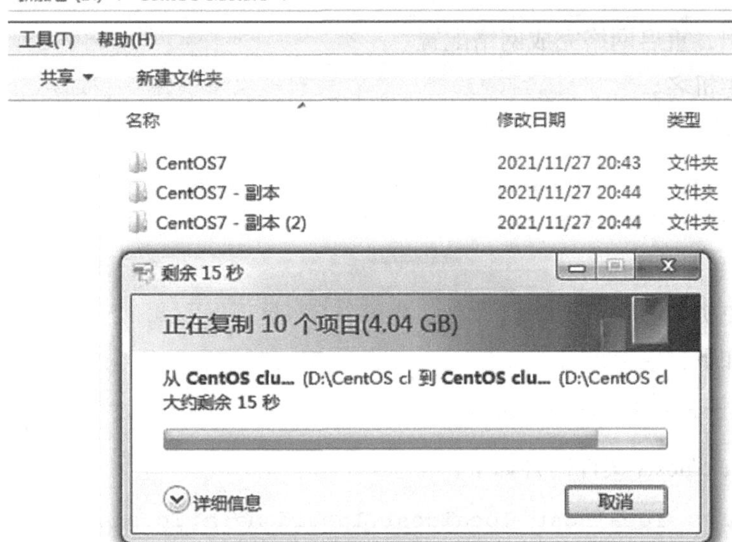

图 3-2　克隆虚拟机

拟机设置”按钮，打开“虚拟机设置”对话框，单击“选项”命令，修改虚拟机名称，此处将其修改为 CentOS7-Slave1。

（3）启动克隆完成的虚拟机。

在 VMware Workstation 界面中左侧“我的计算机”下选中“CentOS7-Slave1”，单击右侧的“继续运行此虚拟机”按钮，启动虚拟机，由于是克隆后第一次启动此虚拟机，因此会弹出对此虚拟机操作的“询问”对话框，如图 3-3 所示。单击“我已复制该虚拟机”按钮，即可进入克隆的虚拟机系统。

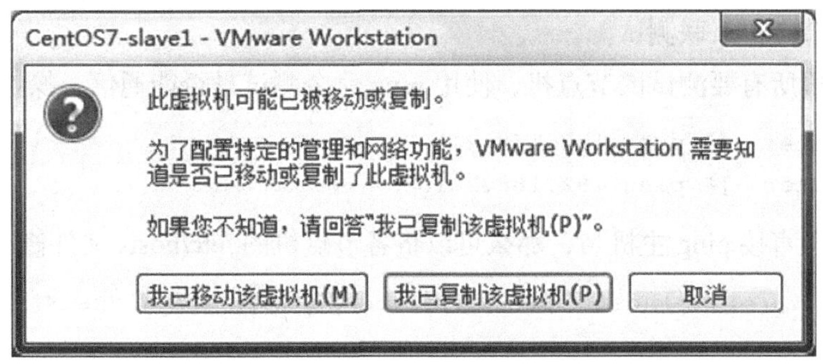

图 3-3　克隆后第一次启动虚拟机时的“询问”对话框

（4）修改此虚拟机的网络配置。

使用和主节点机相同的管理员账号和密码登录系统，登录后，单击“应用程序”命令，在下拉菜单中选择“收藏”选项，在随后的子菜单中选择“终端”选项，并输入如下操作命令：

```
[root@Master ~]# vi /etc/sysconfig/network-scripts/ifcfg-ens33
```

然后，将 IPADDR=192.168.2.101 改为 IPADDR=192.168.2.102，并删除 UUID 这条记录，保存后退出，重启网络完成网络配置。

（5）修改主机名。

操作命令如下：

```
[root@Master ~]# hostnamectl set-hostname Slave1
[root@Master ~]# hostname
Slave1
```

（6）修改主机名的映射文件。

操作命令如下：

```
[root@Master ~]#  vi /etc/hosts
```

修改后的 /etc/hosts 文件内容如下：

```
127.0.0.1    localhost localhost.localdomain localhost4 localhost4.localdomain4
::1          localhost localhost.localdomain localhost6 localhost6.localdomain6
192.168.2.102   Slave1
```

（7）其他虚拟机节点的配置。

安装和配置 Slave2 节点机和其他节点机，与上述 Slave1 节点机的操作方法是一样的，只需重复步骤（2）～（6）即可，此处不再赘述。

注意：我们之前在制作模板系统时，已经对网络管理工具、防火墙、SELinux 安全服务及 yum 源等进行了相关操作，因此克隆出来的虚拟机系统会继承模板系统的相关配置，这样就大大地减少了重复劳动，提高了工作效率。

（8）集群节点机互联测试。

启动集群里所有要测试的节点机，使用 ping 命令测试是否能通信，操作命令如下：

```
[root@Master ~]# ping 192.168.2.102
[root@Master ~]# ping 192.168.2.103
```

如果我们想直接 ping 主机名，那么可以将各节点机的 /etc/hosts 文件修改为如下内容。

```
127.0.0.1    localhost localhost.localdomain localhost4 localhost4.localdomain4
::1          localhost localhost.localdomain localhost6 localhost6.localdomain6
192.168.2.101   Master
192.168.2.102   Slave1
192.168.2.103   Slave2
```

ping 主机名的操作命令及结果如下：

```
[root@Master ~]# ping Slave1
```

```
PING Slave1 (192.168.2.102) 56(84) bytes of data.
64 bytes from Slave1 (192.168.2.102): icmp_seq=1 ttl=64 time=0.524 ms
```

3. 设置 NTP 时间同步

（1）为集群中的各节点机安装 NTP 软件。由于 CentOS 7 具备 GUI（图形用户界面）的服务器版本默认已安装 NTP 软件，因此安装此版本的 CentOS 可忽略此步骤。

查看是否安装 NTP 软件的操作命令及结果如下：

```
[root@Master ~]# rpm -qa|grep chrony
chrony-3.2-2.el7.x86_64
```

如果用户的 CentOS 系统没有安装 NTP 软件，那么可采用如下操作命令进行安装；

```
[root@Master ~]# yum install chrony
```

（2）修改主节点机 Master 的时钟配置文件，操作命令如下：

```
[root@Master ~]# vi /etc/chrony.conf
```

在该配置文件中新增如下内容：

```
local stratum 10
allow 192.168.2.0/24
```

（3）启动主节点机的 NTP 服务，操作命令如下：

```
[root@Master ~]# systemctl start chronyd.service
```

设置系统重启后自动启动 NTP 服务，操作命令如下：

```
[root@Master ~]# systemctl enable chronyd.service
Created symlink from /etc/systemd/system/multi-user.target.wants/
chronyd.service to /usr/lib/systemd/system/chronyd.service.
```

（4）修改从节点机 Slave1 的时钟配置文件，操作命令如下：

```
[root@Slave1 ~]# vi /etc/chrony.conf
```

将文件中的其他 NTP 服务注释掉或删除，并新增一条语句，修改后的内容如下：

```
# server 0.centos.pool.ntp.org iburst
# server 1.centos.pool.ntp.org iburst
# server 2.centos.pool.ntp.org iburst
# server 3.centos.pool.ntp.org iburst
server Master iburst
```

（5）启动从节点机 Slave1 的 NTP 服务，操作命令如下：

```
[root@Slave1 ~]# systemctl start chronyd.service
```

设置系统重启后自动启动 NTP 服务，操作命令如下：

```
[root@Slave1 ~]# systemctl enable chronyd.service
```

其他从节点机设置时间同步的方法同 Slave1，重复步骤（4）和（5）即可。

（6）验证 NTP 服务。

在主节点机（Master）上进行测试的操作命令及结果如下：

```
[root@Master ~]# chronyc sources
210 Number of sources = 4
MS Name/IP address         Stratum Poll Reach LastRx Last sample
===========================================================================
====
^- ntp.wdc1.us.leaseweb.net      2   7   373    45     -34us[  -34us] +/-
245ms
^* 120.25.115.20                 2   7   377    55   -1487us[-1747us] +/-
8315us
^- makaki.miuku.net              2   7   337    49     +76ms[  +76ms] +/-
103ms
^- 255.81.33.120.broad.qz.f>     3   7   377   117    +164us[  -81us] +/-
107ms
```

在从节点机（Slave1）上进行测试的操作命令及结果如下：

```
[root@Slave1 ~]# chronyc sources
210 Number of sources = 1
MS Name/IP address         Stratum Poll Reach LastRx Last sample
===========================================================================
====
^* master                        3   6   377    33    -403us[  +83us] +/-
8154us
```

（7）手动验证从节点机的时间是否同步，操作命令及结果如下：

```
[root@Slave1 ~]# date --set "2021/11/28 12:00:00"
2021年 11月 28日 星期日 12:00:00 CST
[root@Slave1 ~]# systemctl restart chronyd.service
[root@Slave1 ~]# date
2021年 11月 28日 星期日 16:37:36 CST
```

任务 2　SSH 证书登录

【任务概述】

由于 MPI 并行程序需要在各节点机之间进行信息传递，因此必须实现所有的节点机两两之间无密码访问。节点机之间的无密码访问是通过 SSH 证书登录来实现的。配置 SSH 是集群系统配置的常用操作，MPI、Hadoop 等系统均需配置。本任务为配置 SSH 实现 MPI 节点机之间的无密码访问。通过配置 SSH 我们将了解非对称加密算法和数字证书的作用。

【支撑知识】

1. SSH 的概念和作用

SSH 为 Secure Shell（安全外壳协议）的缩写，由 IETF（国际互联网工程任务组）的网络工作小组（Network Working Group）制定，是建立在应用层和传输层基础上的安全协议。SSH 是一个用来替代 TELNET 协议、FTP 协议及 R 命令的工具包，主要是想解决口令在网上进行明文传输的问题。SSH 是目前较可靠、专为远程登录会话和其他网络服务提供安全的协议。利用 SSH 可以有效防止远程管理过程中的信息泄露问题。SSH 最初是 UNIX 系统上的一个程序，后来又迅速应用到其他操作系统中。

传统的网络服务协议，如 FTP、POP 和 TELNET 在本质上都是不安全的，因为它们在网络上用明文传送口令和数据，截获这些口令和数据非常容易。另外，这些协议的安全验证方式也是有缺陷的，就是很容易受到“中间人”（Man-in-the-Middle）这种方式的攻击。所谓“中间人”的攻击方式，就是“中间人”冒充真正的服务器接收要传送给服务器的数据，同时冒充发送者把数据传送给真正的服务器。服务器和发送者之间的数据传送被“中间人”攻击之后，就会出现很严重的问题。通过使用 SSH，可以把所有传输的数据进行加密，这样“中间人”这种攻击方式就不可能实现了，并且也能够防止 DNS 欺骗（攻击者冒充域名服务器的一种欺骗行为）和 IP 地址欺骗。使用 SSH 还有一个额外的好处就是要传送的数据是经过压缩的，加快了传送速度。

2. SSH 的工作原理

SSH 是由客户端和服务端的软件组成的。服务端是一个守护进程，它在后台运行并响应来自客户端的连接请求。服务端一般是 SSHD 进程，负责处理远程连接请求，一般包括公共密钥认证、密钥交换、对称密钥加密和非安全连接等服务。客户端包含 SSH 程序及 scp（远程复制）、slogin（远程登录）、sftp（安全文件传输）等其他的应用程序。它们的工作机制是本地的客户端发送一个连接请求到远程的服务端，服务端检查申请的包和 IP 地址再发送密钥给 SSH 的客户端，客户端再将密钥返回给服务端，自此连接建立。每建立一个安全传输层连接，客户端就发送一个服务请求。当用户认证完成之后，会发送第二个服务请求。这样就允许新定义的协议与上述协议共存。

3. SSH 的主要组成部分

1）传输层协议（SSH-TRANS）

它提供了服务端认证、保密性及完整性。此外，它有时还提供压缩功能。SSH-TRANS 通常运行在 TCP/IP 连接上，也可能用于其他可靠的数据流上。SSH-TRANS 提供了强有力的加密技术、密码主机认证及完整性保护。

2）用户认证协议（SSH-USERAUTH）

它用于向服务端提供客户端用户鉴别功能，运行在传输层协议 SSH-TRANS 之上。当 SSH-USERAUTH 开始生效后，它从低层协议那里接收会话标识符，会话标识符唯一标识此会话，以证明私钥的所有权。

3）连接协议（SSH-CONNECT）

它将多个加密隧道分成逻辑通道，运行在用户认证协议 SSH-USERAUTH 之上，提供了交互式登录方式，可以远程执行命令，来转发 TCP/IP 连接和 X11 连接信息。

由于 SSH 的源代码是公开的，所以它获得了广泛的认可。这就使得所有开发者（或任何人）都可以通过补丁程序或 bug 修补来提高其性能，甚至还可以增加其功能。这也意味着 SSH 的性能可以不断得到提高而无须得到来自创作者的直接技术支持。SSH 替代了不安全的远程应用程序，通过使用 SSH，即使在不安全的网络中发送信息，也不必担心会被监听。

【任务实施】

要实现集群中所有节点机两两之间无密码访问，需要分别为每个节点机进行 SSH 配置，操作步骤如下。

（1）创建用户。

为集群中的节点机分别创建同名用户 mpi，为方便记忆，密码均设为 mpi，操作命令如下：

```
[root@Master ~]# useradd mpi
[root@Master ~]# passwd mpi

[root@Slave1 ~]# useradd mpi
[root@Slave1 ~]# passwd mpi

[root@Slave2 ~]# useradd mpi
[root@Slave2 ~]# passwd mpi
```

（2）生成证书。

切换到主节点机 Master，以用户 mpi 登录，操作命令如下：

```
[root@Master ~]# su - mpi
[mpi@Master ~]$
```

（3）生成证书密钥。

使用 ssh-keygen 命令生成证书密钥，证书密钥有两种算法：dsa 和 rsa，操作命令如下：

```
[mpi@Master ~]$ ssh-keygen -t dsa
```

执行后，显示如下信息，按回车键即可。

```
Generating public/private dsa key pair.
Enter file in which to save the key (/home/mpi/.ssh/id_dsa):
Created directory '/home/mpi/.ssh'.
Enter passphrase (empty for no passphrase):
Enter same passphrase again:
Your identification has been saved in /home/mpi/.ssh/id_dsa.
Your public key has been saved in /home/mpi/.ssh/id_dsa.pub.
The key fingerprint is:
SHA256:AOwArcjCwfxf1tkBKS8kDUJzCEznOcOMb6u/F6rEXQg mpi@Master
The key's randomart image is:
+---[DSA 1024]----+
|*=o*ooo  .o      |
| =O.*o + . .     |
|+EoX  + + o .    |
|+oo.=  = + .     |
|.  +..o S        |
|. o oo           |
| o o. .          |
|. .. .           |
| oooo            |
+----[SHA256]-----+
```

（4）复制证书公钥。

使用 ssh-copy-id 命令复制证书公钥到主节点机 Master 上，操作命令如下：

```
[mpi@Master ~]$ ssh-copy-id -i .ssh/id_dsa.pub mpi@Master
```

第一次复制时需要先输入“yes”表示同意与主节点机 Master 建立连接，连接之后需要输入 mpi 用户的密码。下面是复制证书公钥到主节点机 Master 的部分提示信息。

```
…
Are you sure you want to continue connecting (yes/no)? yes
…
mpi@Master's password:
```

复制证书公钥到从节点机 Slave1 和 Slave2 上，操作命令如下：

```
[mpi@Master ~]$ ssh-copy-id -i .ssh/id_dsa.pub mpi@Slave1
[mpi@Master ~]$ ssh-copy-id -i .ssh/id_dsa.pub mpi@Slave2
```

（5）复制证书私钥。

使用 scp 命令分别复制证书私钥到从节点机 Slave1 和 Slave2 上，实现无密码访问，操作命令及结果如下：

```
[mpi@Master ~]$ scp .ssh/id_dsa Slave1:/home/mpi/.ssh/
id_dsa                                          100%  672    603.0KB/s
 00:00
```

```
[mpi@Master ~]$ scp .ssh/id_dsa Slave2:/home/mpi/.ssh/
id_dsa                                         100%  672    586.5KB/s
00:00
```

（6）SSH 访问测试。

在从节点机 Slave1 上测试 SSH 是否能够登录从节点机 Slave2，因为第一次登录需要建立互信，所以需要输入“yes”，之后再连接就不需要输入了，其他节点机的测试方法与之相同，操作命令及结果如下：

```
[mpi@Slave1 ~]$ ssh Slave2
The authenticity of host 'Slave2 (192.168.2.103)' can't be established.
ECDSA key fingerprint is SHA256:VLjO/HUk16YeZKuPx4CDV7UsyAMJZQ5xz/
Bpuz2eIbY.
ECDSA key fingerprint is MD5:d7:43:0c:37:85:6f:f4:eb:99:21:2f:15:8b:af:
fc:c4.
Are you sure you want to continue connecting (yes/no)? yes
Warning: Permanently added 'Slave2,192.168.2.103' (ECDSA) to the list
of known hosts.
[mpi@Slave2 ~]$
```

若从从节点机 Slave1 切换到从节点机 Slave2 时无须输入 mpi 密码，则表示测试通过。若要退出登录，则可以使用 exit 命令或 logout 命令，或者直接按“Ctrl+D”键，操作命令及结果如下：

```
[mpi@Slave2 ~]$ exit
退出
Connection to Slave2 closed.
[mpi@Slave1 ~]$
```

任务 3　使用 NFS 设置共享目录

【任务概述】

MPICH 的安装目录和用户可执行程序在并行计算时需要在所有节点机上保存副本，并且目录要相互对应，但每次逐个节点地复制非常烦琐，采用网络文件系统（Network File System，NFS）后可以实现所有节点机内容与主节点机内容同步更新，并自动实现目录的对应。本任务主要为 NFS 的安装配置与挂载，因此我们将主节点机 Master 设为 NFS 服务器，设置共享目录 /home/mpi（可读写），设置从节点机 Slave1 和 Salve2 为客户端，共享 NFS 服务。

【支撑知识】

1. NFS 服务与 RPC 协议

NFS 是 1980 年由 Sun Microsystems 开发出来在 UNIX 和 Linux 系统之间实现磁盘文件共享的一种方法，于 1984 年发布。它是一种文件系统协议，支持应用程序在客户端通过网络读取位于服务器磁盘中的数据。

NFS 服务只提供网络文件共享功能，不提供数据传输功能。NFS 客户端和 NFS 服务器需要借助 RPC（Remote Procedure Call，远程过程调用）协议实现数据传输。RPC 协议定义了一种在进程之间通过网络进行交互通信的机制，它允许客户端进程通过网络向远程服务器进程请求服务，并且不需要了解服务器底层通信协议的详细信息。可以这样理解 NFS 服务和 RPC 协议的关系：NFS 服务也是一个文件系统，RPC 协议负责传输信息。简单地说，只要用到 NFS 服务的地方就要启动 RPC 协议。

将常用的数据存放在一台 NFS 服务器上可以减少 NFS 客户端自身存储空间的使用。NFS 客户不需要在网络中的每个机器上都建立 Home 目录，可以通过将其放在 NFS 服务器上来访问使用。一些存储设备如软盘驱动器、CD-ROM 和 Zip（一种高存储密度的磁盘驱动器与磁盘）等都可以在网络上被别的机器所使用，从而减少整个网络上可移动设备的数量。

2. NFS 格式说明

配置 NFS 服务的方法相对比较简单，首先需要关闭所有节点机的防火墙等安全设置服务，然后在 NFS 的主配置文件 /etc/exports 中进行设置，启动服务即可。由于 CentOS 默认没有 /etc/exports 文件或该文件为空，需要手动新增，且所有配置都需要用户自己定义，因此每行记录都代表一项共享资源及访问权限设置，命令语法格式如下：

```
共享目录 [客户端 1（参数）] [客户端 2（参数）]
```

其中，各参数含义如下：

（1）共享目录：NFS 服务器所需共享目录的实际路径。

（2）客户端：可以访问 NFS 服务器共享目录的计算机。

（3）参数：对满足客户端匹配条件的客户端进行访问权限、用户映射等设置。

3. NFS 客户端

NFS 服务配置完成后，NFS 客户端可以使用 showmount 命令查看 NFS 服务器上有哪些共享目录，在使用 showmount 命令时，为避免防火墙将 NFS 服务请求过滤，建议在使用 showmount 命令前关闭防火墙，或者设置防火墙的过滤规则，同时将 SELinux 设置为 permissive 模式。

命令语法格式如下：

```
showmount [选项(参数)]
```

要将 NFS 服务器上的共享目录挂载到本机上可使用 mount 命令，这样用户便能像使用本地系统中的目录一样使用 NFS 挂载目录。

命令语法格式如下：

```
mount -t nfs 服务器名/IP地址：输出目录 本地挂载目录
```

NFS 客户端将 NFS 服务器上的共享目录设置为自动挂载的方法同自动挂载光盘的方法一样，编辑 /etc/fstab 文件，并在该文件中添加如下格式的语句：

```
NFS服务器名/IP地址：输出目录 本地挂载目录 nfs defaults 0 0
```

【任务实施】

部署 MPI 集群时需要提前配置好 NFS 服务器和 NFS 客户端，使 NFS 服务器上的共享目录能被 NFS 客户端访问，操作步骤如下。

（1）软件包的安装及检查。

目前几乎所有的 Linux 发行版本都默认安装了 NFS 服务，由于启动 NFS 服务时需要用到 nfs-utils 和 rpcbind 这两个软件包，因此在配置 NFS 服务之前，建议使用如下命令检测系统是否安装了 NFS 相关软件包。

```
[root@Master ~]# rpm -qa|grep nfs-utils
nfs-utils-1.3.0-0.61.el7.x86_64
[root@Master ~]# rpm -qa|grep rpcbind
rpcbind-0.2.0-47.el7.x86_64
```

出现上述信息表示系统已安装 NFS 相关软件包。若没有安装，则可以使用 yum 命令进行安装。

```
[root@Master ~]# yum -y install nfs-utils rpcbind
```

（2）编辑 NFS 主配置文件。

编辑 NFS 主配置文件 /etc/exports，并添加如下内容：

```
[root@Master ~]# vi /etc/exports
/home/mpi 192.168.2.0/24(rw,sync,no_all_squash)
```

共享目录：/home/mpi。

客户端：192.168.2.0/24，表示指定子网的所有主机，等同于 192.168.2.*。

参数：rw 表示设置共享目录为可读写；sync 表示将数据同步写入内存缓冲区与磁盘中；no_all_squash 表示不将远程访问的所有普通用户及所属用户组都映射为匿名用户或用户组。

（3）启动 NFS 服务。

查询 NFS 服务各个程序的运行是否正常，操作命令及结果如下：

```
[root@Master ~]# systemctl status rpcbind.service
…
Active: active (running)   // rpcbind 默认开启
…
[root@Master ~]# systemctl status nfs.service
…
Active: inactive (dead)   // 表示 NFS 服务没有运行
```

启动 NFS 服务时，一定要先启动 RPC，再启动 NFS，操作命令如下：

```
[root@Master ~]# systemctl start rpcbind.service
[root@Master ~]# systemctl start nfs.service
```

设置开机自动启动 NFS 服务，操作命令如下：

```
[root@Master ~]# systemctl enable rpcbind.service
[root@Master ~]# systemctl enable nfs.service
Created symlink from /etc/systemd/system/multi-user.target.wants/nfs-server.service to /usr/lib/systemd/system/nfs-server.service.
```

（4）使用 exportfs 命令，对 NFS 服务进行相关操作。

输出所有共享目录，操作命令及结果如下：

```
[root@Master ~]# exportfs -av
exporting 192.168.2.0/24:/home/mpi
```

停止输出所有共享目录，操作命令如下：

```
[root@Master ~]# exportfs -auv
```

重新输出共享目录，操作命令及结果如下：

```
[root@Master ~]# exportfs -arv
exporting 192.168.2.0/24:/home/mpi
```

（5）查看 NFS 服务器上的共享目录，操作命令及结果如下：

```
[root@Master ~]# showmount -e
Export list for Master:
/home/mpi 192.168.2.0/24
```

（6）在其他节点机上挂载 NFS 服务器上的共享目录，操作命令如下：

```
[root@Slave1 ~]# mount -t nfs master:/home/mpi/ /home/mpi/
[root@Slave2 ~]# mount -t nfs master:/home/mpi/ /home/mpi/
```

此处的 Master 为服务器名称，对应的 IP 地址为 192.168.2.101。

（7）启动时自动挂载 NFS 服务器上的共享目录。

设置系统在启动时自动挂载 NFS 服务器上的共享目录，编辑 /etc/fstab 文件，在文件末尾处新增一行语句，内容如下：

```
[root@Slave1 ~]# vi /etc/fstab
```

```
Master:/home/mpi          /home/mpi         nfs      defaults           0 0
```

此步骤为非必须完成项，若未设置自动挂载，则系统重启后需要重新手动挂载共享目录。

（8）测试 NFS 的读写操作。

在从节点机 Slave1 上新建一个空白文件，操作命令如下：

```
[root@Slave1 ~]# su - mpi
[mpi@Slave1 ~]$ touch test.txt
```

在从节点机 Slave2 上检查文件是否存在，操作命令及结果如下：

```
[root@Slave2 ~]# su - mpi
[mpi@Slave2 ~]$ ll
总用量 0
-rw-rw-r--. 1 mpi mpi 0 11月 29 19:16 test.txt
```

至此，NFS 服务器共享目录设置完成。

任务 4　MPI 的安装及测试

【任务概述】

MPICH 是 MPI 的一个应用实现，是用于并行运算的工具。本任务主要为安装 MPICH 开发包，编译、安装和运行 MPICH 软件。本任务使用的 MPICH 软件为 mpich-3.4.2 stable release。

【支撑知识】

1. MPI 简介

MPI 是一个消息传递库，也是一种消息传递基本模型。MPI 是一种标准或规范的代表，于 1994 年 5 月诞生了 1.0 版本。MPI 是一个跨语言的通信协议，用于编写并行计算程序，支持点对点通信。MPI 是一个信息传递应用程序接口，包括协议和语义说明，用于指明如何在各种应用中发挥作用。MPI 在今天仍为高性能计算的主要模型。由于 MPI 是一个库而不是一门语言，因此 MPI 必须和特定的语言结合使用。

MPICH 的开发主要是由 Argonne National Laboratory（阿贡国家实验室）和 Mississippi State University（密西西比州大学）共同完成的，在这一过程中 IBM 也做出了贡献，但是 MPI 规范的标准化工作是由 MPI 论坛成员完成的。MPICH 是 MPI 最流行的非专利实现，具有良好的可移植性。MPICH 的开发与 MPI 规范的制定是同步进行的，因此 MPICH 最能反映 MPI 的变化和发展。

2. MPI 的特点

MPI 的核心工作就是实现大量服务器计算资源的整合输出，这对云计算尤为重要。它支持 FORTRAN 语言和 C 语言，由于 FORTRAN 语言是科学与工程计算领域的语言，C 语言是目前使用最广泛的系统和应用程序开发语言之一，因此必须支持这两种语言。

MPI 具有较高的通信性能、较好的程序可移植性和强大的功能。MPI 为分布式程序设计人员提供了最大的灵活性和自由度，但随之而来的代价是编程的复杂性，同时网络带宽也是 MPI 的主要瓶颈。目前 MPI 的应用领域主要还是科学计算领域，但随着云计算与大数据技术的发展和普及，这种分布式计算机制也越来越受关注。MPI 的特点如下。

（1）提供应用程序编程接口。

（2）提高通信效率。

（3）可在异构环境下使用。

（4）提供的接口方便 C 语言和 FORTRAN 语言的调用。

（5）提供可靠的通信接口，即用户不必处理通信失败情况。

（6）定义的接口和现有接口的差别不能太大，但是允许扩展以提供更大的灵活性。

（7）定义的接口能在基本的通信和系统软件无重大改变时，在许多并行计算机生产商的平台上实现，接口的语义是独立于语言的。

【任务实施】

1. MPI 集群部署

部署 MPI 集群除需要完成前面的 SSH 证书登录和 NFS 服务设置外，还需要分别为集群中的所有节点都安装相关开发工具包，以保证 MPICH 软件的正常编译、安装和运行。安装 MPICH 软件的具体操作步骤如下。

（1）安装 MPICH 软件依赖包。

用配置好的 yum 源仓库为集群中的所有节点机都安装相关开发包，此处以 Master 主节点机为例，集群中其他节点机的操作与之相同（安装过程略），操作命令如下：

```
[root@Master ~]# yum -y install gcc
[root@Master ~]# yum -y install gcc-c++
[root@Master ~]# yum -y install gcc-gfortran
[root@Master ~]# yum -y install java-1.8.0-openjdk*
```

（2）打开 WinSCP 软件。

打开 WinSCP 软件，在“主机名”文本框中输入主机名或 IP 地址，“端口号”默认是 22，然后输入登录主机的用户名和密码，如图 3-4 所示。若需要保存会话记录，则可以单击“保存”按钮。单击“登录”按钮，就可以直接连接到 Linux 系统，如图 3-5 所示。

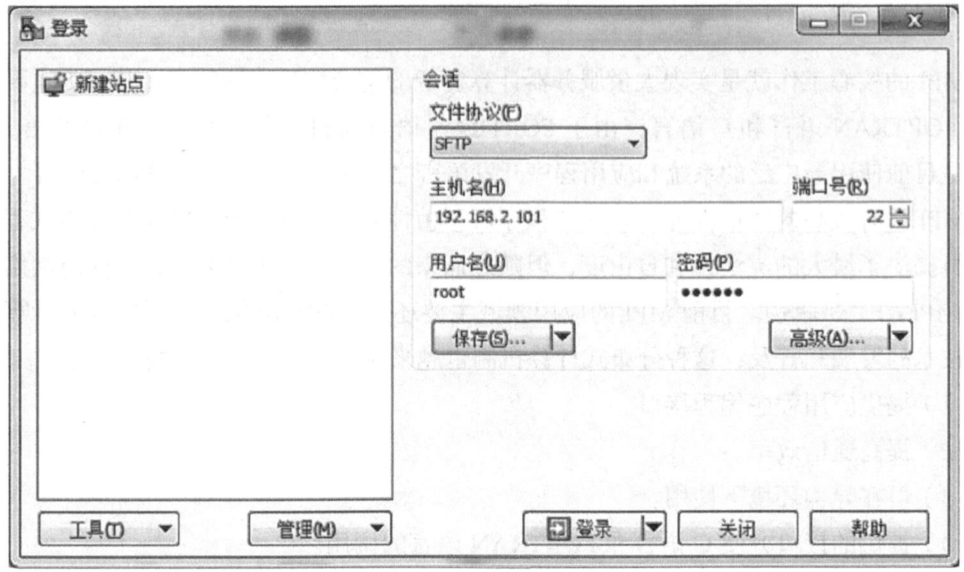

图 3-4　WinSCP 登录对话框

图 3-5　WinSCP 界面

（3）上传 MPICH 软件。

在 WinSCP 界面中，左边“名字”栏是 Windows 系统的目录，右边“名字”栏是 Linux 系统的目录，在左边“名字”栏中找到要上传的 MPICH 软件，单击左上角的“上传”按钮，将 mpich-3.4.2.tar.gz 软件包上传到右边的 Linux 系统的主目录中，如图 3-6 所示。或者在 Windows 系统中直接将 MPICH 软件拖曳到右边“名字”栏中，上传到 Linux 系统中。

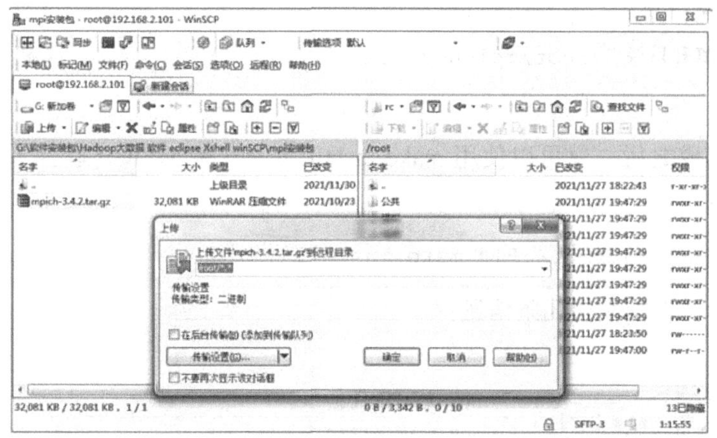

图 3-6　使用 WinSCP 软件上传软件包到 Linux 系统中

（4）解压缩包。

切换到主节点机 Master 的 Linux 系统中，在命令行窗口中输入如下操作命令：

```
[root@Master ~]# tar -zxvf mpich-3.4.2.tar.gz
```

（5）预编译。

进入 MPICH 解压后的目录，对 MPICH 软件进行预编译操作，操作命令及结果如下：

```
[root@Master mpich-3.4.2]# cd mpich-3.4.2/
[root@Master mpich-3.4.2]# ./configure --prefix=/home/mpi --with-device=ch3
...
*** device configuration: ch3:nemesis
*** nemesis networks: tcp
***
Configuration completed.
```

预编译的作用是检查当前的系统环境是否满足安装软件的依赖关系。参数 prefix 表示把所有文件装到“prefix=”目录下而不是安装到 CentOS 的默认目录下。本任务是将软件安装到 /home/mpi 目录下。预编译的时间稍长，大约需要等待 1～2 分钟，若在最后一行显示“Configuration completed.”，则表示预编译成功。

（6）正式编译。

预编译完成之后，就可以进行正式编译了，正式编译的时间更长，大约需要 10 分钟，操作命令如下：

```
[root@Master mpich-3.4.2]# make
```

编译完成后，最后显示信息如下：

```
make[2]: 进入目录 "/root/mpich-3.4.2/examples"
  CC       cpi.o
  CCLD     cpi
```

```
make[2]: 离开目录 "/root/mpich-3.4.2/examples"
make[1]: 离开目录 "/root/mpich-3.4.2"
```

（7）安装。

正式编译完成之后，就可以使用 make install 命令安装 MPICH 软件了，此过程很快，操作命令如下：

```
[root@Master mpich-3.4.2]# make install
```

安装完成后，查看最后几条信息：

```
...
make[3]: 对 "install-exec-am" 无须做任何事
make[3]: 对 "install-data-am" 无须做任何事
make[3]: 离开目录 "/root/mpich-3.4.2/examples"
make[2]: 离开目录 "/root/mpich-3.4.2/examples"
make[1]: 离开目录 "/root/mpich-3.4.2"
```

至此，MPICH 软件安装完成。

2. MPI 测试

使用样例中的程序对 MPI 集群进行测试，验证部署完成的集群中的各节点机是否能够正常工作。

（1）复制测试样例。

由于样例文件在安装 MPICH 软件时不会安装到指定的安装目录 /home/mpi 下，因此要使用系统生成的样例文件，需要将其手动复制到 /home/mpi 目录下，操作命令如下：

```
[root@Master mpich-3.4.2]# cp -r examples /home/mpi/
```

（2）修改用户 / 组属性。

由于前面设置 NFS 服务时，共享目录设置为只允许 mpi 用户访问和操作，因此还需要对安装完成的目录进行用户 / 组属性的修改，操作命令如下：

```
[root@Master mpich-3.4.2]# chown -R mpi:mpi /home/mpi/
```

（3）单节点测试。

使用 MPI 集群中的任一台节点机进行测试，这里选用 Slave1 节点机进行测试，操作命令如下：

```
[root@Slave1 ~]# su - mpi
[mpi@Slave1 ~]$
```

修改样例目录 examples 下的 cpi.c 文件，将头部的版权信息删除后，再重新编译为可执行程序 cpi，操作命令如下：

```
[mpi@Slave1 ~]$ cd examples/
[mpi@Slave1 examples]$ vi cpi.c
```

```
[mpi@Slave1 examples]$ mpicc -o cpi cpi.c
```

测试 6 个进程在单一节点机上运行的情况，操作命令及结果如下：

```
[mpi@Slave1 examples]$ mpirun -np 6 ./cpi
Process 1 of 6 is on slave1
Process 2 of 6 is on slave1
Process 3 of 6 is on slave1
Process 5 of 6 is on slave1
Process 0 of 6 is on slave1
Process 4 of 6 is on slave1
pi is approximately 3.1415926544231239, Error is 0.0000000008333307
wall clock time = 0.028357
```

以上结果表示 6 个进程都在 Slave1 节点机上运行，其中包括 π 值、误差值大小及运行程序所耗费的时间。

（4）MPI 集群测试。

为了让多个节点机能够同时运行程序，需要为集群里的节点机分别设置权重，权重的大小可以依据节点机的性能动态调整，操作命令如下：

```
[mpi@Slave1 examples]$ vi weights
Master:1
Slave1:2
Slave2:3
```

将 6 个进程在不同权重的节点机上并行运行，操作命令及结果如下：

```
[mpi@Slave1 examples]$ mpirun -np 6 -f weights ./cpi
Process 1 of 6 is on Slave1
Process 2 of 6 is on Slave1
Process 0 of 6 is on Master
Process 5 of 6 is on Slave2
Process 3 of 6 is on Slave2
Process 4 of 6 is on Slave2
pi is approximately 3.1415926544231239, Error is 0.0000000008333307
wall clock time = 0.149840
```

以上运行结果表示，多个进程根据设置好的权重在不同的节点机上运行，Master 节点机上运行了 1 个进程，Slave1 节点机上运行了 2 个进程，Slave2 节点机上运行了 3 个进程。

任务 5　MPI 编程实战

【任务概述】

并行计算的作用是将大型的计算任务拆分，然后派发到网络中的各个节点机进行分布式的并行计算，最终将结果收集后统一处理。了解并行计算的程序设计方法对我们理解云计算和大数据中的一些技术基础和理念大有益处。本任务主要介绍 MPI 简单并行程序的编写、编译及运行方法。通过对本任务的学习，可以了解 MPI 编程语法的格式，并使用 MPI 函数进行简单的编程。

【支撑知识】

并行计算是指在分布式计算机等高性能计算系统上所做的超级计算。并行计算极大地增强了人们从事科学研究的能力，大大地加快了科技转化为生产力的过程，深刻地影响着人类认识世界和改造世界的方法和途径。

1. 常用 MPI 函数说明

（1）并行初始化函数：MPI_Init(int *argc, char ***argv)。

参数描述：argc 为变量数目，argv 为变量数组，两个参数均来自 main 函数。所有 MPI 程序的第一条可执行语句都是这条语句，这条语句是并行代码之前的第一个 MPI 函数（除 MPI_Initialize() 外），从启动 MPI 环境标志并行代码开始，要求 main 函数必须带参数。

MPI_Init() 函数是 MPI 程序中的第一个调用函数，标志着并行程序部分的开始，它用于完成 MPI 程序的初始化。该函数的返回值为调用成功标志，同一个程序中的 MPI_Init() 函数只能被调用一次。因为函数的参数为 main 函数的参数地址，所以并行程序和一般的 C 语言程序不一样，它的 main 函数参数是不可缺少的，并且 MPI_Init() 函数会用到 main 函数中的两个参数。

（2）并行结束函数：MPI_Finalize()。

MPI_Finalize() 函数是 MPI 程序中的最后一个调用函数，它用于结束 MPI 程序的运行，它是 MPI 程序的最后一条可执行语句，若没有该条语句，则程序的运行结果是不可预知的。这条语句标志着并行代码的结束，结束除主进程外的其他进程。一旦调用该函数后，将不能再调用其他的 MPI 函数，此时程序将释放 MPI 的数据结构及操作。这条语句之后的串行代码仍可在主进程上运行（如果必须）。该函数的调用较简单，没有参数。

（3）获得当前进程标识函数：MPI_Comm_rank (MPI_Comm comm, int *rank)。

参数描述：comm 为该进程所在的通信域句柄；rank 为调用这一函数返回的进程在通信域中的标识号。

当 MPI 初始化后，每个活动进程就变成了一个叫作 MPI_COMM_WORLD 的通信域中的成员。通信域是一个不透明对象，提供了在进程之间传递消息的环境。在一个通信域内的进程是有序的。每个进程都有一个唯一的标识号（rank），有了这个标识号，不同的进程就可以将自身和其他的进程区别开来，节点之间的信息传递和协调均需要这个标识号。进程可以通过调用函数 MPI_Comm_rank() 来确定它在通信域中的标识号。

（4）获取通信域包含的进程总数函数：MPI_Comm_size(MPI_Comm comm, int *size)。

参数描述：comm 为通信域句柄；size 为函数返回的通信域 comm 内包括的进程总数。

进程通过调用 MPI_Comm_size() 函数来确定一个通信域中的进程总数。

（5）获得本进程机器名的函数：MPI_Get_processor_name(char *name,int *resultlen)。

参数描述：name 为返回的机器名字符串；resultlen 为返回的机器名字符串的长度。

这个函数通过字符指针 *name、整型指针 *resultlen 返回机器名及机器名字符串的长度。MPI_MAX_PROCESSOR_NAME 为机器名字符串的最大长度，它的值为 128。

（6）消息发送函数：MPI_Send(void* buf, int count, MPI_Datatype datatype, int dest, int tag, MPI_Comm comm)。

参数描述：buf 为发送缓冲区的起始地址；count 为发送的数据的个数；datatype 为发送数据的数据类型；dest 为目的进程标识号；tag 为消息标志；comm 为通信域。

MPI_Send() 函数是 MPI 程序中的一个基本消息发送函数，实现了消息的阻塞发送，即在消息未发送完时程序处于阻塞状态。MPI_Send() 函数将发送缓冲区 buf 中 count 个 datatype 数据类型的数据到目的进程中，目的进程在通信域中的标识号是 dest，本次发送的消息标志是 tag，使用这个标志就可以把本次发送的消息和本进程向同一个目的进程发送的其他消息区别开来。MPI_Send() 函数指定的发送缓冲区是由 count 个数据类型为 datatype 的连续数据空间组成的，起始地址为 buf。注意，这里 count 的值不是以字节计数的，而是以数据类型为单位指定消息的长度，这样就独立于具体的实现，若发送 10 个 MPI_FLOAT 类型的数据，则 count 应为 10，而不是所占的字节数。其中 datatype 数据类型可以是 MPI 的预定义类型，也可以是用户自定义的类型，但不能直接使用 C 语言中的数据类型。

部分 C 语言中的数据类型和 MPI 预定义的数据类型对比如表 3-2 所示。

表 3-2　部分 C 语言中的数据类型和 MPI 预定义的数据类型对比

MPI 预定义数据类型	C 语言数据类型
MPI_CHAR	signed char
MPI_SHORT	signed short int
MPI_INT	signed int
MPI_LONG	signed long int
MPI_UNSIGNED_CHAR	unsigned char
MPI_UNSIGNED_SHORT	unsigned short int
MPI_UNSIGNED	unsigned int
MPI_UNSIGNED_LONG	unsigned long int
MPI_FLOAT	float
MPI_DOUBLE	double
MPI_LONG_DOUBLE	long double

（7）消息接收函数：MPI_Recv(void* buf, int count, MPI_Datatype datatype, int source, int tag, MPI_Comm comm, MPI_Status *status)。

参数描述：buf 为接收缓冲区的起始地址，count 为最多可接收的数据个数，datatype 为接收数据的数据类型，source 为接收数据的来源进程标识号，tag 为消息标识，应与相应发送操作的标识相匹配，comm 为本进程和发送进程所在的通信域，status 为返回状态。

MPI_Recv() 函数是 MPI 程序中的基本消息接收函数，MPI_Recv() 函数从指定的进程 source 中接收消息，并且该消息的数据类型和消息标识与该接收进程指定的 datatype 和 tag 一致，接收的消息所包含的数据元素的个数最多不能超过 count。接收缓冲区由 count 个数据类型为 datatype 的连续元素空间组成，由 datatype 指定其类型，起始地址为 buf，count 和 datatype 共同决定了接收缓冲区的大小，接收到的消息长度必须小于或等于接收缓冲区的长度，这是因为如果接收到的数据长度过长，MPI 没有截断，接收缓冲区就会发生溢出错误。如果一个短于接收缓冲区的消息到达，那么需要修改这个消息的地址，count 可以是 0，这种情况下消息的数据部分是空的。其中，datatype 数据类型可以是 MPI 的预定义类型，也可以是用户自定义类型，通过指定不同的数据类型调用 MPI_Recv() 函数可以接收不同类型的数据。

消息接收函数和消息发送函数的参数基本是相对的，只是消息接收函数多了一个 status 参数，返回状态变量 status 的用途很广，它是 MPI 定义的一个数据类型，使用之前需要用户为它分配空间。

2. MPI 程序的编译

MPI 程序的编译命令如下所示，这条命令在连接时可以自动提供 MPI 需要的库及特定的开关选项。

```
mpicc /mpicc/mpif77/mpif90
```

mpicc 用于编译并连接用 C 语言编写的 MPI 程序。

mpif77/mpif90 用于编译并连接用 FORTRAN77/FORTRAN90 语言编写的 MPI 程序。

常用的编译选项如下。

-mpilog：产生 MPI 的 log 文件。

-mpitrace：产生跟踪文件；它和 -mpilog 在编译时不能同时存在，只能二选一。

-mpianim：产生实时动画。

-show：显示编译时产生的命令，但并不执行它。

-help：给出帮助信息。

-echo：显示当前正在编译连接的命令信息。

编译一个简单的 hello.c 程序，操作命令如下：

```
mpicc -c hello.c
```

运行 hello.c 程序生成一个可执行文件，操作命令如下：

```
mpicc -o hello hello.o
```

上述编译和运行程序的两条命令可以合并为下面这一条命令：

```
mpicc -o hello hello.c
```

【任务实施】

MPI 集群部署完成后，我们就可以使用该集群进行并行计算。以下为使用 MPI 函数进行编程。

（1）使用 MPI 函数编写简单的并行计算程序，打印输出“hello MPI”。

创建 hellompi.c 文件的操作命令如下：

```
[mpi@Slave1 examples]$ vi hellompi.c
```

hellompi.c 文件内容如下：

```
/* 文件名：hellompi.c */
#include <stdio.h>
#include "mpi.h"
int main(int argc, char *argv[])
{
    int rank;
    int size;
    char pcname[MPI_MAX_PROCESSOR_NAME];
    int pcnamelen;
    MPI_Init(0, 0);
    MPI_Comm_rank(MPI_COMM_WORLD, &rank);          // 获得本进程 ID
    MPI_Comm_size(MPI_COMM_WORLD, &size);          // 获得总的进程数目
    MPI_Get_processor_name(pcname,&pcnamelen);     // 获得本进程的机器名
     printf("Hello MPI from process %d of %d on %s\n", rank, size,
pcname);
    MPI_Finalize();
    return 0;
}
```

编译 hellompi.c 文件，操作命令如下：

```
[mpi@Slave1 examples]$ mpicc -o hellompi hellompi.c
```

执行以下操作命令来运行程序：

```
[mpi@Slave1 examples]$ mpirun -np 6 -f weights ./hellompi
Hello MPI from process 1 of 6 on Slave1
Hello MPI from process 0 of 6 on Master
Hello MPI from process 2 of 6 on Slave1
Hello MPI from process 4 of 6 on Slave2
Hello MPI from process 5 of 6 on Slave2
```

```
Hello MPI from process 3 of 6 on Slave2
```

（2）数据分发实验——找出矩阵中的最大值。

创建 matrix_max.c 的操作命令如下：

```
[mpi@Slave1 examples]$ vi matrix_max.c
```

matrix_max.c 文件内容如下：

```
/* 文件名: matrix_max.c */
#include "mpi.h"
#include <stdio.h>
int main(int argc,char **argv)
{
  int myid,num,i,temp,max;
  int a[5][5] = {{2,99,4,35,12},
                 {96,23,77,88,55},
                 {56,666,78,21,11},
                 {19,28,36,75,81},
                 {91,100,92,6,56}};
  int recvbuff[5];
  MPI_Status status;
  MPI_Init(&argc,&argv);
  MPI_Comm_rank(MPI_COMM_WORLD,&myid);
  MPI_Comm_size(MPI_COMM_WORLD,&num);
  if(num==5)
  {
    MPI_Scatter(a,5,MPI_INT,recvbuff,5,MPI_INT,0,MPI_COMM_WORLD);
    temp=recvbuff[0];
    for(i=1;i<5;i++)
    {
       if(temp<recvbuff[i])
       {
          temp=recvbuff[i];
       }
    }
    MPI_Reduce(&temp,&max,1,MPI_INT,MPI_MAX,0,MPI_COMM_WORLD);
    if(myid==0)
    {
       printf("the max is %d\n",max);
    }
  }
  else
  {
    printf("进程数必须是: 5!\n");
```

```
  }
  MPI_Finalize();
  return 0;
}
```

编译 matrix_max.c 文件，操作命令如下：

```
[mpi@Slave1 examples]$ mpicc -o matrix_max matrix_max.c
```

执行以下操作命令来运行程序：

```
[mpi@Slave1 examples]$ mpirun -np 2 -f weights ./matrix_max
进程数必须是：5!
进程数必须是：5!
```

此并行计算程序对进程数有要求，将进程数改为 5，重新运行程序，结果如下：

```
[mpi@Slave1 examples]$ mpirun -np 5 -f weights ./matrix_max
the max is 666
```

（3）用蒙特卡罗（Monte Carlo）法求积分。

采用蒙特卡罗法计算函数 $y=x^2$ 在 0～10 之间的积分值。

该算法的思想是通过随机数把函数划分成小的矩形块，通过求小矩形块的面积和来求积分值，我们选 n 个在 0～10 之间的随机数，并把每个随机数所对应的函数值作为矩形的高，由于随机数在 n 很大时会近似平均分布在 0～10 之间，因此矩形宽的取值为 $\frac{10}{n}$，对所有的小矩形块的面积求和即可得函数的积分值。

创建 monte_carlo_integral.c 文件的操作命令如下：

```
[mpi@Slave1 examples]$ vi monte_carlo_integral.c
```

monte_carlo_integral.c 文件内容如下：

```
/* 文件名：monte_carlo_integral.c */
#define N 100000000
#include <stdio.h>
#include <stdlib.h>
#include <time.h>
#include "mpi.h"
int main(int argc, char **argv)
{
  int myid,numprocs;
  int i;
  double local=0.0;
  double inte,tmp=0.0,x;
  MPI_Init(&argc, &argv);
  MPI_Comm_rank(MPI_COMM_WORLD, &myid);
  MPI_Comm_size(MPI_COMM_WORLD,&numprocs);
```

```
  srand((int)time(0)); //设置随机数种子
/* 各节点机分别计算一部分积分值，以下程序表示不同节点机运行的结果不同 */
  for(i=myid;i<N;i=i+numprocs)
  {
    x=10.0*rand()/(RAND_MAX+1.0); //求函数值
    tmp=10*x*x/N;
    local=tmp+local; //各节点计算面积和
  }
/* 计算总的面积和，得到积分值 */
  MPI_Reduce(&local,&inte,1,MPI_DOUBLE,MPI_SUM,0,MPI_COMM_WORLD);
  if(myid==0)
  {
    printf("The integal of x*x=%16.15f\n",inte);
  }
  MPI_Finalize();
}
```

编译 monte_carlo_integral.c 文件，操作命令如下：

```
[mpi@Slave1 examples]$ mpicc -o monte_carlo_integral monte_carlo_
integral.c
```

执行以下操作命令来运行程序：

```
[mpi@Slave1 examples]$ mpirun -np 6 -f weights ./monte_carlo_integral
The integal of x*x=333.346155995429967
```

以上程序首先通过随机数将积分区域划分为 100000000 个小区域，然后各节点机计算一部分小矩形的面积，最后通过 MPI_Reduce() 函数对所有节点机的计算结果进行归约求和得到最后的积分值。归约的过程就是各节点机向主节点机发送数据，由主节点机接收数据并完成指定的计算操作，这一思想与云计算中的 MapReduce 思想类似，都是将任务分配到各节点机计算最后由主节点机汇总结果，程序通过 myid 和 numpros 参数的配合使同一段程序在不同的节点机运行时完成不同部分的积分工作，这利用了 MPI 并行计算程序中变量分布式存储的原理，不同的节点机对应的 myid 值是不同的。

可见在 MPI 中会出现相同的代码在不同的节点机执行时结果不一样的情况，这在串行程序中是不会出现的，大家要注意理解。

同步训练

一、选择题

1. 目前 MPI 支持的语言不包括（　　）。

A. FORTRAN77　　B. C/C++

C. FORTRAN90　　D. Java

2. 以下哪一个不是 MPI 的特性？（　　）

A. 功能强　　B. 性能强

C. 并行语言　　D. 可移植性好

3. MPI 中的哪一个是消息发送函数？（　　）

A. MPI_Recv()　　B. MPI_Send()

C. MPI_Init()　　D. MPI_Comm_rank()

二、简答题

1. 简答 MPI 程序一般分为哪几个部分。
2. 简答如何设计适合集群系统的并行算法。
3. 简答并行计算的概念及优点。
4. 简要说明 MPI 六个常用基本函数的作用。

三、操作题

（1）部署一个 MPI 集群，并编写一个 MPI 入门程序“hello MPI”。

（2）基于蒙特卡罗法用 MPI 程序实现对 π 值的并行求解。

解题思路：根据蒙特卡罗法的思想，我们以坐标原点为圆心作一个直径为 1 的单位圆，再作一个正方形与此圆相切。在这个正方形内随机产生 count 个点，判断是否落在圆内，将落在圆内的点的数目计作 m，根据概率理论，m 与 count 的比值就近似可以看成圆和正方形的面积之比，由于圆的半径为 0.5，正方形的边长为 1，因此有$\frac{m}{\text{count}}=\frac{\pi 0.5^2}{1}$，故 π 值可以用公式$\pi=\frac{4m}{\text{count}}$计算。

项目 4　Hadoop 集群部署及应用

【项目介绍】

随着互联网技术的快速发展和移动互联设备的广泛应用，人们逐渐由过去的数据接收者和使用者转变成了数据生产者，也催生出了存储与处理海量数据的需求。单机设备已经很难满足数据存储与处理的需求，而高性能的超级计算机在价格上也让人望而却步。因此，搭建能够存储和处理海量数据的计算机集群需求应运而生，Hadoop 这种可以处理大数据的分布式存储和计算框架也在这种背景下诞生。Hadoop 集群部署及应用是本项目要解决的问题。

本项目分为以下 4 个任务：

- 任务 1　Hadoop 集群部署前的准备工作
- 任务 2　Hadoop 的安装
- 任务 3　Hadoop 伪分布式部署及应用
- 任务 4　Hadoop 分布式部署及应用

【学习目标】

- 熟悉 Hadoop 集群部署前的配置要求；
- 掌握 Hadoop 系统的安装与配置方法；
- 掌握 Hadoop 伪分布式部署及应用方法；
- 掌握 Hadoop 分布式部署及应用方法；
- 掌握 Hadoop shell 命令的使用方法。

任务 1　Hadoop 集群部署前的准备工作

【任务概述】

在前面的 MPI 集群部署中，我们配置了 3 台虚拟机来实现 MPI 集群的部署及应用任务，接下来我们将继续用 3 台虚拟机来实施 Hadoop 集群的部署及应用。在集群部署前，必须为集群的搭建做好部署环境的配置及相关准备工作。

【支撑知识】

Hadoop 是一个基于 Java 的开源软件框架，具有很好的处理分析大数据的性能，能够在计算机集群中实施海量数据的分布式计算。它采用 MapReduce 分布式计算框架，参照 GFS（Google 文件系统）原理和 BigTable（分布式数据存储系统）原理分别构建了 HDFS（分布式文件系统）和 HBase（分布式存储系统）。

Yahoo、Facebook、Amazon，以及百度、阿里巴巴等众多互联网公司都以 Hadoop 为基础搭建了自己的分布式计算系统。Hadoop 允许用简单的编程模型在计算机集群上对大型数据集进行分布式处理，它的设计规模从单一服务器到数千台服务器，每台服务器都能提供本地计算和存储功能，Hadoop 提供的是计算机集群高可用的服务，不依靠硬件来提供高可用性。低成本、高可靠、高扩展、高有效、高容错等特性使 Hadoop 成为流行的大数据分析系统。

【任务实施】

1. 创建 hadoop 用户

CentOS 7 系统设置了 root 这个超级用户，这个用户具有系统所有的管理权限，可以对系统进程、用户、各种文件甚至硬件进行管理操作。但初学者由于极易出现一些误操作而导致系统运行不正常乃至崩溃，因此不建议使用超级用户 root 进行系统的日常操作。

本书均使用 hadoop 作为用户名登录 CentOS 7 系统，同时设置统一且相对简单的密码（如 12345678），并需要为 hadoop 用户设置管理员权限以方便本书后续的所有操作与使用。若读者原来创建的用户名并不是 hadoop，则建议创建 hadoop 用户，并设置密码及管理员权限。操作步骤如下。

（1）创建 hadoop 用户，操作命令如下：

```
$sudo adduser hadoop
```

（2）设置密码，操作命令如下：

```
$sudo passwd hadoop
更改用户 hadoop 的密码。
新的密码:                    // 在这里输入新密码
重新输入新的密码:             // 再次输入新密码
passwd: 所有的身份验证令牌已经成功更新。
```

（3）设置管理员权限。初始创建的用户 hadoop 属于普通用户组，权限比较有限，因此为避免新手可能会碰到的一些比较难以理解及处理的权限问题，必须给 hadoop 用户赋予一定的管理员权限。

首先，需要打开 /etc/sudoers 文件进行配置，操作命令如下：

```
$sudo vim /etc/sudoers
```

然后，修改 /etc/sudoers 文件，将“...wheel”语句前面的注释符号“#”去掉，操作命令如下：

```
## Allows people in group wheel to run all commands
%wheel    ALL=(ALL)    ALL
```

最后，修改用户群组，使其属于 root 组，操作命令如下：

```
$sudo usermod -g root hadoop
```

至此，完成 hadoop 用户管理员权限的设置。

注意：3 台虚拟机都要执行同样的操作。

2. 配置 hostname 文件

1）修改主节点机的名称

在后续的内容中，我们将会使用 3 台节点机（虚拟机）来完成集群环境的搭建，这就需要有一台虚拟机作为主节点机，另外两台虚拟机作为从节点机。为了便于区分，建议将第一台虚拟机的主机名修改为 Master。修改主节点机名称的操作命令如下：

```
$sudo vim /etc/hostname
```

打开文件后，将文件中已有的主机名删除，输入 Master（注意区分大小写），然后保存退出。主机名配置完成后要重启才能生效，重启后再次进入 Linux 系统，打开终端并进入 Shell 命令提示符状态，显示内容如下：

```
[hadoop@Master ~]$
```

2）修改从节点机的名称

除 Master 节点机外，另外两台虚拟机使用 Slave1、Slave2 作为主机名，采用与修改 Master 节点机名称同样的操作，分别打开各自的 hostname 文件，然后删除原有的主机名并输入 Slave1、Slave2，保存后重启虚拟机完成配置。

3. 配置 IP 地址

CentOS 7 安装完成后，默认使用 NAT 模式并自动分配 IP 地址，但因为 IP 地址发生变动，会影响我们后续一些任务操作的执行，所以必须给虚拟机设置固定的 IP 地址，关于如何配置固定的 IP 地址，前面的章节已经讲述，这里不再赘述。

本项目集群配置用到的 3 台节点机（虚拟机），建议按表 4-1 进行 IP 地址配置。

表 4-1　Hadoop 集群节点机 IP 地址配置

节点机名称	IP 地址	子网掩码	网　关
Master	192.168.2.101	255.255.255.0	192.168.2.2
Slave1	192.168.2.102	255.255.255.0	192.168.2.2
Slave2	192.168.2.103	255.255.255.0	192.168.2.2

4. 配置 hosts 文件

hosts 文件主要用于保存网络中各个节点机与 IP 地址对应关系的配置文件，方便系统在用户输入节点机名称时找到对应节点机的 IP 地址，操作命令如下：

```
[hadoop@Master ~]$ sudo vim /etc/hosts
```

命令执行后一般会看到以下两行信息，但需要注意的是，hosts 文件一般情况下只保留一行 127.0.0.1 映射 localhost 主机的信息，若存在 127.0.0.1 映射其他主机信息的，则应该删除。

```
127.0.0.1    localhost localhost.localdomain localhost4 localhost4.localdomain4
::1          localhost localhost.localdomain localhost6 localhost6.localdomain6
```

在 3 台虚拟机的 hosts 文件末尾增加如下 Master、Slave1、Slave2 三台节点机的映射信息：

```
192.168.2.101   Master
192.168.2.102   Slave1
192.168.2.103   Slave2
```

保存退出，并重启虚拟机。

5. 配置防火墙

CentOS 7 的防火墙默认是开启的，但是这样有可能会影响后续集群的部署与使用，因此建议关闭防火墙，操作命令及结果如下：

```
[hadoop@Master ~]$ systemctl stop firewalld.service   //关闭防火墙
==== AUTHENTICATING FOR org.freedesktop.systemd1.manage-units ===
Authentication is required to manage system services or units.
Authenticating as: hadoop
Password:                                         //输入当前用户的密码
==== AUTHENTICATION COMPLETE ===
[hadoop@Master ~]$ systemctl disable firewalld.service   //开机禁用防火墙
==== AUTHENTICATING FOR org.freedesktop.systemd1.manage-unit-files ===
Authentication is required to manage system service or unit files.
Authenticating as: hadoop
Password:                                          //输入当前用户的密码
==== AUTHENTICATION COMPLETE ===
==== AUTHENTICATING FOR org.freedesktop.systemd1.reload-daemon ===
Authentication is required to reload the systemd state.
Authenticating as: hadoop
Password:                                           //再次输入当前用户的密码
==== AUTHENTICATION COMPLETE ===
```

```
[hadoop@Master ~]$ systemctl status firewalld.service    //查看防火墙状态
 firewalld.service - firewalld - dynamic firewall daemon
   Loaded: loaded (/usr/lib/systemd/system/firewalld.service; disabled;
vendor preset: enabled)
   Active: inactive (dead)                          //确认防火墙处于inactive（不
运转）状态
     Docs: man:firewalld(1)
```

以上是对 Master 节点机执行的操作，对 Slave1、Slave2 节点机也要执行同样的操作。

6. 禁用 SELinux

SELinux 为安全增强型 Linux 系统，它是 Linux 的一个内核模块，也是 Linux 的一个安全子系统。SELinux 的主要作用就是最大限度地减小系统中服务进程可访问的资源（最小权限原则）。由于 SELinux 服务在安装好后默认开启，会导致集群部署时无法成功安装一些必要的服务，因此需要关闭 SELinux 服务，通常可以使用如下操作命令：

```
[hadoop@Master ~]$sudo setenforce 0          //临时关闭SELinux
```

但是这种关闭方式在系统重启后会失效，为方便后续的操作，应该把 SELinux 服务设置为永久关闭模式，操作命令如下：

```
[hadoop@Master ~]$sudo vim /etc/selinux/config
```

打开配置文件后，找到 SELINUX=enforcing 语句，并将 SELINUX=enforcing 改为 SELINUX=disabled，如下所示：

```
# disabled - No SELinux policy is loaded.
SELINUX=disabled
```

以上是对 Master 节点机执行的操作，对 Slave1、Slave2 节点机也要执行同样的操作。

7. 安装 SSH 和设置 SSH 免密码登录

SSH 是一种建立在应用层基础上的安全协议，是专为远程登录会话和其他网络服务提供安全的协议。配置 Hadoop 之前必须安装 SSH，主要是因为 Hadoop 的名称节点（NameNode）需要使用 SSH 来登录并启动集群中所有机器的 Hadoop 守护进程。但因为登录过程需要输入密码，而 Hadoop 并没有提供 SSH 的密码登录形式，所以为了解决这个问题就必须将所有机器设置为名称节点可以免密码登录。

首先输入以下操作命令，查看 CentOS 7 是否安装了 SSH。

```
[hadoop@Master ~]$ rpm -qa | grep openssh
```

如果出现类似下面的信息，就说明 SSH 已经安装，可以直接使用。

```
openssh-clients-7.4p1-16.el7.x86_64
openssh-server-7.4p1-16.el7.x86_64
```

```
openssh-7.4p1-16.el7.x86_64
```

否则输入以下操作命令：

```
[hadoop@Master ~]$ sudo yum install openssh-server
```

完成 SSH 的安装。以上是对 Master 节点机执行的操作，Slave1、Slave2 节点机也要执行同样的操作。

在安装完 SSH 后，可以输入以下操作命令登录本机：

```
[hadoop@Master ~]$ ssh localhost
The authenticity of host 'localhost (::1)' can't be established.
ECDSA key fingerprint is SHA256:kc5oK4oWerOx2ko5HS2m8EkfzJ2EvoOHhBbXmMz
Nqpk.
ECDSA key fingerprint is MD5:37:05:ad:22:27:49:d7:7c:6a:17:82:52:72:16
:c6:01.
Are you sure you want to continue connecting (yes/no)? yes        //输入
yes
Warning: Permanently added 'localhost' (ECDSA) to the list of known
hosts.
hadoop@localhost's password:            //输入 hadoop 用户的密码
Last login: Mon Nov 15 15:06:38 2021 from 192.168.2.1
```

出现以上信息表示成功登录本机，然后输入 exit 退出登录，回到原来的终端窗口，接下来需要使用 ssh-keygen 命令生成密钥并将密钥加入授权，操作命令如下：

```
[hadoop@Master ~]$ cd .ssh
[hadoop@Master .ssh]$ ssh-keygen -t rsa
[hadoop@Master .ssh]$ cat ./id_rsa.pub >> ./authorized_keys
```

这样就完成了免密码登录的设置，运行结果如下：

```
[hadoop@Master .ssh]$ ssh Master
hadoop@master's password:
Last login: Mon Nov 15 15:10:22 2021 from localhost
```

个别出现设置完免密码登录但登录时还需要输入密码的，是因为 .ssh 和 authorized_keys 文件的权限问题，所以需要对它们的权限进行配置，操作命令如下：

```
sudo chmod 700 ~/.ssh
sudo chmod 600 ~/.ssh/authorized_keys
```

在整个集群运行的过程中，也是需要免密码登录集群中的其他机器的（如 Slave1、Slave2），所以需要把 Master 节点机的公钥加入 Slave1、Slave2 节点机的授权中。以 Slave1 节点机为例的操作命令及结果如下：

```
[hadoop@Master ~]$ scp ~/.ssh/id_rsa.pub hadoop@Slave1:/home/hadoop
//传输公钥
hadoop@slave1's password:            //输入 Slave1 的 hadoop 用户的密码
```

```
id_rsa.pub                100%   395      5.1KB/s    00:00
[hadoop@Master ~]$ ssh Slave1     //ssh 登录 Slave1，不需要输入密码
Last login: Mon Nov 15 15:32:01 2021 from master
```

任务 2　Hadoop 的安装

【任务概述】

Hadoop 的安装比较简单，由于后续需要搭建集群，因此用户需要在名称节点（NameNode）和数据节点（DataNode）分别进行操作，为方便实施，需要在安装 Hadoop 前安装并配置 Xftp 和 Xshell 软件。

【支撑知识】

1. Xftp

Xftp 是一个强大的 SFTP 和 FTP 文件传输程序，在 Windows 平台上运行。Windows 用户可以使用 Xftp.SFTP（安全壳体文件传输协议）安全、方便地与 UNIX/Linux 主机传输文件，它支持加密和与用户身份验证的安全互联网连接，并可以取代传统的文件转让协议，如 FTP。

2. Xshell

Xshell 是一个强大的安全终端模拟软件，支持 SSH 网络连接协议，以及 Windows 平台下的 TELNET 协议。Windows 用户可以通过 Xshell 非常方便、安全地访问 UNIX/Linux 主机。Xshell 支持加密和用户身份验证，以实现互联网上的安全连接，并可以取代传统的 TELNET、RLOGIN 协议等。

【任务实施】

1. Xftp 的安装与使用

读者可以登录 Xftp 官方网站下载供教学、学习使用的软件。Xftp 安装很简单，运行下载的可执行程序后，一直单击“下一步”按钮，采用默认配置即可完成安装。

打开 Xftp 软件，在 Xftp 界面的“文件”菜单中单击“新建”命令，然后按图 4-1 所示完成配置，并将准备好的 JDK 安装包和 Hadoop 安装包（版本：hadoop 2.8.5）上传到 Master 的“/home/hadoop/ 下载”目录中，为了方便操作，接下来把所有节点机的“/home/hadoop”目录下的“下载”目录重命名为“Downloads”。

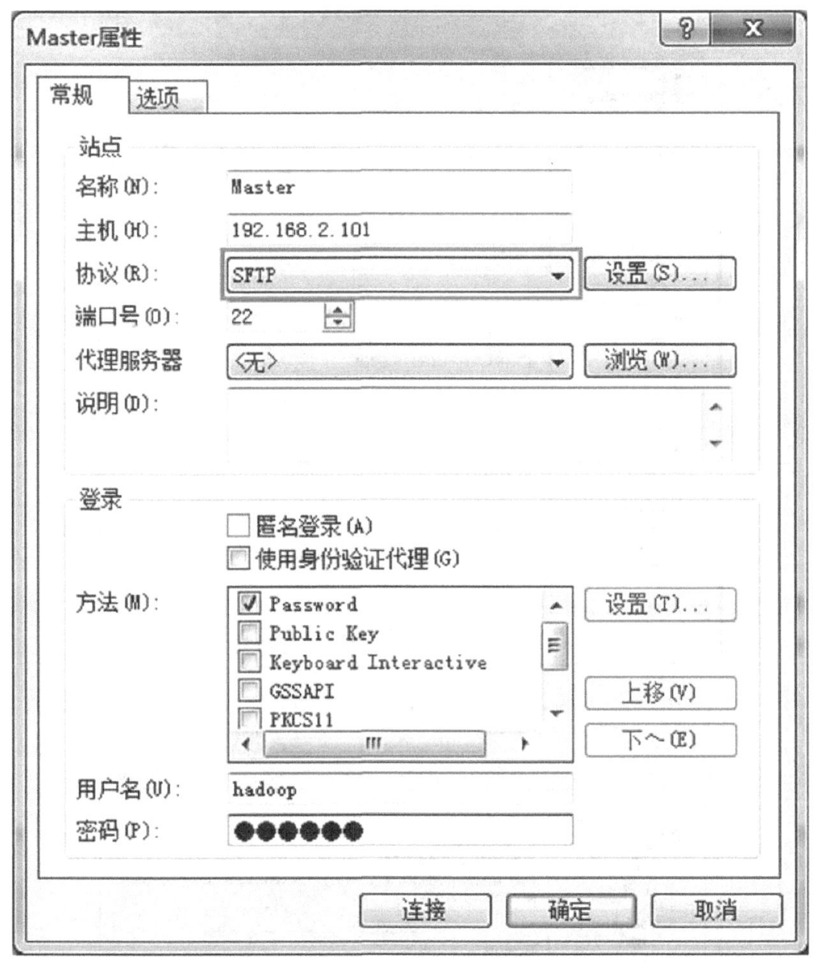

图 4-1　Master 节点机 Xftp 连接属性配置

2. Xshell 的安装与使用

读者可以登录 Xshell 官方网站下载供教学、学习使用的软件。Xshell 安装如 Xftp 一样简单，运行下载的软件后，一直单击“下一步”按钮，采用默认配置即可完成安装。

使用 Xshell 的目的，是因为本书的许多操作会在节点机与节点机、节点机与 Windows 系统之间频繁切换，所以会造成一定的卡顿，配置不高的机器甚至会出现死机。因此，使用 Xshell 建立与节点机的虚拟终端，可以实现对节点机的高效操作，并避免卡顿现象。打开 Xshell 软件，在 Xshell 界面的“文件”菜单中选择“新建”命令，然后在打开的“新建会话属性”对话框中选择“连接”选项，并在“名称”文本框中输入“Master”，在“协议”下拉列表中选择“SSH”，在“主机”文本框中输入“192.168.2.101”，如图 4-2 所示。选择对话框左侧的“用户身份验证”选项，输入 Master 节点机的用户名和密码，如图 4-3 所示。完成后单击“连接”按钮，即可完成虚拟终端的建立。Slave1、Slave2 节点机采用同样的操作完成虚拟终端的建立和连接。

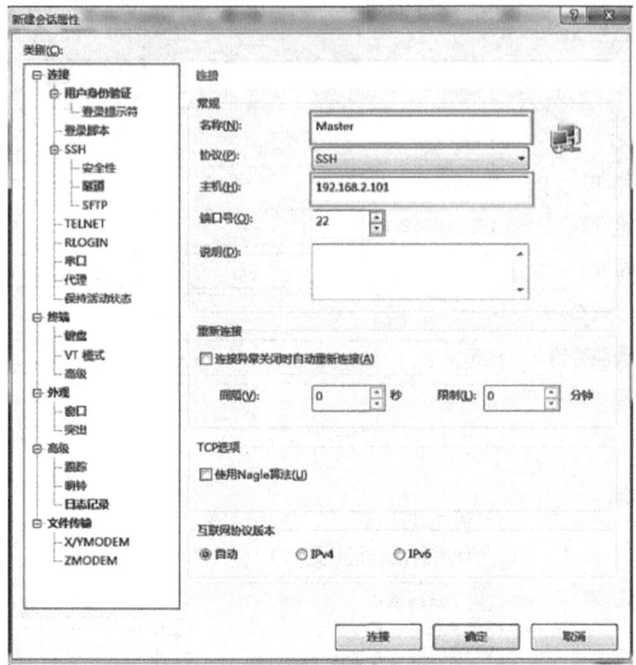

图 4-2 “新建会话属性”对话框

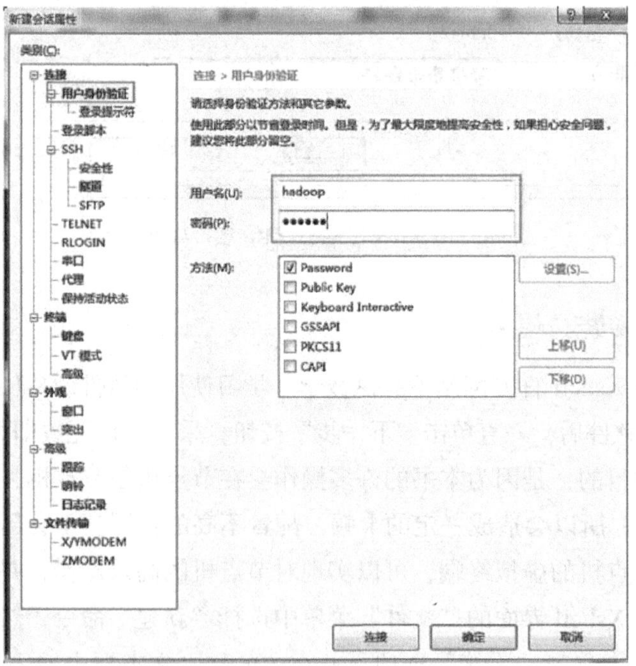

图 4-3 “用户身份验证”配置

3. Hadoop 的安装与使用

由于 Hadoop 本身是用 Java 语言编写的，因此需要使用 Java 语言来支撑 Hadoop 的开发与运行。本书使用 hadoop 2.8.5 版本，对应需求的 JDK 版本应为 1.8 以上。上述内容已经把 JDK 和 Hadoop 安装包下载到了 /home/hadoop/Downloads 目录下，本书默认使用 /opt 目录作为用户安装软件目录。

1）JDK 的安装与配置

CentOS 7 自带安装好的 JDK，但不太方便后续任务的执行，所以最好把它们删除。

执行如下命令对 JDK 安装包解压缩：

```
[hadoop@Master ~]$ cd ~/Downloads/
[hadoop@Master Downloads]$ sudo tar -zxvf ./jdk-8u162-linux-x64.tar.gz
-C /opt
```

继续执行如下命令，配置环境变量：

```
[hadoop@Master ~]$ sudo vim /etc/profile
```

上面的命令使用 Vim 编辑器打开的是每个用户登录时都会运行的环境变量配置文件 profile，在这个文件的开头添加如下 4 行语句：

```
export JAVA_HOME=/opt/jdk1.8.0_301
export JRE_HOME=${JAVA_HOME}/jre
export CLASSPATH=.:${JAVA_HOME}/lib:${JRE_HOME}/lib
export PATH=${JAVA_HOME}/bin:$PATH
```

首先，保存 profile 文件并退出 Vim 编辑器，然后执行如下命令使 profile 文件立即生效：

```
$ source /etc/profile
```

最后，输入如下命令检查安装是否成功：

```
$ java -version
```

如果返回如下信息，就说明成功安装与配置了 JDK。

```
java version "1.8.0_301"
Java(TM) SE Runtime Environment (build 1.8.0_301-b12)
Java HotSpot(TM) 64-Bit Server VM (build 25.162-b12, mixed mode)
```

2）Hadoop 的安装与配置

首先必须确保 hadoop 2.8.5 版本的安装包已经下载到了 /home/hadoop/Downloads 目录下，然后执行如下命令进行解压缩，并对解压缩后的目录进行重命名和修改文件权限。

```
[hadoop@Master ~]$ cd ~/Downloads/
[hadoop@Master Downloads]$ sudo tar -zxvf ./hadoop 2.8.5.tar.gz -C /
opt
[hadoop@Master Downloads]$ cd /opt
[hadoop@Master opt]$ sudo mv ./hadoop 2.8.5 ./hadoop  #修改文件夹名称为
hadoop
[hadoop@Master opt]$ sudo chown -R hadoop ./hadoop    #修改文件权限
```

然后对 Hadoop 进行环境变量的配置，执行如下命令：

```
[hadoop@Master ~]$ cd /opt/hadoop/etc/hadoop/
[hadoop@Master hadoop]$ sudo vim ./hadoop-env.sh
```

在打开文件（hadoop-env.sh）的首行添加如下语句：

```
export JAVA_HOME=/opt/jdk1.8.0_301
```

保存 hadoop-env.sh 文件并退出 Vim 编辑器，执行如下命令继续对 profile 文件进行配置。

```
[hadoop@Master ~]$ sudo vim /etc/profile
```

在 profile 文件中原来的 JDK 配置信息下面添加如下语句：

```
export HADOOP_HOME=/opt/hadoop
export PATH=$PATH:$HADOOP_HOME/bin
export PATH=$PATH:$HADOOP_HOME/sbin
```

保存 profile 文件并退出 Vim 编辑器，然后执行如下命令使 profile 文件立即生效：

```
$ source /etc/profile
```

最后，输入如下命令检查安装是否成功：

```
[hadoop@Master ~]$ hadoop version
```

如果返回如下信息，就说明成功安装与配置了 Hadoop。

```
Hadoop 3.1.3
Source code repository https://gitbox.apache.org/repos/asf/hadoop.git -r ba631c436b806728f8ec2f54ab1e289526c90579
Compiled by ztang on 2019-09-12T02:47Z
Compiled with protoc 2.5.0
From source with checksum ec785077c385118ac91aadde5ec9799
This command was run using /opt/hadoop/share/hadoop/common/hadoop-common-3.1.3.jar
```

Slave1、Slave2 节点机也需要完成同样的配置。

任务 3 Hadoop 伪分布式部署及应用

【任务概述】

Hadoop 可以以单个节点机的方式进行伪分布式的运行，也就是它的名称节点和数据节点是运行在同一台机器上面的，读取的也是 HDFS 上面的文件。本任务要求对 Master 节点机实施 Hadoop 伪分布式配置，并执行相关的实例测试。

【支撑知识】

Hadoop 的伪分布式配置只需要对位于 /opt/hadoop/etc/hadoop 目录下的 core-site.xml 和 hdfs-site.xml 两个文件进行配置，就可以让 Hadoop 顺利地运行在伪分布式状态下。

1. core-site.xml 配置文件的参数

hadoop.tmp.dir 参数是用于指定 Hadoop 保存临时文件所在位置的，它是 Hadoop 文件系统依赖的基本配置。它默认使用的位置是 /tmp/{$user} 目录，该目录是一个临时目录，在系统断电或 Hadoop 重启时会被系统清理，所以会导致各种问题。因此，必须对 hadoop.tmp.dir 参数进行永久性配置。

fs.defaultFS 参数指定的是 HDFS 的访问地址，有的伪分布式配置采用的是“hdfs://localhost:9000”，本书采用的是“hdfs://Master:9000”，其中 localhost 指的是本机，9000 指的是端口号，本书采用的 Master，指的是主节点机的主机名，在后续的分布式配置中不需要做任何修改。

2. hdfs-site.xml 配置文件的参数

dfs.replication 参数用于指定数据副本的数量，因为在 HDFS 中，为了保证数据的可靠性和可用性，数据需要被冗余存储多份。但由于目前使用的伪分布式配置，只有一台节点机，即副本数量为 1，所以将 dfs.replication 的值设为 1。

dfs.namenode.name.dir 参数用于指定名称节点上数据的保存目录。

dfs.datanode.data.dir 参数用于指定数据节点上数据的保存目录。

【任务实施】

1. 修改 core-site.xml 和 hdfs-site.xml 配置文件

执行如下命令，使用 Vim 编辑器打开 core-site.xml 文件，看到的内容如下：

```
[hadoop@Master ~]$ sudo vim /opt/hadoop/etc/hadoop/core-site.xml
<!--
…-->
<!-- Put site-specific property overrides in this file. -->
<configuration>
</configuration>
```

在标记 <configuration>…</configuration> 之间插入如下配置信息：

```
    <property>
          <name>hadoop.tmp.dir</name>
          <value>file:/opt/hadoop/tmp</value>
              <description>Abase for other temporary directories.</
description>
```

```
        </property>
        <property>
            <name>fs.defaultFS</name>
            <value>hdfs://Master:9000</value>
        </property>
```

保存 core-site.xml 文件并退出 Vim 编辑器。

同样，执行如下命令，使用 Vim 编辑器打开 hdfs-site.xml 文件：

```
[hadoop@Master ~]$ sudo vim /opt/hadoop/etc/hadoop/hdfs-site.xml
```

在标记 <configuration>…</configuration> 之间插入如下配置信息：

```
        <property>
                <name>dfs.replication</name>
                <value>1</value>
        </property>
        <property>
                <name>dfs.namenode.name.dir</name>
                <value>file:/opt/hadoop/tmp/dfs/name</value>
        </property>
        <property>
                <name>dfs.datanode.data.dir</name>
                <value>file:/opt/hadoop/tmp/dfs/data</value>
        </property>
```

保存 hdfs-site.xml 文件并退出 Vim 编辑器。

2. 格式化名称节点

完成 core-site.xml 和 hdfs-site.xml 文件的配置后，需要执行名称节点格式化操作，Hadoop 伪分布式集群才能正常使用，命令如下：

```
[hadoop@Master ~]$ hdfs namenode -format
```

格式化过程中，如果出现如下询问信息，输入“Y”即可。

```
Re-format filesystem in Storage Directory root= /opt/hadoop/tmp/dfs/
name; location= null ? (Y or N)Y        #请输入Y，按Enter键确认
```

如果成功格式化，就会在反馈的信息中看到一条包含“successfully formatted”的提示信息，如下所示：

```
INFO common.Storage: Storage directory /opt/hadoop/tmp/dfs/name has
been successfully formatted.
```

需要注意的是，名称节点格式化执行一次即可。

3. 启动 Hadoop 并验证

执行如下命令启动 Hadoop：

```
[hadoop@Master ~]$ start-dfs.sh    # 注意必须做好 Hadoop 的环境变量配置才能这样操作
```

这时会看到如下的启动过程：

```
Starting namenodes on [Master]
Starting datanodes
Starting secondary namenodes [Master]
```

启动完毕后，输入命令 jps，查看是否启动成功：

```
[hadoop@Master ~]$ jps
```

如果能够看到 NameNode、DataNode 和 SecondaryNameNode 三个进程，就代表 Hadoop 伪分布式集群启动成功，否则需要关闭 Hadoop 相关进程，按前面的步骤重新排查错误原因。

Hadoop 进程关闭命令如下：

```
[hadoop@Master ~]$ stop-dfs.sh
```

4. 执行 Hadoop 伪分布式测试实例——简单词频统计

在 Hadoop 伪分布式下，被执行的测试实例需要读取 HDFS 上的数据。所以为保证测试实例的正确执行，需要在 HDFS 中建立用户目录（使用用户名 hadoop），执行如下命令：

```
[hadoop@Master ~]$ hdfs dfs -mkdir -p /user/hadoop    #HDFS 上建立 hadoop 用户目录
[hadoop@Master ~]$ hdfs dfs -mkdir input    #HDFS 上创建 hadoop 用户目录下的 input 目录
```

准备两个测试用的文本文档 file1.txt 和 file2.txt，内容分别如下，同时将它们存放在本地节点机 /home/hadoop/Downloads 目录下，等待上传。

file1.txt 内容如下：

```
Hello I am Jenny
Hello I am Danny
```

file2.txt 内容如下：

```
Good morning
Good afternoon
```

接下来需要把两个测试文档上传到 HDFS 的 input 目录下，然后执行 Hadoop 自带的 wordcount 程序，操作命令如下：

```
[hadoop@Master ~]$ hdfs dfs -put ~/Downloads/file1.txt input
[hadoop@Master ~]$ hdfs dfs -put ~/Downloads/file2.txt input
[hadoop@Master ~]$ hadoop jar /opt/hadoop/share/hadoop/mapreduce/
hadoop-mapreduce-examples-3.1.3.jar wordcount input output
```

等待程序执行，如果看到如下信息，就表示测试实例运行成功。

```
INFO mapred.LocalJobRunner: reduce task executor complete.
INFO mapreduce.Job:  map 100% reduce 100%
INFO mapreduce.Job: Job job_local1039188933_0001 completed successfully
```

运行结束后，可以通过如下操作命令查看 HDFS 中 output 目录中的内容：

```
[hadoop@Master ~]$ hdfs dfs -cat output/*
2021-11-17 14:40:07,703 INFO sasl.SaslDataTransferClient: SASL
encryption trust check: localHostTrusted = false, remoteHostTrusted =
false
Danny       1
Good        2
Hello       2
I           2
Jenny       1
afternoon   1
am          2
morning     1
```

同时，请注意，若需要多次验证实例结果，或者因为测试过程中有错误需要多次执行 wordcount 程序，则每次执行前必须把 HDFS 上的 output 目录删除，这样才不会报错。操作命令如下：

```
[hadoop@Master ~]$ hdfs dfs -rm -r output
```

任务 4　Hadoop 分布式部署及应用

【任务概述】

前面任务实施了 Hadoop 的伪分布式配置，伪分布式只有一个节点，既是名称节点也是数据节点。接下来需要配置 Hadoop 分布式集群并进行简单应用的测试。

【支撑知识】

Hadoop 的分布式配置需要对位于 /opt/hadoop/etc/hadoop 目录下的 workers、core-site.xml、hdfs-site.xml、mapred-site.xml 和 yarn-site.xml 五个文件进行配置，Hadoop 才可以顺利地运行在分布式状态下。

Hadoop 自带了一个历史服务器，通过历史服务器可以查看已经运行完成的 MapReduce 作业的记录，如用了多少个 Map、用了多少个 Reduce、作业提交时间、作业启动时间、作业完成时间等信息。伪分布式的 Hadoop 集群不需要启动这个历史服务器就可以运行 MapReduce 作业，但分布式的 Hadoop 集群需要启动这个历史服务器，否则在运行 MapReduce 作业时，会出现连接历史服务器失败而导致运行作业失败。

【任务实施】

1. 修改配置文件

执行如下操作命令，进入 /opt/hadoop/etc/hadoop 目录。

```
[hadoop@Master ~]$ cd /opt/hadoop/etc/hadoop
```

（1）配置 workers 文件。

执行如下操作命令：

```
[hadoop@Master hadoop]$ sudo vim ./workers
```

在打开的 workers 文件中，把原有的 localhost 信息删除，添加如下信息：

```
Slave1          // 注意分开两行
Slave2
```

修改完成后保存文件并退出 Vim 编辑器。

（2）配置 core-site.xml 文件。

core-site.xml 文件不需要做任何修改，保持原有配置不变。core-site.xml 文件内容如下：

```
<configuration>
        <property>
                <name>fs.defaultFS</name>
                <value>hdfs://Master:9000</value>
        </property>
        <property>
                <name>hadoop.tmp.dir</name>
                <value>file:/opt/hadoop/tmp</value>
                 <description>Abase for other temporary directories.</
description>
        </property>
</configuration>
```

（3）配置 hdfs-site.xml 文件。

执行如下操作命令打开 hdfs-site.xml 配置文件：

```
[hadoop@Master hadoop]$ sudo vim ./hdfs-site.xml
```

这个文件原来做伪分布式配置时已经进行了部分设置，这里只需要增加 dfs.namenode.

secondary.http-address 的属性配置和修改 dfs.replication 的属性配置即可，hdfs-site.xml 文件内容如下：

```
<configuration>
        <property>
                <name>dfs.replication</name>
                <value>2</value>
        </property>
        <property>
                <name>dfs.namenode.name.dir</name>
                <value>file:/opt/hadoop/tmp/dfs/name</value>
        </property>
        <property>
                <name>dfs.datanode.data.dir</name>
                <value>file:/opt/hadoop/tmp/dfs/data</value>
        </property>
</configuration>
```

修改完成后保存文件并退出 Vim 编辑器。

（4）配置 mapred-site.xml 文件。

执行如下操作命令打开配置文件：

```
[hadoop@Master hadoop]$ sudo vim ./mapred-site.xml
```

配置 mapred-site.xml 文件内容如下：

```
<configuration>
        <property>
                <name>mapreduce.framework.name</name>
                <value>yarn</value>
        </property>
        <property>
                <name>mapreduce.jobhistory.address</name>
                <value>Master:10020</value>
        </property>
        <property>
                <name>mapreduce.jobhistory.webapp.address</name>
                <value>Master:19888</value>
        </property>
        <property>
                <name>yarn.app.mapreduce.am.env</name>
                <value>HADOOP_MAPRED_HOME=/opt/hadoop</value>
         </property>
         <property>
                 <name>mapreduce.map.env</name>
```

```
                <value>HADOOP_MAPRED_HOME=/opt/hadoop</value>
        </property>
        <property>
                <name>mapreduce.reduce.env</name>
                <value>HADOOP_MAPRED_HOME=/opt/hadoop</value>
        </property>
</configuration>
```

修改完成后保存文件并退出 Vim 编辑器。

（5）yarn-site.xml 文件配置。

执行如下操作命令打开配置文件：

```
[hadoop@Master hadoop]$ sudo vim ./yarn-site.xml
```

配置 yarn-site.xml 文件内容如下：

```
<configuration>
        <property>
                <name>yarn.resourcemanager.hostname</name>
                <value>Master</value>
        </property>
        <property>
                <name>yarn.nodemanager.aux-services</name>
                <value>mapreduce_shuffle</value>
        </property>
        <property>
                    <description>Whether virtual memory limits will be
enforced for containers.</description>
                <name>yarn.nodemanager.vmem-check-enabled</name>
                <value>false</value>
        </property>
</configuration>
```

修改完成后保存文件并退出 Vim 编辑器。

2. 打包 Hadoop 文件目录并传输给从节点机

由于主节点机对 /opt/hadoop 目录下的文件进行了调整配置，并且从节点机必须与主节点机保持一致，因此需要把主节点机上的 /opt/hadoop 文件目录打包并传输给从节点机。首先，删除从节点机上的 /opt/hadoop 目录，以 Slave1 节点机为例，执行如下命令：

```
[hadoop@Slave1 ~]$ sudo rm -r /opt/hadoop
```

然后，在 Master 节点机上执行如下操作命令，删除 /opt/hadoop 目录下的 tmp 和 logs 文件，主要是因为前面任务进行过伪分布式配置，如果直接使用，就有可能由于数据读取有误而造成集群配置运行出现问题。

```
[hadoop@Master ~]$ cd /opt/hadoop/
[hadoop@Master hadoop]$ sudo rm -r ./tmp
[hadoop@Master hadoop]$ sudo rm -r ./logs/*
```

删除完成后，之后执行 /opt/hadoop 文件目录打包操作，并传输给 Slave1、Slave2 节点机，操作命令如下：

```
[hadoop@Master ~]$ cd /opt
[hadoop@Master opt]$ sudo tar -zcf ~/hadoop.master.tar.gz ./hadoop
[hadoop@Master opt]$ cd ~
[hadoop@Master ~]$ scp ./hadoop.master.tar.gz hadoop@Slave1:/home/
hadoop/
[hadoop@Master ~]$ scp ./hadoop.master.tar.gz hadoop@Slave2:/home/
hadoop/
```

最后，切换到 Slave1 节点机执行如下操作命令：

```
[hadoop@Slave1 ~]$ sudo tar -zxf ~/hadoop.master.tar.gz -C /opt/
[hadoop@Slave1 ~]$ sudo chown -R hadoop /opt/hadoop
```

Slave2 节点机也要执行同样的操作。

3. 格式化名称节点

完成上述步骤后，需要执行名称节点格式化操作，Hadoop 分布式集群才能正常使用，执行如下操作命令完成格式化：

```
[hadoop@Master ~]$ hdfs namenode -format
```

格式化过程中，如果出现如下询问信息，输入“Y”即可。

```
Re-format filesystem in Storage Directory root= /opt/hadoop/tmp/dfs/
name; location= null ? (Y or N)Y         # 请输入 Y，按 Enter 键确认
```

如果成功格式化，就会在反馈的信息中看到一条包含“successfully formatted”的提示信息，如下所示：

```
INFO common.Storage: Storage directory /opt/hadoop/tmp/dfs/name has
been successfully formatted.
```

需要注意的是，名称节点格式化执行一次即可。

4. 启动 Hadoop 并验证

执行如下操作命令启动 Hadoop：

```
[hadoop@Master ~]$ start-dfs.sh # 注意必须做好 Hadoop 的环境变量配置才能这样执
行操作
```

启动过程如下：

```
Starting namenodes on [Master]
Starting datanodes
Starting secondary namenodes [Master]
```

继续执行如下操作命令：

```
[hadoop@Master ~]$ start-yarn.sh
```

启动过程如下：

```
Starting resourcemanager
Starting nodemanagers
```

启动 Hadoop 历史服务进程的操作命令如下：

```
[hadoop@Master ~]$ mapred --daemon start historyserver
```

启动完毕后，输入命令 jps（Master 节点机、Slave1、Slave2 节点机都要执行），查看是否启动成功：

```
[hadoop@Master ~]$ jps
```

若在 Master 节点机上看到 resourcemanager、NameNode 、SecondaryNameNode、JobHistoryServer 四个进程，在 Slave1、Slave2 节点机上看到 NodeManager、DataNode 进程，则代表 Hadoop 分布式集群配置启动成功，否则需要关闭 Hadoop 相关进程，按前面的步骤重新排查错误原因。

Hadoop 进程关闭命令如下：

```
[hadoop@Master ~]$ stop-dfs.sh
[hadoop@Master ~]$ stop-yarn.sh
[hadoop@Master ~]$ mapred --daemon stop historyserver
```

同时，可以执行如下操作命令，进一步验证集群是否被正确配置并且可以使用：

```
[hadoop@Master ~]$ hdfs dfsadmin -report
Configured Capacity: 59050024960 (54.99 GB)
Present Capacity: 45624561664 (42.49 GB)
DFS Remaining: 45624549376 (42.49 GB)
DFS Used: 12288 (12 KB)
…
-------------------------------------------------
Live datanodes (2):
Name: 192.168.2.102:9866 (Slave1)
Hostname: Slave1
Decommission Status : Normal
Configured Capacity: 29525012480 (27.50 GB)
DFS Used: 4096 (4 KB)
Non DFS Used: 6947147776 (6.47 GB)
DFS Remaining: 22577860608 (21.03 GB)
```

```
...
Name: 192.168.2.103:9866 (Slave2)
Hostname: Slave2
Decommission Status : Normal
Configured Capacity: 29525012480 (27.50 GB)
DFS Used: 8192 (8 KB)
Non DFS Used: 6478315520 (6.03 GB)
DFS Remaining: 23046688768 (21.46 GB)
...
```

在以上信息中，如果存在 Live datanodes（0）这样的信息，就说明集群配置有问题，虽然成功启动但无法使用，必须重新检查。

5. 执行 Hadoop 分布式测试实例——正则表达式匹配筛选

在 Hadoop 分布式下，被执行的测试实例需要读取 HDFS 上的数据。所以为保证测试实例的正确执行，需要在 HDFS 中建立用户目录（使用用户名 hadoop），执行如下操作命令：

```
[hadoop@Master ~]$ hdfs dfs -mkdir -p /user/hadoop   #HDFS 上建立 hadoop 用户目录
[hadoop@Master ~]$ hdfs dfs -mkdir input   #HDFS 上创建 hadoop 用户目录下的 input 目录
```

将本地文件系统中 /opt/hadoop/etc/hadoop 中的 .xml 文件作为测试数据上传到 input 目录中，将它们作为 hadoop-mapreduce-examples 的 grep 程序的输入文件，然后从这些文件中筛选出符合正则表达式“dfs[a-z.].+”的单词，并统计它们出现的次数，操作命令如下：

```
[hadoop@Master ~]$ hdfs dfs -put /opt/hadoop/etc/hadoop/*.xml input
[hadoop@Master ~]$ hadoop jar /opt/hadoop/share/hadoop/mapreduce/
hadoop-mapreduce-examples-3.1.3.jar grep input output "dfs[a-z.].+"
```

等待程序执行结果，如果看到如下信息，就表示测试实例运行成功：

```
INFO mapreduce.Job:  map 100% reduce 100%
INFO mapreduce.Job: Job job_1637458466713_0002 completed successfully
```

运行结束后，可以通过如下命令查看 HDFS 中 output 目录的内容：

```
[hadoop@Master ~]$ hdfs dfs -cat output/*
INFO sasl.SaslDataTransferClient: SASL encryption trust check:
localHostTrusted = false, remoteHostTrusted = false
1  dfsadmin
1  dfs.replication
1  dfs.namenode.secondary.http
1  dfs.namenode.name.dir
1  dfs.datanode.data.dir
```

同步训练

一、选择题

1. 下列哪个不属于 Hadoop 的特性？（　　）

A. 成本高　　B. 高可靠性

C. 高容错性　　D. 运行在 Linux 平台上

2. 下列哪个不是 Hadoop 在企业中的应用架构？（　　）

A. 大数据层　　B. 访问层

C. 网络层　　D. 数据源层

3. 在 Hadoop 项目结构中，HDFS 指的是什么？（　　）

A. 分布式文件系统　　B. 分布式并行编程模型

C. 资源管理和调度器　　D. Hadoop 上的数据仓库

4. 在 Hadoop 项目结构中，MapReduce 指的是什么？（　　）

A. 流计算框架　　B. 分布式并行编程模型

C. Hadoop 上的工作流管理系统　　D. 提供分布式协调一致性服务

5. 在一个基本的 Hadoop 集群中，SecondaryNameNode 主要负责什么？（　　）

A. 负责协调集群中的数据存储　　B. 负责执行由 JobTracker 指派的任务

C. 协调数据计算任务　　D. 帮助 NameNode 收集文件系统运行的状态信息

二、简答题

1. 请列出 Hadoop 集群启动后的进程名，其作用分别是什么？

2. 简述 Hadoop 的调度器，并说明其工作方法。

三、操作题

1. 建立 Hadoop 分布式集群。

2. 向 HDFS 中上传任意文本文件，如果指定的文件在 HDFS 中已经存在，就由用户来指定是追加到原有文件末尾还是覆盖原有文件。

3. 从 HDFS 中下载指定文件，如果本地文件与要下载文件的名称相同，就自动对要下载的文件重命名。

 项目 5　MapReduce 基本原理及应用

【项目介绍】

互联网时代以来，数据以海量的方式涌现，各大互联网服务商每天都面临着海量的数据，传统的数据处理方式在面对这些量大且结构复杂的数据时逐渐变得无能为力，因此人们采用“分而治之”的思路，纷纷采用分布式并行编程来提高程序性能，通过在大规模计算机集群上部署分布式程序并行执行大规模数据处理任务，从而获得计算海量数据的能力。MapReduce 是目前基于 Hadoop 的比较成功且应用比较广泛的分布式离线计算框架，是分布式程序的编程模型。

本项目分为以下 4 个任务：

- 任务 1　MapReduce 工作原理及工作流程
- 任务 2　词频统计编程实践
- 任务 3　数据合并去重编程实践
- 任务 4　数据排序编程实践

【学习目标】

- 掌握 MapReduce 的工作原理；
- 了解 MapReduce 的工作流程；
- 掌握 MapReduce 词频统计程序的编写；
- 掌握 MapReduce 数据合并去重程序的编写；
- 掌握 MapReduce 数据排序程序的编写。

任务 1　MapReduce 工作原理及工作流程

【任务概述】

学习掌握 MapReduce，并将其应用于分布式编程环境，本任务主要帮助读者了解 MapReduce 的一些基本概念及其工作流程，为后续的 MapReduce 编程实践做好理论准备。

【支撑知识】

1. MapReduce 简介

MapReduce 是一种适用于大规模数据处理场景的编程框架，常被用于大规模数据集（大于 1TB）的并行运算。MapReduce 结合了函数式编程和矢量化编程的优点与特性，提出了"Map（映射）"和"Reduce（归约）"的数据处理思路，在分布式文件系统中，MapReduce 框架会将一个大规模的数据集切割成一个个支持完全并行处理的小数据集（切片），并交付给多个 Map 任务进行并行处理，然后将 Map 任务完成后得到的结果作为 Reduce 任务的输入进行并行处理，并将最终结果也写入分布式系统中。

在 MapReduce 框架下，这些问题完全交由该框架自行处理，开发人员无须处理并行编程中涉及的任务调度、网络通信、负载均衡、容错处理及数据分布式存储等问题，只要处理好 Map 函数和 Reduce 函数的重写与应用即可。

2. MapReduce 核心名词

job：MapReduce 采用 job 来初始化其所需要处理的数据，它包含多个 Map 和 Reduce 处理任务，通常需要指定 Mapper 类、Reducer 类、输入数据存放位置、输出数据存放位置等。

task：每个 job 都需要被拆分成多个 Map 执行单元和 Reduce 执行单元，并交由多个主机完成，这些执行单元就叫 task。

map：负责 Map 阶段的整个数据处理流程，分布式文件系统将大的数据集切割成一个个小的数据集交由 Map 函数处理，这些数据集可以是任意形式的，Map 函数将其转换成 <key,value> 的键值对形式进行输出。

reduce：负责 Reduce 阶段的数据处理流程，Reduce 函数将从 Map 函数输入的一系列具有相同 key 的 <key,value> 键值对按照一定的规则进行组合处理，并输出处理后的 <key,value> 键值对。

appMaster：负责整个程序的过程调度及状态协调。

【任务实施】

1. MapReduce 的工作原理

一个 MapReduce 的作业（job）通常会把输入的数据集切割成若干个独立的数据块（block），然后由 Map 任务（task）以完全并行的方式处理它们。框架会先将 Map 任务的输出结果进行排序，然后输入给 Reduce 任务。通常 job 的输入和输出数据都会被存储在文件系统中。

在 Hadoop 中，每个 MapReduce 任务都被初始化为一个 job，每个 job 又被分为 4 个主要阶段：Split、Map、Shuffle 及 Reduce，其中最重要的两个阶段是 Map 和 Reduce。

这两个阶段分别用两个函数表示，即 Map 函数和 Reduce 函数。Map 函数接收一个 <key,value> 形式的输入，然后同样产生一个 <key,value> 形式的中间输出；Reduce 函数接收一个 <key,value(List of value)> 形式的输入，然后对这个 value 集合进行处理并输出结果。

对用 MapReduce 来处理的数据集有一个基本要求：待处理的数据集可以被分解成许多小的数据集，并且每个小数据集都支持完全并行处理。MapReduce 执行过程如图 5-1 所示。

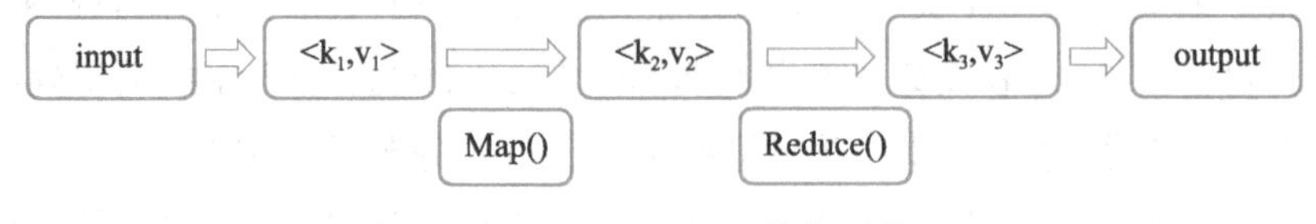

图 5-1　MapReduce 执行过程

2. MapReduce 的执行流程

1）Map 阶段

第一阶段是把输入目录下的文件按照一定的标准逐个进行逻辑切片，形成切片规划。

第二阶段是把切片中的数据按照一定的规则解析成 <key,value> 键值对。默认规则是把每行文本内容解析成键值对。key 是每行的起始位置（单位是字节），value 是本行的文本内容。

第三阶段是调用 Mapper 类中的 Map 函数。第二阶段中每解析出一个 <key,value> 键值对，就调用一次 Map 函数。每次调用 Map 函数就会输出 0 个或多个键值对。

第四阶段是按照一定的规则对第三阶段输出的键值对进行分区，默认只有一个区。分区的数量就是 Reduce 任务的数量。默认只有一个 Reduce 任务。

第五阶段是对每个分区中的键值对进行排序。首先，按照键进行排序，对于键相同的键值对，按照值进行排序。例如，3 个键值对 <2,2>、<1,3>、<2,1>，键和值分别是整数。那么排序后的结果是 <1,3>、<2,1>、<2,2>。如果有第六阶段，那么进入第六阶段；如果没有，那么直接将结果输出到文件中。

第六阶段是对数据进行局部聚合处理，也就是 Combiner 处理。键相同的键值对会调用一次 Reduce 函数。经过这一阶段，数据量会减少。

2）Reduce 阶段

第一阶段是 Reduce 任务会主动从 Map 任务复制其输出的键值对。Map 任务可能会有很多，因此 Reduce 任务会复制多个 Map 任务的输出。

第二阶段是把 Reduce 任务复制的本地数据，全部进行合并，即把分散的数据合并成一个大的数据集。再对合并后的数据集排序。

第三阶段是对排序后的键值对调用 Reduce 函数。对于键相同的键值对调用一次 Reduce 函数，每次调用会都产生 0 个或多个键值对。最后把这些输出的键值对写入 HDFS 文件中。

3. MapReduce 的 Shuffle 阶段

Shuffle 被称作 MapReduce 的“心脏”，是 MapReduce 的核心。每个数据切片由一个 Mapper 进程处理，也就是说 Mapper 只是处理文件的一部分。

每个 Mapper 进程都有一个环形的内存缓冲区，用来存储 Map 的输出数据，这个内存缓冲区的默认大小是 100MB，当数据达到阈值 0.8，也就是 80MB 的时候，一个后台的程序就会把数据溢写到磁盘中。将数据溢写到磁盘的过程比较复杂，首先要将数据进行分区排序（按照分区号如 0、1、2），分区完成后为了避免 Map 输出数据的内存溢出，需要将 Map 的输出数据分为各个小文件再进行分区。然后将各个小文件的分区数据进行合并成为一个大的文件（将各个小文件中分区号相同的文件进行合并）。此时启动了 3 个 Reducer（任务）。0 号 Reducer 会取得 0 号分区的数据；1 号 Reducer 会取得 1 号分区的数据；2 号 Reducer 会取得 2 号分区的数据。

任务 2　词频统计编程实践

【任务概述】

在一些网络环境中，有时需要对出现的一些关键词进行统计，学过编程的人都知道，简单的词汇统计是可以通过简单的循环计数来实现的。但在大数据环境中，这样的统计任务必须通过集群分布式的方式来完成，本任务通过在 Hadoop 集群中上传待模拟测试的文件，然后编写词频统计 MapReduce 程序来模拟实现。

【支撑知识】

词频统计程序的执行过程如下。

测试文件的内容如下：

```
I wish to wish the wish you wish to wish
but if you wish the wish the witch wishes
I would not wish the wish you wish to wish
```

（1）集群系统会把测试文件的内容分为 3 行，每行都由一个 Map 任务进行处理，Map 任务把接收到的每行中的单词转化为 <key,value> 键值对的中间形式输出。

（2）Shuffle 过程会把具有相同 key 的键值对进行归并，形成一个新的键值对输出。如测试文件中的第一行经过 Map 任务处理后，会输出 5 个 <"wish",1> 键值对，Shuffle 过程则是把它们归并处理，从而得到新的键值对 <"wish",<1,1,1,1,1>>。

（3）Shuffle 过程产生的新键值对则作为 Reduce 任务的执行数据，Reduce 任务会最终统计每个 key 出现的次数，并输出最终结果的键值对，则 Reduce 任务的输出为 <"wish",4>。

MapReduce 的词频统计过程如图 5-2 所示。

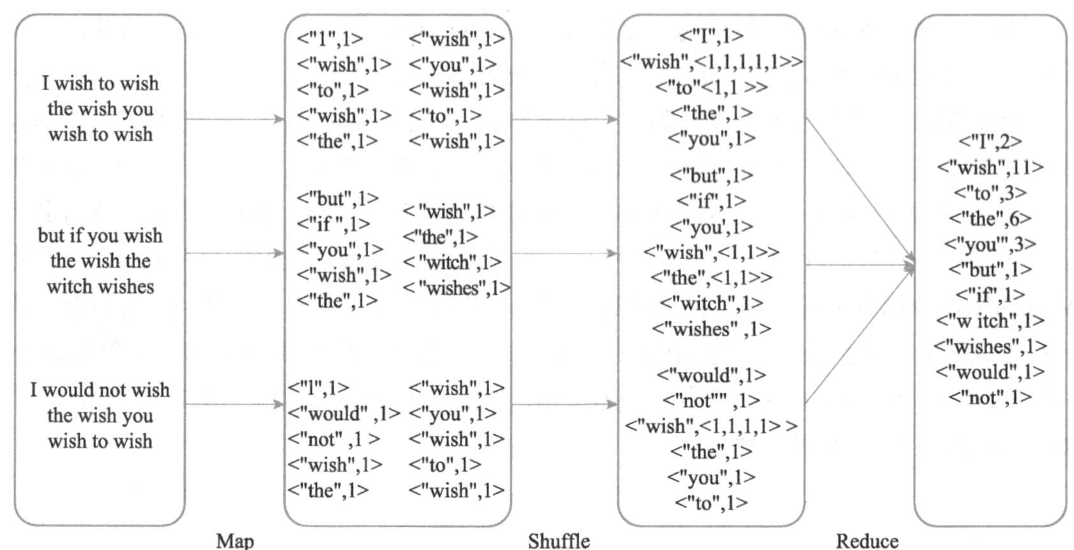

图 5-2　MapReduce 的词频统计过程

【任务实施】

1. Eclipse 的安装

下载“eclipse-4.7.0-linux.gtk.x86_64.tar”的 Eclipse 安装文件，使用 Xftp 传输到 Master 节点机的 /home/hadoop/Downloads 目录下，在终端中执行如下操作命令完成 Eclipse 的安装与启动：

```
[hadoop@Master ~]$ sudo tar -zxvf ~/Downloads/eclipse-4.7.0-linux.gtk.
x86_64.tar.gz -C /opt/
[hadoop@Master ~]$ cd /opt
[hadoop@Master opt]$ sudo chown -R hadoop ./eclipse/
[hadoop@Master opt]$ cd ./eclipse
[hadoop@Master eclipse]$ ./eclipse
```

2. 词频统计程序的编写

1）在 Eclipse 中创建 WordCount 项目

启动 Eclipse 后会看到如图 5-3 所示的对话框，默认使用“/home/hadoop/workspace”作为项目的工作空间，同时勾选“Use this as the default and do not ask again”复选框。然后单击“Launch”按钮，打开如图 5-4 所示的界面。

选择“File”→“New”→“Other”选项，在打开的“New”对话框中选择“Java”→“Java Project”选项，如图 5-5 所示。单击“Next”按钮，打开“New Java Project”对话框，在“Project name”文本框中输入工程名“WordCount”，在“JRE”选项区中选择“Use a project specific JRE”单选按钮，然后单击“Next”按钮，如图 5-6 所示。

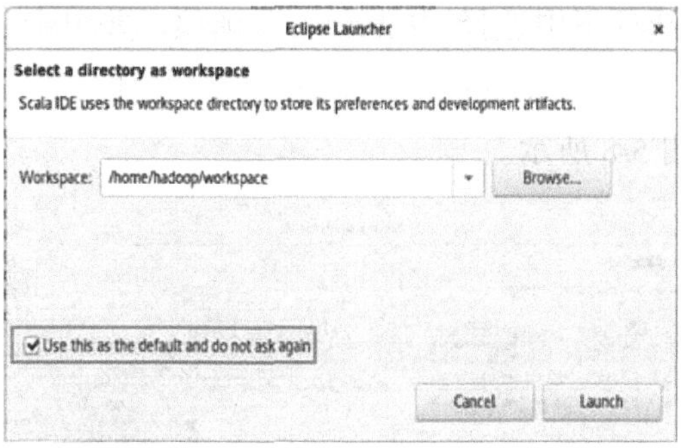

图 5-3　Elipse Workspace 设置对话框

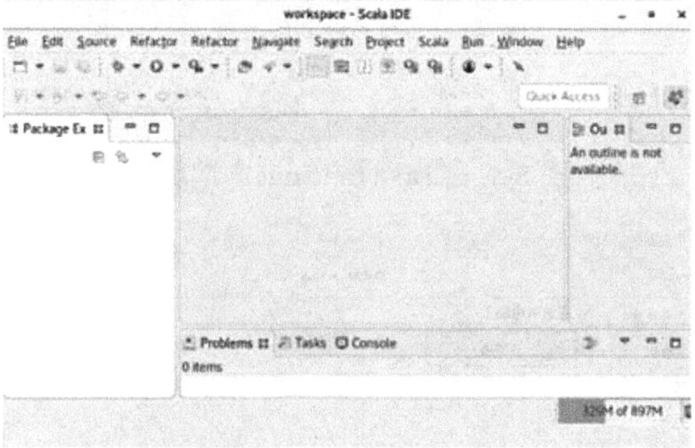

图 5-4　Eclipse 工作界面

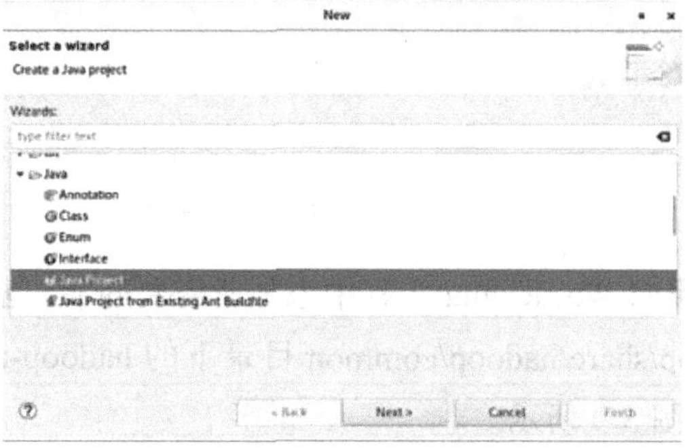

图 5-5　“New”对话框

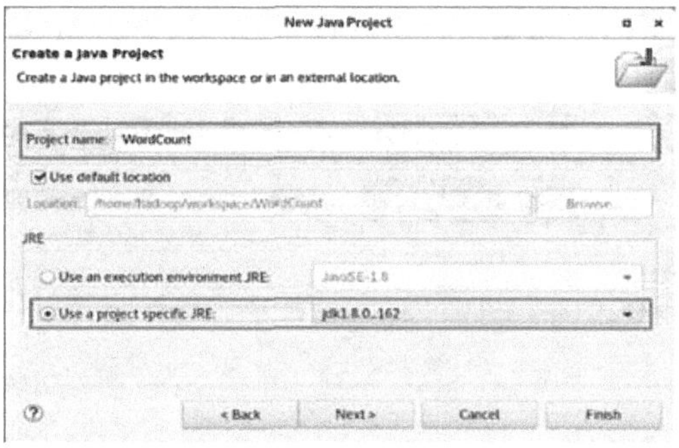

图 5-6　“New Java Project”对话框

在“Java Settings”选项下中选择“Libraries”选项，并单击“Add External JARs”按钮，如图 5-7 所示。在“JAR Selection”界面中选择“其他位置”选项，然后双击右框中的“计算机”图标，如图 5-8 所示。

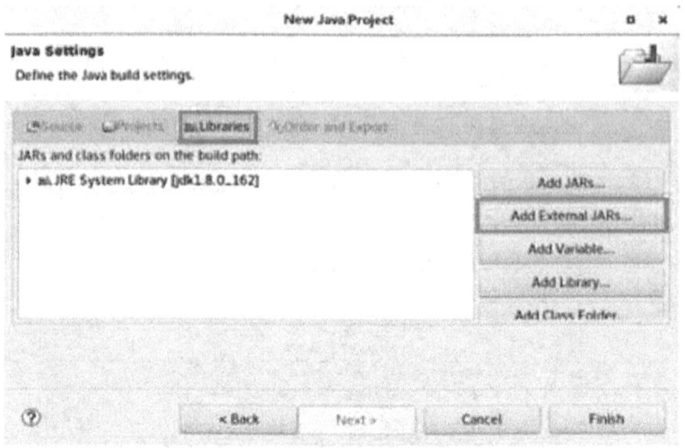

图 5-7 “Java Settings”选项卡

图 5-8 “JAR Selection”界面

然后分别按以下步骤向 WordCount 工程中添加所需要的 jar 包。

（1）添加 /opt/hadoop/share/hadoop/common 目录下的 hadoop-nfs-3.1.3.jar 包和 hadoop-common-3.1.3.jar 包，如图 5-9 所示。

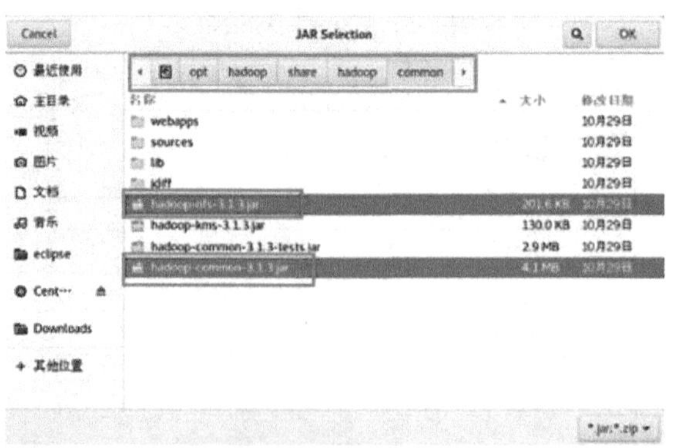

图 5-9 添加 /opt/hadoop/share/hadoop/common 目录下的 jar 包

（2）添加 /opt/hadoop/share/hadoop/common/lib 目录下的所有 jar 包，如图 5-10 所示。

Cancel　JAR Selection　OK
最近使用
主目录
视频
图片
文档
音乐
eclipse
Cent…
Downloads
其他位置
opt　hadoop　share　hadoop　common　lib
名称　大小　修改日期
zookeeper-3.4.13.jar　906.7 KB　10月29日
woodstox-core-5.0.3.jar　512.7 KB　10月29日
token-provider-1.0.1.jar　18.8 KB　10月29日
stax2-api-3.1.4.jar　161.9 KB　10月29日
snappy-java-1.0.5.jar　1.3 MB　10月29日
slf4j-log4j12-1.7.25.jar　12.2 KB　10月29日
slf4j-api-1.7.25.jar　41.2 KB　10月29日
re2j-1.1.jar　128.4 KB　10月29日
protobuf-java-2.5.0.jar　533.5 KB　10月29日
paranamer-2.3.jar　29.6 KB　10月29日
nimbus-jose-jwt-4.41.1.jar　299.5 KB　10月29日
netty-3.10.5.Final.jar　1.3 MB　10月29日
metrics-core-3.2.4.jar　136.3 KB　10月29日
log4j-1.2.17.jar　489.9 KB　10月29日
.jar;.zip

图 5-10　添加 /opt/hadoop/share/hadoop/common/lib 目录下的 jar 包

（3）添加/opt/hadoop/share/hadoop/mapreduce 目录下除 jdiff、lib、lib-examples、sources 外的所有 jar 包，如图 5-11 所示。

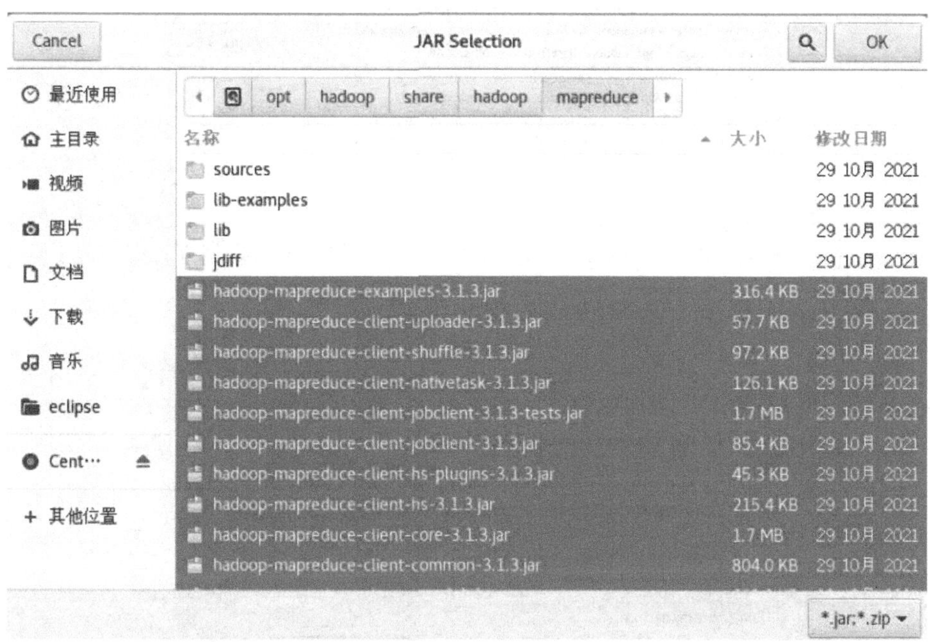

图 5-11　添加 /opt/hadoop/share/hadoop/mapreduce 目录下的 jar 包

（4）添加 /opt/hadoop/share/hadoop/mapreduce/lib 目录下的所有 jar 包，如图 5-12 所示。

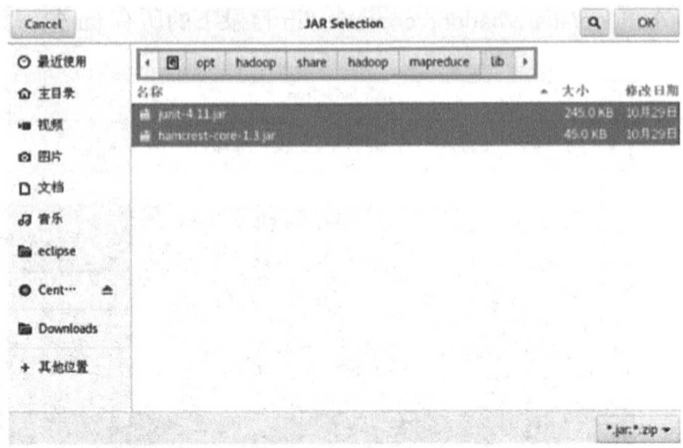

图 5-12　添加 /opt/hadoop/share/hadoop/mapreduce/lib 目录下的 jar 包

添加完所有 Java 工程所需要的 jar 包后，单击“Finish”按钮完成 Java 工程的配置，如图 5-13 所示。之后会进入工程创建过程，创建结束后会出现“Open Associated Perspective?”提示框，直接单击“No”按钮即可，如图 5-14 所示。

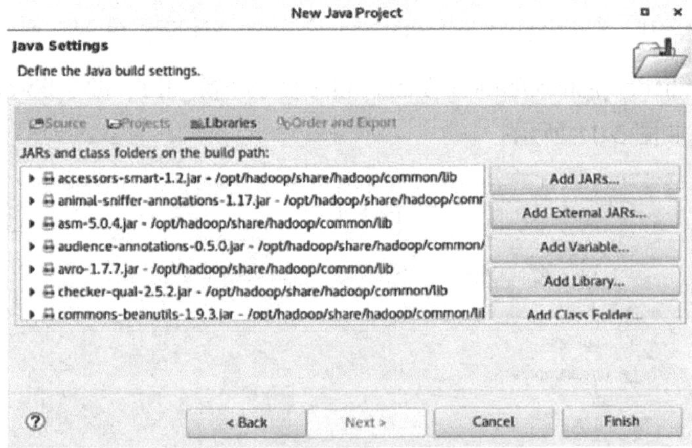

图 5-13　完成所有支持包的添加

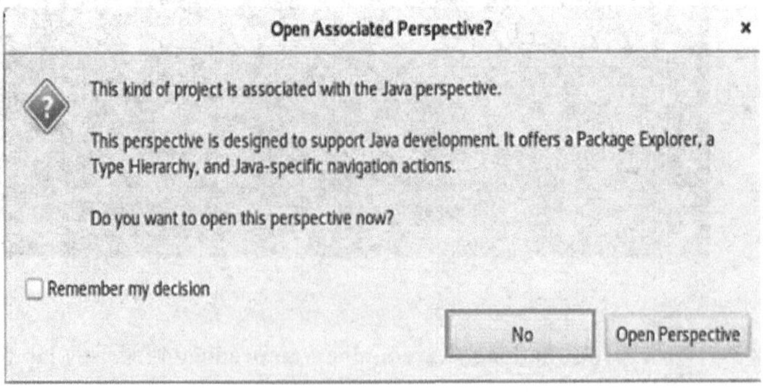

图 5-14　“Open Associated Perspective?”提示框

2）编写 WordCount Java 程序

在 Eclipse 工作界面左侧的 WordCount 工程文件上右击，在弹出的快捷菜单中选择“New”→“Other”选项，在打开的“New”对话框中选择“Java”→“Class”选项，如图 5-15 所示。在“New Java Class”对话框中的“Name”文本框中输入“WordCount”，然后单击“Finish”按钮，完成 WordCount 类的创建，如图 5-16 所示。

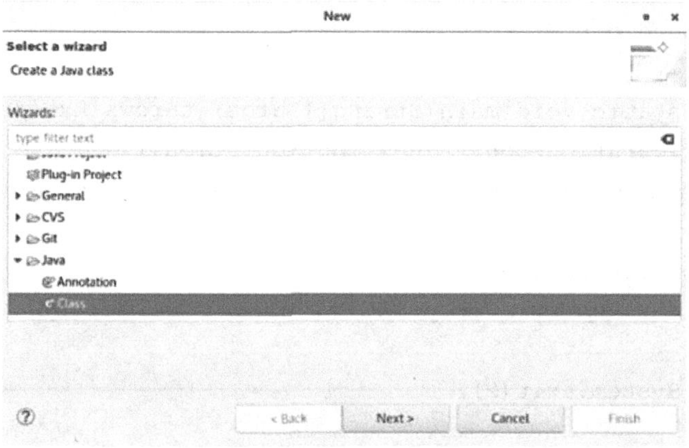

图 5-15　创建新的 Java 类

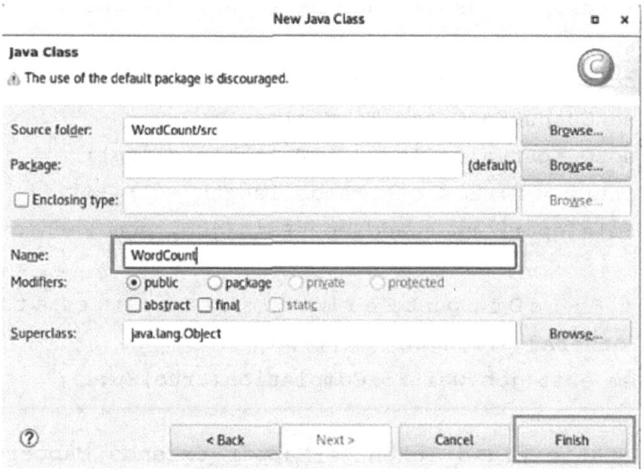

图 5-16　创建 WordCount 类

编写 WordCount 类的执行程序，如下所示：

```
import java.io.IOException;
import java.util.Iterator;
import java.util.StringTokenizer;
import org.apache.hadoop.conf.Configuration;
import org.apache.hadoop.fs.Path;
import org.apache.hadoop.io.IntWritable;
import org.apache.hadoop.io.Text;
```

```
import org.apache.hadoop.mapreduce.Job;
import org.apache.hadoop.mapreduce.Mapper;
import org.apache.hadoop.mapreduce.Reducer;
import org.apache.hadoop.mapreduce.lib.input.FileInputFormat;
import org.apache.hadoop.mapreduce.lib.output.FileOutputFormat;
import org.apache.hadoop.util.GenericOptionsParser;
public class WordCount {
    public WordCount() {
    }
     public static void main(String[] args) throws Exception {
        Configuration conf = new Configuration();
          String[] otherArgs = (new GenericOptionsParser(conf, args)).
getRemainingArgs();
        if(otherArgs.length < 2) {
                System.err.println("Usage: wordcount <in> [<in>...]
<out>");
            System.exit(2);
        }
        Job job = Job.getInstance(conf, "word count");
        job.setJarByClass(WordCount.class);
        job.setMapperClass(WordCount.TokenizerMapper.class);
        job.setCombinerClass(WordCount.IntSumReducer.class);
        job.setReducerClass(WordCount.IntSumReducer.class);
        job.setOutputKeyClass(Text.class);
        job.setOutputValueClass(IntWritable.class);
        for(int i = 0; i < otherArgs.length - 1; ++i) {
            FileInputFormat.addInputPath(job, new Path(otherArgs[i]));
        }
              FileOutputFormat.setOutputPath(job, new
Path(otherArgs[otherArgs.length - 1]));
        System.exit(job.waitForCompletion(true)?0:1);
    }
     public static class TokenizerMapper extends Mapper<Object, Text,
Text, IntWritable> {
        private static final IntWritable one = new IntWritable(1);
        private Text word = new Text();
        public TokenizerMapper() {
        }
            public void map(Object key, Text value, Mapper<Object,
Text, Text, IntWritable>.Context context) throws IOException,
InterruptedException {
                StringTokenizer itr = new StringTokenizer(value.
toString());
```

```
            while(itr.hasMoreTokens()) {
                this.word.set(itr.nextToken());
                context.write(this.word, one);
            }
        }
    }
  public static class IntSumReducer extends Reducer<Text, IntWritable,
Text, IntWritable> {
        private IntWritable result = new IntWritable();
        public IntSumReducer() {
        }
           public void reduce(Text key, Iterable<IntWritable> values,
Reducer<Text, IntWritable, Text, IntWritable>.Context context) throws
IOException, InterruptedException {
            int sum = 0;
            IntWritable val;
             for(Iterator i$ = values.iterator(); i$.hasNext(); sum +=
val.get()) {
                val = (IntWritable)i$.next();
            }
            this.result.set(sum);
            context.write(key, this.result);
        }
    }
}
```

3）编译和打包程序

在 Eclipse 工作界面中，选择“Run”→“Run As”→“Java Application”选项，如图 5-17 所示。

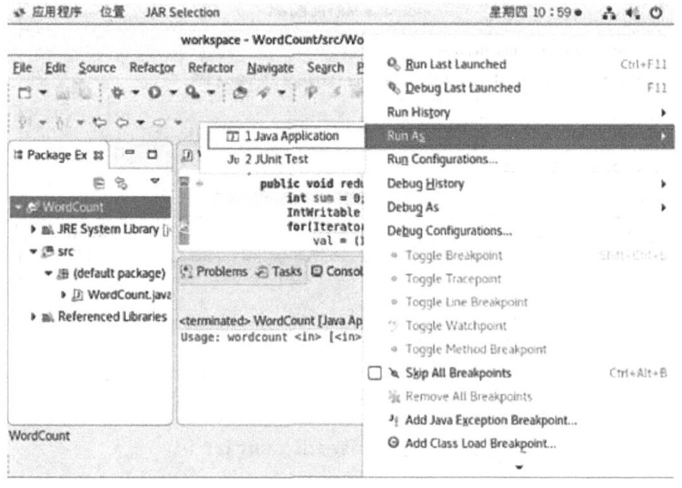

图 5-17　执行编译 WordCount 程序

程序编译完毕后，如果在底部的 Console 面板中看到“Usage: wordcount <in> [<in>...] <out>”，就代表程序执行成功。

程序编译完毕后，在执行程序打包前，需要建立打包后的程序存放位置，本项目中打包后的程序均存放在 /opt/TestApp 目录下，因此执行如下操作命令进行 TestApp 目录的创建：

```
[hadoop@Master ~]$ cd /opt
[hadoop@Master opt]$ sudo mkdir TestApp
```

在 WordCount 工程上右击，选择“Export”选项，在打开的“Export”对话框中选择“Java”→“Runnable JAR file”选项，并单击“Next”按钮，如图 5-18 所示。然后在打开的“Runnable JAR File Export”对话框中的“Launch configuration”下拉列表中选择“WordCount-WordCount”，在“Export destination”下拉列表中选择输出的路径为“/opt/TestApp”，输出的文件名为“WordCount.jar”，然后单击“Finish”按钮，如图 5-19 所示。

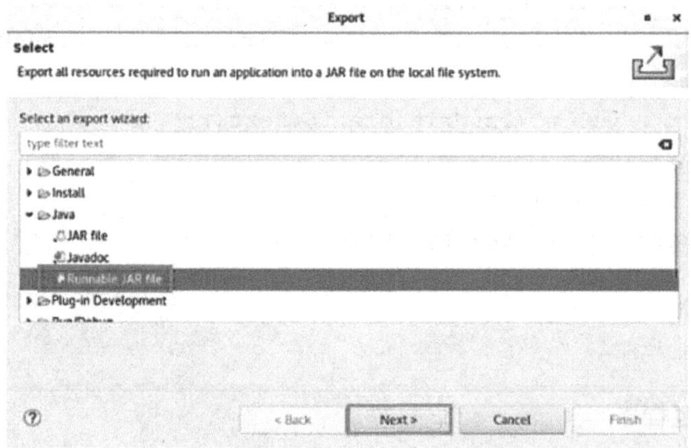

图 5-18　Export 文件类型选择

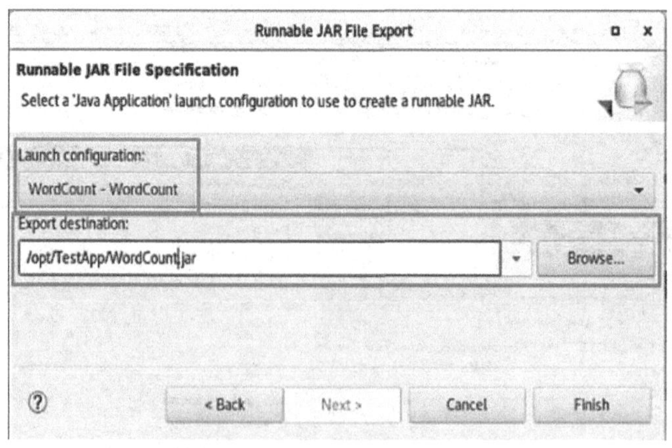

图 5-19　生成 WordCount jar 包

导出过程会出现如图 5-20 和图 5-21 所示的提示信息，直接单击“OK”按钮即可。

图 5-20　Export 过程中的提示信息 1

图 5-21　Export 过程中的提示信息 2

3. WordCount 程序测试

清空 HDFS 上原有的测试数据及生成数据，并准备好相关的测试数据，操作命令如下：

```
[hadoop@Master ~]$ hdfs dfs -rm -r output
[hadoop@Master ~]$ hdfs dfs -rm -r input/*
```

在 /home/hadoop 目录下创建 Uploads 目录，并在 Uploads 目录中创建测试数据文件 wordfile1.txt 和 wordfile2.txt，测试数据如下。

wordfile1.txt 内容：

```
whether the weather be fine or whether the weather be not
whether the weather be cold or whether the weather be hot
we will weather the weather whether we like it or not
```

wordfile2.txt 内容：

```
I wish to wish the wish you wish to wish
but if you wish the wish the witch wishes
I would not wish the wish you wish to wish
```

上传 wordfile1.txt 和 wordfile2.txt 至 HDFS 的 input 目录中，操作命令如下：

```
[hadoop@Master ~]$ hdfs dfs -put ~/Uploads/wordfile* input
```

执行 /opt/TestApp 目录下的 WordCount.jar 程序，对 HDFS 的 input 目录下的测试数据进行词频统计，操作命令如下：

```
[hadoop@Master ~]$ hadoop jar /opt/TestApp/WordCount.jar input output
```

当执行程序后返回的信息如下所示时，代表执行成功。

```
INFO mapreduce.Job:  map 100% reduce 100%
INFO mapreduce.Job: Job job_1638715611886_0001 completed successfully
```

执行如下操作命令，并查看程序的执行结果。

```
[hadoop@Master ~]$ hdfs dfs -cat output/*
INFO sasl.SaslDataTransferClient: SASL encryption trust check: 
localHostTrusted = false, remoteHostTrusted = false
I	2
be	4
but		1
cold		1
fine		1
hot		1
if	1
it	1
like		1
not		3
or	3
the		9
to	3
we	2
weather	6
whether	5
will		1
wish		11
wishes	1
witch	1
would	1
you		3
```

任务 3　数据合并去重编程实践

【任务概述】

在一些数据分析环境中，各个待处理的文件中大概率会有许多重复的数据，因此需要将这些文件中的数据进行合并，并去除重复值，这样才能保证下一步数据分析的准确性。本任务模拟实现这个过程，在 3 个文件中放入测试数据，每个文件都存在一定的重复数据，在放入分布式文件系统后，编写 MapReduce 程序将 3 个文件中的数据进行合并和去除重复值，并输出处理结果。

【支撑知识】

数据去重的目的就是把重复值删除并最终保留一个单一值。在 MapReduce 过程中，Map 函数将文件中的每行都作为一个 key，这里的 value 没有太大意义，处理完毕后得到一个结果序列 <key,v1>, <key,v2>, <key,v3>, …, <key,vn>。进入 Shuffle 过程后，Shuffle 过程会把具有相同 key 的键值对进行归并，形成一个新的键值对 <key,list< v1, v2, v3…vn >>，并输出给 Reduce。Reduce 阶段会将 list< v1, v2, v3…vn > 直接设置为空，然后把输入的 key 作为它输出的 key，从而形成一个新的键值对并输出。

【任务实施】

1. 编写合并去重程序

1）在 Eclipse 中创建 Merge 项目

启动 Eclipse 后，默认使用 /home/hadoop/workspace 作为项目文件的存储空间，在"Project name"文本框中输入工程名"Merge"。创建完成后，进入"JAR Selection"界面后按以下步骤向 Merge 工程中添加所需要的 jar 包。

（1）添加 /opt/hadoop/share/hadoop/common 目录下的 hadoop-nfs-3.1.3.jar 和 hadoop-common-3.1.3.jar 包。

（2）添加 /opt/hadoop/share/hadoop/common/lib 目录下的所有 jar 包。

（3）添加 /opt/hadoop/share/hadoop/mapreduce 目录下除 jdiff、lib、lib-examples、sources 外的所有 jar 包。

（4）添加 /opt/hadoop/share/hadoop/mapreduce/lib 目录下的所有 jar 包。

2）创建名为 Merge 的 Java Class，输入如下程序：

```
  import java.io.IOException;
  import org.apache.hadoop.conf.Configuration;
  import org.apache.hadoop.fs.Path;
  import org.apache.hadoop.io.IntWritable;
  import org.apache.hadoop.io.Text;
  import org.apache.hadoop.mapreduce.Job;
  import org.apache.hadoop.mapreduce.Mapper;
  import org.apache.hadoop.mapreduce.Reducer;
  import org.apache.hadoop.mapreduce.lib.input.FileInputFormat;
  import org.apache.hadoop.mapreduce.lib.output.FileOutputFormat;
  import org.apache.hadoop.util.GenericOptionsParser;
  public class Merge {
     public static class Map extends Mapper<Object, Text, Text, Text>{
           private static Text text = new Text();
           public void map(Object key, Text value, Context context)
throws IOException,InterruptedException{
```

```
                text = value;
                context.write(text, new Text(""));
            }
        }
    public static class Reduce extends Reducer<Text, Text, Text, Text>{
            public void reduce(Text key, Iterable<Text> values, Context
context ) throws IOException,InterruptedException{
                context.write(key, new Text(""));
            }
        }

    public static void main(String[] args) throws Exception{
            Configuration conf = new Configuration();
    conf.set("fs.defaultFS","hdfs://Master:9000");
            String[] otherArgs = new String[]{"input","output"};
            if (otherArgs.length != 2) {
                System.err.println("Usage: merge <in><out>");
                System.exit(2);
                }
            Job job = Job.getInstance(conf,"Merge and duplicate
removal");
            job.setJarByClass(Merge.class);
            job.setMapperClass(Map.class);
            job.setCombinerClass(Reduce.class);
            job.setReducerClass(Reduce.class);
            job.setOutputKeyClass(Text.class);
            job.setOutputValueClass(Text.class);
            FileInputFormat.addInputPath(job, new Path(otherArgs[0]));
            FileOutputFormat.setOutputPath(job, new Path(otherArgs[1]));
            System.exit(job.waitForCompletion(true) ? 0 : 1);
        }
    }
```

2. Merge 程序测试

清空 HDFS 上原有的测试数据及生成数据，并准备好相关测试数据，操作命令如下：

```
[hadoop@Master ~]$ hdfs dfs -rm -r output
[hadoop@Master ~]$ hdfs dfs -rm -r input/*
```

在 /home/hadoop/Uploads 目录中创建测试数据文件 mergefile1.txt、mergefile 2.txt、mergefile3.txt，测试数据如下。

mergefile1.txt 内容：

```
People's heroes ShenLiangliang
```

```
People's heroes MaiXiande
People's heroes ZhangChao
People's heroes ZhangBOli
People's heroes ZhangDingyu
People's heroes ChenWei
People's heroes AiReti·mamuti
People's heroes MaiXiande
```

mergefile2.txt 内容：

```
People's heroes ShenLiangliang
People's heroes MaiXiande
People's heroes ZhangChao
People's heroes ZhangBOli
People's heroes ZhangDingyu
```

mergefile3.txt 内容：

```
People's heroes ZhangChao
People's heroes ZhangBOli
People's heroes ZhangDingyu
People's heroes ChenWei
People's heroes AiReti·mamuti
People's heroes MaiXiande
```

上传 mergefile1.txt、mergefile2.txt、mergefile3.txt 至 HDFS 的 input 目录中，操作命令如下：

```
[hadoop@Master ~]$ hdfs dfs -put ~/Uploads/wordfile* input
```

执行 /opt/TestApp 目录下的 Merge.jar 程序，对 HDFS 的 input 目录下的测试数据进行词频统计，操作命令如下：

```
[hadoop@Master ~]$ hadoop jar /opt/TestApp/Merge.jar input output
```

当返回如下信息时，代表程序执行成功。

```
INFO mapreduce.Job:  map 100% reduce 100%
INFO mapreduce.Job: Job job_1638715611886_0001 completed successfully
```

执行结果如下：

```
People's heroes AiReti·mamuti
People's heroes ChenWei
People's heroes MaiXiande
People's heroes ShenLiangliang
People's heroes ZhangBOli
People's heroes ZhangChao
People's heroes ZhangDingyu
```

任务 4　数据排序编程实践

【任务概述】

常见的数据排序算法有冒泡排序法、二分查找法等。但在大数据的分布式环境下，常见的数据排序算法难以满足人们对效率的需求，借助 MapReduce 框架，人们可以非常方便地实现大数据集中的数据排序。

【支撑知识】

不同的数据类型，其排序的规则是不一样的，MapReduce 是按照 key 的值进行排序的，所以 key 的数据类型会对最终的排序结果产生决定性的影响。Hadoop 提供了 BooleanWritable（标准布尔型）、ByteWritable（单字节型）、DoubleWritable（双字节型）、FloatWritable（浮点型）、IntWritable（整型）、LongWritable（长整型）、Text（使用 UTF-8 格式存储的文本）、NullWritable（当 <key,value> 中的 key 或 value 为空时使用）等内置数据类型，这些数据类型都实现了 WritableComparable 接口，以便用这些类型定义的数据可以序列化地进行网络传输和文件存储，以及比较大小。所以如果 key 的值为 IntWritable 类型，那么 MapReduce 会按照整型数字的大小排序输出；如果 key 的值为 Text 类型，那么 MapReduce 会按照英文字母的顺序排序输出。

【任务实施】

1. 编写合并去重程序

1）在 Eclipse 中创建 MergeSort 项目

启动 Eclipse 后，默认使用 /home/hadoop/workspace 作为项目文件的存储空间，在 “Project name” 文本框中输入工程名 “MergeSort”。创建完成后，进入 “JAR Selection” 界面按以下步骤向 Merge Sort 工程中添加所需要的 jar 包。

（1）添加 /opt/hadoop/share/hadoop/common 目录下的 hadoop-nfs-3.1.3.jar 和 hadoop-common-3.1.3.jar 包。

（2）添加 /opt/hadoop/share/hadoop/common/lib 目录下的所有 jar 包。

（3）添加 /opt/hadoop/share/hadoop/mapreduce 目录下除 jdiff、lib、lib-examples、sources 外的所有 jar 包。

（4）添加 /opt/hadoop/share/hadoop/mapreduce/lib 目录下的所有 jar 包。

2）创建名为 MergeSort 的 Java Class，输入如下程序

```
import java.io.IOException;
```

```
import org.apache.hadoop.conf.Configuration;
import org.apache.hadoop.fs.Path;
import org.apache.hadoop.io.IntWritable;
import org.apache.hadoop.io.Text;
import org.apache.hadoop.mapreduce.Job;
import org.apache.hadoop.mapreduce.Mapper;
import org.apache.hadoop.mapreduce.Partitioner;
import org.apache.hadoop.mapreduce.Reducer;
import org.apache.hadoop.mapreduce.lib.input.FileInputFormat;
import org.apache.hadoop.mapreduce.lib.output.FileOutputFormat;
import org.apache.hadoop.util.GenericOptionsParser;
public class MergeSort {
    public static class Map extends Mapper<Object, Text, IntWritable, IntWritable>{

        private static IntWritable data = new IntWritable();
        public void map(Object key, Text value, Context context) throws IOException,InterruptedException{
            String text = value.toString();
            data.set(Integer.parseInt(text));
            context.write(data, new IntWritable(1));
        }
    }
    public static class Reduce extends Reducer<IntWritable, IntWritable, IntWritable, IntWritable>{
        private static IntWritable line_num = new IntWritable(1);

        public void reduce(IntWritable key, Iterable<IntWritable> values, Context context) throws IOException,InterruptedException{
            for(IntWritable val : values){
                context.write(line_num, key);
                line_num = new IntWritable(line_num.get() + 1);
            }
        }
    }
    public static class Partition extends Partitioner<IntWritable, IntWritable>{
        public int getPartition(IntWritable key, IntWritable value, int num_Partition){
            int Maxnumber = 65223;//int 型的最大数值
            int bound = Maxnumber/num_Partition+1;
            int keynumber = key.get();
            for (int i = 0; i<num_Partition; i++){
```

```
                    if(keynumber<bound * (i+1) && keynumber>=bound
* i){
                        return i;
                    }
                }
                return -1;
            }
        }
    public static void main(String[] args) throws Exception{
            Configuration conf = new Configuration();
    conf.set("fs.defaultFS","hdfs://Master:9000");
            String[] otherArgs = new String[]{"input","output"}; /* 直接设
置输入参数 */
            if (otherArgs.length != 2) {
                System.err.println("Usage: mergesort <in><out>");
                System.exit(2);
                }
    Job job = Job.getInstance(conf,"Merge and sort");
            job.setJarByClass(MergeSort.class);
            job.setMapperClass(Map.class);
            job.setReducerClass(Reduce.class);
            job.setPartitionerClass(Partition.class);
            job.setOutputKeyClass(IntWritable.class);
            job.setOutputValueClass(IntWritable.class);
            FileInputFormat.addInputPath(job, new Path(otherArgs[0]));
            FileOutputFormat.setOutputPath(job, new Path(otherArgs[1]));
            System.exit(job.waitForCompletion(true) ? 0 : 1);
        }
    }
```

2. MergeSort 程序测试

清空 HDFS 上原有的测试数据及生成数据，并准备好相关测试数据，操作命令如下：

```
[hadoop@Master ~]$ hdfs dfs -rm -r output
[hadoop@Master ~]$ hdfs dfs -rm -r input/*
```

在 /home/hadoop/Uploads 目录中创建测试数据文件 datafile1.txt、datafile2.txt、datafile3.txt，测试数据如下。

datafile1.txt 内容：

```
2
98
67
44
```

```
33
77
```

datafile2.txt 内容：

```
51
73
21
82
```

datafile3.txt 内容：

```
3
93
8
11
63
19
```

上传 datafile1.txt、datafile2.txt、datafile3.txt 至 HDFS 的 input 目录中，操作命令如下：

```
[hadoop@Master ~]$ hdfs dfs -put ~/Uploads/wordfile* input
```

执行 /opt/TestApp 目录下的 Merge.jar 程序，对 HDFS 的 input 目录下的测试数据进行词频统计，操作命令如下：

```
[hadoop@Master ~]$ hadoop jar /opt/TestApp/Merge.jar input output
```

当返回如下信息时，代表程序执行成功。

```
INFO mapreduce.Job:  map 100% reduce 100%
INFO mapreduce.Job: Job job_1638715611886_0001 completed successfully
```

执行结果如下：

```
[hadoop@Master TestApp]$ hdfs dfs -cat output/*
INFO sasl.SaslDataTransferClient: SASL encryption trust check:
localHostTrusted = false, remoteHostTrusted = false
1 2
2 3
3 8
4 11
5 19
6 21
7 33
8 44
9 51
10 63
11 67
12 73
```

```
13 77
14 82
15 93
16 98
```

同步训练

一、选择题

1. 关于 MapReduce 的描述错误的是（　　）。

A. MapReduce 框架会先排序 Map 任务的输出

B. 通常，作业的输入 / 输出都会被存储在文件系统中

C. 通常计算节点和存储节点是同一个节点

D. 一个 task 通常会把输入集切分成若干个独立的数据块

2. 关于基于 Hadoop 的 MapReduce 编程环境的配置，（　　）是不必要的。

A. 在 Linux 或 Windows 下安装 Cgywin

B. 安装 Java

C. 安装 MapReduce

D. 配置 Hadoop 参数

3. 关于基于 Hadoop 的 MapReduce 编程环境的配置，（　　）是不必要的。

A. 配置 Java 环境变量

B. 配置 Hadoop 环境变量

C. 配置 Eclipse

D. 配置 SSH

4. 下列说法错误的是（　　）。

A. MapReduce 中的 MapercoMbiner 和 Reducer 缺一不可

B. 在 JobConf 中可以不设置 InputFormat 参数

C. 在 JobConf 中可以不设置 MapperClass 参数

D. 在 JobConf 中可以不设置 OutputKeyComparator 参数

5. 下列关于 MapReduce 的 <key;value> 键值对的说法正确的是（　　）。

A. 输入键值对不需要和输出键值对的类型一致

B. 输入的 key 类型必须和输出的 key 类型一致

C. 输入的 value 类型必须和输出的 value 类型一致

D. 输入键值对只能映射出一个输出键值对

6. 在 MapReduce 任务中，（　　）会由 Hadoop 系统自动排序。

A. Mapper 输出的键

B. Mapper 输出的值

C. Reducer 输出的键

D. Reducer 输出的值

7. 关于 MapReduce 框架中一个作业的 Reduce 任务的数目，下列说法正确的是（　　）。

A. 由自定义的 Partitioner 来确定

B. 是分块总数目的一半

C. 可以由用户来自定义，通过 JobConf.setNumReducetTask（int）来设定一个作业中 Reduce 任务的数目

D. 由 MapReduce 随机确定其数目

8. MapReduce 框架中，在 Map 和 Reduce 之间的 Combiner 的作用是（　　）。

A. 对 Map 的输出结果排序

B. 对中间过程的输出进行本地聚集

C. 对中间结果进行混洗

D. 对中间格式进行压缩

二、简答题

1. 请基于内存的角度描述 Map 的输出和 Reduce 的输入过程。
2. 请描述 Map 的最优效率调配。
3. 请描述 Reduce 的最优效率调配。
4. 请列出 MapReduce 阶段的调优处理。

三、操作题

根据给定的关系表（如表 5-1 所示），要求编程挖掘出其中的父子关系，并找出他们的祖孙关系。

表 5-1　关系表

child	parent	child	parent	child	parent
Steven	Lucy	Lucy	Frank	Philip	David
Steven	Jack	Jack	Alice	Philip	Alma
Jone	Lucy	Jack	Jesse	Mark	David
Jone	Jack	David	Alice	Mark	Alma
Lucy	Mary	David	Jesse		

项目 6　HBase 数据库的搭建及使用

【项目介绍】

HBase 是 Bigtable 的开源 Java 版本，是建立在 HDFS 之上，提供高可靠、高性能、列存储、可伸缩、实时读写 NoSQL（非关系型数据库）的分布式面向列的数据库系统。在分布式集群系统中，必须搭建 HBase 来为集群系统各类数据的访问提供支持。

本项目分为以下 4 个任务：

- 任务 1　HBase 安装及伪分布式部署
- 任务 2　HBase 完全分布式部署
- 任务 3　HBase 操作实践
- 任务 4　HBase 编程实践

【学习目标】

- 掌握 HBase 的安装方法；
- 掌握 HBase 的伪分布式部署；
- 掌握 HBase 的分布式部署；
- 掌握 HBase shell 命令的使用；
- 能够使用 HBase 进行编程。

任务 1　HBase 安装及伪分布式部署

【任务概述】

在本任务中，需要完成 HBase 的安装。同时，本任务要求实现单节点机的 HBase 的伪分布式配置，为后续实现 3 个以上节点机的 Hadoop 集群下的 HBase 配置与应用做铺垫。由于 HBase 是分布式数据库，还需要安装 ZooKeeper 来保障 HBase 的正常运行。

【支撑知识】

1. 了解 HBase

HBase 是建立在 HDFS 之上，提供高可靠、列存储和实时读写的数据库系统。它介于 NoSQL 和关系型数据库之间，仅通过主键（rowkey）和主键的 range（范围遍历）功能来检索数据，仅支持单行事务。主要用来存储非结构化和半结构化的松散数据。利用 HBase 可以利用普通的计算机搭建成一个大规模的数据存储集群。

如图 6-1 所示，在 Hadoop 生态圈中，HBase 以 HDFS 构建的廉价大规模的数据集群为基础，通过它获得海量且高可靠的数据存储能力。HBasc 利用 Hadoop 提供的 MapReduce 来对其自身存储的海量数据进行处理。ZooKeeper 为 HBase 提供了稳定可靠的协同服务，保证了数据访问的稳定性和可恢复性。在高层语言支持方面，HBase 可以利用 Pig、Hive 的支持轻松地处理数据统计等业务。Sqoop 的 RDBMS 数据导入功能可以方便地实现传统数据库数据向 HBase 的迁移。

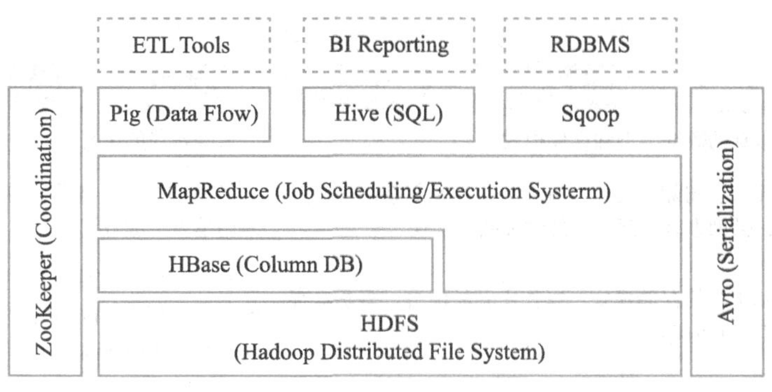

图 6-1　Hadoop 生态圈

HBase 中的表一般有如下这些特点。

（1）大：一个表可以有上十亿行、上百万列。

（2）面向列：面向列（族）的存储和权限控制，列（族）独立检索。

（3）非结构化：HBase 支持存储非结构化和半结构化的松散数据，是一种典型的非结构化数据库。

（4）稀疏：对于为空（null）的列，并不占用存储空间，因此表可以设计得非常稀疏。

（5）数据多版本：每个单元中的数据可以有多个版本，一般系统会以单元格插入时的时间戳为默认版本号。

（6）数据类型单一：HBase 中的数据都是字符串，没有其他类型。

（7）数据操作简单：HBase 只有很简单的插入、查询、删除、清空等操作，同时它的表是独立的，没有表间关系。

（8）支持线性扩展：只要简单增加节点，就可以扩展 HBase 的存储空间，理论上可以无限扩张。

2. HBase 和 HDFS 的区别

HDFS 为分布式存储提供文件系统，对大尺寸文件的存储进行优化，因为它直接使用文件，所以在数据模型方面不灵活。但它可以优化一次写入、多次读取功能。

HBase 提供表状的面向列的数据存储功能，针对表状数据的随机读写进行优化，使用 key 和 value 作为操作数据，并可以提供灵活的数据模型，它依赖 HDFS，支持 MapReduce，优化了多次读、多次写的功能。

3. HBase 和传统关系型数据库的区别

关系型数据库在人类信息技术发展的历程中有着重要的地位，至今仍在多个领域中发挥着重要的作用。但由于 Web2.0 应用的迅速发展，涌现出许多关系型数据库难以处理的非结构化数据，所以以 HBase 为代表的非关系型数据库应运而生，很好地弥补了关系型数据库的缺陷。表 6-1 是 HBase 与传统关系型数据库的区别。

表 6-1　HBase 与传统关系型数据库的区别

数据库类型	传统关系型数据库	HBase
数据类型	丰富的数据类型和存储模式	未经解释的字符串
数据操作	插入、删除、更新、查询等，涉及复杂的多表连接，借助多表之间主、外键关联来实现	简单的插入、查询、删除、清空等，通常采用单表主键查询
存储模式	基于行的存储模式，操作中容易浪费过多磁盘存储空间和内存空间	基于列的存储模式，可以通过几个文件来保存一个列族，I/O 开销小，支持大量并发查询，数据压缩比高
数据索引	通常针对不同的列构建多个复杂的索引	只有一个索引
数据维护	替代性更新，新值会替换旧值	非替代性更新，插入新值不会删除旧值，通过时间戳保留各个数据版本
可伸缩性	横向扩展很难，纵向扩展空间有限	拥有非常灵活的横向扩展功能

【任务实施】

1. 在 Master 节点机上安装 ZooKeeper 和 HBase 软件

（1）Zookeeper 和 HBase 软件下载地址如下：

http://archive.apache.org/dist/zookeeper/zookeeper-3.4.14/apache-zookeeper-3.4.14-bin.tar.gz

https://archive.apache.org/dist/hbase/2.2.6/hbase-2.2.6-bin.tar.gz

（2）执行如下操作命令，在 Master 节点机上完成 ZooKeeper 和 HBase 软件的安装。

```
[hadoop@Master ~]$ sudo tar -zxvf ~/Downloads/apache-zookeeper-3.4.14-bin.tar.gz -C /opt
[hadoop@Master ~]$ sudo tar -zxvf ~/Downloads/hbase-2.2.6-bin.tar.gz -C /opt
```

（3）修改文件夹名称和赋予 hadoop 用户操作权限，操作命令如下：

```
[hadoop@Master opt]$ sudo mv ./apache-zookeeper-3.4.14-bin/ ./zookeeper
[hadoop@Master opt]$ sudo mv ./hbase-2.2.6/ ./hbase
[hadoop@Master opt]$ sudo chown -R hadoop ./zookeeper
```

```
[hadoop@Master opt]$ sudo chown -R hadoop ./hbase
```

（4）执行如下命令，打开 profile 文件进行环境变量的配置，操作命令如下：

```
[hadoop@Master ~]$ sudo vim /etc/profile
```

在 profile 文件中添加如下信息：

```
# HBASE_HOME
export HBASE_HOME=/opt/hbase
export PATH=$PATH:$HBASE_HOME/bin
# ZOOKEEPER_HOME
export ZOO_HOME=/opt/zookeeper
export PATH=$ZOO_HOME/bin:$PATH
```

执行 source /etc/profile 命令，使配置生效。

2. 配置 Master 节点机的 HBase 相关文件的参数

（1）配置 hbase-env.sh 文件的参数，操作命令如下：

```
[hadoop@Master ~]$ sudo vim /opt/hbase/conf/hbase-env.sh
```

在 hbase-env.sh 文件的首行加入以下两行信息：

```
export JAVA_HOME=/opt/jdk1.8.0_301/
export HBASE_MANAGES_ZK=false
```

同时，把该文件的最后一行“#export HBASE_DISABLE_HADOOP_CLASSPATH_LOOKUP="true"”中的注释符号（#）去掉，使其生效。

（2）配置 hbase-site.xml 文件的参数。

执行如下命令，打开 hbase-site.xml 文件。

```
[hadoop@Master ~]$ sudo vim /opt/hbase/conf/hbase-site.xml
```

按如下内容对 hbase-site.xml 文件进行配置：

```
<configuration>
<property>
        <name>hbase.rootdir</name>
        <value>hdfs://Master:9000/hbase</value>
</property>
<property>
        <name>hbase.cluster.distributed</name>
        <value>true</value>
  </property>
  <property>
        <name>hbase.unsafe.stream.capability.enforce</name>
        <value>false</value>
  </property>
```

```
</configuration>
```

3. 启动并验证 HBase 服务

（1）启动 HBase 服务。

启动 HBase 服务必须先保证 Hadoop 服务已经开启，如未启动就执行如下操作命令：

```
[hadoop@Master ~]$ start-all.sh
[hadoop@Master ~]$ start-hbase.sh
```

（2）在 Master 节点机上查看并验证相关进程，操作命令及结果如下：

```
[hadoop@Master ~]$ jps
Jps
NameNode
HMaster
QuorumPeerMain
HRegionServer
SecondaryNameNode
DataNode
```

若看到以上进程，则说明 HBase 服务启动成功，这时可以进入 HBase shell 模式下进行 HBase 数据库操作，操作命令如下：

```
[hadoop@Master ~]$ HBase Shell
```

4. 停止运行 HBase 服务

HBase 服务的使用是以 Hadoop 为基础的，所以在启停的过程中，必须遵循“启动 Hadoop →启动 HBase →使用 HBase →关闭 HBase →关闭 Hadoop”流程。关闭 HBase 服务的操作命令如下：

```
[hadoop@Master ~]$ stop-hbase.sh
[hadoop@Master ~]$ stop-all.sh
```

任务 2　HBase 完全分布式部署

【任务概述】

HBase 的伪分布式部署通常只适用于初学者进行体验，在 Hadoop 集群搭建后，HBase 的搭建必须与集群部署相匹配，才能最大限度地展示其优越性，HBase 的完全分布式部署，必须考虑不同节点机的时钟同步问题，所以必须引入 ZooKeeper 来保证不同节点机之间的协同服务。

【支撑知识】

HBase 的系统架构如图 6-2 所示，它以 HDFS 为底层的数据存储系统，整个架构包括 Client、ZooKeeper、HMaster、HRegionServer 等。

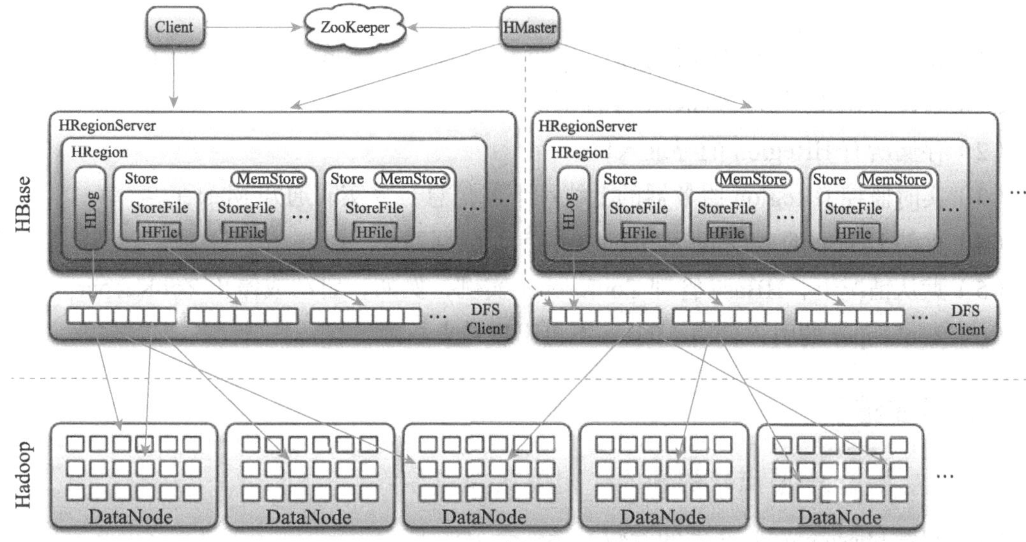

图 6-2　HBase 的系统架构

1. Client 的功能

Client（客户端）是整个 HBase 集群的访问入口，它使用 HBase 远程过程调用协议（RPC，Remote Procedure Call Protocol）与 HMaster 和 HRegionServer 进行通信。其中，与 HMaster 通信进行管理类操作，与 HRegionServer 通信进行数据读写类操作。

2. HMaster 的功能

（1）监控 HRegionServer。

（2）处理 HRegionServer 的故障转移。

（3）处理元数据的变更。

（4）分配或移除 HRegion（数据表中的切片）。

（5）在空闲时间进行数据的负载均衡。

（6）通过 ZooKeeper 发布自己的位置给 Client。

3. HRegionServer 的功能

（1）负责存储 HBase 的实际数据。

（2）处理分配给它的 HRegion。

（3）刷新缓存到 HDFS 中。

（4）维护 HLog（日志文件）。

（5）执行压缩。

（6）负责处理 HRegion 切片。

4. ZooKeeper 的功能

（1）通过选举，保证任何时候，集群中只有一个 Master（主节点机），Master 与 HRegionServer 启动时会向 ZooKeeper 注册。

（2）存储所有 HRegion 的寻址入口。

（3）实时监控 HRegion 服务器的上线和下线信息，并实时通知 Master。

（4）存储 HBase 的 schema 和 table（表）元数据。

（5）默认情况下，HBase 管理 ZooKeeper 实例，例如，启动或停止 ZooKeeper。

（6）Zookeeper 的引入使得 Master 不再出现单点故障。

【任务实施】

1. 配置 Master 节点机的 HBase 相关文件的参数

（1）配置 hbase-env.sh 文件的参数，操作命令如下：

```
[hadoop@Master ~]$ sudo vim /opt/hbase/conf/hbase-env.sh
```

在 hbase-env.sh 文件的首行加入以下两行信息：

```
export JAVA_HOME=/opt/jdk1.8.0_301/
export HBASE_MANAGES_ZK=false
```

同时，把该文件最后一行“#export HBASE_DISABLE_HADOOP_CLASSPATH_LOOKUP= "true"”中的注释符号“#”去掉，使其生效。

（2）配置 hbase-site.xml 文件的参数。

执行如下命令，打开 hbase-site.xml 文件。

```
[hadoop@Master ~]$ sudo vim /opt/hbase/conf/hbase-site.xml
```

按如下内容配置 hbase-site.xml 文件：

```
<configuration>
<property>
        <name>hbase.rootdir</name>
        <value>hdfs://Master:9000/hbase</value>
</property>
<property>
        <name>hbase.cluster.distributed</name>
        <value>true</value>
  </property>
  <property>
```

```
        <name>hbase.zookeeper.quorum</name>
        <value>Master,Slave1,Slave2</value>
    </property>
    <property>
        <name>hbase.zookeeper.property.datadir</name>
        <value>/opt/zookeeper/data/</value>
    </property>
    <property>
        <name>hbase.regionserver.handler.count</name>
        <value>20</value>
    </property>
    <property>
        <name>hbase.regionserver.maxlogs</name>
        <value>64</value>
    </property>
    <property>
        <name>hbase.hregion.max.filesize</name>
        <value>10485760</value>
    </property>
  <property>
        <name>hbase.master.maxclockskew</name>
        <value>180000</value>
  <description>Time difference of regionserver from master</description>
    </property>
  </configuration>
```

（3）配置 regionservers 文件的参数，操作命令如下：

```
[hadoop@Master ~]$ sudo vim /opt/hbase/conf/regionservers
Master
Slave1
Slave2
```

2. 配置 ZooKeeper 环境参数

（1）配置 zoo.cfg 文件参数。

打开 /opt/zookeeper/conf 文件夹后，对文件夹下的 zoo_sample.cfg 文件进行重命名，改为 zoo.cfg，操作命令如下：

```
[hadoop@Master ~]$ cd /opt/zookeeper/conf
[hadoop@Master conf]$ sudo mv ./zoo_sample.cfg ./zoo.cfg
```

使用 Vim 编辑器打开 zoo.cfg 文件，查看该文件是否有如下内容，如果有且内容一致就保持不变；如果有不一致的，就按下面的内容进行修改：

```
tickTime=2000
```

```
initLimit=10
syncLimit=5
dataDir=/opt/zookeeper-3.4.9/data
clientPort=2181
```

并在 zoo.cfg 文件的末行增加如下内容，保存并退出：

```
server.0=Master:2888:3888
server.1=Slave1:2888:3888
server.2=Slave2:2888:3888
```

（2）在 dataDir 指定的目录下创建 myid 文件，并添加相应内容，操作命令如下：

```
[hadoop@Master ~]$ mkdir /opt/zookeeper/data
[hadoop@Master ~]$ echo 0 > /opt/zookeeper/data/myid
```

（3）复制 ZooKeeper 的配置文件 zoo.cfg 到 HBase 中，打包 HBase、ZooKeeper 后，传输给 Slave1、Slave2，操作命令如下：

```
[hadoop@Master ~]$ sudo cp /opt/zookeeper/conf/zoo.cfg /opt/hbase/conf/
[hadoop@Master ~]$ cd /opt
[hadoop@Master opt]$ sudo tar -zcf ~/hbase.master.tar.gz ./hbase/
[hadoop@Master opt]$ sudo tar -zcf ~/zookeeper.master.tar.gz ./zookeeper/
[hadoop@Master opt]$ sudo scp -r ~/hbase.master.tar.gz hadoop@Slave1:/home/hadoop/Downloads/
[hadoop@Master opt]$ sudo scp -r ~/zookeeper.master.tar.gz hadoop@Slave1:/home/hadoop/Downloads/
[hadoop@Master opt]$ sudo scp -r ~/hbase.master.tar.gz hadoop@Slave2:/home/hadoop/Downloads/
[hadoop@Master opt]$ sudo scp -r ~/zookeeper.master.tar.gz hadoop@Slave2:/home/hadoop/Downloads/
```

登录 Slave1 进行解压缩，操作命令及结果如下：

```
[hadoop@Slave1 ~]$ sudo tar -zxvf ~/Downloads/hbase.master.tar.gz -C /opt
[hadoop@Slave1 ~]$ sudo tar -zxvf ~/Downloads/zookeeper.master.tar.gz -C /opt
[hadoop@Slave1 ~]$ cd /opt
[hadoop@Slave1 opt]$ sudo chown -R hadoop ./hbase ./zookeeper
[hadoop@Slave1 opt]$ echo 1 > /opt/zookeeper/data/myid
```

登录 Slave2 进行解压缩，操作命令及结果如下：

```
[hadoop@Slave2 ~]$ sudo tar -zxvf ~/Downloads/hbase.master.tar.gz -C /opt
[hadoop@Slave2 ~]$ sudo tar -zxvf ~/Downloads/zookeeper.master.tar.gz
```

```
-C /opt
  [hadoop@Slave2 ~]$ cd /opt
  [hadoop@Slave2 opt]$ sudo chown -R hadoop ./hbase ./zookeeper
  [hadoop@Slave2 opt]$ echo 1 > /opt/zookeeper/data/myid
```

3. 启动并验证 ZooKeeper 服务

（1）在 Master 节点机上验证 ZooKeeper 服务，操作命令及结果如下：

```
[hadoop@Master ~]$ zkServer.sh start
ZooKeeper JMX enabled by default
Using config: /opt/zookeeper/bin/../conf/zoo.cfg
Starting zookeeper ... STARTED
[hadoop@Master ~]$ zkServer.sh status
ZooKeeper JMX enabled by default
Using config: /opt/zookeeper/bin/../conf/zoo.cfg
Client port found: 2181. Client address: localhost.
Mode: follower
```

（2）在 Slave1 节点机上验证 ZooKeeper 服务，操作命令及结果如下：

```
[hadoop@Slave1 ~]$ zkServer.sh start
ZooKeeper JMX enabled by default
Using config: /opt/zookeeper/bin/../conf/zoo.cfg
Starting zookeeper ... STARTED
[hadoop@Slave1 ~]$ zkServer.sh status
ZooKeeper JMX enabled by default
Using config: /opt/zookeeper/bin/../conf/zoo.cfg
Client port found: 2181. Client address: localhost.
Mode: leader
```

（3）在 Slave2 节点机上验证 ZooKeeper 服务，操作命令及结果如下：

```
[hadoop@Slave2 opt]$ zkServer.sh start
ZooKeeper JMX enabled by default
Using config: /opt/zookeeper/bin/../conf/zoo.cfg
Starting zookeeper ... STARTED
[hadoop@Slave2 opt]$ zkServer.sh status
ZooKeeper JMX enabled by default
Using config: /opt/zookeeper/bin/../conf/zoo.cfg
Client port found: 2181. Client address: localhost.
Mode: follower
```

4. 启动并验证 HBase 服务

（1）启动 HBase 服务必须先保证 Hadoop 服务已经开启，如未启动就按如下操作命令进行：

```
[hadoop@Master ~]$ start-all.sh
[hadoop@Master ~]$ mapred --daemon start historyserver
[hadoop@Master ~]$ start-hbase.sh
```

（2）在 Master 节点机上验证 HBase 服务，操作命令及结果如下：

```
[hadoop@Master ~]$ jps
35568 Jps
34516 NameNode
35412 HMaster
35013 ResourceManager
30586 QuorumPeerMain
35514 HRegionServer
31771 JobHistoryServer
34764 SecondaryNameNode
```

（3）在 Slave1 节点机上验证 HBase 服务，操作命令及结果如下：

```
[hadoop@Slave1 ~]$ jps
28756 DataNode
27002 QuorumPeerMain
29116 Jps
28861 NodeManager
29085 HRegionServer
```

（4）在 Slave2 节点机上验证 HBase 服务，操作命令及结果如下：

```
[hadoop@Slave2 ~]$ jps
29008 Jps
28786 NodeManager
28969 HRegionServer
26858 QuorumPeerMain
28635 DataNode
```

任务 3　HBase 操作实践

【任务概述】

HBase 提供了非常方便的 shell 命令供使用者对 HBase 中的表进行创建、插入、修改、删除、清空等操作。本任务主要是使用各种 HBase shell 命令对 HBase 中的表进行操作，读者可以使用这些命令对 HBase 中的表进行操作，从而提高对 HBase shell 命令的掌握程度。

【支撑知识】

1. HBase 表数据模型

HBase 本质上是一个存储表，具有稀疏、多维、持久化存储的特性。关系型数据库的表主要由行、列构成，HBase 的表由行键（Row Key）、列族（Column Family）、列（Column）、单元格（Cell）、时间戳（Timestamp）构成，如图 6-3 所示的 HBase 表数据模型展示了 HBase 表的部分结构。

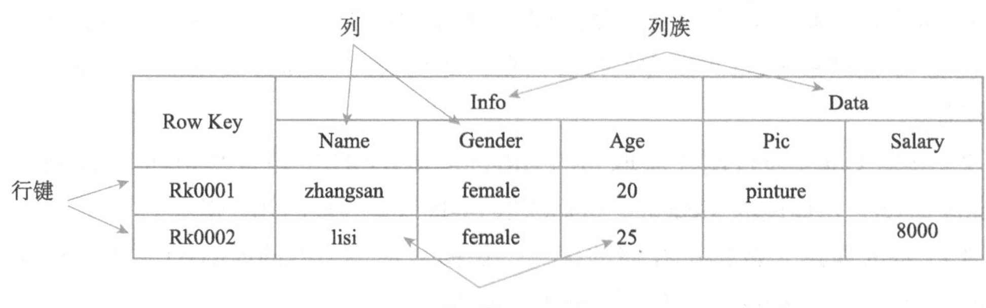

Row Key	Info			Data	
	Name	Gender	Age	Pic	Salary
Rk0001	zhangsan	female	20	pinture	
Rk0002	lisi	female	25		8000

图 6-3　HBase 表数据模型

（1）行键（Row Key）。

与 NoSQL 一样，行键是用来检索记录的主键。访问 HBase 表中的行，有 3 种方式：

- 通过单个 Row Key 访问；
- 通过 Row Key 的 range（范围遍历）访问；
- 通过全表扫描访问。

Row Key 可以是任意字符串（最大长度是 64KB，实际应用中长度一般为 10～100Byte）。在 HBase 内部，Row Key 保存为字节数组。HBase 会对表中的数据按照 Row Key 排序（字典顺序）。

（2）列族（Column Family）。

HBase 表中的每个列，都归属某个列族。列族是表的 schema（模式）的一部分（而列不是），必须在使用表之前定义。列名以列族作为前缀，例如，Courses:history 和 Courses:math 都属于 Courses 这个列族。

列族越多，在取一行数据时要参与输入、输出和搜寻的文件就越多，所以如果没有必要，就不要设置太多的列族。

（3）列（Column）。

列族下面的具体列。

（4）单元格（Cell）。

由“{row key, column(=<family> + <label>), version}”唯一确定的单元。Cell 中的数据是没有类型的，全部以字节码形式存储。

（5）时间戳（Timestamp）。

HBase 中通过 Row Key 和 Column 确定的一个存储单元称为 Cell，每个 Cell 都保存着同一份数据的多个版本，版本通过时间戳来索引，时间戳的类型是 64 位整型。时间戳可以由 HBase 在数据写入时自动赋值，此时时间戳是精确到毫秒的当前系统时间。

2. HBase 请求读取数据过程

（1）HRegionServer 保存着 Meta 表（HBase 中的特殊目录表，用于保存集群中 Regions 的位置信息）及表数据，要访问表数据，需要 Client 先去访问 ZooKeeper，从 ZooKeeper 里面获取 Meta 表所在的位置信息，即找到这个 Meta 表在哪个 HRegionServer 上保存着。

（2）接着 Client 通过刚才获取到的 HRegionServer 的 IP 地址来访问 Meta 表所在的 HRegionServer，从而读取 Meta 表，进而获取 Meta 表中存放的元数据。

（3）Client 通过元数据中存储的信息，访问对应的 HRegionServer，然后扫描所在 HRegionServer 的 MemStore 和 StoreFile 来查询数据。

（4）最后 HRegionServer 将查询到的数据响应给 Client。

3. HBase 请求写入数据过程

（1）Client 也是先访问 ZooKeeper，找到 Meta 表，并获取 Meta 表中存放的元数据。确定当前将要写入的数据所对应的 HRegion 和 HRegionServer。

（2）Client 向该 HRegionServer 发起写入数据请求，然后 HRegionServer 收到请求并响应。

（3）Client 先把数据写入 HLog 中，以防止数据丢失，然后将数据写入 MemStore 中。

（4）如果 HLog 和 MemStore 均写入成功，那么这条数据写入成功。

（5）MemStore 达到阈值就会把 MemStore 中的数据 flush（刷写）到 StoreFile 中。

（6）当 StoreFile 越来越多，会触发 Compact（合并）操作，把所有的 StoreFile 合并成一个大的 StoreFile。

（7）当 StoreFile 越来越大，HRegion 也会越来越大，达到阈值后，会触发 Split（分离）操作，将 HRegion 一分为二。

【任务实施】

1. 进入 HBase 客户端操作界面

进入 HBase 客户端操作界面的操作命令如下：

```
hbase shell
```

若看到以下信息，则说明 HBase 启动成功并可以正常使用。

```
HBase Shell
Use "help" to get list of supported commands.
Use "exit" to quit this interactive shell.
For Reference, please visit: http://hbase.apache.org/2.0/book.
html#shell
Version 2.2.6, re6513a76c91cceda95dad7af246ac81d46fa2589, Sat Oct 19
10:10:12 UTC 2019
Took 0.0041 seconds
hbase(main):001:0>
```

2. 查看帮助信息

查看帮助信息的操作命令如下：

```
hbase(main):001:0> help
```

help 命令执行后系统给出的提示信息比较多，这里就不列举了，主要为一些操作命令的帮助信息。如果对某个操作命令有疑问，就可以通过“help‘该操作命令’”的方式进行查询。例如：

```
hbase(main):020:0> help 'put'
```

3. 查看当前数据库中有哪些表

HBase 开始启动时数据库是空的，所以这时通过 list 命令查看，显示的信息如下：

```
hbase(main):001:0> list
TABLE
0 row(s)
Took 0.8389 seconds
=> []
```

如果通过 create 命令在数据库中创建一个名为 user 的数据表，再执行 list 命令，那么显示的信息如下：

```
hbase(main):004:0> list
TABLE
user
1 row(s)
Took 0.0706 seconds
=> ["user"]
```

4. 创建一张表

创建 user 表，包含 info、data 两个列族，创建时只会提示“Took 0.XXXX seconds”，其他信息不会出现。创建 user 表的操作命令如下：

```
hbase(main):010:0> create 'user', 'info', 'data'
```

或者

```
hbase(main):010:0> create 'user', {NAME => 'info', VERSIONS => '3'},
{NAME => 'data'}
```

5. 添加数据

这里向 user 表中添加“rk0001”“rk0002”两行信息。具体操作如下所示。

向 user 表中插入信息，Row Key 为 rk0001，在列族 info 中添加 name 列，值为 zhangsan，操作命令如下：

```
hbase(main):011:0> put 'user', 'rk0001', 'info:name', 'zhangsan'
```

向 user 表中插入信息，Row Key 为 rk0001，在列族 info 中添加 gender 列，值为 female，操作命令如下：

```
hbase(main):012:0> put 'user', 'rk0001', 'info:gender', 'female'
```

向 user 表中插入信息，Row Key 为 rk0001，在列族 info 中添加 age 列，值为 20，操作命令如下：

```
hbase(main):013:0> put 'user', 'rk0001', 'info:age', 20
```

向 user 表中插入信息，Row Key 为 rk0001，在列族 data 中添加 pic 列，值为 picture，操作命令如下：

```
hbase(main):014:0> put 'user', 'rk0001', 'data:pic', 'picture'
```

向 user 表中插入信息，Row Key 为 rk0002，在列族 info 中添加 name 列，值为 zhangsan，操作命令如下：

```
hbase(main):015:0> put 'user', 'rk0002', 'info:name', 'zhangsan'
```

向 user 表中插入信息，Row Key 为 rk0002，在列族 info 中添加 gender 列，值为 female，操作命令如下：

```
hbase(main):016:0> put 'user', 'rk0002', 'info:gender', 'female'
```

向 user 表中插入信息，Row Key 为 rk0002，在列族 info 中添加 age 列，值为 25，操作命令如下：

```
hbase(main):017:0> put 'user', 'rk0002', 'info:age', 25
```

向 user 表中插入信息，Row Key 为 rk0002，在列族 data 中添加 salary 列，值为 8000，操作命令如下：

```
hbase(main):018:0> put 'user', 'rk0002', 'data:salary', '8000'
```

6. 查询数据

（1）通过 Row Key 进行查询。

获取 user 表中 Row Key 为 rk0001 的所有信息，操作命令及结果如下：

```
hbase(main):019:0> get 'user','rk0001'
COLUMN                      CELL
 data:pic                   timestamp=1642037064829, value=pinture
 info:age                   timestamp=1642036611470, value=20
 info:gender                timestamp=1642036566542, value=female
 info:name                  timestamp=1642036487365, value=zhangsan
```

（2）查看 Row Key 下面的某个列族的信息。

获取 user 表中 Row Key 为 rk0001，info 列族的所有信息，操作命令及结果如下：

```
hbase(main):020:0> get 'user', 'rk0001', 'info'
COLUMN                      CELL
 info:age                   timestamp=1642036611470, value=20
 info:gender                timestamp=1642036566542, value=female
 info:name                  timestamp=1642036487365, value=zhangsan
```

（3）查看 Row Key 指定列族指定字段的值。

获取 user 表中 Row Key 为 rk0001，info 列族的 name 列和 age 列的信息，操作命令及结果如下：

```
hbase(main):021:0> get 'user', 'rk0001', 'info:name', 'info:age'
COLUMN                      CELL
 info:age                   timestamp=1642036611470, value=20
 info:name                  timestamp=1642036487365, value=zhangsan
```

（4）查询所有数据。

查询 user 表中的所有信息，操作命令及结果如下：

```
hbase(main):025:0> scan 'user'
ROW                         COLUMN+CELL
  rk0001                          column=data:pic, timestamp=1642037064829,
value=pinture
  rk0001                          column=info:age, timestamp=1642036611470,
value=20
  rk0001                       column=info:gender, timestamp=1642036566542,
value=female
  rk0001                         column=info:name, timestamp=1642036487365,
value=zhangsan
  rk0002                       column=data:salary, timestamp=1642037532633,
value=8000
  rk0002                          column=info:age, timestamp=1642037518679,
value=25
```

```
  rk0002                    column=info:gender, timestamp=1642037495237,
value=female
  rk0002                      column=info:name, timestamp=1642037469855,
value=lisi
```

（5）查询列族。

查询 user 表中列族为 info 的信息，操作命令及结果如下：

```
hbase(main):0026:0> scan 'user', {COLUMNS => 'info'}
ROW                          COLUMN+CELL
  rk0001                       column=info:age, timestamp=1642036611470,
value=20
  rk0001                    column=info:gender, timestamp=1642036566542,
value=female
  rk0001                      column=info:name, timestamp=1642036487365,
value=zhangsan
  rk0002                       column=info:age, timestamp=1642037518679,
value=25
  rk0002                    column=info:gender, timestamp=1642037495237,
value=female
  rk0002                      column=info:name, timestamp=1642037469855,
value=lisi
```

7. 统计数据

统计 user 表中行信息的条数，操作命令及结果如下：

```
hbase(main):027:0> count 'user'
2 row(s)
Took 0.9747 seconds
=> 2
```

8. 查看表的构造

用户通过 describe 命令查看特定表的构造，describe 可以缩写为 desc，因此可以使用如下操作命令：

```
hbase(main):028:0> describe 'user'
```

或者

```
hbase(main):029:0> desc 'user'
```

9. 删除数据

delete 命令主要用于删除表内的数据，无法删除整个表。

删除 user 表中 Row Key 为 rk0001，info 列族中的 age 列的数据的操作命令如下：

```
hbase(main):030:0> delete 'user','rk0001','info:age'
```

再对 user 表执行 scan（浏览）操作后可以发现，Row Key 为 rk0001 的 info 列族中已经没有 age 列的数据了。

deleteall 命令可以删除一整行数据，如删除 user 表中 Row Key 为 rk0001 的所有数据，操作命令如下：

```
hbase(main):031:0> deleteall 'user','rk0001'
```

执行完毕后，再对 user 表执行 scan 操作，可以看到 user 表中已经没有 Row Key 为 rk0001 的数据了。

10. 表的清空

delete 命令或 deleteall 命令只能删除表中的部分数据。truncate 命令可以完全清空表中的数据，但表结构仍旧保留，操作命令如下：

```
hbase(main):032:0> truncate 'user'
```

执行完毕后，再对 user 表执行 scan 操作，可以看到 user 表中已经没有数据了。

11. 表的删除

在 HBase 中，要删除一个数据表，必须使用 disable 命令和 drop 命令，操作命令如下：

```
hbase(main):014:0> disable 'user'
hbase(main):015:0> drop 'user'
```

执行完毕后，输入 list 查询数据库中的表，可以发现已经没有 user 表了。

任务 4　HBase 编程实践

【任务概述】

HBase 提供的 Java API 可供程序开发人员在程序代码中实现对 HBase 的各种操作。本任务通过编写简单的 Java 程序，实现用 HBase 对应的 Java API 对 HBase 进行表的创建、数据插入和数据查询操作。

【支撑知识】

HBase 提供的 Java API 的种类繁多，可以让用户实现对 HBase 的灵活操作。由于篇幅有限，以下主要介绍初学者在学习 HBase 中涉及的比较简单的增加、删除、修改、查询操作。常用的 Java API 如表 6-2 所示。

表 6-2 常用的 Java API

Java API	对应操作的 HBase 数据模型
HBaseConfiguration	数据库（DateBase）
HBaseAdmin	
HTable	表（Table）
HTableDescriptor	列族（Column Family）
HColumnDescriptor	
Put	列修饰符（Column Qualifier）
Get	
Delete	
Result	
ResultScanner	

1. HBaseConfiguration

HBaseConfiguration 属于 org.apache.hadoop.hbase 包，封装了 HBase 集群所有的配置信息（最终程序运行所需要的各种环境），可用于管理 HBase 的各种配置信息。HBaseConfiguration 常用方法如表 6-3 所示。

表 6-3 HBaseConfiguration 常用方法

返回值	函　数	描　述
void	addResource(Pathfile)	通过给定的路径所指的文件来添加资源
void	clear()	清空所有已设置的属性
String	get(Stringname)	获取属性名对应的值
String	getBoolean(Stringname,booleandefaultValue)	获取 boolean 类型的属性值，如果其属性值类型不是 boolean，就返回默认属性值
void	set(Stringname,Stringvalue)	通过属性名来设置属性值
void	setBoolean(Stringname,booleanvalue)	boolean 类型的属性值

2. HBaseAdmin

HBaseAdmin 属于 org.apache.hadoop.hbase.client 包，提供了一个管理 HBase 表信息的管理接口，主要有创建表、删除表、列出表项、使表有效或无效、加入或删除列族成员等操作方法。HBaseAdmin 常用方法如表 6-4 所示。

表 6-4 HBaseAdmin 常用方法

返回值	函　数	描　述
void	addColumn(String tableName, HColumnDescriptor column)	向一个已经存在的表中添加列

续表

返回值	函　数	描　述
void	checkHBaseAvailable(HBaseConfiguration conf)	静态函数，查看 HBase 是否处于运行状态
	createTable(HTableDescriptor desc)	创建一个表，同步操作
	deleteTable(byte[] tableName)	删除一个已经存在的表
	enableTable(byte[] tableName)	使表处于有效状态
	disableTable(byte[] tableName)	使表处于无效状态
HTableDescriptor[]	listTables()	列出所有表
void	modifyTable(byte[] tableName, HTableDescriptor htd)	修改表的模式，是异步的操作，可能需要花费一定的时间
boolean	tableExists(String tableName)	检查表是否存在

3. HTable

HTable 封装了整个表的所有的信息（表名、列族信息），提供了操作该表中所有数据的方法。HTable 常用方法如表 6-5 所示。

表 6-5　HTable 常用方法

返回值	函　数	描　述
void	checkAdnPut(byte[] row, byte[] family, byte[] qualifier, byte[] value, Put put)	自动检查 row/family/qualifier 是否与给定的值匹配
void	close()	释放所有的资源或挂起内部缓冲区中的更新操作
boolean	exists(Get get)	检查 Get 实例所指定的值是否存在于 HTable 的列中
Result	get(Get get)	获取指定行的某些单元格所对应的值
byte[][]	getEndKeys()	获取当前打开表的每个区域的结束键值
ResultScanner	getScanner(byte[] family)	获取当前给定列族的 scanner 实例
HTableDescriptor	getTableDescriptor()	获取当前表的 HTableDescriptor 实例
byte[]	getTableName()	获取表名
static boolean	isTableEnabled(HBaseConfiguration conf, String tableName)	检查表是否有效
void	put(Put put)	向表中添加值

4. HTableDescriptor

HTableDescriptor 属于 org.apache.hadoop.hbase 包，包括表名和所有列族的信息。HTableDescriptor 常用方法如表 6-6 所示。

表 6-6　HTableDescriptor 常用方法

返回值	函　数	描　述
void	addFamily(HColumnDescriptor)	添加一个列族

续表

返回值	函　数	描　述
HColumnDescriptor	removeFamily(byte[] column)	移除一个列族
byte[]	getName()	获取表名
byte[]	getValue(byte[] key)	获取属性值
void	setValue(String key,String value)	设置属性值

5. HColumnDescriptor

HColumnDescriptor 属于 org.apache.hadoop.hbase 包，用于封装一个列族的信息。HColumnDescriptor 常用方法如表 6-7 所示。

表 6-7　HColumnDescriptor 常用方法

返回值	函　数	描　述
byte[]	getName()	获取列族的名字
byte[]	getValue(byte[] key)	获取对应的属性值
void	setValue(String key,String value)	设置对应的属性值

6. Put

Put 插入操作所封装的必要的信息。

7. Get

Get 用于封装查询条件，如 table.get(Get get)，用于返回一个 Result。

8. Delete

Delete 用于删除数据封装的所有的必要数据信息。

9. Result

Result 封装了一个 Row Key 所对应的所有的数据信息。

10. ResultScanner

ResultScanner 封装了多个 Result 的结果集。

【任务实施】

1. 创建 Java Project

进入 Eclipse 工作界面后，选择“File”→“New”→“Other”→“Java Project”选

项，然后单击“Next”按钮。在“New Java Project”对话框中（如图 6-4 所示），在“Project name”文本框中输入“HBaseTest”，在“JRE”选项区中选择“Use a project specific JRE”单选按钮，确认无误后单击“Next”按钮。

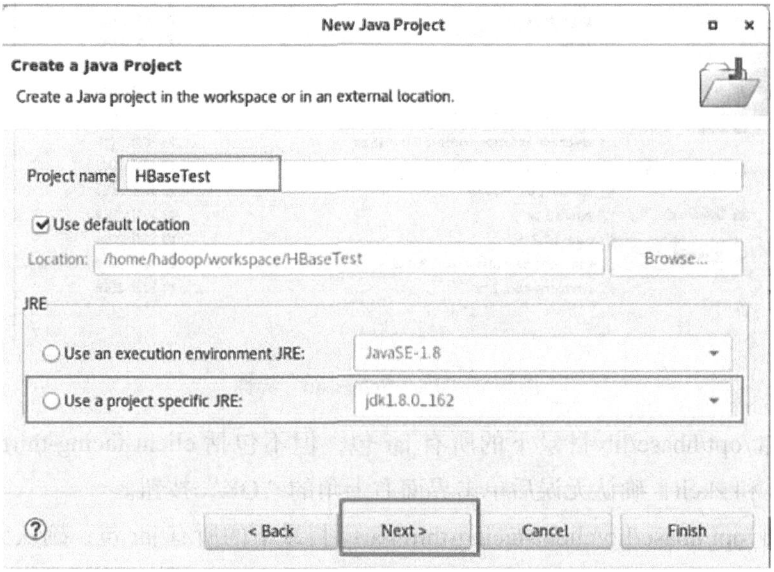

图 6-4　“New Java Project”对话框

2. 为 Java Project 添加必要的 jar 包

上一步完成后，会弹出如图 6-5 所示的“Java Settings”对话框，选择“Libraries”选项卡，单击“Add External JARs”按钮，打开“JAR Selection”界面（如图 6-6 所示），然后按如下步骤选择并添加工程所需要的各类 jar 包。

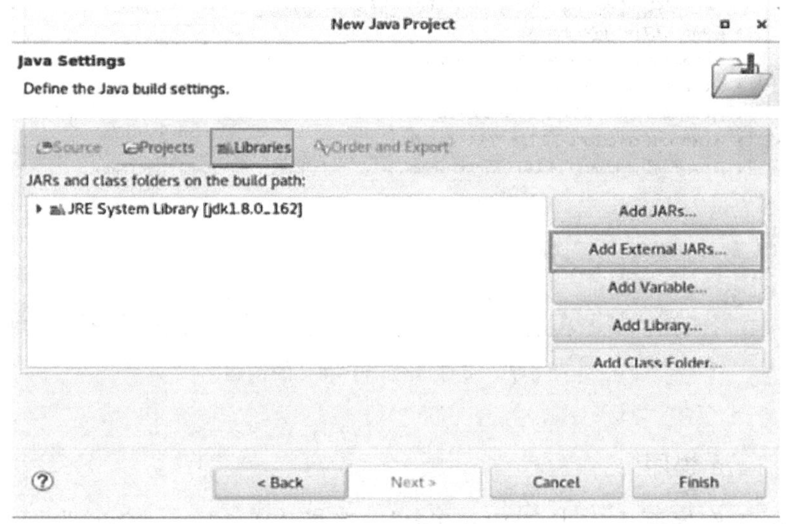

图 6-5　“Java Settings”对话框

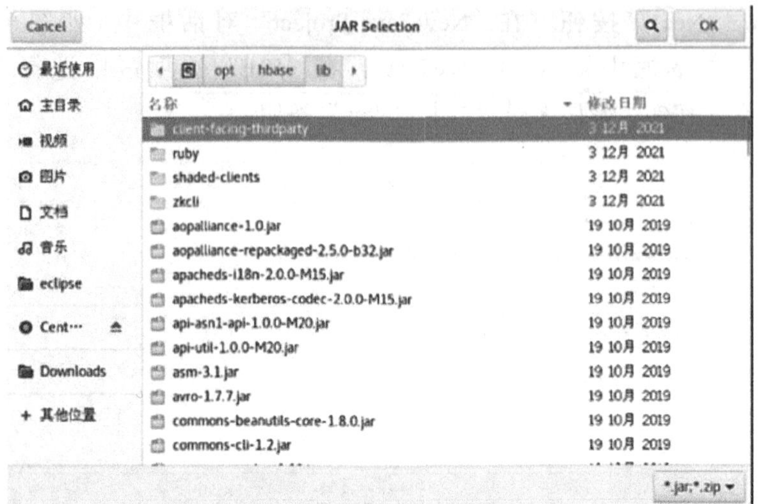

图 6-6 “JAR Selection”界面

（1）添加 /opt/hbase/lib 目录下的所有 jar 包，但不包括 client-facing-thirdparty、ruby、shaded-clients 和 zkcli，确认无误后单击界面右上角的“OK”按钮。

（2）添加 /opt/hbase/lib/client-facing-thirdparty 目录下的所有 jar 包，确认无误后单击界面右上角的“OK”按钮。

添加完毕后，单击如图 6-7 所示的“Finish”按钮，完成 Java Project 的创建。

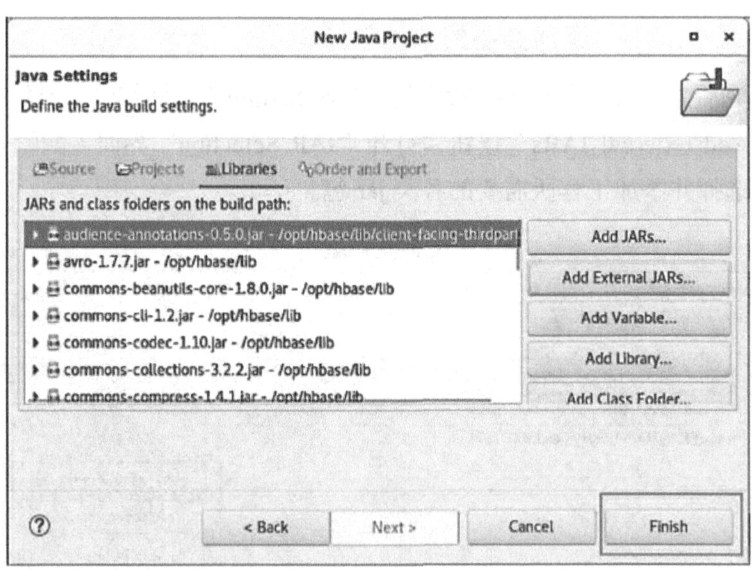

图 6-7 完成 Java Project 的创建

3. 编写 Java 程序

在 Eclipse 工作界面中右击“HBaseTest”，选择“New”→“Other”→“Java Class”选项，然后单击“Next”按钮打开“New Java Class”对话框，在“Name”对应的文本框

中输入“HBaseTest”，其他保持不变，单击“Finish”按钮完成创建，如图 6-8 所示。

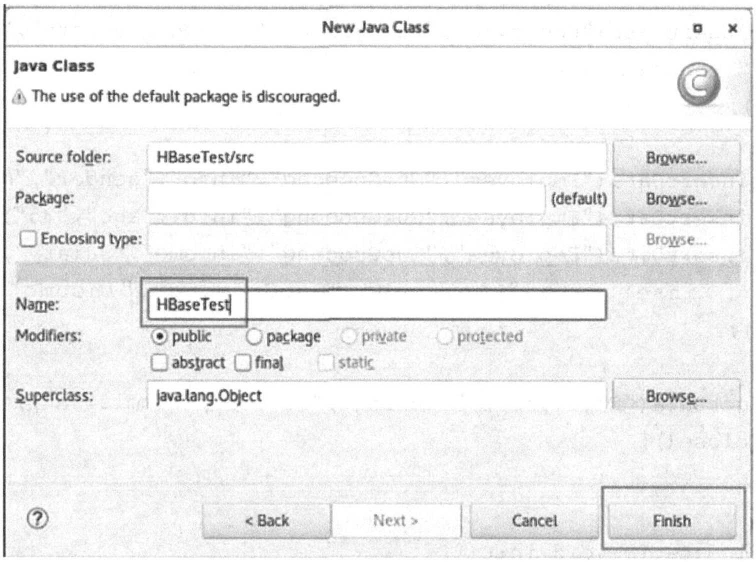

图 6-8　“New Java Class”对话框

在 HBaseTest.java 的源代码文件中输入如下代码：

```
import org.apache.hadoop.conf.Configuration;
import org.apache.hadoop.hbase.*;
import org.apache.hadoop.hbase.client.*;
import org.apache.hadoop.hbase.util.Bytes;

import java.io.IOException;
public class ExampleForHBase {
    public static Configuration configuration;
    public static Connection connection;
    public static Admin admin;
    public static void main(String[] args)throws IOException{
        init();
        createTable("Employee",new String[]{"info","income"});
        insertData("Employee","LiuPing","info","gender","female");
        insertData("Employee","LiuPing","info","age","32");
        insertData("Employee","LiuPing","income","salary","6000");
        insertData("Employee","LiuPing","income","commision","3721");

        insertData("Employee","ZhuLi","info","gender","male");
        insertData("Employee","ZhuLi","info","age","27");
        insertData("Employee","ZhuLi","income","salary","5000");
        insertData("Employee","ZhuLi","income","commision","2755");
```

```
        insertData("Employee","ZhangQiao","info","gender","female");
        insertData("Employee","ZhangQiao","info","age","21");
        insertData("Employee","ZhangQiao","income","salary","3000");
            insertData("Employee","ZhangQiao","income","commisi
on","1578");

        insertData("Employee","GuoGuodong","info","gender","male");
        insertData("Employee","GuoGuodong","info","age","35");
        insertData("Employee","GuoGuodong","income","salary","8000");
            insertData("Employee","GuoGuodong","income","commisi
on","6352");

        getData("Employee", "LiuPing","income","commision");
        close();
    }

    public static void init(){
        configuration  = HBaseConfiguration.create();
        configuration.set("hbase.rootdir","hdfs://Master:9000/hbase");
        try{
              connection = ConnectionFactory.createConnection(configura
tion);
            admin = connection.getAdmin();
        }catch (IOException e){
            e.printStackTrace();
        }
    }

    public static void close(){
        try{
            if(admin != null){
                admin.close();
            }
            if(null != connection){
                connection.close();
            }
        }catch (IOException e){
            e.printStackTrace();
        }
    }

      public static void createTable(String myTableName,String[]
colFamily) throws IOException {
```

```
        TableName tableName = TableName.valueOf(myTableName);
        if(admin.tableExists(tableName)){
            System.out.println("talbe is exists!");
        }else {
                TableDescriptorBuilder tableDescriptor =
TableDescriptorBuilder.newBuilder(tableName);
            for(String str:colFamily){
                ColumnFamilyDescriptor family =
ColumnFamilyDescriptorBuilder.newBuilder(Bytes.toBytes(str)).build();
                tableDescriptor.setColumnFamily(family);
            }
            admin.createTable(tableDescriptor.build());
        }
    }

    public static void insertData(String tableName,String rowKey,String
colFamily,String col,String val) throws IOException {
            Table table = connection.getTable(TableName.
valueOf(tableName));
        Put put = new Put(rowKey.getBytes());
            put.addColumn(colFamily.getBytes(),col.getBytes(), val.
getBytes());
        table.put(put);
        table.close();
    }

    public static void getData(String tableName,String rowKey,String
colFamily, String col)throws  IOException{
            Table table = connection.getTable(TableName.
valueOf(tableName));
        Get get = new Get(rowKey.getBytes());
        get.addColumn(colFamily.getBytes(),col.getBytes());
        Result result = table.get(get);
            System.out.println(new String(result.getValue(colFamily.
getBytes(),col==null?null:col.getBytes())));
        table.close();
    }
}
```

4. 编译执行程序

在 Eclipse 工作界面中，选择“Run”→“Run As”→“Java Application”选项。程序执行完毕后，如果在底部的 Console 面板中出现“3721”，就代表程序执行成功，如图 6-9

所示。

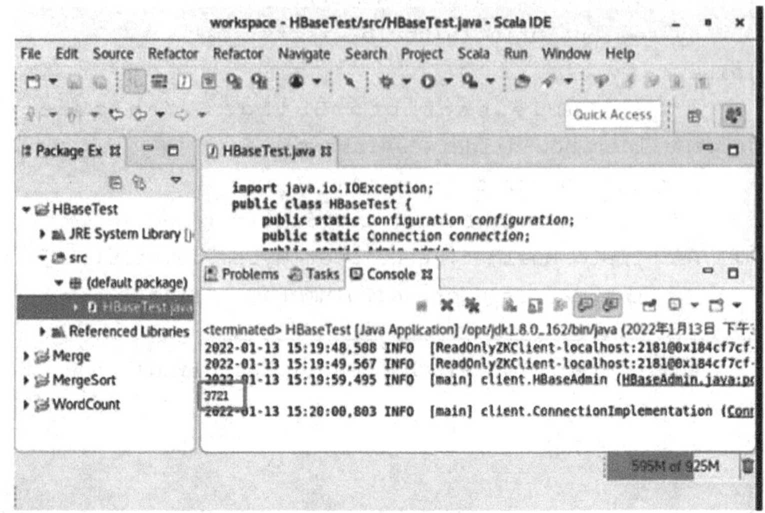

图 6-9 程序执行成功

5. HBase 中的数据核验

进入 HBase shell 后，执行 list 命令核验 HBase 数据库中是否存在 Employee 表，操作命令及结果如下：

```
hbase(main):010:0> list
TABLE
Employee
student
2 row(s)
Took 1.5737 seconds
=> ["Employee", "student"]
```

从执行结果可以看出存在 Employee 表，接下来可以用 scan 命令查看 Employee 表中的数据，操作命令及结果如下：

```
hbase(main):011:0> scan 'Employee'
ROW                         COLUMN+CELL
 GuoGuodong                         column=income:commision,
timestamp=1642058400680, value=6352
 GuoGuodong                 column=income:salary, timestamp=1642058400496,
value=8000
 GuoGuodong                     column=info:age, timestamp=1642058400482,
value=35
 GuoGuodong                   column=info:gender, timestamp=1642058400458,
value=male
 LiuPing                              column=income:commision,
```

```
timestamp=1642058400279, value=3721
   LiuPing                    column=income:salary, timestamp=1642058400253,
value=6000
   LiuPing                        column=info:age, timestamp=1642058400236,
value=32
   LiuPing                      column=info:gender, timestamp=1642058400211,
value=female
   ZhangQiao                              column=income:commision,
timestamp=1642058400444, value=1578
   ZhangQiao                  column=income:salary, timestamp=1642058400407,
value=3000
   ZhangQiao                      column=info:age, timestamp=1642058400383,
value=21
   ZhangQiao                    column=info:gender, timestamp=1642058400362,
value=female
   ZhuLi                                  column=income:commision,
timestamp=1642058400349, value=2755
   ZhuLi                      column=income:salary, timestamp=1642058400331,
value=5000
   ZhuLi                          column=info:age, timestamp=1642058400315,
value=27
   ZhuLi                        column=info:gender, timestamp=1642058400293,
value=male
```

同步训练

一、选择题

1. HBase 依靠（　　）获得海量存储功能。

A. HDFS　　　　B. Hadoop

C. MongoDB　　　　D. Radis

2. HBase 依靠（　　）获得稳定可靠的协同服务，并保证数据访问的稳定性和可恢复性。

A. ZooKeeper　　　　B. Chubby

C. RPC　　　　D. Socket

3. HBase 利用 Hadoop 提供的（　　）来对其自身存储的海量数据进行处理，获得海量算力。

A. ZooKeeper　　　　B. Chubby

C. RPC　　　　D. MapReduce

4. 在 Apache Hadoop 中 HDFS 默认 Block Size 的大小是（　　）。

A. 32MB　　　　B. 64MB

C. 128MB　　　　　　　　　　D. 256MB

5. HDFS 是基于流数据模式访问和处理超大文件的需求而开发的，具有高容错率、高可靠性、高可扩展性、高吞吐率等特征，适合的读写任务是（　　）。

A. 一次写入，少次读取　　　　B. 多次写入，少次读取

C. 多次写入，多次读取　　　　D. 一次写入，多次读取

二、简答题

1. 简述 HBase 的特点。
2. 简述 HBase 在 MapReduce 编程应用中的数据导入方式。
3. 描述 HBase 的存储结构。

三、操作题

1. 使用 Hadoop 提供的 HBase shell 命令完成以下任务：

（1）列出 HBase 中所有表的相关信息，如表名；

（2）在终端打印出指定的表的所有记录数据；

（3）向已经创建好的表添加和删除指定的列族或列；

（4）清空指定的表的所有记录数据；

（5）统计表的行数。

2. 编程实现以下对 HBase 数据库的相关操作：

（1）createTable(String tableName, String[] fields)。

（2）addRecord(String tableName, String row, String[] fields, String[] values)。

（3）scanColumn(String tableName, String column)。

（4）modifyData(String tableName, String row, String column)。

（5）deleteRow(String tableName, String row)。

项目 7　Hive 数据仓库的安装及应用

【项目介绍】

Hive 是基于 Hadoop 的一个数据仓库工具，用来对数据进行提取、转化、加载，这是一种可以存储、查询和分析 Hadoop 中的大规模数据的机制。Hive 可以将结构化的数据文件映射为一张数据库表，并提供类 SQL 查询功能。此外，Hive 还提供了命令行工具和 JDBC 驱动程序来将用户连接到 Hive 数据仓库。本项目将首先介绍 Hive 的相关概念、特点和基本架构，然后介绍 Hive 的分布式安装和部署，重点介绍使用 Hive 工具进行数据提取、转化、加载的方法。

本项目分为以下 3 个任务：

- 任务 1　Hive 基本概念
- 任务 2　Hive 安装及部署
- 任务 3　Hive 基本命令和应用

【学习目标】

- 了解 Hive 的相关概念和特点；
- 理解 Hive 的基本架构；
- 熟练掌握 Hive 的安装和部署；
- 熟练掌握 Hive 的基本命令和用法；
- 能够部署和配置 Hive 的分布式开发环境；
- 能够使用 Hive 基本命令进行数据的提取、转化、加载。

任务 1　Hive 基本概念

【任务概述】

本任务将介绍 Hive 的基本概念、特点和基本架构。

【支撑知识】

1. Hive 的基本概念

Hadoop 生态系统包含了用于协助 Hadoop 的不同的子项目（工具）模块，如 Sqoop、

Pig 和 Hive。Hive 是一个数据仓库基础工具，在 Hadoop 中用来处理结构化数据，它架构在 Hadoop 之上，将结构化的数据文件映射为一张数据库表，通过提供简单的 SQL 查询功能，可以将 SQL 语句转化为 MapReduce 任务，从而使得查询和分析更为方便。

最初 Hive 由 Facebook 开发，后来由 Apache 软件基金会开发，并进一步将 Hive 发展为其旗下的一个开源项目。目前许多知名的 IT 公司都在使用 Hive。例如，Amazon 的 Amazon Elastic MapReduce（Amazon EMR）通过 Hive 提供 Web 服务，提升了企业、研究人员、数据分析师和开发人员轻松、高效地掌控海量数据的能力。简单来说，Hive 就是在 Hadoop 上架构了一层 SQL 接口，以便将 SQL 语句翻译成 MapReduce 任务后在 Hadoop 上执行，这样就使得数据开发和分析人员能够很方便地使用 SQL 来完成海量数据的统计和分析。Hive 的本质是将 SQL 语句转化为 MapReduce 程序（如图 7-1 所示）。

Hive 本身没有数据存储功能，其使用 HDFS 进行数据存储。Hive 的核心工作就是把 SQL 语句翻译成 MapReduce 程序，Hive 也没有资源调度系统，默认由 Hadoop 中的 Yarn 集群来进行调度。Hive 最大的优势其实是处理大数据，对于小规模数据不太友好。Hive 适用于数据分析及对实时性要求不高的场合，可以使用 SQL 完成对海量数据的统计汇总、即席查询和分析。除支持内置函数外，Hive 还支持开发人员使用其他编程语言和脚本语言来自定义函数。

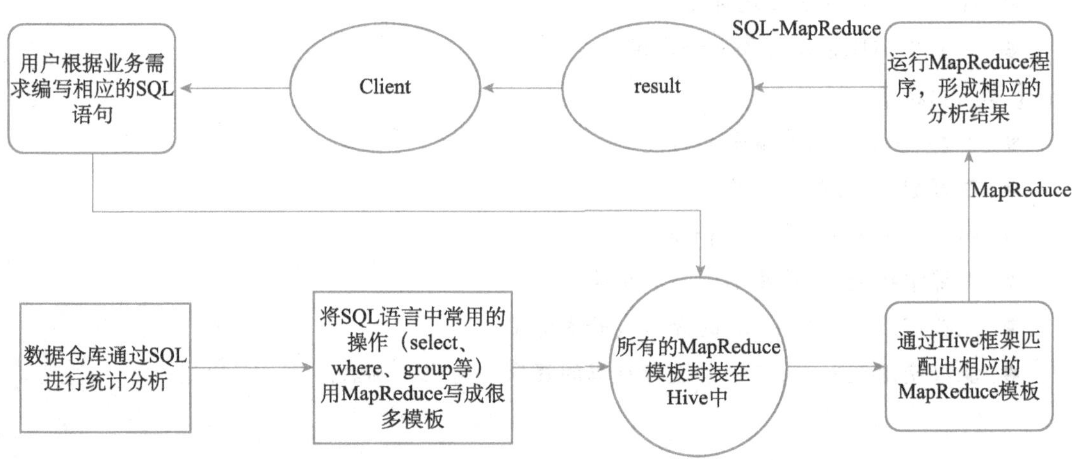

图 7-1　Hive 将 SQL 语句转化为 MapReduce 程序

但是，由于 Hadoop 本身是一个批处理、高延迟的计算框架，因此 Hive 使用 Hadoop 作为执行引擎，自然也就有了批处理、高延迟的特点，在数据量很小的时候，Hive 的执行也需要消耗较长时间，这时候，就显示不出它与 Oracle、MySQL 等传统数据库相比的优势。此外，Hive 对事务的支持不够好，原因是 HDFS 本身是一次写入、多次读取的分布式存储系统，因此，不能使用 Hive 来完成如 delete、update 等在线事务。Hive 擅长的是非实时的、离线的、对响应及时性要求不高的海量数据的批量计算，如即席查询、统计分析等。

2. Hive 的基本架构

Hive 的本质是将 SQL 语句转化为 MapReduce 程序，如图 7-2 所示是 Hive 的基本架构。从该图中可以看出，Hive 通过给用户提供的一系列交互接口接收用户的指令如 SQL 语句，再使用 Hive 自己的 Driver（驱动器）结合元数据 Metastore，将这些指令翻译成 MapReduce 程序，最终提交到 Hadoop 集群中执行，并将结果返回给用户交互接口。

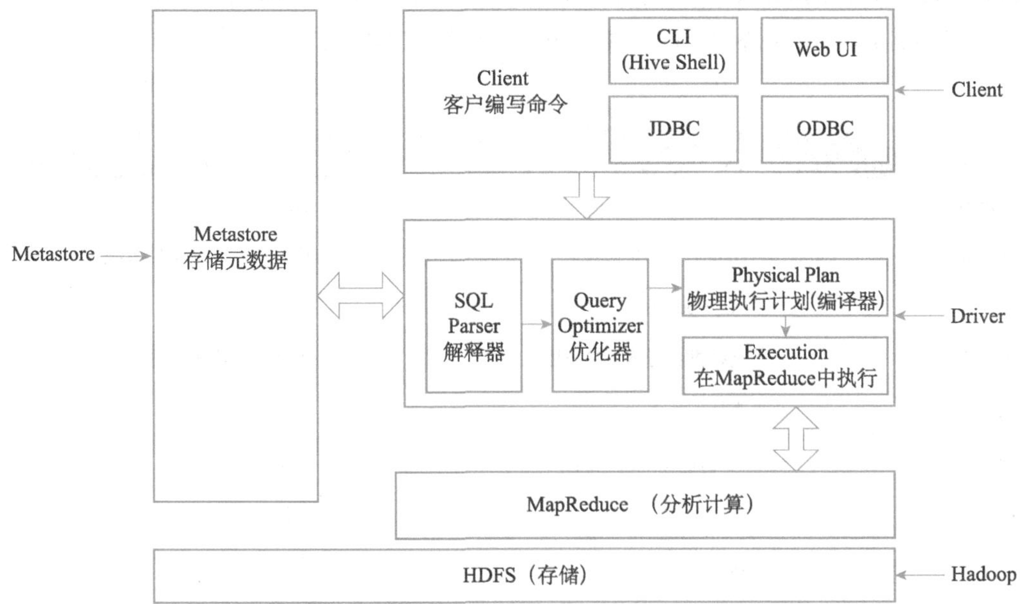

图 7-2　Hive 的基本架构

Hive 的基本架构如下。

1）Client：用户接口

CLI（Hive Shell）、JDBC/ODBC（Java 访问 Hive）、Web UI（浏览器访问 Hive）。

2）Hadoop（包括 HDFS/HBase）

使用 HDFS 进行存储，使用 MapReduce 进行分析计算。

3）Driver：驱动器

Driver 由以下部分组成。

- 解析器（SQL Parser）：将 SQL 字符串转换成抽象语法树。
- 编译器（Physical Plan）：将 AST 编译生成逻辑执行计划。
- 优化器（Query Optimizer）：对逻辑执行计划进行优化。
- 执行器（Execution）：将逻辑执行计划转换成可以运行的物理计划。对于 Hive 来说，就是 MR/TEZ/Spark。

4）Metadata：元数据

元数据包含用 Hive 创建的数据库、表、表的字段等元信息。元数据存储在关系型数据库中，如 Hive 内置的 Derby、第三方如 MySQL 等。（图 7-2 中未显示本组件）

5）Metastore：元数据服务

作用：客户端连接 Metastore 服务，Metastore 再去连接 MySQL 数据库来存取元数据。

3. Hive 和传统数据库的比较

Hivc 在很多方面和传统数据库类似，如它支持 SQL 接口。但 Hive 对 HDFS 和 MapReduce 有很强的依赖，这就意味着 Hive 的体系结构和 RMDB 有很大的区别，这些区别又间接影响 Hive 所支持的一些特性，Hive 和传统数据库的对比如表 7-1 所示。

表 7-1　Hive 和传统数据库的对比

比较项	Hive	传统数据库
查询语言	HQL	SQL
数据存储	HDFS	块设备、本地文件系统
执行器	MapReduce	Executor
数据插入	支持批量导入 / 单条插入	支持单条或批量导入
多表插入	支持	不支持
子查询	只能在 From 子句中	完全支持
数据更新	不支持	支持
处理数据规模	大	小
执行延迟	高	低
分区	支持	支持
可扩展性	高	低

任务 2　Hive 安装及部署

【任务概述】

本任务将采用远程模式部署 Hive 的 Metastore 服务，同时使用 Hive 自带的客户端进行连接访问。本任务主要介绍 Hive 的安装和配置，主要内容包括通过 MySQL 数据库完成用户的授权和导入，以及开启 Metastore 服务。

【支撑知识】

1. Metastore 的配置模式

Metastore 有 3 种配置模式，以下分别介绍。

（1）内嵌模式：内嵌模式使用内嵌的 Derby 数据库来存储元数据，不需要额外开启 Metastore 服务，数据库和 Metastore 服务都嵌入主 Hive Server 进程中。内嵌模式是默认的，配置简单，通过解压 Hive 安装包即可使用，但是一次只能连接一个客户端，适用于实验环境，不适用于生产环境。内嵌模式的缺点是每个 Hive 都拥有一套自己的元数据，无法共享。

（2）本地模式：本地模式采用外部数据库来存储元数据，目前支持的数据库有 MySQL、Postgre SQL、Oracle、SQL Server。本地模式不需要单独开启 Metastore 服务，其与 Hive 使用同一个 Metastore 服务。也就是说，当用户开启一个 Hive 服务时，系统就会默认开启一个 Metastore 服务。Hive 根据 hive.metastore.uris 参数的值来判断配置模式，如果该值为空，就为本地模式。本地模式的缺点是每开启一次 Hive 服务，都内置开启了一个 Metastore 服务。

（3）远程模式：在远程模式下，需要单独开启 Metastore 服务，并且每个客户端都需要在配置文件里连接到该 Metastore 服务。远程模式下的 Metastore 服务和 Hive 服务运行在不同的进程里。在生产环境中，建议用远程模式来配置 Metastore 服务。远程模式下，需要通过配置 hive.metastore.uris 参数来指定 Metastore 服务运行机器的 IP 地址和端口，并且需要手动开启 Metastore 服务。本书后面的任务实施中均采用远程模式配置 Hive 的 Metastore 服务，使用 Hive 自带的客户端进行连接访问。

2. Hive 的数据存储

Hive 中所有的数据都存储在 HDFS 中，Hive 中包含 table（表）、external table（外部表）、partition（区）和 bucket（桶）等几种数据模型。一个表就是 HDFS 中的一个目录。表内的一个区就是表的目录下的一个子目录。如果表内有分区，那么桶就是区下的单位；如果表内没有分区，那么桶直接就是表下的单位，桶一般是文件形式。

Hive 中的表和数据库中的表在概念上是类似的，每个表在 Hive 中都有一个相应的目录存储数据。例如，一个表 table01，它在 HDFS 中的路径为：/hive/warestore/table01，其中，/hive/warestore/ 是在 hive-site.xml 中由 ${hive.metastore.warehouse.dir} 指定的数据仓库的目录，所有表的数据（不包括外部表）都保存在这个目录中。

区是对应数据库中的列的密集索引，但是 Hive 中区的组织方式和传统数据库有明显的不同。在 Hive 中，表中的一个区对应表下的一个目录，所有区的数据都存储在对应的目录中。例如，table01 表中包含 id 和 city 两个区，则对应 id = 20211001, ctry = China 的 HDFS 子目录为 /hive/warestore/table01=20211001/ctry=China；对应 id = 20211001, ctry = China 的 HDFS 子目录为 /hive/warestore/table01/id=20211001/ctry=China。表是否分区，如何添加分区，都可以通过 Hive-MySQL 语句完成。通过分区，即设置目录的存储形式，Hive 可以比较容易地完成对分区条件的查询。

bucket（桶）根据指定的列计算 Hash 值，并根据 Hash 值切分数据，目的是并行，每个桶对应一个文件。例如，将 table01 表的 user 列分散至 32 个 bucket 中，首先根据 user 列的值计算 Hash 值，对应 Hash 值为 0 的 HDFS 目录为 /hive/warestore/table01/id=20211001/ctry=China/part-00000；对应 Hash 值为 20 的 HDFS 目录为 /hive/warestore/table01/id=20090801/ctry=China/part-00020 。桶是 Hive 的最终存储形式。在创建表时，用户可以对桶和列进行描述。

external table（外部表）指向已经在 HDFS 中存在的数据，通过创建外部表可以完成 partition（区）的创建。注意：删除表时，普通表中的数据和元数据将会被同时删除，而外部表只有一个过程，加载数据和创建表同时完成，实际数据是存储在指定 HDFS 路径中的，所以当删除一个 external table 时，HDFS 上的数据并不会被删除。

【任务实施】

1. 在 Master 节点机上安装 MySQL 软件

（1）首先，通过 rpm -qa | grep mysql 命令查找 yum 源中是否有 MySQL，查询结果如下：

```
[hadoop@Master ~]$ rpm -qa |grep mysql
```

可以看出，查询不到 mysql-server 的有关信息。

（2）下载 MySQL 的 repo 源（本书使用的是 MySQL7.5 版本），操作命令如下：

```
[hadoop@Master ~]$  wget http://repo.mysql.com/mysql-community-release-
el7-5.noarch.rpm
```

（3）安装 mysql-community-release-el7-5.noarch.rpm 包，操作命令如下：

```
[hadoop@Master ~]$ sudo rpm -ivh mysql-community-release-el7-5.noarch.
rpm
```

（4）安装 mysql-server，操作命令如下：

```
[hadoop@Master ~]$ sudo yum install mysql-server
```

安装完毕，查询安装信息，操作命令如下：

```
[hadoop@Master ~]$  rpm -qa |grep mysql
mysql-community-libs-5.6.51-2.el7.x86_64
mysql-community-common-5.6.51-2.el7.x86_64
mysql-community-client-5.6.51-2.el7.x86_64
mysql-community-release-el7-5.noarch
mysql-community-server-5.6.51-2.el7.x86_64
```

（5）设置 MySQL 参数，操作命令如下：

```
[hadoop@Master etc]$ sudo vi /etc/my.cnf
```

在 [client] 字段下添加以下内容：

```
default-character-set = utf8
```

在 [mysqld] 字段下添加以下内容：

```
character-set-server = utf8
collation-server = utf8_general_ci
```

如图 7-3 所示为设置 MySQL 参数。

```
[client]
default-character-set = utf8

[mysqld]
character-set-server = utf8
collation-server = utf8_general_ci
```

图 7-3 设置 MySQL 参数

（6）设置开机自动启动，操作命令如下：

```
[hadoop@Master etc]$ sudo systemctl restart mysqld.service
[hadoop@Master etc]$ sudo systemctl enable mysqld.service
```

（7）查看 MySQL 状态，操作命令如下：

```
[hadoop@Master etc]$ service mysql status
Redirecting to /bin/systemctl status mysql.service
mysqld.service - MySQL Community Server
   Loaded: loaded (/usr/lib/systemd/system/mysqld.service; enabled; vendor preset: disabled)
   Active: active (running) since 2021-12-16 17:10:27 CST; 2min 12s ago
 Main PID: 32787 (mysqld_safe)
   CGroup: /system.slice/mysqld.service
           ├─32787 /bin/sh /usr/bin/mysqld_safe --basedir=/usr
           └─32955 /usr/sbin/mysqld --basedir=/usr --datadir=/var/lib/mysql --plugin-dir=/usr/lib64...
```

（8）初始化 MySQL，操作命令如下：

```
[hadoop@Master ~]$  sudo mysql_secure_installation
NOTE: RUNNING ALL PARTS OF THIS SCRIPT IS RECOMMENDED FOR ALL MySQL
      SERVERS IN PRODUCTION USE!  PLEASE READ EACH STEP CAREFULLY!
In order to log into MySQL to secure it, we'll need the current
password for the root user.  If you've just installed MySQL, and
you haven't set the root password yet, the password will be blank,
so you should just press enter here.
Enter current password for root (enter for none):
OK, successfully used password, moving on...
Setting the root password ensures that nobody can log into the MySQL
root user without the proper authorisation.
```

```
Set root password? [Y/n] y
New password: 12345678
Re-enter new password: 12345678
Password updated successfully!
Reloading privilege tables..
 ... Success!
By default, a MySQL installation has an anonymous user, allowing anyone
to log into MySQL without having to have a user account created for them.
This is intended only for testing, and to make the installation
go a bit smoother.  You should remove them before moving into a
production environment.
Remove anonymous users? [Y/n] y
 ... Success!
Normally, root should only be allowed to connect from 'localhost'.
This ensures that someone cannot guess at the root password from the
network.
Disallow root login remotely? [Y/n] y
 ... Success!
By default, MySQL comes with a database named 'test' that anyone can
access.  This is also intended only for testing, and should be removed
before moving into a production environment.
Remove test database and access to it? [Y/n] y
 - Dropping test database...
ERROR 1008 (HY000) at line 1: Can't drop database 'test'; database
doesn't exist
 ... Failed!  Not critical, keep moving...
 - Removing privileges on test database...
 ... Success!
Reloading the privilege tables will ensure that all changes made so
far will take effect immediately.
Reload privilege tables now? [Y/n] y
 ... Success!
All done!  If you've completed all of the above steps, your MySQL
installation should now be secure.
Thanks for using MySQL!
Cleaning up...
```

（9）给 MySQL 用户授权 Hive，操作命令如下：

```
[hadoop@Master ~]$  sudo mysql -uroot -p12345678
mysql>  show databases;
+--------------------+
| Database           |
+--------------------+
| information_schema |
```

```
| mysql              |
| performance_schema |
+--------------------+
3 rows in set (0.03 sec)
mysql> use mysql;
Database changed
mysql>  create user 'hive'@'%' identified by 'Yun@123456';
Query OK, 0 rows affected (0.00 sec)
mysql> grant all privileges on *.* to 'hive'@'%';
Query OK, 0 rows affected (0.00 sec)
mysql> create user 'hive'@'localhost' identified by 'Yun@123456';
Query OK, 0 rows affected (0.00 sec)
mysql> grant all privileges on *.* to 'hive'@'localhost';
Query OK, 0 rows affected (0.00 sec)
mysql> quit;
Bye
```

（10）重启 MySQL 服务，操作命令如下：

```
[hadoop@Master ~]$ sudo systemctl restart mysqld.service
```

2. 在 Master 节点机上安装 Hive 软件

（1）把 Hive 压缩包上传到 Master 节点机的 /opt 目录下，以用户身份（hadoop）登录 Master 节点机，解压 Hive 压缩包并进行安装，操作命令如下：

```
[hadoop@Master ~]$ cd /opt
[hadoop@Master opt]$ sudo tar xvzf apache-hive-2.3.6-bin.tar.gz
```

（2）修改解压后的 Hive 文件夹 apache-hive-2.3.6-bin 的属性，操作命令如下：

```
[hadoop@Master opt]$ sudo chown -R hadoop:hadoop apache-hive-2.3.6-bin
```

（3）删除 Hive 压缩包文件，操作命令如下：

```
[hadoop@Master opt]$ rm apache-hive-2.3.6-bin.tar.gz
rm：是否删除有写保护的普通文件 "apache-hive-2.3.6-bin.tar.gz"? yes
```

3. 在 Master 节点机上配置 Hive 服务

（1）修改 Hive 配置文件的名称，操作命令如下：

```
[hadoop@Master apache-hive-2.3.6-bin]$ cd /opt/apache-hive-2.3.6-bin/conf/
[hadoop@Master conf]$ mv beeline-log4j2.properties.template beeline-log4j2.properties
[hadoop@Master conf]$ mv hive-env.sh.template hive-env.sh
[hadoop@Master conf]$ mv hive-exec-log4j2.properties.template hive-
```

```
exec-log4j2.properties
  [hadoop@Master conf]$ mv hive-log4j2.properties.template hive-log4j2.
properties
  [hadoop@Master conf]$ mv llap-cli-log4j2.properties.template llap-cli-
log4j2.properties
  [hadoop@Master conf]$ mv llap-daemon-log4j2.properties.template llap-
daemon-log4j2.properties
```

（2）修改 hive-env.sh 文件，操作命令如下：

```
angel@Master:/app/apache-hive-2.3.6-bin/conf$ vi hive-env.sh
```

在文件中添加如下内容：

```
HADOOP_HOME=/opt/hadoop-2.8.5/
export HIVE_CONF_DIR=/opt/apache-hive-2.3.6-bin/conf/
export HIVE_AUX_JARS_PATH=/opt/apache-hive-2.3.6-bin/lib/
```

（3）新建 hive-site.xml 文件，操作命令如下：

```
[hadoop@Master conf]$  vi hive-site.xml
```

在文件中配置如下内容：

```
<?xml version="1.0"?>
<?xml-stylesheet type="text/xsl" href="configuration.xsl"?>
<configuration>
  <property>
      <name>hive.metastore.warehouse.dir</name>
      <value>/hive/warehouse</value>
        <description>location of default database for the warehouse</
description>
  </property>
  <property>
      <name>javax.jdo.option.ConnectionURL</name>
<value>jdbc:mysql://master:3306/hive?createDatabaseIfNotExist=true&amp;
useSSL=false&amp;allowPublicKeyRetrieval=true</value>
         <description>JDBC connect string for a JDBC metastore.<
/description>
  </property>
  <property>
      <name>javax.jdo.option.ConnectionDriverName</name>
      <value>com.mysql.jdbc.Driver</value>
      <description>Driver class name for a JDBC metastore</description>
  </property>
  <property>
     <name>javax.jdo.option.ConnectionUserName</name>
     <value>hive</value>
```

```
        <description>Username to use against metastore database</description>
    </property>
    <property>
      <name>javax.jdo.option.ConnectionPassword</name>
      <value>Yun@123456</value>
        <description>password to use against metastore database</description>
    </property>
    <property>
      <name>hive.querylog.location</name>
      <value>/app/apache-hive-2.3.6-bin/logs</value>
       <description>Location of Hive run time structured log file</description>
    </property>
    <property>
      <name>hive.metastore.uris</name>
      <value>thrift://Master:9083</value>
      <description>Thrift URI for the remote metastore. Used by metastore client to connect to remote metastore.</description>
    </property>
    <property>
      <name>hive.server2.webui.host</name>
      <value>0.0.0.0</value>
    </property>
    <property>
      <name>hive.server2.webui.port</name>
      <value>10002</value>
    </property>
    <property>
      <name>hive.metastore.schema.verification</name>
      <value>false</value>
    </property>
  </configuration>
```

（4）将“MySQL Connector/J”的连接包 mysql-connector-java-5.1.48.jar 上传到 /opt/apache-hive-2.3.6-bin/lib 目录下，操作命令如下：

```
[hadoop@Master opt]$ cd /opt/apache-hive-2.3.6-bin/lib/
[hadoop@Master lib]$ ll mysql-connector*
-rw-r--r-- 1 root root 1006956 8月  15 2019 mysql-connector-java-5.1.48.jar
```

（5）修改环境变量，操作命令如下：

```
[hadoop@Master lib]$ cd
```

```
[hadoop@Master ~]$ vi .bash_profile
```

在文件中添加如下内容：

```
export HIVE_HOME=/opt/apache-hive-2.3.6-bin
export PATH=$PATH:$HIVE_HOME/bin
```

（6）使环境变量生效，操作命令如下：

```
[hadoop@Master ~]$ source .bash_profile
```

4. 在 Master 节点机上启动 Hive 服务

（1）创建数据库 hive，并导入 hive-schema，操作命令如下：

```
[hadoop@Master ~]$ cd /opt/apache-hive-2.3.6-bin/scripts/metastore/
upgrade/mysql/
[hadoop@Master mysql]$  mysql -hmaster -uhive -pYun@123456
mysql> create database hive character set latin1;
Query OK, 1 row affected (0.00 sec)
mysql> use hive;
Database changed
mysql> source hive-schema-2.3.0.mysql.sql;
Query OK, 0 rows affected (0.00 sec)
Query OK, 0 rows affected (0.00 sec)
...
Query OK, 0 rows affected (0.00 sec)
Query OK, 0 rows affected (0.00 sec)
mysql> quit;
Bye
```

（2）在 Master 节点机上启动 Metastore 服务，操作命令如下：

```
[hadoop@Master conf]$ hive --service metastore &
```

执行命令后出现如下信息：

```
[1] 6679
[hadoop@Master conf]$ 2021-12-17 17:10:42: Starting Hive Metastore
Server
SLF4J: Class path contains multiple SLF4J bindings.
SLF4J: Found binding in [jar:file:/opt/apache-hive-2.3.6-bin/lib/log4j-
slf4j-impl-2.6.2.jar!/org/slf4j/impl/StaticLoggerBinder.class]
SLF4J: Found binding in [jar:file:/opt/hadoop-2.8.5/share/hadoop/
common/lib/slf4j-log4j12-1.7.10.jar!/org/slf4j/impl/StaticLoggerBinder.
class]
SLF4J: See http://www.slf4j.org/codes.html#multiple_bindings for an
explanation.
SLF4J: Actual binding is of type [org.apache.logging.slf4j.
```

```
Log4jLoggerFactory]
```

按回车键，输入 hive，进入 Hive 操作界面，操作命令如下：

```
[hadoop@Master conf]$ hive
SLF4J: Class path contains multiple SLF4J bindings.
SLF4J: Found binding in [jar:file:/opt/apache-hive-2.3.6-bin/lib/log4j-slf4j-impl-2.6.2.jar!/org/slf4j/impl/StaticLoggerBinder.class]
SLF4J: Found binding in [jar:file:/opt/hadoop-2.8.5/share/hadoop/common/lib/slf4j-log4j12-1.7.10.jar!/org/slf4j/impl/StaticLoggerBinder.class]
SLF4J: See http://www.slf4j.org/codes.html#multiple_bindings for an explanation.
SLF4J: Actual binding is of type [org.apache.logging.slf4j.Log4jLoggerFactory]
Logging initialized using configuration in file:/opt/apache-hive-2.3.6-bin/conf/hive-log4j2.properties Async: true
Hive-on-MR is deprecated in Hive 2 and may not be available in the future versions. Consider using a different execution engine (i.e. spark, tez) or using Hive 1.X releases.
hive> show databases;
OK
default
Time taken: 1.131 seconds, Fetched: 1 row(s)
hive> quit;
```

（3）在 Master 节点机上启动 HiveServer2 服务，操作命令如下：

```
[hadoop@Master conf]$ hiveserver2 &
[1] 7325
[hadoop@Master conf]$ 2021-12-17 17:35:15: Starting HiveServer2
SLF4J: Class path contains multiple SLF4J bindings.
SLF4J: Found binding in [jar:file:/opt/apache-hive-2.3.6-bin/lib/log4j-slf4j-impl-2.6.2.jar!/org/slf4j/impl/StaticLoggerBinder.class]
SLF4J: Found binding in [jar:file:/opt/hadoop-2.8.5/share/hadoop/common/lib/slf4j-log4j12-1.7.10.jar!/org/slf4j/impl/StaticLoggerBinder.class]
SLF4J: See http://www.slf4j.org/codes.html#multiple_bindings for an explanation.
SLF4J: Actual binding is of type [org.apache.logging.slf4j.Log4jLoggerFactory]
```

启动服务后，在 Master 节点机上查看后台进程，操作命令如下：

```
[hadoop@Master ~]$ jps
4226 NameNode
4387 DataNode
```

```
4739 ResourceManager
9011 RunJar
5032 NodeManager
6280 HMaster
6122 QuorumPeerMain
9562 Jps
4573 SecondaryNameNode
9245 RunJar
5215 JobHistoryServer
```

5. 在从节点机上安装 Hive 软件

（1）以用户 hadoop 登录客户端主机安装 Hive 软件，客户端主机可以是任何一个从节点机，操作命令如下：

```
[hadoop@Master ~]$ sudo scp -r /opt/apache-hive-2.3.6-bin/ hadoop@
Slave2:/opt
```

（2）以用户身份（hadoop）登录 Slave2 从节点机，操作命令如下：

```
[hadoop@Slave2 ~]$ cd /opt
[hadoop@Slave2 opt]$ sudo chown -R hadoop:hadoop apache-hive-2.3.6-bin/
```

（3）修改 hive-site.xml 文件，操作命令如下：

```
[hadoop@Slave2 opt]$ cd /opt/apache-hive-2.3.6-bin/conf/
[hadoop@Slave2 conf]$ vi hive-site.xml
```

hive-site.xml 文件内容如下：

```
<?xml version="1.0"?>
<?xml-stylesheet type="text/xsl" href="configuration.xsl"?>
<configuration>
  <property>
    <name>hive.metastore.warehouse.dir</name>
    <value>/hive/warehouse</value>
      <description>location of default database for the warehouse
</description>
  </property>
  <property>
    <name>hive.querylog.location</name>
    <value>/opt/apache-hive-2.3.6-bin/logs</value>
      <description>Location of Hive run time structured log file
</description>
  </property>
  <property>
    <name>hive.metastore.uris</name>
```

```
    <value>thrift://Master:9083</value>
    <description>Thrift URI for the remote metastore. Used by metastore client to connect to remote metastore.</description>
  </property>
</configuration>
```

（4）修改环境变量，操作命令如下：

```
[hadoop@Slave2 conf]$ cd
[hadoop@Slave2 ~]$ vi .bash_profile
```

添加如下内容：

```
export HIVE_HOME=/opt/apache-hive-2.3.6-bin
export PATH=$PATH:$HIVE_HOME/bin
```

6. 测试 Hive 服务

（1）在从节点机上测试 Hive，操作命令如下：

```
[hadoop@Slave2 ~]$ cd /opt/apache-hive-2.3.6-bin/conf/
[hadoop@Slave2 conf]$ hive
SLF4J: Class path contains multiple SLF4J bindings.
SLF4J: Found binding in [jar:file:/opt/apache-hive-2.3.6-bin/lib/log4j-slf4j-impl-2.6.2.jar!/org/slf4j/impl/StaticLoggerBinder.class]
SLF4J: Found binding in [jar:file:/opt/hadoop-2.8.5/share/hadoop/common/lib/slf4j-log4j12-1.7.10.jar!/org/slf4j/impl/StaticLoggerBinder.class]
SLF4J: See http://www.slf4j.org/codes.html#multiple_bindings for an explanation.
SLF4J: Actual binding is of type [org.apache.logging.slf4j.Log4jLoggerFactory]
Logging initialized using configuration in file:/opt/apache-hive-2.3.6-bin/conf/hive-log4j2.properties Async: true
Hive-on-MR is deprecated in Hive 2 and may not be available in the future versions. Consider using a different execution engine (i.e. spark, tez) or using Hive 1.X releases.
hive>
```

（2）查看数据库，操作命令如下：

```
hive> show databases;
OK
default
Time taken: 0.752 seconds, Fetched: 1 row(s)
hive> quit;
```

（3）打开浏览器，输入测试网址以查看 HiveServer2 服务，如图 7-4 所示。

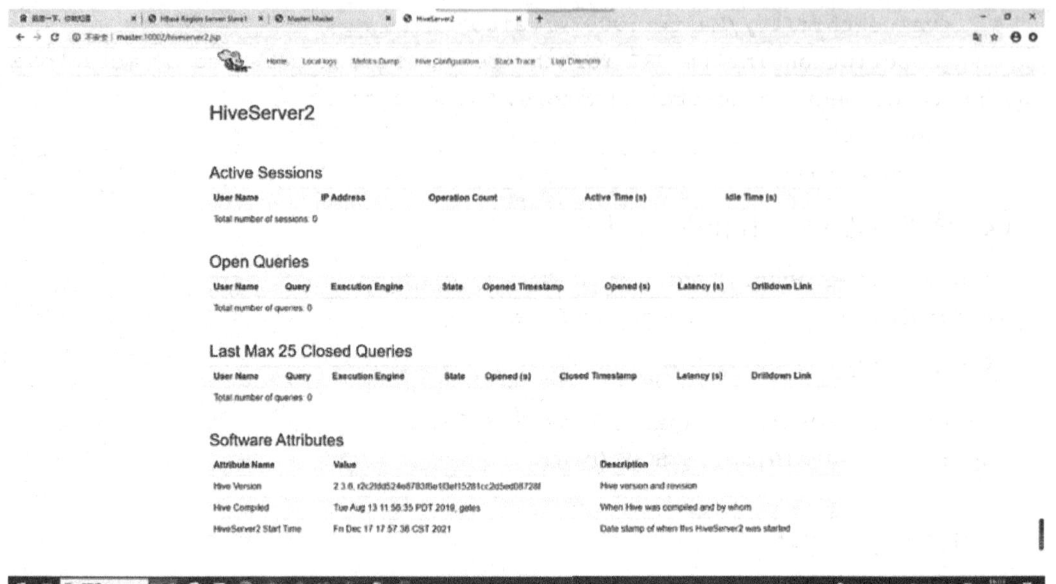

图 7-4　查看 HiveServer2 服务

任务 3　Hive 基本命令和应用

【任务概述】

本任务主要介绍 Hive 的基本命令和应用。

【支撑知识】

1. Hive 的数据类型

Hive 支持关系型数据库中的大多数基本数据类型，同时支持关系型数据库中很少出现的 3 种集合数据类型。在使用 Hive 工具对数据进行操作时，需要考虑这些数据类型在文本文件中是如何表示的，同时还需要考虑文本存储中性能等方面的问题。

1）基本数据类型

Hive 中的基本数据类型和 Java 的大致相同，表 7-2 列举了 Hive 所支持的基本数据类型。

表 7-2　Hive 中的基本数据类型

数据类型	具体数据类型	说　明
整型	Tinyint	1 字节
	Smallint	1 字节
	Int	4 字节
	Bigint	8 字节

续表

数据类型	具体数据类型	说　明
浮点型	Float	单精度浮点数
	Double	双精度浮点数
字符串	String	字符列表
布尔类型	Boolean	取值：true/false
时间戳（UTC 时间）	Timestamp	整数、浮点数或字符串

2）集合数据类型

Hive 中的列支持使用 Struct、Map 和 Array 集合数据类型，和基本数据类型一样，这些类型的名称同样是保留字。而大多数的关系型数据库并不支持这些集合数据类型，因为使用它们会导致破坏标准格式，如表 7-3 所示是 Hive 中的集合数据类型。

表 7-3 Hive 中的集合数据类型

数据类型	描　述	字面语法示例
Struct	和 C 语言中的 struct 或“对象”类似，都可以通过“点”符号访问元素内容	Struct('John', 'Doe')
Map	Map 是一组键值对集合，使用数组表示法	Map('first', 'John', 'last', 'Doe')
Array	数组是一组具有相同类型的变量的集合。这些变量称为数组的元素，每个数组元素都有一个编号，编号从 0 开始	Array('John', 'Doe')

3）文本文件数据编码

在数据操作中，我们习惯以所谓的逗号分隔值（CSV）或制表符分隔值（TSV）对文本文件做分割，表 7-4 列举了 Hive 中默认的分隔符类型。

表 7-4 Hive 的分隔符类型

分隔符类型	描　述
\n	换行符，可用于分隔记录
^A（Ctrl+A）	用于分隔字段（列）
^B	用于分隔 Array 或 Struct 中的元素，或者用于 Map 中键值对之间的分隔
^C	用于 Map 中键和值之间的分隔

2. Hive 常见命令

如表 7-5 所示是 Hive 常见命令，这些命令是非 SQL 语句，用来设置属性或添加资源，这些命令可以在 HiveQL 脚本中使用，也可以直接在 Hive CLI 或 Beeline 中使用。

表 7-5 Hive 常见命令

命　令	描　述
quit exit	使用 quit 或 exit 离开交互式 shell

续表

命　令	描　述
reset	重启，在 Hive 命令行中使用 Set 命令或 -hiveconf 参数设置的任何配置参数都将重置为默认值
set <key>=<value>	设置特定配置变量（键）的值。 注意：如果拼错了变量名称，CLI 将不会显示错误
set	打印由用户或 Hive 覆盖的配置变量列表
set -v	打印所有 Hadoop 和 Hive 的配置变量
add	添加，将一个或多个文件、jar 或档案添加到分布式缓存中的资源列表中
list	检查给定的资源是否已经添加到分布式缓存中
delete	从分布式缓存中移除资源
!<command>	在 Hive shell 中执行 shell 命令
dfs	在 Hive shell 中执行 dfs 命令
<query string>	执行 Hive 查询并将结果打印到标准输出设备上
source	源文件
compile	编译，这允许编译内联 Groovy 代码并将其用作 UD

示例用法：

```
hive> set mapred.reduce.tasks=32;
hive> set;
hive> select a.* from tab1;
hive> !ls;
hive> dfs -ls;
```

3. HiveServer2

HiveServer 是 Hive 与客户端的交换终端，客户端通过 HiveServer 构建查询语句，访问 Hadoop，并把数据通过 HiveServer 返回给客户端。HiveServer2（HS2）是一个服务器接口，使远程客户端可以执行对 Hive 的查询并返回结果。简而言之，HiveServer2 是 Hive 启动一个服务器，客户端使用 JDBC 协议，通过 IP+ Port 的方式对其进行访问，从而达到并发访问的目的。

4. Hive Beeline

Beeline 是 Hive 0.11 版本引入的新命令行客户端工具，它是基于 SQL CLI 的 JDBC 客户端。Beeline 支持内嵌模式和远程模式，在内嵌式模式下，只能运行内嵌模式的 Hive（类似 Hive CLI），而在远程模式下，可以通过 Thrift 连接到独立的 HiveServer2 进程上。使用 Beeline 前需要启动 HiveServer2，启动过程中可以通过 hiveconf 设置相应的自定义参数和值，直接启动会占据当前连接会话，第一次可以直接启动，正常启动后可以切换至后台以运行方式启动。

从 Hive 0.14 版本开始，当与 HiveServer2 一起使用时，Beeline 还会打印来自 HiveServer2 的日志消息，以用于执行到 STDERR 的查询。建议将 HiveServer2 的远程模式用于生产场景，因为它更安全，并且不需要为用户授予直接的 HDFS/Metastore 访问权限。Beeline 的命令和 Hive 的命令在同一目录下，启动 Beeline 命令后还需要指定连接串才能够正常地连接到 HiveServer2 上，连接串的格式如下：

```
!connect jdbc:hive2:// host:10000 用户名 密码 org.apache.hive.jdbc.HiveDriver
```

其中，HiveServer2 默认启动的端口是 10000，后面跟的用户名和密码是安装 Hive 集群时的用户名和密码，最后跟的是驱动类。在 Beeline 的命令行中执行该连接串，就可以连接到 HiveServer2 上。之后对表的操作和在 Client 模式下一样。Beeline 常用命令行参数如表 7-6 所示。

表 7-6　Beeline 常用命令行参数

命令行参数	用　法	命令行参数	用　法
autoCommit	设置是否进入一个自动提交模式	autosave	设置是否开启自动保存模式
color	显示用到的颜色	delimiterForDSV	设置分隔值输出格式的分隔符
fastConnect	在连接时，设置是否跳过组建表等对象	force	是否强制运行脚本
headerInterval	输出的表间隔格式	help	帮助
hiveconf property	设置属性值	hivevar name	设置变量名
incremental	输出增量	isolation	设置事务隔离级别
maxColumnWidth	设置字符串列的最大宽度	maxWidth	设置截断数据的最大宽度
nullemptystring	打印空字符串	numberFormat	数字使用格式
outputformat	输出格式	showHeader	显示查询结果的列名
showNestedErrs	显示嵌套错误	showWarnings	显示警告
silent	减少显示的信息量	truncateTable	是否在客户端截断表的列
verbose	显示详细错误信息和调试信息	d	使用一个驱动类
e	使用一个查询语句	f	加载一个文件
n	加载一个用户名	p	加载一个密码
u	加载一个 JDBC 连接字符串		

在 Beeline 中，结果可以以不同的格式显示，可以使用 outputformat 选项设置格式。Beeline 支持的输出格式如表 7-7 所示。

表 7-7　Beeline 支持的输出格式

输出格式	描　述
table	结果显示在表格中。结果的一行对应表中的一行，一行中的值显示在表中的单独列中。这是默认的格式

续表

输出格式	描　述
vertical	结果的每行都以键值格式块显示，其中键是列的名称
xmlattr	结果以 xml 格式显示，其中每行都是 xml 中的一个“结果”元素。 行的值显示为“结果”元素上的属性。属性的名称是列的名称
xml	结果以 xml 格式显示，其中每行都是 xml 中的一个“结果”元素。 行的值显示为“结果”元素上的属性。属性的名称是列的名称
json	结果以 json 格式显示，其中每行都是 json 数组“resultset”中的一个“result”元素
jsonfile	结果以 json 格式显示，其中每行都是一个不同的 json 对象。这与创建为 jsonfile 格式的表的预期格式相匹配
分隔值格式	一行的值由不同的分隔符分隔。有 5 种分隔值输出格式可用：csv、tsv、csv2、tsv2 和 dsv

5. Hive 的数据操作

1）库的操作

库的操作用法如表 7-8 所示。

表 7-8　库的操作用法

命　令	描　述
create database name;	创建数据库
use name;	切换库
show databases; show databases like ‘test*’ ;	查看库列表
desc database name; desc database extended db_name;	查看数据库的描述信息
select current_database();	查询正在使用的库
drop database name;	删除库，只能删除空的库
drop database name restrict;	严格模式下的删除库操作，会进行库的检查，如果库不是空的就不允许删除
drop database name cascade;	删除非空数据库，级联删除

2）表的操作

（1）创建表。命令语法格式如下：

```
create [external] table [if not exists] table_name
 [(col_name data_type [comment col_comment] , … )]
```

```
[comment table_comment]
[partitioned by (col_name data_type [COMMENT col_comment] , …)]
[clustered by (col_name, col_name, …) [sorted by (col_name [ASC|DESC],
…)] into num_buckets buckets]
[row format row_format]
[stored as AS file_format]
[location hdfs_path]
```

语法说明如下。

① external：关键字。

加上这个关键字，建的表是外部表；不加这个关键字，建的表就是内部表。内部表和外部表的区别：在概念本质上，内部表在进行删除时将元数据和原始数据一起删除，外部表只是对 HDFS 的一个目录的数据进行关联，其在进行删除时只删除元数据，原始数据不会被删除；在应用场景上，外部表一般用于存储原始数据、公共数据，内部表一般用于存储某一个模块的中间结果数据；在存储目录上，外部表一般在建表时候需要手动指定表的数据目录为共享资源目录，并用 location 关键字指定，内部表一般使用默认目录。

② if not exists：防止报错。

③ comment：指定列或表的描述信息。

④ [partitioned by (col_name data_type [COMMENT col_comment] , …)]：这部分语句是用来指定分区的。

partitioned by 指定分区字段

partitioned by(分区字段名 分区字段类型 COMMENT 字段描述信息)

注意：分区字段一定不能存在于建表字段中。

⑤ [clustered by (col_name, col_name, …) [sorted by (col_name [ASC|DESC], …)] into num_buckets buckets]：这部分语句是用来指定分桶的。

clustered by (col_name, col_name, …) 指定分桶字段

注意：分桶字段一定是建表字段中的一个或几个。

sorted by 指定的是每个桶中的排序规则

into num_buckets buckets 指定桶的个数

⑥ [row format row_format]：指定分隔符。

fields terminated by 指定列分隔符

lines terminated by 指定行分隔符

⑦ [stored as AS file_format]：指定原始数据的存储格式。

textfile 文本格式 , 默认的方式

cfile 行列格式

SequenceFile 二进制存储格式

⑧ location：指定原始数据的存储位置。

（2）查看表的描述信息。命令语法格式如下：

```
desc tablename;        只能查看表的字段信息
desc extended tablename;      查看表的详细描述信息，所有的信息放在一行中
desc formatted tablename;     格式化显示表的详细信息
```

（3）查看表的列表信息。命令语法格式如下：

```
show tables;     查看当前数据库中的表的列表信息
show tables in dbname;    查看指定数据库中的表
show partitions tablename; 查询指定表下的所有分区
```

例如：

```
show tables like 'student*';
```

（4）表的修改。

① 表的重命名。命令语法格式如下：

```
alter table tablename rename to newname;
```

例如：

```
alter table stu_like01 rename to student_copy;
```

② 修改列。

增加列，命令语法格式如下：

```
alter table tablename add columns (name type);
```

例如：

```
alter table student_copy add columns (content string);
```

修改列，命令语法格式如下：

```
alter table tablename change oldname newname type;
```

例如：

```
alter table student_copy change content text string;
```

修改列类型，命令语法格式如下：

```
alter table student_copy change text text int;
```

例如：

```
alter table student_copy change grade grade string;
```

③ 修改分区信息。

添加分区，根据分区字段进行添加，命令语法格式如下：

```
alter table tablename add partition(name=value);
```

例如，修改分区的存储位置：

```
alter table student_ptn add partition(grade=1308) location '/user/student/1308';
```

（5）清空表和分区中的数据。命令语法格式如下：

```
truncate table tablename; 清空表
truncate table tablename partition(name=value);  清空某一个分区的数据
```

（6）删除表。命令语法格式如下：

```
drop table if exists tablename;
```

（7）查看详细建表信息。命令语法格式如下：

```
show create table table_name;
```

【任务实施】

1. 创建 Hive 数据表

（1）基本数据。

① 需要创建的 student 表的详细信息，如表 7-9 所示。

表 7-9　student 表的详细信息

字段名称	数据类型	备　注
sno	int	学号
name	String	姓名
Linux	decimal(10,2)	Linux 成绩
Python	decimal(10,2)	Python 成绩
Java	decimal(10,2)	Java 成绩

② /home/hadoop/student.txt 文件信息如下所示。

```
2021321101    Lily     95  80  75
2021321102    Tim      76  88  90
2021321103    Molly    80  90  85
2021321104    Ann      85  95  80
```

（2）在 Master 节点机上创建 student 表，操作命令及结果如下：

```
hive> create table student (
          sno int, name String,
          Linux decimal(10,2),
          Python decimal(10,2),
          Java decimal(10,2)
```

```
            )
            ROW FORMAT DELIMITED
             FIELDS TERMINATED BY '\t'
             LINES TERMINATED BY '\n'
             STORED AS TEXTFILE;
OK
Time taken: 0.163 seconds
```

（3）通过本地文件 student.txt 把数据导入 student 表，操作命令及结果如下：

```
hive> load data local inpath 'student.txt' overwrite into table student;
Loading data to table default.student
OK
Time taken: 1.497 seconds
```

（4）查询 student 表，操作命令及结果如下：

```
hive> select * from student;
OK
2021321101      Lily        95.00  80.00  75.00
2021321102      Tim         76.00  88.00  90.00
2021321103      Molly       80.00  90.00  85.00
2021321104      Ann         85.00  95.00  80.00
Time taken: 0.132 seconds, Fetched: 4 row(s)
```

（5）查看 HDFS 中的数据文件 student.txt，操作命令及结果如下：

```
hive>  dfs -ls /hive/warehouse/student;
Found 1 items
-rwxr-xr-x   2 hadoop supergroup      99 2021-12-19 11:56 /hive/warehouse/student/student.txt
```

查看数据的具体内容，操作命令及结果如下：

```
hive> dfs -text /hive/warehouse/student/student.txt;
2021321101      Lily   95     80     75
2021321102      Tim    76     88     90
2021321103      Molly  80     90     85
2021321104      Ann    85     95     80
```

（6）查看元数据信息，操作命令及结果如下：

```
[hadoop@Master ~]$ mysql -hmaster -uhive -pYun@123456
mysql> use hive;
Reading table information for completion of table and column names
You can turn off this feature to get a quicker startup with -A
Database changed
```

```
mysql> select TBL_ID,OWNER,TBL_NAME,TBL_TYPE,SD_ID from TBLS;
+--------+--------+----------+---------------+-------+
| TBL_ID | OWNER  | TBL_NAME | TBL_TYPE      | SD_ID |
+--------+--------+----------+---------------+-------+
|      2 | hadoop | student  | MANAGED_TABLE |     2 |
+--------+--------+----------+---------------+-------+
1 row in set (0.00 sec)

mysql>  select * from DBS;
+-------+-----------------------+-------------------------------------+-
-------+------------+------------+
| DB_ID | DESC                  | DB_LOCATION_URI                     |
NAME    | OWNER_NAME | OWNER_TYPE |
+-------+-----------------------+-------------------------------------+-
-------+------------+------------+
|     1 | Default Hive database | hdfs://Master:9000/hive/warehouse |
default | public     | ROLE       |
+-------+-----------------------+-------------------------------------+-
-------+------------+------------+
1 row in set (0.00 sec)

mysql> quit;
Bye
```

（7）删除表，操作命令及结果如下：

```
hive> drop table student;
OK
Time taken: 0.126 seconds
```

（8）查看 HDFS，操作命令及结果如下：

```
hive>  dfs -ls /hive/warehouse;
hive>
```

结果显示没有看到任何信息，说明 HDFS 上的数据已经被删除，这是因为在删除 student 表时，HDFS 上的数据也会被删除。

2. 创建 Hive 外部表

（1）在 Master 节点机上创建数据文件 stu_ext01.txt，文件内容如下：

```
01,stu01
02,stu02
03,stu03
04,stu04
```

（2）在 Master 节点机的终端上输入“hive”进入 Hive shell 环境，在 HDFS 的 Hive 数据仓库目录下创建文件夹 hive_ext，并把数据文件 stu_ext01.txt 上传到 HDFS 的文件夹 hive_ext 中，操作命令及结果如下：

```
hive>  dfs -mkdir /hive/warehouse/hive_ext;
hive>  dfs -put stu_ext01.txt /hive/warehouse/hive_ext;
hive>  dfs -text /hive/warehouse/hive_ext/stu_ext01.txt;
01,stu01
02,stu02
03,stu03
04,stu04
```

（3）创建外部表 stu_external，操作命令及结果如下：

```
hive>  create external table stu_external (
             id int,
             name string
           )
           row format delimited
           fields terminated by ','
           location '/hive/warehouse/hive_ext';
OK
Time taken: 0.712 seconds
```

（4）查询外部表 stu_external 的内容，操作命令及结果如下：

```
hive> show tables;
OK
stu_external
Time taken: 0.017 seconds, Fetched: 1 row(s)
hive> select * from stu_external;
OK
1  stu01
2  stu02
3  stu03
4  stu04
Time taken: 1.405 seconds, Fetched: 4 row(s)
```

（5）删除外部表 stu_external，操作命令及结果如下：

```
hive> drop table stu_external;
OK
Time taken: 0.232 seconds
```

删除外部表 stu_external 后，在 hive 中已经找不到外部表 stu_external 了，操作及结果命令如下：

```
hive> show tables;
```

```
OK
Time taken: 0.079 seconds
```

（6）查看 HDFS 的 Hive 数据仓库目录下的文件夹 hive_ext，操作命令及结果如下：

```
hive> dfs -ls /hive/warehouse/hive_ext;
Found 1 items
-rw-r--r--    2 hadoop supergroup          36 2021-12-19 14:05 /hive/
warehouse/hive_ext/stu_ext01.txt
```

查看文件夹 hive_ext 下的数据文件 stu_ext01.txt，操作命令及结果如下：

```
hive> dfs -text /hive/warehouse/hive_ext/stu_ext01.txt;
01,stu01
02,stu02
03,stu03
04,stu04
```

可以看到：虽然 Hive 中的 stu_external 表已被删除，但是 HDFS 中的 stu_ext01.txt 文件依然还在。这表明在执行外部表删除命令时，HDFS 上的数据依然保留，而在执行普通表的删除操作时，HDFS 上的数据会被删除。

3. Beeline shell 环境

（1）在所有节点机（包括 Master、Slave1、Slave2）上设置用户 hadoop 的访问权限，对 /tmp 目录进行权限设置，操作命令如下：

```
[hadoop@Master ~]$ hdfs dfs -chmod -R 777 /tmp
[hadoop@Slave1 ~]$ hdfs dfs -chmod -R 777 /tmp
[hadoop@Slave2 ~]$ hdfs dfs -chmod -R 777 /tmp
```

（2）在 Master 节点机或 Slave2 节点机中输入“beeline”，进入 beeline shell 环境，操作命令及结果如下：

```
[hadoop@Slave2 ~]$ beeline
SLF4J: Class path contains multiple SLF4J bindings.
SLF4J: Found binding in [jar:file:/opt/apache-hive-2.3.6-bin/lib/log4j-
slf4j-impl-2.6.2.jar!/org/slf4j/impl/StaticLoggerBinder.class]
SLF4J: Found binding in [jar:file:/opt/hadoop-2.8.5/share/hadoop/
common/lib/slf4j-log4j12-1.7.10.jar!/org/slf4j/impl/StaticLoggerBinder.
class]
SLF4J: See http://www.slf4j.org/codes.html#multiple_bindings for an
explanation.
SLF4J: Actual binding is of type [org.apache.logging.slf4j.
Log4jLoggerFactory]
Beeline version 2.3.6 by Apache Hive
```

输入问号，可以获取 beeline 的命令用法指南。

```
beeline> ?
!addlocaldriverjar  Add driver jar file in the beeline client side.
!addlocaldrivername Add driver name that needs to be supported in the
beeline
                    client side.
!all                 Execute the specified SQL against all the current
connections
...
!typeinfo           Display the type map for the current connection
!verbose            Set verbose mode on
Comments, bug reports, and patches go to ???
```

（3）连接 HiveServer2，操作命令及结果如下：

```
beeline> !connect jdbc:hive2://master:10000 hive Yun@123456
Connecting to jdbc:hive2://master:10000
Connected to: Apache Hive (version 2.3.6)
Driver: Hive JDBC (version 2.3.6)
Transaction isolation: TRANSACTION_REPEATABLE_READ
0: jdbc:hive2://master:10000>
```

（4）显示数据库，操作命令及结果如下：

```
0: jdbc:hive2://master:10000>  show databases;
+----------------+
| database_name  |
+----------------+
| default        |
+----------------+
1 row selected (0.097 seconds)
```

（5）利用上述上传到 HDFS 中 /hive/warehouse/hive_ext 目录下的文件 stu_ext01.txt 创建外部表 stu_external01，操作命令及结果如下：

```
0: jdbc:hive2://master:10000> drop table stu_external01;
No rows affected (0.095 seconds)
0: jdbc:hive2://master:10000> create external table stu_external01 (
                                id int,
                                 name string
                              )
                              row format delimited
                              fields terminated by ','
                              location '/hive/warehouse/hive_ext';
No rows affected (0.426 seconds)
```

（6）查询外部表 stu_external01 的操作命令及结果如下：

```
0: jdbc:hive2://master:10000> select * from stu_external01;
```

```
+--------------------+----------------------+
| stu_external01.id  | stu_external01.name  |
+--------------------+----------------------+
| 1                  | stu01                |
| 2                  | stu02                |
| 3                  | stu03                |
| 4                  | stu04                |
+--------------------+----------------------+
4 rows selected (2.744 seconds)
```

（7）关闭连接，并退出，操作命令及结果如下：

```
0: jdbc:hive2://master:10000> !closeall
Closing: 0: jdbc:hive2://master:10000
beeline> !quit
```

4. Hive 的简单编程

1）编程实现删除 Hive 表

（1）在 Master 节点机上编写删除 stu_external01 表中 drop_stu_external01.java 文件的程序，操作命令如下：

```
[hadoop@Master ~]$ vi drop_stu_external01.java
#drop_stu_external01.java 文件的内容如下
import java.sql.SQLException;
import java.sql.Connection;
import java.sql.DriverManager;
import java.sql.Statement;
public class drop_stu_external01{
  private static String driverName = "org.apache.hive.jdbc.HiveDriver";
  private static String url = "jdbc:hive2://Master:10000/default";
  private static String user = "hive";
  private static String password = "Yun@123456";
  private static String sql = "DROP TABLE IF EXISTS stu_external01";
  public static void main(String[] args) throws SQLException {
    try {
      // Register driver and create driver instance
      Class.forName(driverName);
      // get connection
        Connection conn = DriverManager.getConnection(url, user, 
password);
      // create statement
      Statement stmt = conn.createStatement();
      // execute statement
      stmt.executeUpdate(sql);
```

```
            System.out.println("Drop table successful.");
            conn.close();
        } catch (Exception e) {
            e.printStackTrace();
        }
    }
}
```

（2）编写 drop_stu_external01.sh 脚本文件，操作命令如下：

```
[hadoop@Master ~]$ vi drop_stu_external01.sh
```

drop_stu_external01.sh 脚本文件内容如下：

```
#!/bin/bash
HADOOP_HOME=/opt/hadoop-2.8.5
HIVE_HOME=/opt/apache-hive-2.3.6-bin
CLASSPATH=.:$HIVE_HOME/conf:$(hadoop classpath)
for i in ${HIVE_HOME}/lib/*.jar ; do
    CLASSPATH=$CLASSPATH:$i
done
java -cp $CLASSPATH drop_stu_external01
```

（3）编译并运行 drop_stu_external01.sh 脚本文件，操作命令及结果如下：

```
[hadoop@Master ~]$  javac drop_stu_external01.java
[hadoop@Master ~]$  sh drop_stu_external01.sh
SLF4J: Class path contains multiple SLF4J bindings.
...
21/12/20 10:49:13 INFO jdbc.Utils: Resolved authority: Master:10000
OK
Drop table successful.
```

执行命令后出现“Drop table successful.”，表明成功删除 stu_external01 表。

2）编程实现数据查询

（1）在 Master 节点机上编写对 stu_external01 表进行数据查询的 Java 程序 hive_stu_jdbc.java，操作命令如下：

```
[hadoop@Master ~]$  vi hive_stu_jdbc.java
#hive_stu_jdbc.java 文件的内容如下
import java.sql.SQLException;
import java.sql.Connection;
import java.sql.ResultSet;
import java.sql.Statement;
import java.sql.DriverManager;
public class hive_stu_jdbc {
  private static String driverName = "org.apache.hive.jdbc.HiveDriver";
```

```
    private static String url = "jdbc:hive2://Master:10000/default";
    private static String user = "hive";
    private static String passwd = "Yun@123456";
    private static String sql = "";
    private static ResultSet res;
    public static void main(String[] args) throws SQLException {
      try {
        Class.forName(driverName);
      } catch (ClassNotFoundException e) {
        e.printStackTrace();
        System.exit(1);
      }
      Connection con = DriverManager.getConnection(url,user,passwd);
      Statement stmt = con.createStatement();
      String tableName = "test_jdbc";
      stmt.execute("drop table if exists " + tableName);
       stmt.execute("create table " + tableName + " (key int, value
string,)");
      // show tables
      String sql = "show tables '" + tableName + "'";
      System.out.println("Running: " + sql);
      ResultSet res = stmt.executeQuery(sql);
      if (res.next()) {
        System.out.println(res.getString(1));
      }
      // describe table
      sql = "describe " + tableName;
      System.out.println("Running: " + sql);
      res = stmt.executeQuery(sql);
      while (res.next()) {
        System.out.println(res.getString(1) + "\t" + res.getString(2));
      }
      String filepath = "hdfs://Master:9000/tmp/test.txt";
      sql = "load data inpath '" + filepath + "' into table " + tableName;
      System.out.println("Running: " + sql);
      stmt.execute(sql);
      // select * query
      sql = "select * from " + tableName;
      System.out.println("Running: " + sql);
      res = stmt.executeQuery(sql);
      while (res.next()) {
        System.out.println(String.valueOf(res.getInt(1)) + "\t"+
   res.getString(2));
```

```
      }
    }
  }
```

（2）在 Master 节点机上编写脚本文件 puttxt.sh，文件内容如下：

```
[hadoop@Master ~]$ vi puttxt.sh
#!/bin/bash
echo -e '1\x01Tom' > /tmp/test.txt
echo -e '2\x01Jarry' >> /tmp/test.txt
hdfs dfs -put /tmp/test.txt /tmp
```

（3）运行脚本，操作命令如下：

```
[hadoop@Master ~]$  chmod +x puttxt.sh
[hadoop@Master ~]$ ./puttxt.sh
```

（4）编写 hive_stu_jdbc.sh 脚本，操作命令如下：

```
[hadoop@Master ~]$ vi hive_stu_jdbc.sh
```

hive_stu_jdbc.sh 脚本的内容如下：

```
#!/bin/bash
HADOOP_HOME=/opt/hadoop-2.8.5
HIVE_HOME=/opt/apache-hive-2.3.6-bin
CLASSPATH=.:$HIVE_HOME/conf:$(hadoop classpath)
for i in ${HIVE_HOME}/lib/*.jar ; do
    CLASSPATH=$CLASSPATH:$i
done
java -cp $CLASSPATH hive_stu_jdbc
```

（5）编译并运行脚本文件，操作命令及结果如下：

```
[hadoop@Master ~]$ javac hive_stu_jdbc.java
[hadoop@Master ~]$ sh hive_stu_jdbc.sh
21/12/20 14:40:35 INFO jdbc.Utils: Supplied authorities: master:10000
21/12/20 14:40:35 INFO jdbc.Utils: Resolved authority: master:10000
Running: show tables' hive_stu_jdbc'
test_jdbc
Running: describe hive_stu_jdbc
Key  int
Value  string
Running: load data inpath 'hdfs://master:9000/tmp/test.txt' into table
hive_stu_jdbc
Running: select * from hive_stu_jdbc
1    Tom
2    Jarry
```

同步训练

一、简答题

1. 简答 Hive 的基本思想是什么。
2. 简答 Hive 的特点。
3. 简答 Hive 内部表和外部表的区别。
4. 请简答 Hive 中的 sort by、order by、cluster by、distribute by 各代表什么意思。

二、操作题

某用户访问记录表的结构如表 7-10 所示。

表 7-10　某用户访问记录表的结构

编　码	字段名	类　型
user_id	唯一用户名	String
city_id	城市 id	Int
cat_id	业务 id	String
visits_id	访问时长	Int
dt	日期	String
hour	小时	Int（取值范围：00～23）

请统计：

（1）某天各个城市的 PV 和 UV。

（2）某天某个城市各个用户 PV 的频数。

结果类似表 7-11。

表 7-11　PV 的频数

PV	频　数
1	10000
2	9000
…	…

注意：

（1）PV（Page View）：网页浏览数，这是评价网页流量最常用的指标之一，每浏览一个页面就会产生一个 PV。

（2）UV（Unique Visitor）：独立用户数，这也是评价网页流量最常用的指标之一，指通过互联网访问、浏览这个网页的自然人。

项目 8　Pig 数据分析

【项目介绍】

Apache Pig 是一个分析大型数据集的工具 / 平台，用于分析较大的数据集，并将这些数据集表示为数据流。Apache Pig（以下简称 Pig）由表达数据分析程序的高级语言和对这些程序进行评估的基础组件构成。Pig 程序的显著特性是它的结构适合执行大量并行化任务，能够处理大规模的数据集。本章首先介绍 Pig 的基本概念和运行模式，然后介绍 Pig 的安装、命令语法和使用方法，最后介绍如何编写 Pig 应用程序，包括编写 Pig 自定义函数、自定义函数的装载和使用。

本项目分为以下 4 个任务：

任务 1　Pig 基本概念

任务 2　Pig 安装及部署

任务 3　Pig 命令语法和使用

任务 4　Pig 简单编程

【学习目标】

- 理解 Pig 的基本概念；
- 掌握 Pig 语言的特点；
- 熟练掌握 Pig 的常见操作命令；
- 熟练掌握 Pig 函数库的接口调用方法；
- 掌握 Pig 应用程序的编写和函数的使用方法；
- 能够进行 Pig 系统的安装和部署；
- 能够使用 Pig 命令进行数据的处理；
- 能够使用 Pig 命令进行数据集的运算和分析。

任务 1　Pig 基本概念

【任务概述】

本任务将介绍 Pig 的基本概念和 Pig 语言的特点。

【支撑知识】

1. Pig 的基本概念

Pig 是一种数据流语言和运行环境，用于检索非常大的数据集。Pig Latin 是用于描述数据流的语言，可以进行数据转换（如合并数据集）、过滤，以及将函数应用于记录或记录组。用户可以创建自己的函数来进行数据分析和处理。Pig 的底层由一个编译器组成，该编译器生成 MapReduce 程序序列，支持 Hadoop 平台上大规模数据的并行处理和分析。Pig Latin 的查询以分布式方式在集群上执行，通过将 Pig Latin 程序编译为 MapReduce 作业，并使用 Hadoop 集群进行数据并行化处理。目前，最新的版本是 Apache Pig 0.17.0，此版本的亮点是在 Spark 中引入了 Pig。

Pig 的架构如图 8-1 所示。执行特定任务时，程序员先使用 Pig Latin 语言编写脚本文件，再执行脚本文件中的命令，并将这些脚本文件转换为 MapReduce 作业进行后续工作。

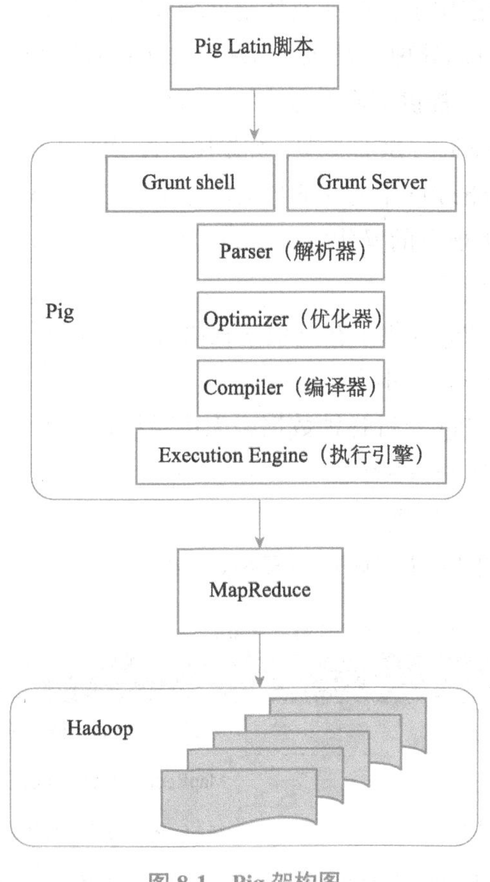

图 8-1　Pig 架构图

Pig 架构中主要的组件有以下几个。

（1）Parser（解析器）。

最初，Pig 脚本由解析器处理，它检查脚本的语法、类型和其他杂项。解析器的输出是 DAG（有向无环图），它表示 Pig Latin 语句和逻辑运算符。在 DAG 中，脚本的逻辑运算符表示为节点，数据流表示为边。

（2）Optimizer（优化器）。

将解析器输出的 DAG 等逻辑计划传递到优化器，优化器执行逻辑优化，如投影和下推。

（3）Compiler（编译器）。

编译器将优化的逻辑计划编译为一系列 MapReduce 作业。

（4）Execution Engine（执行引擎）。

将 MapReduce 作业顺序提交到 Hadoop。这些 MapReduce 作业在 Hadoop 上执行，产生所需的结果。

2. Pig 语言的特点

Pig 通常被数据科学家用于执行涉及特定处理和快速原型设计的任务，使用 Pig 处理巨大的数据源，如 Web 日志处理；处理时间敏感数据的加载等，Pig 语言具有以下特点。

（1）丰富的运算符集：提供了许多运算符来执行如 Join、Sort、Filer 等操作。

（2）易于编程：Pig Latin 与 SQL 类似，如果用户善于使用 SQL，就很容易编写 Pig 脚本。

（3）优化机会：Apache Pig 中的任务自动优化执行，因此只需要关注语法语义。

（4）可扩展性：使用现有的操作符，用户可以开发自己的功能来读取、处理和写入数据。

（5）用户定义函数：Pig 提供了在其他编程语言（如 Java）中创建用户定义函数的功能，并且可以调用或嵌入 Pig 脚本中。

（6）处理各种数据：Pig 分析各种数据，无论是结构化的数据还是非结构化的数据，Pig 将分析后的结果存储在 HDFS 中。

1）Pig 与 MapReduce 的区别

Pig 与 MapReduce 之间的主要区别如表 8-1 所示。

表 8-1　Pig 与 MapReduce 之间的主要区别

Pig	MapReduce
Pig 是一种数据流语言	MapReduce 是一种数据处理模式
Pig 是一种高级语言	MapReduce 是低级和刚性的
在 Pig 中执行 Join 操作非常简单	在 MapReduce 中执行数据集之间的 Join 操作是非常困难的
任何具备 SQL 基础知识的新手都可以方便地使用 Pig 工作	需要掌握 Java 环境下 MapReduce 程序的开发
Pig 使用多查询方法，从而在很大程度上减少了代码的长度	MapReduce 需要几乎 Pig 的 20 倍行数的代码来执行相同的任务
没有必要编译。执行时，每个 Pig 操作符都在内部转换为 MapReduce 作业	MapReduce 作业具有很长的编译过程

2）Pig 与 Hive 的区别

Pig 与 Hive 之间的主要区别如表 8-2 所示。

表 8-2　Pig 与 Hive 之间的主要区别

Pig	Hive
Pig 使用一种名为 Pig Latin 的语言（最初创建于 Yahoo）	Hive 使用一种名为 HiveQL 的语言（最初创建于 Facebook）
Pig Latin 是一种数据流语言	HiveQL 是一种查询处理语言
Pig 是一种过程语言，适合流水线范式	HiveQL 是一种声明型语言
Pig 可以处理结构化、非结构化和半结构化数据	Hive 主要用于处理结构化数据

3）Pig 与 SQL 的区别

Pig 与 SQL 之间的主要区别如表 8-3 所示。

表 8-3　Pig 与 SQL 之间的主要区别

Pig	SQL
Pig Latin 是一种程序语言	SQL 是一种声明式语言
在 Pig 中，模式是可选的	模式在 SQL 中是必需的
Pig 中的数据模型是嵌套关系	SQL 中使用的数据模型是平面关系
Pig 为查询优化提供有限的机会	在 SQL 中有更多的机会进行查询优化

任务 2　Pig 安装及部署

【任务概述】

Pig 的基础设施层由一个编译器组成，该编译器生成 MapReduce 程序序列。本任务将介绍 Pig 的安装和部署流程。

【支撑知识】

1. 运行模式

1）执行模式

Pig 有 6 种执行模式或执行类型。

（1）本地模式：在本地模式下运行 Pig，需要访问一台机器，所有文件都使用本地主机和文件系统安装和运行。使用 -x 标志（pig -x local）指定本地模式。

（2）Tez 本地模式：在 Tez 本地模式下运行 Pig，类似本地模式，使用 -x 标志指定 Tez 本地模式。语法格式：pig -x tez_local。注意：Tez 本地模式是实验性的，使用得不多。

（3）Spark 本地模式：在 Spark 本地模式下运行 Pig，类似本地模式，不同之处在于 Pig 在内部会调用 Spark 运行引擎。使用 -x 标志（pig -x spark_local）指定 Spark 本地模式。Spark 本地模式目前是实验性的。

（4）Mapreduce 模式：在 Mapreduce 模式下运行 Pig，需要访问 Hadoop 集群并搭建分布式文件系统（HDFS）。Mapreduce 模式是默认模式。

（5）Tez 模式：在 Tez 模式下运行 Pig，需要访问 Hadoop 集群和 HDFS 安装。使用 -x 标志（pig-x tez）指定 Tez 模式。

（6）Spark 模式：若要在 Spark 模式下运行 Pig，则需要访问 Spark、YARN 或 Mesos 集群和 HDFS 安装。使用 -x 标志（-x spark）指定 Spark 模式。在 Spark 上运行的 Pig 脚本可以利用动态分配功能。只需启用 spark.dynamicAllocation.enabled 即可启用该功能。注意：需要在 Spark 上启用 Yarn 服务才能使其工作。

因为 Pig 可以自动地对 MapReduce 程序进行优化，所以当用户使用 Pig Latin 语言进行编程时，能够大量节省用户编程的时间，具体语法格式如下：

```
/* 1.本地模式 */
$ pig -x local …
 /* 2.Tez 本地模式 */
$ pig -x tez_local …
 /* 3. Spark 本地模式 */
$ pig -x spark_local …
/* 4.  Mapreduce 模式 */
$ pig …
或者
$ pig -x mapreduce …
/* 5. Tez 模式 */
$ pig -x tez …
/* 6. Spark 模式 */
$ pig -x spark …
```

2）交互模式

用户可以通过 Grunt shell 以交互模式运行 Pig，首先使用 Pig 命令调用 Grunt shell，然后在命令行中以交互方式输入 Pig Latin 语句和 Pig 命令。下面例子中的 Pig Latin 语句从 /etc/passwd 文件中提取所有用户的 ID。首先，把 /etc/passwd 文件复制到本地工作目录中，再键入“pig”命令调用 Grunt shell，在 grunt 提示符下以交互方式输入 Pig Latin 语句，运行结果将显示在用户的终端屏幕上。例如：

```
grunt> A = load 'passwd' using PigStorage(':');
grunt> B = foreach A generate $0 as id;
grunt> dump B;
```

交互模式下的命令语法格式如表 8-4 所示。

表 8-4　交互模式下的命令语法格式

模　　式	命令语法格式
本地模式	$ pig -x local
Tez 本地模式	$ pig -x tez_local
Spark 本地模式	$ pig -x spark_local

Mapreduce 模式	$ pig -x mapreduce
	或者
	$ pig

Tez 模式	$ pig -x tez
Spark 模式	$ pig -x spark

3）批处理模式

用户也可以使用 Pig 脚本和 Pig 命令（在本地或 Hadoop 模式下）以批处理模式运行 Pig。下面例子中 Pig 脚本中的 Pig Latin 语句从 /etc/passwd 文件中提取所有用户 ID，首先将 /etc/passwd 文件复制到本地工作目录中，再通过命令行运行 Pig 脚本，将结果写入文件。

```
/* id.pig */
A = load 'passwd' using PigStorage(':');   -- load the passwd file
B = foreach A generate $0 as id;  -- extract the user IDs
store B into 'id.out';  -- write the results to a file name id.out
```

批处理模式下的命令语法格式如表 8-5 所示。

表 8-5　批处理模式下的命令语法格式

模　　式	命令语法格式
本地模式	$ pig -x local id.pig
Tez 本地模式	$ pig -x tez_local id.pig
Spark 本地模式	$ pig -x spark_local id.pig

Mapreduce 模式	$ pig id.pig
	或者
	$ pig -x mapreduce id.pig

Tez 模式	$ pig -x tez id.pig
Spark 模式	$ pig -x spark id.pig

2. Pig 脚本

使用 Pig 脚本可以将 Pig Latin 语句和 Pig 命令放在单个文件中，可以通过命令行和 Grunt shell 运行 Pig 脚本。Pig 脚本支持使用参数替换将值传递给参数。用户可以在 Pig 脚本中使用注释，对于多行注释使用“/*……*/”，对于单行注释使用“--”，例如：

```
/* 我的脚本 .pig
我的脚本很简单。
它包括三个 Pig Latin 语句。
*/
```

```
A = LOAD 'student' USING PigStorage() AS (name:chararray, age:int,
gpa:float); -- loading data
B = FOREACH A GENERATE name;  -- transforming data
DUMP B;  -- retrieving results
```

Pig 支持运行存储在 HDFS、Amazon S3 和其他分布式文件系统中的脚本（以及 jar 文件）。例如，要在 HDFS 上运行 Pig 脚本，可以执行以下操作命令：

```
$ pig hdfs://nn.mydomain.com:9020/myscripts/script.pig
```

【任务实施】

1. 在客户端上安装 Pig 软件

（1）下载 Pig 软件包 pig-0.17.0-src.tar.gz（本书中使用的是 pig0.17.0 版本），并用 WinSCP 软件把下载的 Pig 软件包上传到 /opt 目录下（如图 8-2 所示）。上传 Pig 软件包如图 8-3 所示。

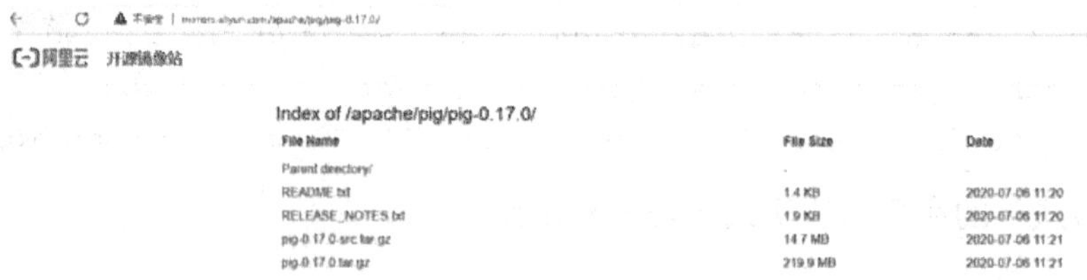

图 8-2　下载 pig-0.17.0-src.tar.gz

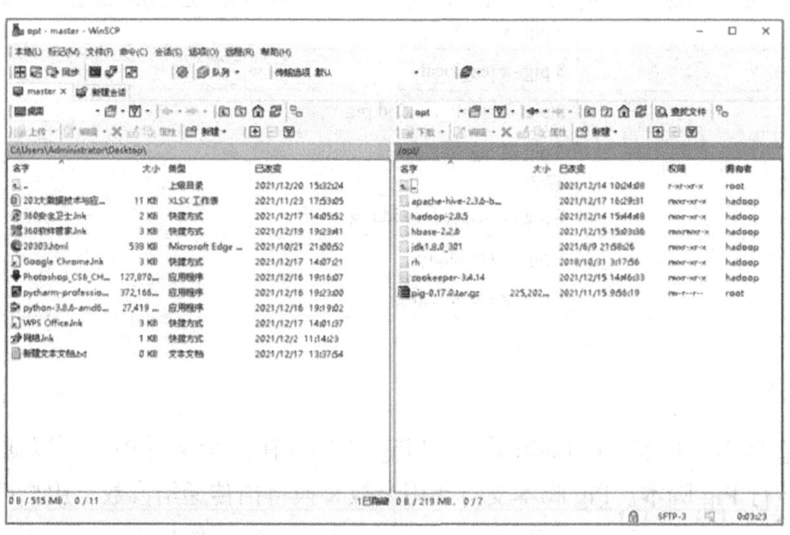

图 8-3　上传 Pig 软件包

（2）解压缩 Pig 软件包，安装 Pig 软件，操作命令及结果如下：

```
[hadoop@Master opt]$ cd /opt
[hadoop@Master opt]$ sudo tar xvzf pig-0.17.0.tar.gz
```

```
[hadoop@Master opt]$ ll
总用量 225212
drwxr-xr-x  10 hadoop hadoop       184 12月 17 16:29 apache-hive-2.3.6-bin
drwxr-xr-x  11 hadoop hadoop       172 12月 14 15:44 hadoop-2.8.5
drwxrwxr-x   7 hadoop hadoop       182 12月 15 15:03 hbase-2.2.6
drwxr-xr-x   8 hadoop hadoop       273 6月   9 2021 jdk1.8.0_301
drwxr-xr-x  16 root   root        4096 6月   2 2017 pig-0.17.0
-rw-r--r--   1 root   root   230606579 11月 15 09:56 pig-0.17.0.tar.gz
drwxr-xr-x.  2 hadoop hadoop         6 10月 31 2018 rh
drwxr-xr-x  15 hadoop hadoop      4096 12月 15 14:46 zookeeper-3.4.14
```

（3）修改解压缩后的文件夹 pig-0.17.0 的属性，操作命令及结果如下：

```
[hadoop@Master opt]$ sudo chown -R hadoop:hadoop pig-0.17.0
[hadoop@Master opt]$ ll
总用量 225212
drwxr-xr-x  10 hadoop hadoop       184 12月 17 16:29 apache-hive-2.3.6-bin
drwxr-xr-x  11 hadoop hadoop       172 12月 14 15:44 hadoop-2.8.5
drwxrwxr-x   7 hadoop hadoop       182 12月 15 15:03 hbase-2.2.6
drwxr-xr-x   8 hadoop hadoop       273 6月   9 2021 jdk1.8.0_301
drwxr-xr-x  16 hadoop hadoop      4096 6月   2 2017 pig-0.17.0
-rw-r--r--   1 root   root   230606579 11月 15 09:56 pig-0.17.0.tar.gz
drwxr-xr-x.  2 hadoop hadoop         6 10月 31 2018 rh
drwxr-xr-x  15 hadoop hadoop      4096 12月 15 14:46 zookeeper-3.4.14
```

2. Pig 的配置

（1）进入 Pig 配置目录，修改相关文件参数，操作命令如下：

```
[hadoop@Master pig-0.17.0]$ cd /opt/pig-0.17.0/conf/
[hadoop@Master conf]$ mv log4j.properties.template log4j.properties
[hadoop@Master conf]$  vi pig.properties
```

（2）在 pig.properties 文件末尾添加以下内容：

```
pig.logfile=/opt/pig-0.17.0/logs
log4jconf=/opt/pig-0.17.0/conf/log4j.properties
exectype=mapreduce
```

（3）修改环境变量，操作命令如下：

```
[hadoop@Master conf]$ cd
[hadoop@Master ~]$ vi .bash_profile
```

在 .bash_profile 文件末尾添加以下内容：

```
export PIG_HOME=/opt/pig-0.17.0
```

```
export PATH=$PATH:$PIG_HOME/bin
```

（4）设置环境变量使其生效，操作命令如下：

```
[hadoop@Master ~]$ source .bash_profile
```

3. 启动 Pig 服务

在 Master 节点机上启动 Pig 服务。

（1）在 Master 节点机上运行 hadoop 服务，操作命令如下：

```
[hadoop@Master ~]$ start-dfs.sh
[hadoop@Master ~]$ start-yarn.sh
[hadoop@Master ~]$ mr-jobhistory-daemon.sh start historyserver
```

（2）在 Master 节点机上启动 Pig 服务，操作命令及结果如下：

```
[hadoop@Master ~]$ pig
21/12/20 16:17:31 INFO pig.ExecTypeProvider: Trying ExecType : LOCAL
21/12/20 16:17:31 INFO pig.ExecTypeProvider: Trying ExecType : MAPREDUCE
21/12/20 16:17:31 INFO pig.ExecTypeProvider: Picked MAPREDUCE as the ExecType
21/12/20 16:17:32 INFO pig.Main: Loaded log4j properties from file: /opt/pig-0.17.0/conf/log4j.properties
110 [main] INFO org.apache.pig.Main - Apache Pig version 0.17.0 (r1797386) compiled Jun 02 2017, 15:41:58
...
grunt>
```

任务 3　Pig 命令语法和使用

【任务概述】

Pig 包括两部分：用于描述数据流的语言，称为 Pig Latin；用于运行 Pig Latin 程序的执行环境。Pig Latin 程序由一系列语句构成，操作命令不区分大小写，别名和函数名区分大小写。本任务将介绍 Pig Latin 的常用语法和使用方法。

【支撑知识】

1. Pig Latin 基础

1）Pig 的数据类型

Pig 支持许多数据类型，表 8-6 列出了 Pig 的数据类型、描述及示例。

表 8-6　Pig 数据类型

数据类型	描　　述	示　　例
int	带符号的 32 位整数	20
long	带符号的 64 位整数	20L，20l
float	32 位浮点数	20.5F，20.5f，20.5E2F，20.5e2f
double	64 位浮点数	20.5，20.5e2，20.5E2
chararray	UTF-8 格式的字符数组（字符串）	hello pig
bytearray	字节数组	{22, 82, 184}
boolean	布尔值	true/false（不区分大小写）
datetime	时间	2022-01-01T00:00:00.000+00:00
biginteger	任意精度的整数	100000000000
bigdecimal	任意精度的有符号小数	12.356789123456789123456
tuple	元组，任意类型的字段序列	(1,’ address’)
bag	无序的元组集合，可以重复	{(1,’ address’),(2)}
map	一组键值对，map、key 必须为字符数组，value 可以为任意类型	[‘a’ #’ address’]

在传统的关系型数据库中，为了保持数据的一致性，每行记录都具有相同的列，而且每列都要有值，哪怕是 NULL 值，也要填充完整。

2）Pig Latin 数据模型

Pig Latin 语句适用于关系。一个关系是一个包；包是元组的集合；元组是有序的字段集合；字段是一段数据，字段可以是任何数据类型（包括元组和包）。关系是 Pig 数据模型最外层的结构，它是一个包。Pig 中的关系类似关系数据库中的表，其中包中的元组对应表中的行。然而，与关系表不同的是，Pig 中的关系不需要每个元组包含相同数量的字段或相同位置（列）中的字段具有相同类型。另外，关系是无序的，所以不能保证元组以任何特定顺序进行处理，此外，Pig 支持数据的并行化处理。

（1）元组：元组是一组有序的字段，语法格式如下：

```
( field [, field …] )
```

在以下示例中，元组包含 3 个字段。

```
(John,18,4.0F)
```

（2）包：包是元组的集合，语法格式如下：

```
{ tuple [, tuple …] }
```

一个包可以有重复的元组，一个包可以有不同数量的字段的元组，但是，若 Pig 尝试访问不存在的字段，则会替换为空值。一个包可以包含具有不同数据类型的字段的元组。然而，为了让 Pig 有效地处理包，这些包中元组的模式应该是相同的。例如，如果一半元组包含 chararray 字段，而另一半元组包含 float 字段，那么只有一半元组会参与任何类型的计算，因为 chararray 字段将转换为 NULL。包有两种形式：外部包和内部包。

下面这个例子展示了外部包的用法，其中 A 是一个关系或元组集合。

```
A = LOAD 'data' as (f1:int, f2:int, f3:int);
DUMP A;
(1,2,3)
(4,2,1)
(8,3,4)
(4,3,3)
```

下面这个例子展示了内部包的用法，其中 X 是一个关系或元组袋。关系 X 中的元组有两个字段。第一个字段是 int 类型，第二个字段是类型包。

```
X = GROUP A BY f1;
DUMP X;
(1,{(1,2,3)})
(4,{(4,2,1),(4,3,3)})
(8,{(8,3,4)})
```

（3）映射：映射是一组键 / 值对，语法格式如下：

```
[ key#value <, key#value …> ]
```

映射必须放在“[ ]”中，键值对由“#”分隔，键必须是字符数组数据类型，关系中的键值必须是唯一的。值可以是任何数据类型（默认为字节数组）。下面示例中，映射包括两个键值对：

```
[name#John,phone#5551212]
```

3）空值、运算符和函数

在 Pig Latin 中，空值 NULL 是使用 SQL 将空值定义为未知或不存在来实现的。空值可以在数据中自然出现，也可以是操作的结果。Pig Latin 的运算符和函数与空值的交互作用如表 8-7 所示。

表 8-7　Pig Latin 的运算符和函数与空值的交互作用

运算符或函数	交互作用
比较运算符： ==，！ = >，< >=，<=	若任意一个子表达式为空，则结果为空
匹配运算符： matches	若匹配的字符串或定义匹配的字符串为空，则结果为空
算术运算符： +，–，*，/ % modulo ? : bincond CASE : case	若任意一个子表达式为空，则结果为空

续表

运算符或函数	交互作用
空运算符： is null	若测试值为 null，则返回 true；否则，返回 false（请参阅 NULL 运算符相关说明）
非空运算符： is not null	若测试值不为空，则返回真；否则，返回 false
取消引用运算符： tuple (.) or map (#)	若取消引用的元组或映射为空，则返回空
运算符： COGROUP，GROUP，JOIN	（详见下面讲解）
函数： COUNT_STAR	此函数用于统计所有值，包括空值
函数： AVG，MIN，MAX，SUM，COUNT	平均值、最小值、最大值、总和、计数（这些函数忽略空值）
函数： CONCAT	若任一子表达式为空，则结果为空
函数： SIZE	若测试对象为空，则返回空

注意：对于布尔子表达式，请注意将空值与这些运算符一起使用时的结果。FILTER 运算符：若过滤器表达式的结果为空值，则过滤器不会通过它们（如果 X 为空，那么 !X 也为空，过滤器将拒绝两者）。

2. Pig Latin 表达式

1）Pig Latin 表达式

在 Pig Latin 中，表达式是与 FILTER、FOREACH、GROUP 和 SPLIT 运算符和函数一起使用的语言结构。表达式以传统的数学中缀表示法编写，并适用于 UTF-8 字符集。根据上下文，表达式可以包括：①任何 Pig 数据类型（简单数据类型、复杂数据类型）；②任何 Pig 运算符（算术、比较、空值、布尔值、取消引用、符号和强制转换）；③任何 Pig 内置函数；④任何用 Java 编写的用户定义函数（UDF）。在 Pig Latin 表达式中，算术表达式可能如下所示：

```
X = GROUP A BY f2*f3;
```

字符串表达式可能如下所示，其中 a 和 b 都是字符数组：

```
X = FOREACH A GENERATE CONCAT(a,b);
```

布尔表达式可能如下所示：

```
X = FILTER A BY (f1==8) OR (NOT (f2+f3 > f1));
```

布尔表达式可以由返回布尔值的用户定义函数或布尔运算符组成。元组表达式将子表达式形成元组。元组表达式的形式为 expression [, expression …]，其中 expression 是一般表达式，最简单的元组表达式是星形表达式，它代表所有字段。通用表达式可以由 UDF（用户自定义函数）和几乎任何运算符组成。字段表达式是最简单的通用表达式。Pig Latin 中常见表达式如表 8-8 所示。

表 8-8 Pig Latin 中常见表达式

类型	表达式	描述	示例
字段	$n	第 *n* 个字段	$0
字段	d	字段名 d	year
投影	c.$n，c.f	c.f 在关系、包或元组中的字段	user.$0，user.year
Map 查找	m#k	在映射 m 中键 k 对应的值	items ‘Coat’
类型转换	(t)f	将字段 t 转换成 f 类型	(int)age
函数型平面化	fn(f1, f2, …)	在字段上应用函数	fn isGood(quality)
函数型平面化	flatten(f)	从包和元组中去除嵌套	flatten(group)

2）Pig Latin 常用操作

（1）加载与存储（如表 8-9 所示）。

表 8-9 加载与存储

命令	用法
LOAD	加载外部文件中的数据，存入关系
STORE	将一个关系存储到文件系统中
DUMP	将关系打印到控制台中

（2）过滤（如表 8-10 所示）。

表 8-10 过滤

命令	用法
FILTER	按条件筛选关系中的行
DISTINCT	去除关系中的重复行
FOREACH…GENERATE	对于集合中的每个元素，生成或删除字段
STREAM	使用外部程序对关系进行变换（例如，将 Python 程序嵌入 Pig 中使用）
SAMPLE	从关系中随机取样

（3）分组与连接（如表 8-11 所示）。

表 8-11 分组与连接

命令	用法
JOIN	连接两个或多个关系
COGROUP	在两个或多个关系中分组

续表

命　令	用　法
GROUP	在一个关系中对数据分组
CROSS	获取两个或更多关系的乘积（叉乘）

（4）排序（如表 8-12 所示）。

表 8-12　排序

命　令	用　法
ORDER	根据一个或多个字段对某个关系进行排序
LIMIT	限制关系的元组个数

（5）合并与分割（如表 8-13 所示）。

表 8-13　合并与分割

命　令	用　法
UNION	合并两个或多个关系
SPLIT	把某个关系切分成两个或多个关系

（6）诊断操作（如表 8-14 所示）。

表 8-14　诊断操作

命　令	用　法
DESCRIBE	打印关系的模式
EXPLAIN	打印逻辑和物理计划
ILLUSTRATE	使用生成的输入子集显示逻辑计划的试运行结果

（7）UDF 操作（如表 8-15 所示）。

表 8-15　UDF 操作

命　令	用　法
REGISTER	在 Pig 运行环境中注册一个 jar 文件
DEFINE	为 UDF、流式脚本或命令规范新建别名

（8）Pig Latin 常见命令操作（如表 8-16 所示）。

表 8-16　Pig Latin 常见命令操作

命　令	用　法
kill	中止某个 MapReduce 任务
exec	在一个新的 Grunt shell 中以批处理模式运行一个脚本
run	在当前 Grunt shell 中运行程序
quit	退出解释器
set	设置 Pig 选项

3. Pig Latin 中的内置函数

Pig 提供了各种内置函数，主要有评估函数、计算函数、过滤函数和加载 / 存储函数。内置函数与用户定义函数不同，首先，内置函数不需要注册，因为 Pig 知道它们在哪里；其次，内置函数在使用时不需要限定，因为 Pig 知道在哪里可以找到它们。下面列出了 Pig Latin 中几个较为常见的内置函数。

（1）AVG 函数。

AVG 函数用于计算单列包中数值的平均值。AVG 函数需要用到前面的 GROUP ALL 语句计算全局平均值和 GROUP BY 语句计算组平均值。AVG 函数会忽略 NULL 值。

函数语法格式如下：

```
AVG（表达式）
```

结果是包的任何表达式。包的元素应该是数据类型 int、long、float、double、bigdecimal、biginteger 或 bytearray。

示例：计算每个学生的平均成绩（有关关系 B 中的字段名称的信息，请参阅 GROUP 运算符相关资料）。

```
A = LOAD 'student.txt' AS (name:chararray, term:chararray, gpa:float);
DUMP A;
(John,fl,3.9F)
(John,wt,3.7F)
(John,sp,4.0F)
(John,sm,3.8F)
(Mary,fl,3.8F)
(Mary,wt,3.9F)
(Mary,sp,4.0F)
(Mary,sm,4.0F)
B = GROUP A BY name;
DUMP B;
(John,{(John,fl,3.9F),(John,wt,3.7F),(John,sp,4.0F),(John,sm,3.8F)})
(Mary,{(Mary,fl,3.8F),(Mary,wt,3.9F),(Mary,sp,4.0F),(Mary,sm,4.0F)})
C = FOREACH B GENERATE A.name, AVG(A.gpa);
DUMP C;
({(John),(John),(John),(John)},3.850000023841858)
({(Mary),(Mary),(Mary),(Mary)},3.925000011920929)
```

（2）BagToString 函数。

BagToString 函数用于在包的元素中创建单个字符串，类似 SQL 的 GROUP_CONCAT 函数，默认字符串转换应用于每个元素。函数语法格式如下：

```
BagToString(vals:bag [, delimiter:chararray])
```

参数说明：

① vals：任意值，如果还没有，vals 将被转换为 chararray 类型。② delimiter：放置在包元素之间的字符数组值，默认为“_”。示例如下：

```
team_parks = LOAD 'team_parks' AS (team_id:chararray, park_
id:chararray, years:bag{(year_id:int)});
-- BOS     BOS07    {(1995),(1997),(1996),(1998),(1999)}
-- NYA     NYC16    {(1995),(1999),(1998),(1997),(1996)}
-- NYA     NYC17    {(1998)}
-- SDN     HON01    {(1997)}
-- SDN     MNT01    {(1996),(1999)}
-- SDN     SAN01    {(1999),(1997),(1998),(1995),(1996)}
team_parkslist = FOREACH (GROUP team_parks BY team_id) GENERATE
  group AS team_id, BagToString(team_parks.park_id, ';');
-- BOS     BOS07
-- NYA     NYC17;NYC16
-- SDN     SAN01;MNT01;HON01
```

（3）BagToTuple 函数。

BagToTuple 函数用于在包的元素中创建一个元组。它只删除第一级嵌套；它不会递归地取消嵌套的袋子。与 FLATTEN 函数不同，BagToTuple 函数不会为每个输入记录生成多个输出记录。函数语法格式如下：

```
BagToTuple(expression)
```

参数说明：

expression：数据类型 bag 的表达式。

示例：一个包含两个字段的元组的包被转换为一个元组。

```
A = LOAD 'bag_data' AS (B1:bag{T1:tuple(f1:int,f2:int)});
DUMP A;
({(4,1),(7,8),(4,9)})
({(5,8),(4,3),(3,8)})
X = FOREACH A GENERATE BagToTuple(B1);
DUMP X;
((4,1,7,8,4,9))
((5,8,4,3,3,8))
```

（4）Bloom 函数。

Bloom 函数通常在执行不同数据集连接或其他操作时起过滤作用。例如，如果想要将一个非常大的数据集 L 与一个较小的数据集 S 连接起来，并且已知 L 中与 S 匹配的键的数量很少，那么在 S 上构建布隆过滤器，然后将其应用于连接之前的 L 上，就可以大大减少 L 中必须从 map 移动到 reduce 的记录数量，从而加快连接速度。函数语法格式如下：

```
BuildBloom(String hashType, String mode, String vectorSize, String
```

```
nbHash)
    Bloom(String filename)
```

参数说明：

hashType：要使用的哈希函数的类型。哈希函数的有效值为 jenkins 和 murmur。

mode：将被忽略，但按照惯例它应该是 fixed 或 fixedsize。

vectorSize：布隆过滤器中的位数。

nbHash：用于构建布隆过滤器的哈希函数的数量。

filename：包含序列化布隆过滤器的文件。

示例如下：

```
define bb BuildBloom('128', '3', 'jenkins');
  small = load 'S' as (x, y, z);
  grpd = group small all;
  fltrd = foreach grpd generate bb(small.x);
  store fltrd in 'mybloom';
  exec;
  define bloom Bloom('mybloom');
  large = load 'L' as (a, b, c);
  flarge = filter large by bloom(L.a);
  joined = join small by x, flarge by a;
  store joined into 'results';
```

（5）CONCAT 函数。

使用 CONCAT 函数连接两个或多个表达式。表达式的结果值必须具有相同的类型。若任何子表达式为空，则结果表达式为空。函数语法格式如下：

```
CONCAT (expression, expression, [⋯expression])
```

示例：将字段 f1、下画线 “_”、f2 和 f3 连接在一起。

```
A = LOAD 'data' as (f1:chararray, f2:chararray, f3:chararray);
DUMP A;
(apache,open,source)
(hadoop,map,reduce)
(pig,pig,latin)
X = FOREACH A GENERATE CONCAT(f1, '_', f2,f3);
DUMP X;
(apache_opensource)
(hadoop_mapreduce)
(pig_piglatin)
```

（6）COUNT 函数。

使用 COUNT 函数计算包中元素的数量。COUNT 函数需要用到 GROUP ALL 语句进行全局计数和 GROUP BY 语句进行组计数。COUNT 函数遵循语法语义并忽略空值。这意味着若该元组中的 FIRST FIELD 为 NULL，则不会计算包中的元组。如果要在计数计算中包含 NULL 值，请使用 COUNT_STAR。注意：不能将元组指示符（*）与 COUNT 一起使用；也就是说，COUNT(*) 将不起作用。函数语法格式如下：

```
COUNT(expression)
```

示例：包中的元组将被计算在内（有关关系 B 中的字段名称的信息，请参阅 GROUP 运算符相关资料）。

```
A = LOAD '数据' AS (f1:int,f2:int,f3:int);
转储 A;
(1,2,3)
(4,2,1)
(8,3,4)
(4,3,3)
(7,2,5)
(8,4,3)
B = GROUP A BY f1;
转储 B;
(1,{(1,2,3)})
(4,{(4,2,1),(4,3,3)})
(7,{(7,2,5)})
(8,{(8,3,4),(8,4,3)})
X = FOREACH B 生成计数(A);
转储 X;
(1L)
(2L)
(1L)
(2L)
```

（7）COUNT_STAR 函数。

使用 COUNT_STAR 函数计算包中的元素数。COUNT_STAR 需要用到 GROUP ALL 语句进行全局计数和 GROUP BY 语句进行组计数。COUNT_STAR 在计数计算中包含 NULL 值（与 COUNT 不同，后者忽略 NULL 值）。函数语法格式如下：

```
COUNT_STAR(expression)
```

参数说明：

expression：数据类型为 bag 的表达式。

在下面这个例子中，COUNT_STAR 用于计算包中的元组。

```
X = FOREACH B GENERATE COUNT_STAR(A);
```

（8）DIFF 函数。

DIFF 函数将两个包作为参数并比较它们。任何在一个包中但不在另一个包中的元组都将返回到一个包中。若袋子匹配，则返回一个空值。若字段不是包，则它们将被包含在元组中。若两个记录不匹配则返回一个包；若两个记录匹配则返回一个空包。假定传递给 DIFF 函数的两个包将同时完全适合内存，如果不是这种情况，UDF 仍将运行，但速度会非常慢。函数语法格式如下：

```
DIFF (expression, expression)
```

在以下例子中，DIFF 函数比较了两个包中的元组。

```
A = LOAD 'bag_data' AS (B1:bag{T1:tuple(t1:int,t2:int)},B2:bag{T2:tupl
e(f1:int,f2:int)});
DUMP A;
({(8,9),(0,1)},{(8,9),(1,1)})
({(2,3),(4,5)},{(2,3),(4,5)})
({(6,7),(3,7)},{(2,2),(3,7)})
DESCRIBE A;
a: {B1: {T1: (t1: int,t2: int)},B2: {T2: (f1: int,f2: int)}}
X = FOREACH A GENERATE DIFF(B1,B2);
grunt> dump x;
({(0,1),(1,1)})
({})
({(6,7),(2,2)})
```

（9）MAX 函数。

使用 MAX 函数计算单列包中数值或字符数组中的最大值。MAX 函数会忽略 NULL 值。函数语法格式如下：

```
MAX(expression)
```

参数说明：

expression：数据类型为 int、long、float、double、bigdecimal、biginteger、chararray、datetime 或 bytearray 的表达式。

在下面这个例子中，计算每个学生所有学期最高成绩平均成绩。

```
A = LOAD 'student' AS (name:chararray, session:chararray, gpa:float);
DUMP A;
(John,fl,3.9F)
(John,wt,3.7F)
(John,sp,4.0F)
(John,sm,3.8F)
(Mary,fl,3.8F)
(Mary,wt,3.9F)
(Mary,sp,4.0F)
(Mary,sm,4.0F)
B = GROUP A BY name;
DUMP B;
```

```
(John,{(John,fl,3.9F),(John,wt,3.7F),(John,sp,4.0F),(John,sm,3.8F)})
(Mary,{(Mary,fl,3.8F),(Mary,wt,3.9F),(Mary,sp,4.0F),(Mary,sm,4.0F)})
X = FOREACH B GENERATE group, MAX(A.gpa);
DUMP X;
(John,4.0F)
(Mary,4.0F)
```

（10）MIN 函数。

使用 MIN 函数计算单列包中一组数值或字符数组中的最小值，MIN 函数会忽略 NULL 值。函数语法格式如下：

```
MIN(expression)
```

在以下示例中，计算每个学生所有学期最低成绩平均成绩。

```
A = LOAD 'student' AS (name:chararray, session:chararray, gpa:float);
DUMP A;
(John,fl,3.9F)
(John,wt,3.7F)
(John,sp,4.0F)
(John,sm,3.8F)
(Mary,fl,3.8F)
(Mary,wt,3.9F)
(Mary,sp,4.0F)
(Mary,sm,4.0F)
B = GROUP A BY name;
DUMP B;
(John,{(John,fl,3.9F),(John,wt,3.7F),(John,sp,4.0F),(John,sm,3.8F)})
(Mary,{(Mary,fl,3.8F),(Mary,wt,3.9F),(Mary,sp,4.0F),(Mary,sm,4.0F)})
X = FOREACH B GENERATE group, MIN(A.gpa);
DUMP X;
(John,3.7F)
(Mary,3.8F)
```

【任务实施】

1. 准备数据

（1）新建两个文件（tmp_file1 和 tmp_file2）用于存放数据，每个数据之间用逗号作为分隔符，操作命令及结果如下：

```
[hadoop@Master ~]$ vi tmp_file1
zhangsan,23,1
lisi,24,1
wangwu,30,1
liufang,18,0
```

```
chenhong,55,0
[hadoop@Master ~]$ vi tmp_file2
1,a
23,bb
50,ccc
30,dddd
66,eeeeee
```

（2）启动 hadoop 集群，在 HDFS 上新建 /in01 文件夹，并将 tmp_file1 和 tmp_file2 两个文件上传至 /in01 中，操作命令及结果如下：

```
[hadoop@Master ~]$ hdfs dfs -mkdir /in01
[hadoop@Master ~]$ hdfs dfs -ls /
Found 6 items
drwxr-xr-x   - hadoop supergroup          0 2021-12-20 15:46 /hbase
drwxr-xr-x   - hadoop supergroup          0 2021-12-19 11:42 /hive
drwxr-xr-x   - hdfs   supergroup          0 2021-12-20 16:35 /in01
drwxr-xr-x   - hadoop supergroup          0 2021-12-15 13:35 /out01
drwxr-xr-x   - hadoop supergroup          0 2021-12-14 16:03 /test
drwxrwxrwx   - hadoop supergroup          0 2021-12-20 14:35 /tmp
[hadoop@Master ~]$ hdfs dfs -put tmp* /in01
[hadoop@Master ~]$ hdfs dfs -ls /in01
Found 2 items
-rw-r--r--   2 hdfs supergroup         66 2021-12-20 16:35 /in01/tmp_
file1
-rw-r--r--   2 hdfs supergroup         32 2021-12-20 16:39 /in01/tmp_
file2
```

2. Pig 数据分析操作

（1）新建表。

①在 Master 节点机终端输入“pig”，进入 Pig shell 环境，操作命令如下：

```
[hadoop@Master ~]$ pig
21/12/20 16:45:29 INFO pig.ExecTypeProvider: Trying ExecType : LOCAL
21/12/20 16:45:29 INFO pig.ExecTypeProvider: Trying ExecType :
MAPREDUCE
21/12/20 16:45:29 INFO pig.ExecTypeProvider: Picked MAPREDUCE as the ExecType
...
grunt>
```

② 新建 tmp_table01 表，操作命令如下：

```
grunt> tmp_table01= load '/in01/tmp_file1' using PigStorage(',') as
(user:chararray,age:int,is_male:int);
```

③ 新建 tmp_table02 表，操作命令如下：

```
grunt> tmp_table02= load '/in01/tmp_file2' using PigStorage(',') as
(age:int,options:chararray);
```

（2）查询整张表。

① 查询 tmp_table01 表，操作命令及结果如下：

```
grunt> dump tmp_table01;
...
21/12/20 17:12:57 INFO mapreduce.SimplePigStats: Script Statistics:
HadoopVersion    PigVersion    UserId StartedAt    FinishedAt
Features
2.8.5    0.17.0 hadoop 2021-12-20 17:12:31 2021-12-20 17:12:57 UNKNOWN
Success!
...
Input(s):
Successfully read 5 records (423 bytes) from: "/in01/tmp_file1"
Output(s):
Successfully stored 5 records (83 bytes) in: "hdfs://Master:9000/tmp/
temp17445206/tmp-153910210"
Counters:
Total records written : 5
Total bytes written : 83
Spillable Memory Manager spill count : 0
Total bags proactively spilled: 0
Total records proactively spilled: 0
Job DAG:
job_1639986328758_0001
...
(zhangsan,23,1)
(lisi,24,1)
(wangwu,30,1)
(liufang,18,0)
(chenhong,55,0)
```

② 查询 tmp_table02 表，操作命令及结果如下：

```
grunt> dump tmp_table02;
...
21/12/20 17:24:01 INFO util.MapRedUtil: Total input paths to process : 1
(1,a)
(23,bb)
(50,ccc)
(30,dddd)
(66,eeeeee)
```

（3）查询前几行。

① 查询 tmp_table01 表的前 3 行数据，操作命令及结果如下：

```
grunt>  tmp_table_limit01= LIMIT tmp_table01 3;
21/12/20 17:29:33 INFO util.MapRedUtil: Total input paths to process : 1

(zhangsan,23,1)
(lisi,24,1)
(wangwu,30,1)
```

② 查询 tmp_table02 表的前 3 行数据，操作命令及结果如下：

```
grunt>  tmp_table_limit02= LIMIT tmp_table02 3;
...
21/12/20 17:31:13 INFO util.MapRedUtil: Total input paths to process : 1
(1,a)
(23,bb)
(50,ccc)
```

（4）按条件查询指定列。

① 按条件查询 tmp_table01 表的 user 列，操作命令及结果如下：

```
grunt> tmp_table_user01 = FOREACH tmp_table01 GENERATE user;
grunt> dump tmp_table_user01;
...
21/12/20 17:34:51 INFO util.MapRedUtil: Total input paths to process : 1
(zhangsan)
(lisi)
(wangwu)
(liufang)
(chenhong)
```

② 按条件查询 tmp_table02 表的 options 列，操作命令及结果如下：

```
grunt> tmp_table_options02 = FOREACH tmp_table02 GENERATE options;
grunt> dump tmp_table_options02;
21/12/20 17:40:30 INFO util.MapRedUtil: Total input paths to process : 1
(a)
(bb)
(ccc)
(dddd)
(eeeeee)
```

（5）给指定列取别名。

① 将 tmp_table01 表的 user 列取别名为 user_name，age 列取别名为 user_age，操作命令及结果如下：

```
grunt> tmp_table_column_alias01 = FOREACH tmp_table01 GENERATE user AS
```

```
user_name,age AS user_age;
  grunt> dump tmp_table_column_alias01;
  ...
  21/12/20 17:45:58 INFO util.MapRedUtil: Total input paths to process : 1
  (zhangsan,23)
  (lisi,24)
  (wangwu,30)
  (liufang,18)
  (chenhong,55)
```

② 将 tmp_table02 表的 options 列取别名为 new_options，操作命令及结果如下：

```
  grunt> tmp_table_column_alias02 = FOREACH tmp_table02 GENERATE options
AS new_options;
  grunt>  dump tmp_table_column_alias02;
  ...
  21/12/20 17:51:01 INFO util.MapRedUtil: Total input paths to process : 1
  (a)
  (bb)
  (ccc)
  (dddd)
  (eeeeee)
```

（6）排序。

① 将 tmp_table01 表按照 age 升序排序，操作命令及结果如下：

```
  grunt>  tmp_table_order01 = ORDER tmp_table01 BY age ASC;
  grunt> dump tmp_table_order01;
  ...
  21/12/20 17:54:54 INFO util.MapRedUtil: Total input paths to process : 1
  (liufang,18,0)
  (zhangsan,23,1)
  (lisi,24,1)
  (wangwu,30,1)
  (chenhong,55,0)
```

② 将 tmp_table01 表按照 age 降序排序，操作命令及结果如下：

```
  grunt> tmp_table_order02 = ORDER tmp_table01 BY age DESC;
  grunt> dump tmp_table_order02;
  ...
  21/12/20 18:01:42 INFO util.MapRedUtil: Total input paths to process : 1
  (chenhong,55,0)
  (wangwu,30,1)
  (lisi,24,1)
  (zhangsan,23,1)
  (liufang,18,0)
```

（7）条件查询。

① 查询表 tmp_table01 表中 age 大于 20 的数据，操作命令及结果如下：

```
grunt> tmp_table_where01 = FILTER tmp_table01 by age > 20;
grunt> dump tmp_table_where01;
...
21/12/20 18:05:09 INFO util.MapRedUtil: Total input paths to process : 1
(zhangsan,23,1)
(lisi,24,1)
(wangwu,30,1)
(chenhong,55,0)
```

② 查询表 tmp_table01 表中 age 小于 30 的数据，操作命令及结果如下：

```
grunt> tmp_table_where02 = FILTER tmp_table01 by age < 30;
grunt> dump tmp_table_where02;
...
21/12/20 18:08:45 INFO util.MapRedUtil: Total input paths to process : 1
(zhangsan,23,1)
(lisi,24,1)
(liufang,18,0)
```

（8）内连接。

内连接（Inner Join）的使用较为频繁，也被称为等值连接。当两个表中都存在匹配项时，内连接将返回行数据。

连接 tmp_table01 表和 tmp_table02 表，通过 age 属性建立内连接，操作命令及结果如下：

```
grunt> tmp_table_inner_join01 = JOIN tmp_table01 BY age, tmp_table02
BY age;
grunt> dump tmp_table_inner_join01;
...
21/12/20 21:17:56 INFO util.MapRedUtil: Total input paths to process : 1
(zhangsan,23,1,23,bb)
(wangwu,30,1,30,dddd)
```

（9）左外连接。

左外连接（Left Outer Join）操作返回左表中的所有行数据，即使右表中的关系中没有匹配项。

连接 tmp_table01 表和 tmp_table02 表，通过 age 属性建立左外连接，操作命令及结果如下：

```
grunt>  tmp_table_left_join01 = JOIN tmp_table01 BY age LEFT OUTER,tmp_
table02 BY age;
grunt> dump tmp_table_left_join01;
...
```

```
21/12/20 21:48:49 INFO util.MapRedUtil: Total input paths to process : 1
(liufang,18,0,,)
(zhangsan,23,1,23,bb)
(lisi,24,1,,)
(wangwu,30,1,30,dddd)
(chenhong,55,0,,)
```

（10）右外连接。

右外连接（Right Outer Join）操作将返回右表中的所有行，即使左表中没有匹配项。连接 tmp_table01 表和 tmp_table02 表，通过 age 属性建立右外连接，操作命令及结果如下：

```
grunt> tmp_table_right_join01 = JOIN tmp_table01 BY age RIGHT OUTER,tmp_table02 BY age;
grunt> dump tmp_table_right_join01;
...
21/12/20 21:58:42 INFO util.MapRedUtil: Total input paths to process : 1
(,,,1,a)
(zhangsan,23,1,23,bb)
(wangwu,30,1,30,dddd)
(,,,50,ccc)
(,,,66,eeeeee)
```

（11）全连接。

当一个关系中存在匹配时，全连接（Full Outer Join）操作将返回行数据，操作命令及结果如下：

```
grunt> tmp_table_full_join01 = JOIN tmp_table01 BY age FULL OUTER,tmp_table02 BY age;
grunt> dump tmp_table_full_join01;
...
21/12/20 22:02:10 INFO util.MapRedUtil: Total input paths to process : 1
(,,,1,a)
(liufang,18,0,,)
(zhangsan,23,1,23,bb)
(lisi,24,1,,)
(wangwu,30,1,30,dddd)
(,,,50,ccc)
(chenhong,55,0,,)
(,,,66,eeeeee)
```

（12）同时对多张表进行交叉查询，操作命令及结果如下：

```
grunt> tmp_table_cross01 = CROSS tmp_table01,tmp_table02;
grunt> dump tmp_table_cross01;
...
21/12/20 22:07:33 INFO util.MapRedUtil: Total input paths to process : 1
```

```
(chenhong,55,0,66,eeeeee)
(chenhong,55,0,30,dddd)
(chenhong,55,0,50,ccc)
(chenhong,55,0,23,bb)
(chenhong,55,0,1,a)
(liufang,18,0,66,eeeeee)
(liufang,18,0,30,dddd)
(liufang,18,0,50,ccc)
(liufang,18,0,23,bb)
(liufang,18,0,1,a)
(wangwu,30,1,66,eeeeee)
(wangwu,30,1,30,dddd)
(wangwu,30,1,50,ccc)
(wangwu,30,1,23,bb)
(wangwu,30,1,1,a)
(lisi,24,1,66,eeeeee)
(lisi,24,1,30,dddd)
(lisi,24,1,50,ccc)
(lisi,24,1,23,bb)
(lisi,24,1,1,a)
(zhangsan,23,1,66,eeeeee)
(zhangsan,23,1,30,dddd)
(zhangsan,23,1,50,ccc)
(zhangsan,23,1,23,bb)
(zhangsan,23,1,1,a)
```

（13）分组。

对 tmp_table01 表按照 is_male 分组，操作命令及结果如下：

```
grunt> tmp_table_group01 = GROUP tmp_table01 BY is_male;
grunt> dump tmp_table_group01;
...
21/12/20 22:11:10 INFO util.MapRedUtil: Total input paths to process : 1
(0,{(chenhong,55,0),(liufang,18,0)})
(1,{(wangwu,30,1),(lisi,24,1),(zhangsan,23,1)})
```

（14）分组并统计。

对 tmp_table01 表按照 is_male 分组并统计分组结果，操作命令及结果如下：

```
grunt> tmp_table_group_count01 = GROUP tmp_table01 BY is_male;
grunt> tmp_table_group_count02 = FOREACH tmp_table_group_count01
GENERATE group,COUNT($1);
grunt> dump tmp_table_group_count02;
...
21/12/20 22:16:55 INFO util.MapRedUtil: Total input paths to process : 1
(0,2)
```

```
(1,3)
```

（15）查询去重。

完成查询操作后可以用 distinct 参数来返回不重复字段的条数，操作命令及结果如下：

```
grunt> tmp_table_distinct01 = FOREACH tmp_table01 GENERATE is_male;
grunt> tmp_table_distinct02 = DISTINCT tmp_table_distinct01;
grunt> dump tmp_table_distinct02;
...
21/12/20 22:21:07 INFO util.MapRedUtil: Total input paths to process : 1
(0)
(1)
```

任务 4　Pig 简单编程

【任务概述】

Pig 提供了一种称为 Pig Latin 的高级语言，来编写 Pig 数据分析程序。该语言提供了各种操作符，可以利用它们开发读取、写入和处理数据的功能。要使用 Pig 分析数据，需要使用 Pig Latin 语言编写脚本。所有这些脚本都在内部转换为 MapReduce 任务。Pig 接收 Pig Latin 脚本作为输入，并将这些脚本转换为 MapReduce 作业。本任务将介绍 Pig 应用程序的编写和相关函数的使用方法。

【任务实施】

1. 查询气温

（1）在 Master 节点机中新建气温数据文件 temperature.txt，操作命令及结果如下：

```
[hadoop@Master ~]$ vi temperature.txt
2019,22
2019,19
2020,20
2021,35
2021,999
2019,24
```

（2）查找每年最高气温。

在 HDFS 上新建 /test 文件夹，操作命令如下：

```
[hadoop@Master ~]$ hdfs dfs -rm -r /test
Deleted /test
[hadoop@Master ~]$ hdfs dfs -mkdir /test
```

在 Master 节点机中输入“pig”进入 Pig shell 环境，并执行如下操作命令：

```
grunt> copyFromLocal temperature.txt /test
grunt> records = load '/test/temperature.txt' USING PigStorage(',') as
(year: chararray,temperature:int);
grunt> valid_records = filter records by temperature!=999;
grunt> grouped_records = group valid_records by year;
grunt> max_temperature = foreach grouped_records generate
group,MAX(valid_records.temperature);
grunt>  dump max_temperature;
...
21/12/21 01:05:43 INFO util.MapRedUtil: Total input paths to process : 1
(2019,24)
(2020,20)
(2021,35)
```

2. 用脚本来查询气温

（1）在 Master 节点机中编写脚本文件 max_temp.pig，操作命令如下：

```
[hadoop@Master ~]$ vi max_temp.pig
```

max_temp.pig 脚本文件内容如下：

```
records = load '/test/temperature.txt' USING PigStorage(' ')
as (year: chararray,temperature:int);
valid_records = filter records by temperature!=999;
grouped_records = group valid_records by year;
max_temperature = foreach grouped_records
generate group,MAX(valid_records.temperature);
dump max_temperature;
```

（2）执行脚本文件，操作命令及结果如下：

```
[hadoop@Master ~]$ pig max_temp.pig
...
21/12/21 01:16:16 INFO util.MapRedUtil: Total input paths to process : 1
(2019,24)
(2020,20)
(2021,35)
19748 [main] INFO  org.apache.pig.Main  - Pig script completed in 19
seconds and 857 milliseconds (19857 ms)
21/12/21 01:16:17 INFO pig.Main: Pig script completed in 19 seconds
and 857 milliseconds (19857 ms)
```

3. 编写用户自定义函数

（1）打开 Eclipse 工具，新建 MapReduce Project（项目）TempFilter，如图 8-4 所示；

新建 IsValidTemp 类，如图 8-5 所示。

（2）在 Eclipse 界面项目列表中右击“TempFilter”，弹出快捷菜单，选择“Build Path”选项，添加 pig-0.17.0-core-h2.jar 包，如图 8-6 所示。

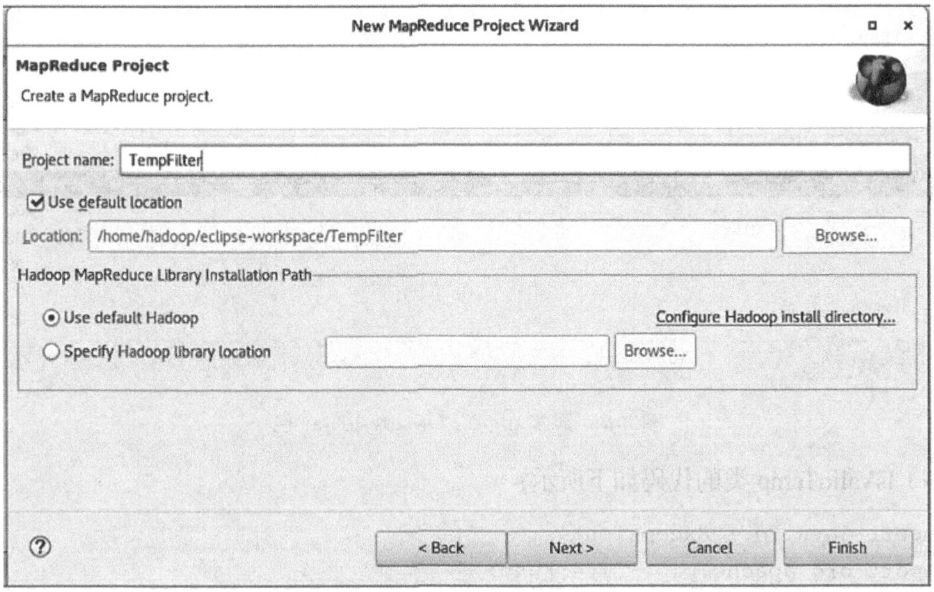

图 8-4　新建 MapReduce Project（项目）TempFilter

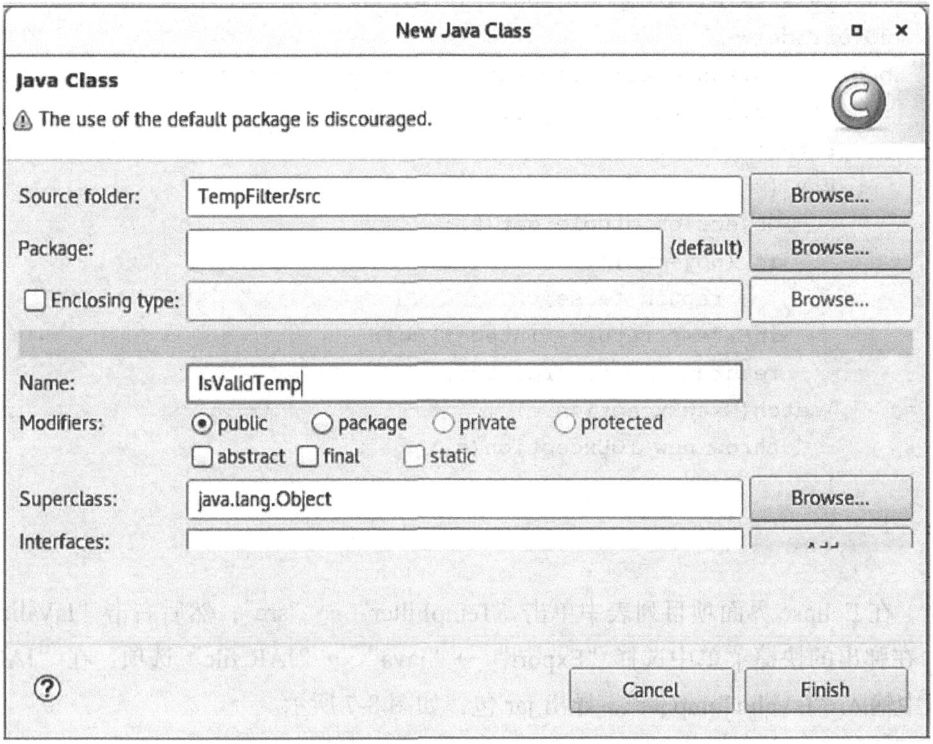

图 8-5　新建 IsValidTemp 类

图 8-6　添加 pig-0.17.0-core-h2.jar 包

（3）IsValidTemp 类的代码如下所示：

```
import java.io.IOException;
import org.apache.pig.FilterFunc;
import org.apache.pig.backend.executionengine.ExecException;
import org.apache.pig.data.Tuple;
public class IsValidTemp extends FilterFunc {
    @Override
    public Boolean exec(Tuple tuple) throws IOException {
        if(tuple ==null ||tuple.size()==0)
        return false;
        try {
            Object obj=tuple.get(0);
            if (obj==null)
                return false;
            int temperature=(Integer)obj;
            return temperature!=999;
        }catch(ExecException e) {
            throw new IOException(e);
        }
    }
}
```

（4）在 Eclipse 界面项目列表中单击“TempFilter”→“src”，然后右击“IsValidTemp.java”，在弹出的快捷菜单中选择“Export”→“java”→“JAR file”选项，在“JAR file”文本框中输入“IsValidTemp.jar”，导出 jar 包，如图 8-7 所示。

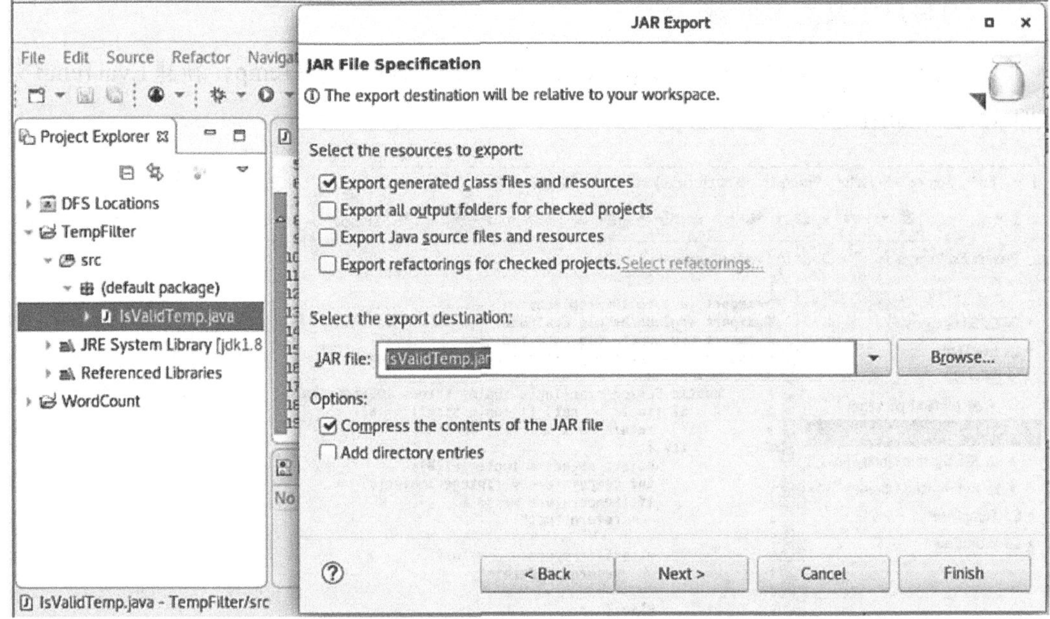

图 8-7　导出 jar 包

（5）导出 jar 包后看到文件目录如下所示：

```
[hadoop@Slave2 ~]$ cd eclipse-workspace/
[hadoop@Slave2 eclipse-workspace]$ ll
总用量 4
-rw-rw-r-- 1 hadoop hadoop 1011 12月 21 02:00 IsValidTemp.jar
drwxrwxr-x 4 hadoop hadoop   62 12月 21 01:35 TempFilter
drwxrwxr-x 4 hadoop hadoop   62 12月 15 09:42 WordCount
```

（6）在终端中输入“pig”，进入 Pig shell 环境，运行自定义过滤函数包，操作命令及结果如下：

```
grunt> copyFromLocal /home/hadoop/eclipse-workspace/IsValidTemp.jar /test;
grunt> register hdfs://Master:9000/test/IsValidTemp.jar;
grunt> records = load '/test/temperature.txt' USING PigStorage(',') as (year: chararray,temperature:int);
grunt> valid_records = filter records by IsValidTemp(temperature);
grunt> dump valid_records;
...
21/12/21 02:12:22 INFO util.MapRedUtil: Total input paths to process : 1
(2019,22)
(2019,19)
(2020,20)
(2021,35)
(2019,24)
```

4. 编写自定义运算函数

（1）打开Eclipse工具，新建MapReduce Project（项目）EvalTemp，新建EvalTemp类，添加jar包，如图8-8所示。

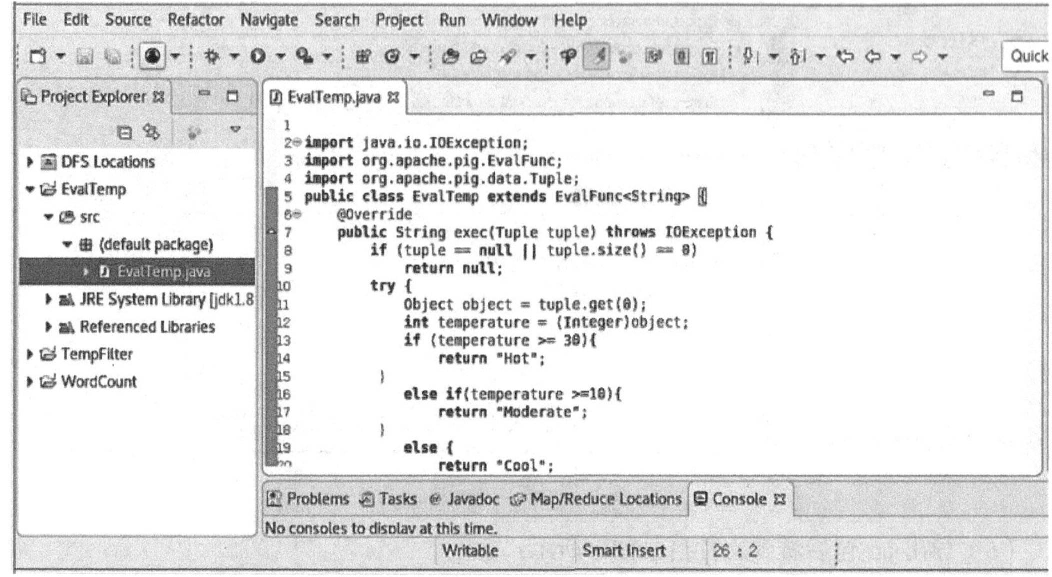

图 8-8 新建 MapReduce Project（项目）EvalTemp

EvalTemp 类的代码如下所示：

```
import java.io.IOException;
import org.apache.pig.EvalFunc;
import org.apache.pig.data.Tuple;
public class EvalTemp extends EvalFunc<String> {
    @Override
    public String exec(Tuple tuple) throws IOException {
        if (tuple == null || tuple.size() == 0)
            return null;
        try {
            Object object = tuple.get(0);
            int temperature = (Integer)object;
            if (temperature >= 30){
                return "Hot";
            }
            else if(temperature >=10){
                return "Moderate";
            }
            else {
                return "Cool";
            }
```

```
        } catch(Exception e) {
            throw new IOException(e);
        }
    }
}
```

（2）导出 EvalTemp.jar 包，如图 8-9 所示。

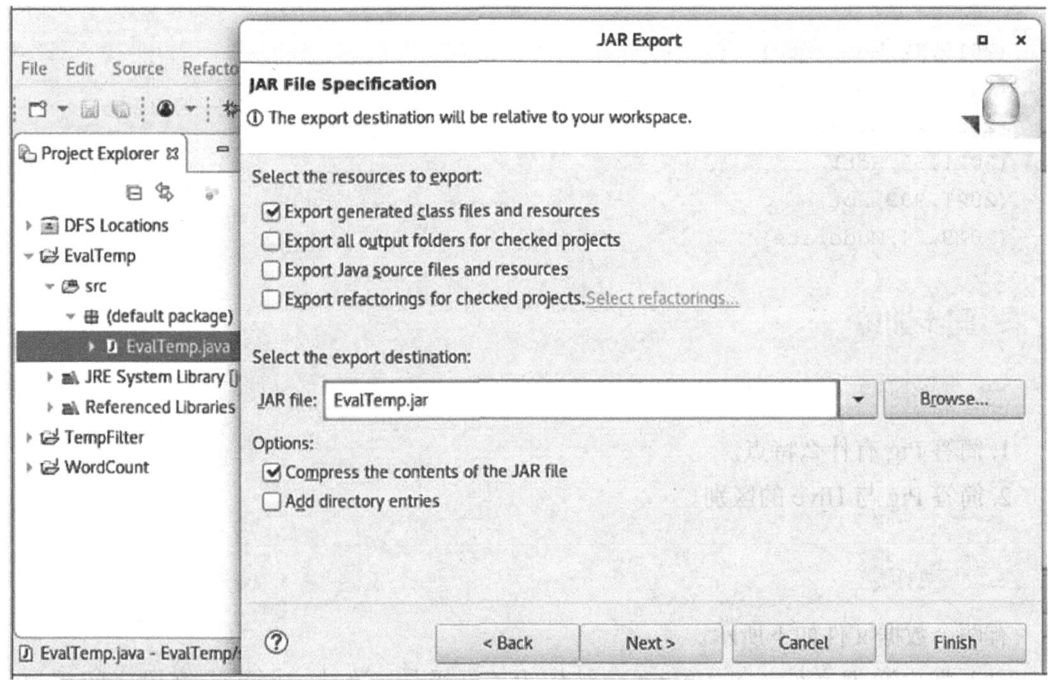

图 8-9　导出 EvalTemp.jar 包

（3）导出 EvalTemp.jar 包后看到文件目录如下所示：

```
[hadoop@Slave2 ~]$ cd
[hadoop@Slave2 ~]$ cd eclipse-workspace/
[hadoop@Slave2 eclipse-workspace]$ ll
总用量 8
drwxrwxr-x 4 hadoop hadoop   62 12月 21 02:16 EvalTemp
-rw-rw-r-- 1 hadoop hadoop  990 12月 21 02:26 EvalTemp.jar
-rw-rw-r-- 1 hadoop hadoop 1011 12月 21 02:00 IsValidTemp.jar
drwxrwxr-x 4 hadoop hadoop   62 12月 21 01:35 TempFilter
drwxrwxr-x 4 hadoop hadoop   62 12月 15 09:42 WordCount
```

（4）在终端中输入“pig”，进入 Pig shell 环境，运行自定义过滤函数包，操作命令及结果如下：

```
grunt> copyFromLocal temperature.txt /test;
grunt>copyFromLocal /home/hadoop/eclipse-workspace/EvalTemp.jar /test;
grunt> register hdfs://Master:9000/test/EvalTemp.jar;
```

```
grunt> records = load '/test/temperature.txt' USING PigStorage(',') as
(year: chararray,temperature:int);
grunt> result1 = foreach records generate year,temperature,EvalTemp(te
mperature);
grunt> dump result1;
...
21/12/21 09:41:22 INFO util.MapRedUtil: Total input paths to process
: 1
(2019,22,Moderate)
(2019,19,Moderate)
(2020,20,Moderate)
(2021,35,Hot)
(2021,999,Hot)
(2019,24,Moderate)
```

同步训练

一、简答题

1. 简答 Pig 有什么特点。

2. 简答 Pig 与 Hive 的区别。

二、操作题

有两个数据文件如下所示。

（1）学生数据文件：student.txt，结构为（班级号，学号，成绩），字段之间用逗号分隔。

C01,N0101,82

C01,N0102,59

C01,N0103,65

C02,N0201,81

C02,N0202,82

C02,N0203,79

C03,N0301,56

C03,N0302,92

C03,N0306,72

（2）教师数据文件：teacher.txt，结构为（班级号，教师），字段之间用逗号分隔。

C01,Zhang

C02,Sun

C03,Wang

C04,Dong

1. 把 student.txt 和 teacher.txt 上传到 HDFS 中。

2. 使用 Pig 加载数据文件 student.txt 和 teacher.txt。

3. 在学生数据文件中筛选出班级为 C01 的学生数据。

4. 将学生数据文件和教师数据文件根据班级号建立关联。

5. 给学生数据排序：①主关键字：按成绩降序；②次关键字：按班级号升序。

6. 在学生数据文件中统计每个班级及格和优秀的学生人数（及格：≥60 分；优秀：≥85 分）。

项目 9　Sqoop 数据迁移

【项目介绍】

Apache Sqoop（以下简称 Sqoop）是 Apache 旗下一个用于在 Hadoop 和关系型数据库之间传送数据的工具，将 MySQL、Oracle 数据库中的数据导入 Hadoop 的 HDFS、Hive、HBase 等数据存储系统中；从 Hadoop 文件系统中导出数据到关系型数据库 MySQL 等。本项目将首先介绍 Sqoop 的基本概念、特点，然后进行 Sqoop 的分布式安装和部署，最后利用 Sqoop 工具实现 MySQL 与 HDFS 之间的数据迁移和 MySQL 与 Hive/HBase 之间的数据迁移。

本项目分为以下 4 个任务：

任务 1　Sqoop 基本概念

任务 2　Sqoop 安装及部署

任务 3　利用 Sqoop 工具实现 MySQL 与 HDFS 之间数据迁移

任务 4　利用 Sqoop 工具实现 MySQL 与 Hive/HBase 之间数据迁移

【学习目标】

- 了解 Sqoop 的基本概念和特点；
- 理解 Sqoop 的基本架构；
- 掌握 Sqoop 的相关功能；
- 掌握利用 Sqoop 工具实现 MySQL 与 HDFS 之间数据迁移操作；
- 掌握利用 Sqoop 工具实现 MySQL 与 Hive/HBase 之间数据迁移操作。

任务 1　Sqoop 基本概念

【任务概述】

Sqoop 是一个工具，旨在有效地在结构化、半结构化和非结构化数据源之间传输数据，本任务将介绍 Sqoop 的基本概念、特点和基本架构。

【支撑知识】

1. Sqoop 的工作机制

Sqoop 是连接传统关系型数据库和 Hadoop 的桥梁，将关系型数据库（MySQL）的数据导入 Hadoop 系统中，如 HDFS/HBase/Hive；将数据从 Hadoop 系统抽取并导出到关系型数据库中。Sqoop 将导入或导出命令翻译成 MapReduce 程序来实现，MapReduce 中主要是对输入格式和输出格式进行规定，Sqoop 工作机制如图 9-1 所示。

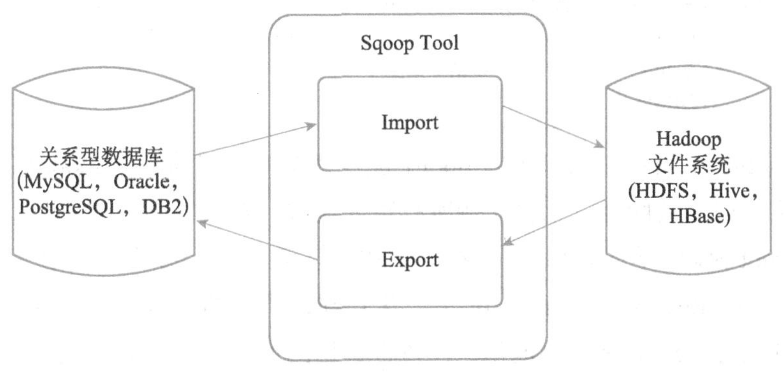

图 9-1　Sqoop 工作机制

通俗理解，Sqoop 就是关系型数据库（MySQL，Oracle）等与 Hadoop（HDFS，Hive，HBase）之间的桥梁工具。那么为什么要用 Sqoop 呢？原因：①有价值数据通常存储在关系型数据库中，但是需要进行聚合、计算等操作才能被使用；②在实际业务场景中，关系型数据库是不做这些计算操作的，因为这会影响业务数据存储或其他抽取需求；③部分数据通过 Sqoop 抽取到 Hive 中做运算，通过 MapReduce 程序进行再加工（MapReduce 涉及 Sqoop 的运算原理）。

2. Sqoop1 与 Sqoop2 对比

Sqoop2 比 Sqoop1 的改进主要体现在：①引入 Sqoop Server，集中化管理 connector（连接器）等；②多种访问方式包括 CLI、Web UI、Rest API；③引入基于角色的安全机制。

Sqoop2 和 Sqoop1 的功能性对比如表 9-1 所示。

表 9-1　Sqoop2 和 Sqoop1 的功能性对比

功　能	Sqoop1	Sqoop2
用于所有主要 RDBMS 的连接器	支持	不支持。解决办法：使用已在以下数据库上执行测试的通用 JDBC 连接器：SQL Server，PostgreSQL，MySQL 和 Oracle 。 此连接器应在任何其他符合 JDBC 要求的数据库上运行。但是，性能可能无法与 Sqoop 中的专用连接器相比
Kerberos 安全集成	支持	不支持
数据从 RDBMS 传送至 Hive 或 HBase 中	支持	不支持。解决办法：将数据从 RDBMS 导入 HDFS 中，在 Hive 中使用相应的工具和命令（如 LOAD DATA 语句），手动将数据导入 Hive 或 HBase 中

续表

功　能	Sqoop1	Sqoop2
数据从 Hive 或 HBase 传送至 RDBMS 中	不支持。解决办法：从 Hive 或 HBase 中将数据提取至 HDFS 中（作为文本或 Avro 文件），使用 Sqoop 将上一步的输出数据导出至 RDBMS 中	不支持。按照与 Sqoop1 相同的解决方法进行操作

Sqoop1 与 Sqoop2 优缺点比较 ：Sqoop1 优点是架构部署简单；Sqoop1 缺点是命令行方式容易出错，格式紧耦合，无法支持所有数据类型，安全机制不够完善，如密码泄露，安装时需要 root 权限，connector 必须符合 JDBC 模型。Sqoop2 优点是有多种交互方式、命令行，Web UI、Rest API、conncetor 集中化管理，所有的连接安装在 Sqoop Server 上，权限管理机制完善，connector 规范化，仅负责数据的读 / 写。Sqoop2 缺点是架构稍复杂，部署烦琐。

3. Sqoop 的用途

Sqoop 从工程角度解决了关系型数据库与 Hadoop 之间的数据传输问题，它构建了两者之间的“桥梁”，使数据迁移工作变得简单。Sqoop 的用途如下。

1）数据迁移

公司内部商用关系型数据库中的数据以分析为主，综合考虑扩展性、容错性和成本开销等方面。若将数据迁移到 Hadoop 平台上，可以方便地使用 Hadoop 提供的如 Hive、SparkSQL 分布式系统等工具进行数据分析。为了一次性将数据导入 Hadoop 存储系统中，可使用 Sqoop。

2）可视化分析结果

Hadoop 处理的输入数据规模可能是非常庞大的，如 PB 级别，但最终产生的分析结果可能不会太大，如报表数据等，而这类结果通常需要可视化，以便更直观地展示。目前，绝大部分可视化工具与关系型数据库对接得比较好，因此，比较主流的做法是将 Hadoop 产生的分析结果导入关系型数据库中进行可视化展示。

3）数据增量导入

考虑 Hadoop 对事务的支持比较差，因此，凡是涉及事务的应用如支付平台等，后端的存储均会选择关系型数据库，而与事务相关的数据，如用户支付行为等，可能会在 Hadoop 分析过程中用到（如广告系统、推荐系统等）。为了减少 Hadoop 分析过程中影响这类系统的性能，我们通常不会直接让 Hadoop 访问这些关系型数据库，而是单独导入一份数据到 Hadoop 存储系统中。

任务 2　Sqoop 安装及部署

【任务概述】

本任务将进行 Sqoop 的安装及部署。

【支撑知识】

1. Sqoop 工作流程

Sqoop 将数据从来源端经过抽取、转换、加载至目的端，使用元数据模型来判断数据类型并在数据从数据源转移到 Hadoop 时确保数据处理的安全性。图 9-2 和图 9-3 分别是使用 Sqoop 进行数据导入和导出的工作流程图。可以看到，通过将 Sqoop 命令转换为一个个的 Map 任务，并行对数据进行处理和转移，能达到数据传输的目的。

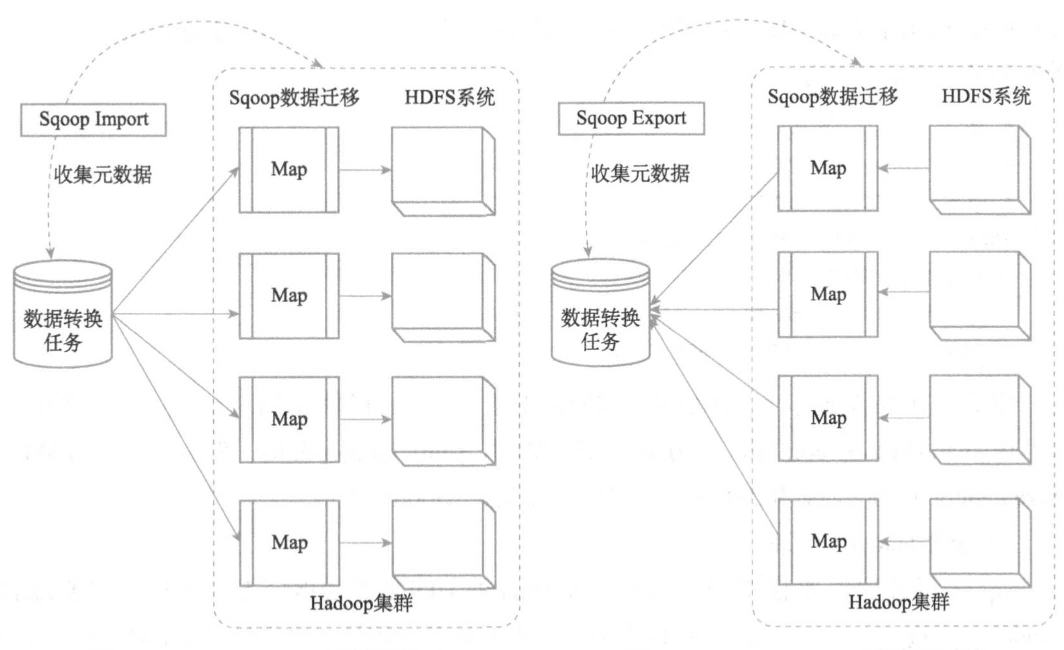

图 9-2　Sqoop Import（数据导入）　　图 9-3　Sqoop Export（数据导出）

2. Sqoop 安装思路

Sqoop 的安装包含两个独立的部分：客户端和服务器。服务器需要在集群中的单个节点机上安装，然后该节点机将充当所有客户端的入口点。客户端可以安装在任意数量的机器上。

1）服务器的安装

Sqoop 目前支持 Hadoop 版本 2.6.0 或更高版本，安装前先把 Sqoop 复制到要运行 Sqoop 服务器的节点机上，并完成解压缩，并将新创建的文件夹设置为工作目录。Sqoop 服务器充当 Hadoop 集群的客户端，在配置 Sqoop 前，还需要在该节点机上提前配置好 Hadoop 库（包括：YARN、MapReduce 等 HDFS 的 jar 包）和配置文件（core-site.xml、mapreduce-site.xml 等），操作命令如下：

```
# 解压缩 Sqoop 分发包
tar -xvf sqoop-<version>-bin-hadoop<hadoop-version>.tar.gz
# 将解压缩后的内容移动到任意位置
mv sqoop-<version>-bin-hadoop<hadoop version>.tar.gz /usr/lib/sqoop
# 改变工作目录
cd /usr/lib/sqoop
```

2）Hadoop 依赖项

Sqoop 服务器需要指定 Hadoop 库的环境变量：$HADOOP_COMMON_HOME，$HADOOP_HDFS_HOME，$HADOOP_MAPRED_HOME 和 $HADOOP_YARN_HOME，使这些变量指向有效的 Hadoop 安装，如果找不到 Hadoop 库，Sqoop 服务器就不能启动。涉及的环境变量主要有：

```
# 导出 HADOOP_HOME 变量
export HADOOP_HOME = /...
# 或者 HADOOP_*_HOME 变量
export HADOOP_COMMON_HOME = /...
 export HADOOP_HDFS_HOME = /...
 export HADOOP_MAPRED_HOME = /...
 export HADOOP_YARN_HOME = /...
```

注意：如果设置了 $HADOOP_HOME 环境，Sqoop 将使用以下位置：$HADOOP_HOME/share/hadoop/common，$HADOOP_HOME/share/hadoop/hdfs，$HADOOP_HOME/share/hadoop/mapreduce 和 $HADOOP_HOME/share/hadoop/yarn。

3）配置 Hadoop 代理

Sqoop 服务器需要模拟用户访问集群内外的 HDFS 和其他资源，所以，需要配置 Hadoop，通过 proxyuser 系统支持模拟用户对集群资源的访问。也就是要在 hadoop 目录的 etc/hadoop/core-site.xml 中增加下面两个属性。两个 value 的地方写成“*”或实际用户名均可。

```
<property>
  <name> hadoop.proxyuser.sqoop2.hosts </name>
  <value> * </value>
</property>
<property>
```

```
    <name> hadoop.proxyuser.sqoop2.groups </name>
    <value> * </value>
  </property>
```

若在所谓的系统用户下运行 Sqoop 服务器，则 YARN 将默认拒绝运行 Sqoop2 作业。用户将需把运行 Sqoop2 服务器的用户名设置到容器 executor.cfg 中。

4）第三方 jar 包

在文件系统的任何位置创建一个目录，并将其位置导出到 SQOOP_SERVER_EXTRA_LIB 变量中，操作命令如下：

```
# 为额外的 jar 创建目录
mkdir -p /var/lib/sqoop2/
# 将所有 JDBC 驱动程序复制到此目录中
cp mysql-jdbc*.jar /var/lib/sqoop2/
cp postgresql-jdbc*.jar /var/lib/sqoop2/
# 最后将这个目录导出到 SQOOP_SERVER_EXTRA_LIB 中
export SQOOP_SERVER_EXTRA_LIB = /var/lib/sqoop2/
```

注意：由于许可证不兼容，Sqoop 不附带任何 JDBC 驱动程序，因此将需要使用此机制来安装所需的所有 JDBC 驱动程序。

5）路径配置

面向用户和管理员的 shell 命令都存储在 bin/ 目录中。建议将此目录添加到 $PATH 环境变量以便执行 Sqoop2，例如：

```
PATH=$PATH:`pwd`/bin/
```

6）配置服务器

服务器配置文件存储在 conf 目录中。sqoop_bootstrap.properties 文件指定应该使用哪个配置提供程序来加载 Sqoop 服务器其余部分的配置，默认值 PropertiesConfigurationProvider 应该足够了。

第二个名为 sqoop.properties 的配置文件包含可能影响 Sqoop 服务器的剩余配置属性。配置文件中有很好的文档记录内容，因此请检查所有配置属性是否适合运行环境。在大多数常见情况下，默认或很少的配置调整就足够了。

7）存储库初始化

存储库需要在第一次启动 Sqoop 服务器之前进行初始化。使用升级工具初始化存储库，操作命令如下：

```
sqoop2-tool upgrade
```

可以使用验证工具验证所有内容是否已正确配置，操作命令如下：

```
sqoop2-tool verify
...
Verification was successful.
```

```
Tool class org.apache.sqoop.tools.tool.VerifyTool has finished correctly
```

8）Sqoop 服务的开启和停止

安装和配置后，可以使用以下操作命令启动 Sqoop 服务：

```
sqoop2-server start
```

可以使用以下操作命令停止 Sqoop 服务：

```
sqoop2-server stop
```

默认情况下，Sqoop 服务器守护程序使用端口 12000，可以在配置文件 conf/sqoop.properties 中设置 org.apache.sqoop.jetty.port 以使用不同的端口。

9）启动客户端

只需在目标机器上复制 Sqoop 分发工件并将其解压缩到所需位置即可。可以使用以下操作命令启动客户端：

```
sqoop2-shell
```

注意：客户端不充当 Hadoop 客户端，因此无须在节点机上安装 Hadoop 库和配置文件。

【任务实施】

1. 在客户端上安装 Sqoop 软件

（1）下载 Sqoop 软件包 sqoop-1.4.7.bin__hadoop-2.6.0.tar.gz（本书中使用的是 sqoop1.4.7 版本），并上传到 /opt 目录下（如图 9-4 所示为从阿里开源镜像网址下载软件包）。

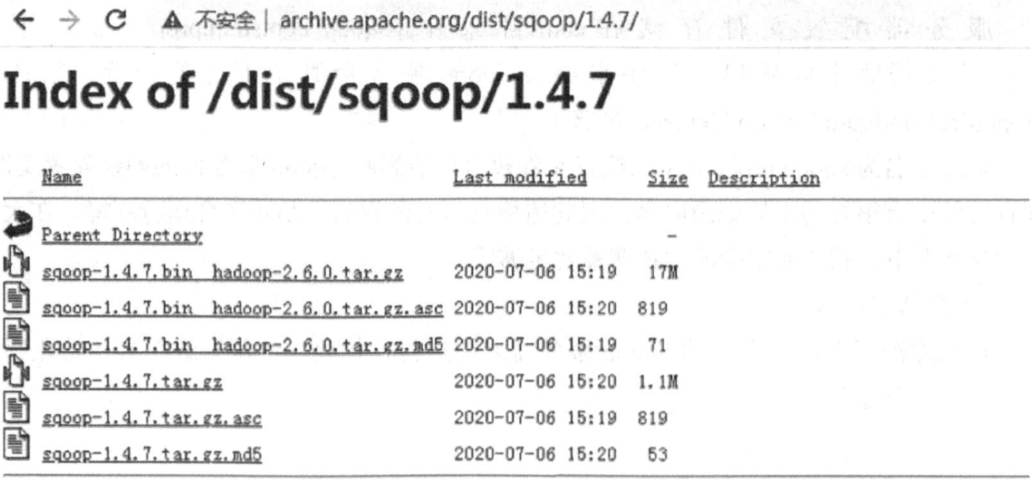

← → C ▲ 不安全 | archive.apache.org/dist/sqoop/1.4.7/

Index of /dist/sqoop/1.4.7

Name	Last modified	Size	Description
Parent Directory		-	
sqoop-1.4.7.bin__hadoop-2.6.0.tar.gz	2020-07-06 15:19	17M	
sqoop-1.4.7.bin__hadoop-2.6.0.tar.gz.asc	2020-07-06 15:20	819	
sqoop-1.4.7.bin__hadoop-2.6.0.tar.gz.md5	2020-07-06 15:19	71	
sqoop-1.4.7.tar.gz	2020-07-06 15:20	1.1M	
sqoop-1.4.7.tar.gz.asc	2020-07-06 15:19	819	
sqoop-1.4.7.tar.gz.md5	2020-07-06 15:20	53	

图 9-4　下载 Sqoop 软件包

（2）用 WinSCP 软件将下载的 Sqoop 软件包上传到 /home/angel/opt 目录下，如图 9-5 所示。

图 9-5　上传 Sqoop 软件包

（3）解压缩 Sqoop 软件包，并删除 Sqoop 软件包，操作命令及结果如下：

```
[hadoop@Master opt]$ cd /opt
[hadoop@Master opt]$ sudo tar xvzf sqoop-1.4.7.bin__hadoop-2.6.0.tar.gz
[hadoop@Master opt]$ rm sqoop-1.4.7.bin__hadoop-2.6.0.tar.gz
rm：是否删除有写保护的普通文件 "sqoop-1.4.7.bin__hadoop-2.6.0.tar.gz"? yes
[hadoop@Master opt]$ ll
总用量 8
drwxr-xr-x  10 hadoop hadoop  184 12月 17 16:29 apache-hive-2.3.6-bin
drwxrwxr-x   8 hadoop hadoop  191 12月 21 01:42 eclipse
drwxr-xr-x  11 hadoop hadoop  172 12月 14 15:44 hadoop-2.8.5
drwxrwxr-x   7 hadoop hadoop  182 12月 15 15:03 hbase-2.2.6
drwxr-xr-x   8 hadoop hadoop  273 6月   9 2021 jdk1.8.0_301
drwxr-xr-x  16 hadoop hadoop 4096 12月 20 16:48 pig-0.17.0
drwxr-xr-x   2 hadoop hadoop    6 10月 31 2018 rh
drwxr-xr-x   9 hadoop hadoop  318 12月 19 2017 sqoop-1.4.7.bin__hadoop-2.6.0
drwxr-xr-x  15 hadoop hadoop 4096 12月 15 14:46 zookeeper-3.4.14
```

（4）修改 Sqoop 配置文件 sqoop-env.sh 文件，操作命令如下：

```
[hadoop@Master opt]$ cd /opt/sqoop-1.4.7.bin__hadoop-2.6.0/conf/
[hadoop@Master conf]$  vi sqoop-env.sh
```

编辑 sqoop-env.sh 文件内容如下：

```
export HADOOP_COMMON_HOME=/opt/hadoop-2.8.5
```

```
export HADOOP_MAPRED_HOME=/opt/hadoop-2.8.5
export HBASE_HOME=/opt/hbase-2.2.6
export HIVE_HOME=/opt/apache-hive-2.3.6-bin
export HCAT_HOME=/opt/apache-hive-2.3.6-bin/hcatalog
export ZOOCFGDIR=/opt/zookeeper-3.4.14
```

（5）修改环境变量，操作命令如下：

```
[hadoop@Master ~]$ vi .bash_profile
```

添加如下内容：

```
export SQOOP_HOME=/opt/sqoop-1.4.7.bin__hadoop-2.6.0
export PATH=$PATH:$SQOOP_HOME/bin
```

（6）使修改后的环境变量生效，操作命令如下：

```
[hadoop@Master ~]$ source .bash_profile
```

（7）上传 mysql-connector-java-5.1.48.jar 到 Master 节点机的 sqoop-1.4.7.bin__hadoop-2.6.0/lib 目录下，操作命令如下：

```
[hadoop@Master ~]$ cd /opt/sqoop-1.4.7.bin__hadoop-2.6.0/lib/
[hadoop@Master lib]$ ll my*
-rw-r--r-- 1 root root 1006956 8月  15 2019 mysql-connector-java-5.1.48.jar
```

2. 安装 MySQL 软件包

（1）给 Master 节点机安装 MySQL 软件。

查询 mysql-client 软件是否安装，操作命令及结果如下：

```
[hadoop@Master ~]$ rpm -qa |grep mysql
mysql-community-libs-5.6.51-2.el7.x86_64
mysql-community-common-5.6.51-2.el7.x86_64
mysql-community-client-5.6.51-2.el7.x86_64
mysql-community-release-el7-5.noarch
mysql-community-server-5.6.51-2.el7.x86_64
```

（2）在 Master 节点机上对 MySQL 的 Sqoop 用户授权，操作命令及结果如下：

```
[hadoop@Master ~]$ sudo mysql -uroot -p12345678
[sudo] hadoop 的密码:
Warning: Using a password on the command line interface can be insecure.
Welcome to the MySQL monitor.  Commands end with ; or \g.
Your MySQL connection id is 2
Server version: 5.6.51 MySQL Community Server (GPL)
Copyright (c) 2000, 2021, Oracle and/or its affiliates. All rights
```

```
reserved.
  Oracle is a registered trademark of Oracle Corporation and/or its
  affiliates. Other names may be trademarks of their respective
  owners.
  Type 'help;' or '\h' for help. Type '\c' to clear the current input
statement.
  mysql> create user 'sqoop'@'%' identified by 'Yun@123456';
  Query OK, 0 rows affected (0.00 sec)
  mysql> grant all privileges on *.* to 'sqoop'@'%';
  Query OK, 0 rows affected (0.00 sec)
  mysql>  create user 'sqoop'@'localhost' identified by 'Yun@123456';
  Query OK, 0 rows affected (0.00 sec)
  mysql>  grant all privileges on *.* to 'sqoop'@'localhost';
  Query OK, 0 rows affected (0.00 sec)
  mysql> quit;
  Bye
```

（3）在 Master 节点机上通过 MySQL 写入数据，操作命令及结果如下：

```
  [hadoop@Master ~]$ mysql -hmaster -usqoop -pYun@123456
  mysql> use sqoop;
  Database changed
  mysql> create table dept(id int,name varchar(20),primary key(id));
  Query OK, 0 rows affected (0.02 sec)
  mysql> show tables;
  +-----------------+
  | Tables_in_sqoop |
  +-----------------+
  | dept            |
  +-----------------+
  1 row in set (0.00 sec)
  mysql> insert into dept values(510205,'大数据技术');
  Query OK, 1 row affected (0.00 sec)
  mysql> insert into dept values(510206,'云计算技术应用');
  Query OK, 1 row affected (0.00 sec)
  mysql> insert into dept values(510209,'人工智能技术应用');
  Query OK, 1 row affected (0.00 sec)
  mysql> insert into dept values(510201,'计算机应用技术');
  Query OK, 1 row affected (0.00 sec)
  mysql> insert into dept values(510202,'计算机网络技术');
  Query OK, 1 row affected (0.00 sec)
  mysql> insert into dept values(510203,'软件技术');
  Query OK, 1 row affected (0.00 sec)
  mysql>  select * from dept;
  +--------+-------------------------+
```

```
| id      | name                      |
+---------+---------------------------+
| 510201 | 计算机应用技术            |
| 510202 | 计算机网络技术            |
| 510203 | 软件技术                  |
| 510205 | 大数据技术                |
| 510206 | 云计算技术应用            |
| 510209 | 人工智能技术应用          |
+---------+---------------------------+
6 rows in set (0.00 sec)
```

任务 3　利用 Sqoop 工具实现 MySQL 与 HDFS 之间数据迁移

【任务概述】

Sqoop 客户端通过 shell 命令来使用 Sqoop，Sqoop 中的 Task Translater（任务翻译器）将命令转换成 Hadoop 中的 MapReduce 任务进行具体的数据操作。本任务将利用 Sqoop 工具实现 MySQL 与 HDFS 之间的数据迁移。

【支撑知识】

1. 命令行 shell 和资源文件

1）命令行 shell

Sqoop2 提供了能够使用 REST 接口与 Sqoop 服务器进行通信的命令行 shell。客户端能够以两种模式运行：交互模式和批处理模式。批处理模式当前不支持 create、update 和 clone 命令，交互模式支持所有可用命令。可以使用 sqoop2-shell 命令，以交互模式启动客户端：

```
sqoop2-shell
```

还可以通过向 Sqoop 客户端脚本添加表示路径的附加参数来启动批处理模式：

```
sqoop2-shell /path/to/your/script.sqoop
```

Sqoop 客户端脚本应包含有效的 Sqoop 客户端命令、空行和以“#”开头的注释行。注释行和空行将被忽略，所有其他行都被解释。脚本示例如下：

```
# 指定服务器
set server --host sqoop2.company.net
# 执行任务
start job --name 1
```

2）资源文件

Sqoop 客户端能够像其他命令行工具一样加载资源文件。开始执行时，Sqoop 客户端将检查当前登录用户的主目录中是否存在文件 .sqoop2rc。若此类文件存在，则将在任何其他操作之前对其进行解释。该文件以交互模式和批处理模式加载，它可用于执行任何批处理兼容命令，资源文件示例如下：

```
# 自动配置 Sqoop2 服务器
set server --host sqoop2.company.net
# 默认以详细模式运行
set option --name verbose --value true
```

2. Sqoop 常见命令

Sqoop 每个命令都有一个接受各种参数的函数，并非所有命令都支持交互模式和批处理模式。

1）辅助命令

辅助命令是改善用户体验并且纯粹在客户端运行的命令，辅助命令不需要与服务器的工作连接，常见辅助命令有以下几种。

（1）exit：立即退出客户端。

该命令也可以通过发送 EOT（传输结束）字符来执行。在最常见的 Linux shell（如 Bash 或 Zsh）中是“CTRL+D”命令。

（2）history：打印命令历史记录。

注意：Sqoop 客户端正在保存以前执行的历史记录，因此可能会看到用户在以前的运行中执行的命令。

（3）help：用于显示 shell 内部命令的帮助信息。

help 命令如下：

```
sqoop:000> help
For information about Sqoop, visit: http://sqoop.apache.org/
Available commands:
  exit    (\x  ) 退出 shell
  history (\H  ) 显示、管理和调用编辑行历史
  help    (\h  ) 显示此帮助信息
  set     (\st ) 配置各种客户端选项和设置
  show    (\sh ) 显示各种对象和配置选项
  create  (\cr ) 在 Sqoop 存储库中创建新对象
  delete  (\d  ) 删除 Sqoop 存储库中的现有对象
  update  (\up ) 更新 Sqoop 存储库中的对象
  clone   (\cl ) 基于现有对象创建新对象
  start   (\sta) 开始
  stop    (\stp) 停止
```

```
status  (\stu) 显示状态
enable  (\en ) 在 Sqoop 存储库中启用对象
disable (\di ) 禁用 Sqoop 存储库中的对象
```

2）set 命令

set 命令允许设置客户端的各种属性，与辅助命令类似，不需要连接 Sqoop 服务器，set 命令不用于重新配置 Sqoop 服务器。主要有：① server：设置服务器的连接配置。② option：设置各种客户端选项。

设置 Sqoop 服务器相关功能主要需要配置 Sqoop 服务器的连接、主机端口和 Web 应用程序名称，主要参数如表 9-2 所示。

表 9-2 设置 Sqoop 服务器相关功能主要参数

参　数	默认值	描　述
-h , --host	本地主机	运行 Sqoop 服务器的服务器名称
-p , --port	12000	端口
-w , --webapp	sqoop	Jetty 的 Web 应用程序名称
-u , --url		url 格式的 Sqoop 服务器

两种格式命令示例如下：

```
set server --host sqoop2.company.net --port 80 --webapp sqoop
set server --url http://sqoop2.company.net:80/sqoop
```

注意：当提供 --url 选项时，--host、--port 或 --webapp 选项将被忽略。

设置 Sqoop 客户端相关选项函数有两个必需的参数 name 和 value。name 表示内部属性名称，value 包含应该设置的新值，可用选项名称及描述如表 9-3 所示。

表 9-3 设置 Sqoop 客户端参数

选项名称	默认值	描　述
verbose	false	如果启用详细模式，客户端将打印附加信息
poll-timeout	10000	服务器轮询超时（以毫秒为单位）

命令示例如下：

```
set option --name verbose --value true
set option --name poll-timeout --value 20000
```

3）show 命令

show 命令用于显示各种信息，show 命令功能及描述如表 9-4 所示。

表 9-4 show 命令功能及描述

功　能	描　述
server	显示与 Sqoop 服务器的连接信息（主机、端口、Web 应用程序）
option	显示各种客户端选项

续表

功　能	描　述
version	显示客户端构建版本，带有一个选项 -all 显示服务器构建版本和支持的 API 版本
connector	显示连接器可配置及其相关配置信息
driver	显示驱动程序可配置及其相关配置信息
link	在 Sqoop 中显示链接信息
job	在 Sqoop 中显示作业信息

（1）show server 命令的用法。

show server 命令用于显示连接 Sqoop 服务器的详细信息的参数，show server 命令的参数及描述如表 9-5 所示。

表 9-5　show server 命令的参数及描述

参　数	描　述
-a , --all	显示所有连接相关信息（主机、端口、Web 应用程序）
-h , --host	显示主机
-p , --port	显示端口
-w , --webapp	显示 Web 应用程序

命令示例如下：

```
show server -all
```

（2）show option 命令的用法。

show option 命令用于显示各种客户端选项的值，当不带参数调用此函数时，将显示所有客户端选项，show option 命令的参数及描述如表 9-6 所示。

表 9-6　show option 命令的参数及描述

参　数	描　述
-n, --name	显示具有给定名称的客户端选项值

命令示例如下：

```
show option --name verbose
```

（3）show version 命令的用法。

show version 命令用于显示客户端和服务器的构建版本以及支持的其余版本，show version 命令的参数及描述如表 9-7 所示。

表 9-7　show version 命令的参数及描述

参　数	描　述
-a , --all	显示所有版本（服务器、客户端、API）
-c , --client	显示客户端构建版本
-s , --server	显示服务器构建版本
-p , --api	显示支持的 API 版本

命令示例如下：

```
show version -all
```

（4）show connector 命令的用法。

show connector 命令用于显示可配置的持久连接器及其相关配置，用于创建关联的链接和作业对象，show conncctor 命令的参数及描述如表 9-8 所示。

表 9-8　show connector 命令的参数及描述

参　数	描　述
-a , --all	显示所有连接器的信息
-c , --cid <x>	显示 ID 为 <x> 的连接器的信息

（5）show driver 命令的用法。

show driver 命令用于显示用于创建作业对象的持久驱动程序配置信息及其相关配置信息，这个命令没有任何额外的参数，在 Sqoop 中只有一个注册驱动。

命令示例如下：

```
show driver
```

（6）show link 命令的用法。

show link 命令用于显示持久链接对象，show link 命令的参数及描述如表 9-9 所示。

表 9-9　show link 命令的参数及描述

参　数	描　述
-a , --all	显示所有可用链接
-n , --name <x>	显示名称为 <x> 的链接

命令示例如下：

```
show link --all or show link --name linkName
```

（7）show job 命令的用法。

show job 命令用于显示各种信息，show job 命令的参数及描述如表 9-10 所示。

表 9-10　show job 命令的参数及描述

参　数	描　述
-a , --all	显示所有可用的工作
-n , --name <x>	显示名称为 <x> 的作业

命令示例如下：

```
show job --all or show job --name jobname
```

4）create 命令

create 命令用于创建新的链接和作业对象，此命令仅在交互模式下受支持。在分别创建链接和作业对象时，它会要求用户输入 from /to 和驱动程序的链接配置和作业配置。

create 命令的参数及描述如表 9-11 所示。

表 9-11　create 命令的参数及描述

参　数	描　述
link	创建新的链接对象
job	创建新的作业对象

命令示例如下：

```
create link --connector connectorName or create link -c connectorName
```

（1）create link 命令的用法。

create link 命令用于创建新的链接对象，参数 -c，--connector <x>，用于为名称为 <x> 的连接器创建新的链接对象，命令示例如下：

```
create link --connector connectorName 或 create link -c connectorName
```

（2）create job 命令的用法。

create job 命令有两个参数，该命令的参数及描述如表 9-12 所示。

表 9-12　create job 命令的参数及描述

参　数	描　述
-f , --from <x>	使用名称为 <x> 的 from 链接创建新作业对象
-t , --to <x>	使用名称为 <x> 的 to 链接创建新作业对象

命令示例如下：

```
create job --from fromLinkName --to toLinkName or create job --f
fromLinkName --t toLinkName
```

5）update 命令

update 命令允许编辑链接和作业对象，此命令仅在交互模式下受支持。

（1）update link 命令的用法。

update link 命令用于更新现有链接对象，参数 -n，--name <x>，使用名称 <x> 更新现有链接，该命令示例如下：

```
update link --name linkName
```

（2）update job 命令的用法。

update job 命令用来更新现有作业对象，参数 -n，--name <x>，使用名称 <x> 更新现有作业对象，该命令示例如下：

```
update job --name jobname
```

6）delete 命令

delete 命令用来删除现有的链接对象，参数 -n，--name <x>，用来描述删除名称为

<x> 的链接对象，该命令示例如下：

```
delete link --name linkName
```

delete job 命令删除现有作业对象，参数 -n，--name <x>，用来描述删除名称为 <x> 的作业对象，该命令示例如下：

```
delete job --name jobname
```

7）clone 命令

clone 命令将从 Sqoop 服务器加载现有的链接或作业对象，并允许用户就地更新，这将导致创建新的链接或作业对象。批处理模式下不支持此命令。

（1）clone link 命令的用法。

clone link 命令用来克隆现有的链接对象，参数 -n，--name <x>，用来描述克隆名为 <x> 的链接对象，该命令示例如下：

```
clone link --name linkName
```

（2）clone job 命令的用法。

clone job 命令用来克隆现有的作业对象，参数 -n，--name <x>，用来描述克隆名为 <x> 的作业对象，该命令示例如下：

```
clone job --name jobname
```

8）start 命令

start 命令用来启动 Sqoop 任务。

start job 命令用来提交新的 Sqoop 任务。注意，启动已经运行的任务将被视为无效操作。start job 命令的参数及描述如表 9-13 所示。

表 9-13　start job 命令的参数及描述

参　数	描　述
-n , --name <x>	以名称 <x> 开始作业
-s , -- 同步	同步作业执行

命令示例如下：

```
start job --name jobName
start job --name jobName -synchronous
```

9）stop 命令

stop 命令用来中断 Sqoop 任务的执行，参数 -n，--name <x>，用来描述中断名为 <x> 的正在运行的作业，该命令示例如下：

```
stop job --name jobname
```

10）status 命令

status 命令用来检查作业的最后状态。

status job 命令用来检查给定作业的最后状态，参数 -n，--name <x>，用来描述检查的名称为 <x> 的作业的状态，该命令示例如下：

```
status job --name jobname
```

【任务实施】

1. 实现将 MySQL 中的数据迁移到 HDFS 中

（1）查看 HDFS 上的 sqoop 数据库，操作命令及结果如下：

```
[hadoop@Master ~]$ sqoop list-databases --connect jdbc:mysql://Master:3306/  --username sqoop --password Yun@123456
...
21/12/22 01:12:59 INFO manager.MySQLManager: Preparing to use a MySQL streaming resultset.
information_schema
hive
mysql
performance_schema
sqoop
```

（2）查看 sqoop 数据库的所有表，操作命令及结果如下：

```
[hadoop@Master ~]$ sqoop list-tables --connect jdbc:mysql://Master:3306/sqoop  --username sqoop --password Yun@123456
...
21/12/22 01:16:08 INFO manager.MySQLManager: Preparing to use a MySQL streaming resultset.
dept
```

（3）将 MySQL 中的 dept 表导入 HDFS 中，操作命令及结果如下：

```
[hadoop@Master ~]$ sqoop import --connect jdbc:mysql://master:3306/sqoop  --username sqoop --password Yun@123456 --table dept -m 1 --target-dir /user/dept
...
21/12/22 01:19:04 INFO mapreduce.ImportJobBase: Transferred 162 bytes in 22.405 seconds (7.2305 bytes/sec)
21/12/22 01:19:04 INFO mapreduce.ImportJobBase: Retrieved 6 records.
```

（4）查看 dept 表的数据，操作命令及结果如下：

```
[hadoop@Master ~]$  hdfs dfs -ls /user/dept
Found 2 items
-rw-r--r--    2 hdfs supergroup           0 2021-12-22 01:19 /user/dept/_SUCCESS
-rw-r--r--   2 hdfs supergroup        162 2021-12-22 01:19 /user/dept/
```

```
part-m-00000
  [hadoop@Master ~]$ hdfs dfs -text /user/dept/part-m-00000
  510201,计算机应用技术
  510202,计算机网络技术
  510203,软件技术
  510205,大数据技术
  510206,云计算技术应用
  510209,人工智能技术应用
```

2. 实现将 HDFS 中的数据迁移到 MySQL 中

（1）清空 MySQL 的 dept 表，操作命令及结果如下：

```
[hadoop@Master ~]$  mysql -hmaster -usqoop -pYun@123456
mysql> use sqoop;
Reading table information for completion of table and column names
You can turn off this feature to get a quicker startup with -A
Database changed
mysql>  truncate dept;
Query OK, 0 rows affected (0.03 sec)
mysql> quit;
Bye
```

（2）将数据从 HDFS 导出到 MySQL 中，操作命令及结果如下：

```
  [hadoop@Master ~]$ sqoop export --connect jdbc:mysql://master:3306/
sqoop  --username sqoop --password Yun@123456 --table dept -m 1 --export-
dir /user/dept
  ...
  21/12/22 01:30:27 INFO mapreduce.ExportJobBase: Transferred 287 bytes
in 23.6012 seconds (12.1604 bytes/sec)
  21/12/22 01:30:27 INFO mapreduce.ExportJobBase: Exported 6 records.
```

（3）查看 dept 表，操作命令及结果如下：

```
[hadoop@Master ~]$  mysql -hmaster -usqoop -pYun@123456
mysql> use sqoop;
Reading table information for completion of table and column names
You can turn off this feature to get a quicker startup with -A
Database changed
mysql>  select * from dept;
+--------+--------------------------+
| id     | name                     |
+--------+--------------------------+
| 510201 | 计算机应用技术           |
| 510202 | 计算机网络技术           |
| 510203 | 软件技术                 |
```

```
| 510205 | 大数据技术                |
| 510206 | 云计算技术应用            |
| 510209 | 人工智能技术应用          |
+--------+--------------------------+
6 rows in set (0.00 sec)
mysql>  quit;
Bye
```

（4）Sqoop Import 增量导入 HDFS 中，操作命令及结果如下：

```
[hadoop@Master ~]$ mysql -hmaster -usqoop -pYun@123456
mysql> use sqoop;
Reading table information for completion of table and column names
You can turn off this feature to get a quicker startup with -A
Database changed
mysql> insert into dept values(510201,'计算机应用技术');
ERROR 1062 (23000): Duplicate entry '510201' for key 'PRIMARY'
mysql> insert into dept values(510204,'数字媒体技术');
Query OK, 1 row affected (0.00 sec)
mysql> select * from dept;
+--------+--------------------------+
| id     | name                     |
+--------+--------------------------+
| 510201 | 计算机应用技术            |
| 510202 | 计算机网络技术            |
| 510203 | 软件技术                  |
| 510204 | 数字媒体技术              |
| 510205 | 大数据技术                |
| 510206 | 云计算技术应用            |
| 510209 | 人工智能技术应用          |
+--------+--------------------------+
7 rows in set (0.00 sec)
mysql> quit;
Bye
```

（5）将增量导入 HDFS 中，操作命令及结果如下：

```
[hadoop@Master ~]$ sqoop import --connect jdbc:mysql://master:3306/sqoop  --username sqoop --password Yun@123456 --table dept -m 1 --target-dir /user/dept --incremental append --check-column id
...
21/12/22 01:41:28 INFO tool.ImportTool: --incremental append
21/12/22 01:41:28 INFO tool.ImportTool:   --check-column id
21/12/22 01:41:28 INFO tool.ImportTool:   --last-value 510209
21/12/22 01:41:28 INFO tool.ImportTool: (Consider saving this with 'sqoop job --create')
```

3. 在 HDFS 上查看迁移数据

（1）在 HDFS 上查看 /user/dept 目录，操作命令及结果如下：

```
[hadoop@Master ~]$ hdfs dfs -ls /user/dept
Found 3 items
-rw-r--r--    2 hdfs  supergroup           0 2021-12-22  01:19  /user/dept/_SUCCESS
-rw-r--r--    2 hdfs supergroup        162 2021-12-22 01:19 /user/dept/part-m-00000
-rw-r--r--    2 hdfs supergroup        188 2021-12-22 01:41 /user/dept/part-m-00001
```

也可以通过 Web 浏览器查看导入 HDFS 中的数据，如图 9-6 所示。

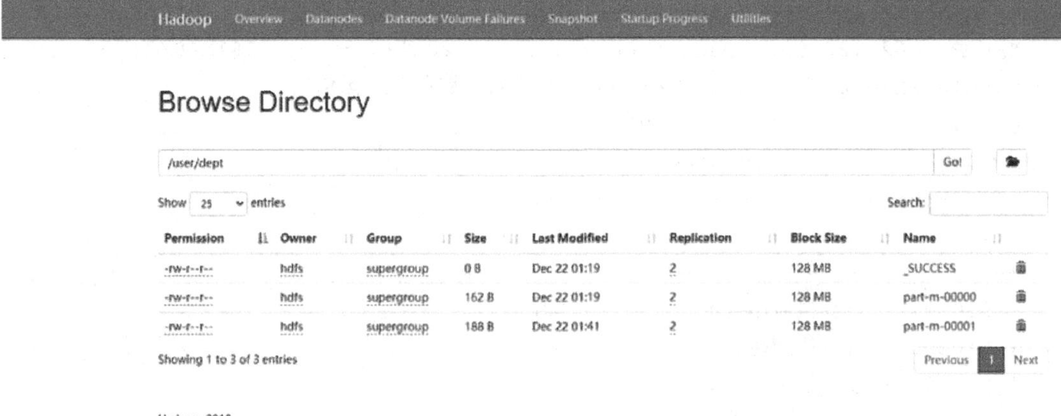

图 9-6　通过 Web 浏览器查看 HDFS 上 /user/dept 目录

（2）在 HDFS 上查看 /user/dept 目录中迁移过来的数据内容，操作命令及结果如下：

```
[hadoop@Master ~]$  hdfs dfs -cat /user/dept/part-m-00001
510201,计算机应用技术
510202,计算机网络技术
510203,软件技术
510204,数字媒体技术
510205,大数据技术
510206,云计算技术应用
510209,人工智能技术应用
```

可以看到新增了一行数据：“510204，数字媒体技术”。也可以单击图 9-6 中的 part-m-00001 数据，将 HDFS 中的数据下载到本地查看，如图 9-7、图 9-8 所示。

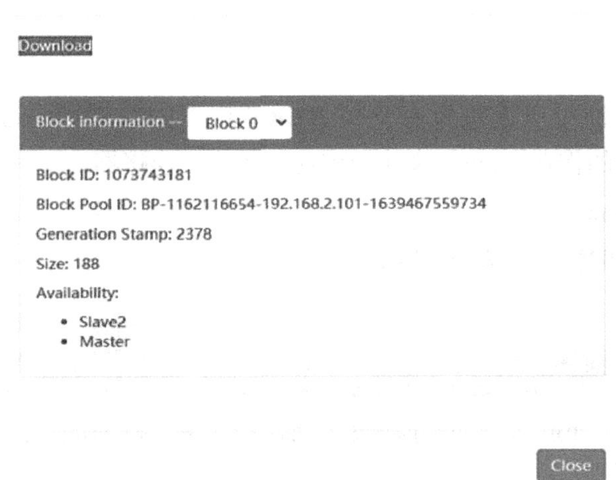

图 9-7　将 HDFS 中的数据下载到本地

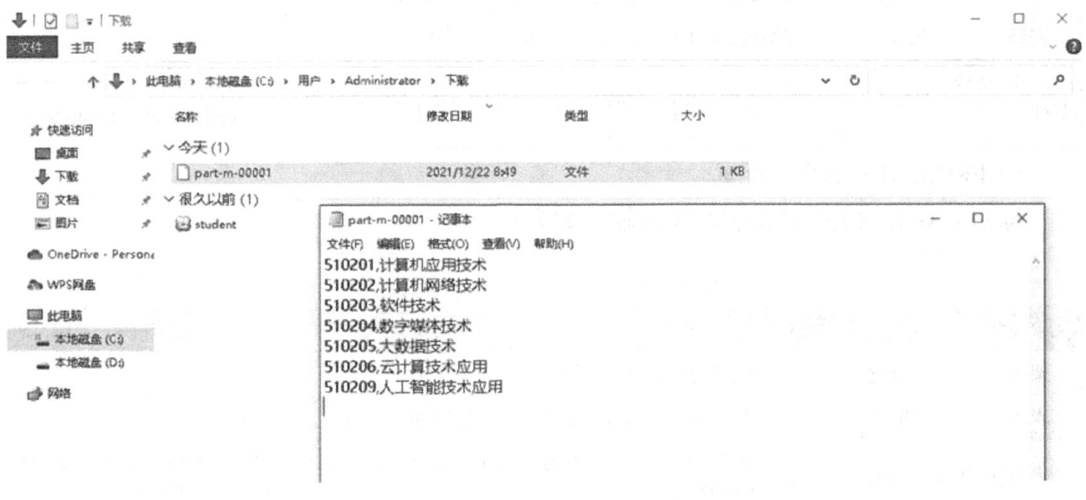

图 9-8　查看 part-m-00001 数据

任务 4　利用 Sqoop 工具实现 MySQL 与 Hive/HBase 之间数据迁移

【任务概述】

Sqoop 是一个开源的大数据组件，主要用来在 Hadoop（Hive、HBase 等）与传统的数据库（MySQL、PostgreSQL、Oracle 等）之间进行数据迁移。本任务将利用 Sqoop 工具实现 MySQL 与 Hive/HBase 之间的数据迁移。

【支撑知识】

1. JDBC 连接器

通用 JDBC 连接器可以连接所有支持 JDBC4 规范的数据源，通过创建连接器链接（link）和使用该链接的作业（job）来使用该通用 JDBC 连接器。

1）配置链接（link）

与链接配置相关的输入如表 9-14 所示。

表 9-14　与链接配置相关的输入

输　入	类　型	描　述	例　子
JDBC 驱动程序类	String	JDBC 驱动程序的完整类名。Sqoop 服务器需要且可访问	com.mysql.jdbc.Driver
JDBC 链接字符串	String	连接数据源时要使用的 JDBC 链接字符串，必需的，但创建时是可选的	jdbc:mysql://localhost/test
用户名	String	连接数据源时提供的用户名，创建时是可选的	sqoop
密码	String	连接数据源时提供的密码，创建时是可选的	sqoop
JDBC 链接属性	Map	要传递给 JDBC 驱动程序 Optional 的 JDBC 链接属性映射	profileSQL=true&useFastDateParsing=false

2）FROM 方向的作业配置

与 FROM 方向的作业配置相关的输入如表 9-15 所示。

表 9-15　FROM 方向作业配置相关输入

输　入	类　型	描　述	例　子
架构名称	String	表所属的模式名称，可选的	sqoop
表名	String	要导入数据的表名，可选的，请参阅下面的注释	table1
表 SQL 语句	String	用于执行自由格式查询的 SQL 语句，可选的，请参阅下面的注释	SELECT COUNT(*) FROM test ${CONDITIONS}
表列名	String	要从 JDBC 数据源中提取的列，可选的，用逗号分隔列表名	列 1, 列 2
分区列名	Map	用于在数据传输过程中进行分区的列名，可选的，默认为表的第一列主键	第一列
分区列允许空值	Boolean	True 或 false 取决于 Partition（分区）列的数据中是否允许有 NULL 值，可选的	真
边界查询	String	用于在分区时定义上下边界的查询，可选的	boundary-query "SELECT min (id), max(id) from table1"

注意：表名和表 SQL 语句是互斥的，如果提供了表名，就不应提供表 SQL 语句；如果提供了表 SQL 语句，就不应提供表名。另外仅当提供了表名时才提供表列名，如果存在名称相似的列，就需要列出别名，例如：

```
SELECT table1.id as "i", table2.id as "j" FROM table1 INNER JOIN table
```

```
2 ON table1.id = table2.id.
```

3）TO 方向的作业配置

与 TO 方向的作业配置相关的输入如表 9-16 所示。

表 9-16　TO 方向作业配置相关输入

输　入	类　型	描　述	例　子
架构名称	String	表所属的模式名称，可选的	sqoop
表名	String	要导入数据的表名，可选的，请参阅下面的注释	table1
表 SQL 语句	String	用于执行自由格式查询的 SQL 语句，可选的，请参阅下面的注释	INSERT INTO test (col1, col2) VALUES (?, ?)
表列名	String	要插入 JDBC 数据源的列，可选的，用逗号分隔列表名	列 1, 列 2
阶段表名称	String	用于临时表的表名称，可选的	分期
是否清除表	Boolean	真或假取决于在数据传输完成后是否应清除临时表，可选的	真

注意：表名和表 SQL 语句是互斥的，如果提供了表名，就不应提供表 SQL 语句；如果提供了表 SQL 语句，就不应提供表名。

4）分区器 Partitioner

通用 JDBC 连接器分区器生成供提取器使用的条件。它根据分区列数据类型的不同对数据进行分区的方式有所不同。但是，每个策略大致采用以下形式：

```
(upper boundary - lower boundary) / (max partitions)
```

默认情况下，除非另有说明，否则将使用主键对数据进行分区，分区器 Partitioner 目前支持的数据类型有：tinyint，smallint，integer，bigint，real，float，double，numeric，decimal，bit，boolean，date，time，timestamp，char，varchar，longvarchar 等。

5）抽取器（Extractor）

在抽取阶段，使用 SQL 语句查询 JDBC 数据源。配置不同，SQL 语句也不同。如果指定了表名，就会使用 [mw_shl_code=applescript,true]SELECT * FROM <table name>[/mw_shl_code] 形式生成 SQL statement。如果指定了表名及列名，就会使用 [mw_shl_code=apples]。如果指定了表的 SQL statement ，就会使用该 SQL statement。分区器生成的条件将被追加到 SQL 语句后以查询部分数据。统一 JDBC 连接器抽取 CSV 数据并以 CSV 媒介数据类型提供使用。

6）加载器（Loader）

在数据加载阶段，使用 SQL 语句查询 JDBC 数据源。配置不同，SQL 语句也不同。如果指定了表名，就会使用 [mw_shl_code=applescript,true]INSERT INTO <table name> (col1, col2, …) VALUES (…)[/mw_shl_code] 形式生成 SQL statement。如果指定了表名及列名，就会使用 [mw_shl_code=applescript,true]INSERT INTO <table name> (<columns>) VALUES (…)[/mw_shl_code] 生成 SQL statement。如果指定了表的 SQL statement ，就会使用该 SQL statement。统一 JDBC 连接器抽取 CSV 数据并以 CSV 媒介数据类型提供使用。

7）销毁器（Destroyers）

统一 JDBC 连接器在 TO 作业的销毁器中会执行两步操作：将 stage 表的内容复制到目标表中；清空 stagin 表的内容，对 FROM 作业不执行操作（stage 表和 stagin 表均为数据迁移过程中生成的表）。

2. Sqoop 的基本用法

Sqoop 使用唯一名称或持久 ID 来标识连接器、链接、作业和配置，Sqoop 支持按实体的唯一名称或永久数据库 ID 来查询实体。

1）启动 Sqoop 客户端

可以使用以下操作命令以交互模式启动 Sqoop 客户端：

```
sqoop2-shell
```

配置 Sqoop 客户端以使用 Sqoop 服务器，操作命令如下：

```
sqoop:000> 设置服务器 --host your.host.com --port 12000 --webapp sqoop
```

启动 Sqoop 客户端后，可以通过简单的版本检查验证链接是否正常工作，执行 show version –all 命令后会收到如下所示的输出内容。该输出内容描述了 Sqoop 客户端构建版本、Sqoop 服务器构建版本和其余 API 的支持版本。

```
sqoop:000> show version --all
client version:
   Sqoop 2.0.0-SNAPSHOT source revision 418c5f637c3f09b94ea7fc3b0a46108
31373a25f
  Compiled by vbasavaraj on Mon Nov  3 08:18:21 PST 2021
server version:
   Sqoop 2.0.0-SNAPSHOT source revision 418c5f637c3f09b94ea7fc3b0a46108
31373a25f
  Compiled by vbasavaraj on Mon Nov  3 08:18:21 PST 2021
API versions:
   [v1]
```

也可以使用 help 命令查看 Sqoop shell 中所有支持的命令，操作命令及结果如下：

```
sqoop:000> help
For information about Sqoop, visit: http://sqoop.apache.org/
Available commands:
  exit     (\x  ) Exit the shell
  history  (\H  ) Display, manage and recall edit-line history
  help     (\h  ) Display this help message
  set      (\st ) Configure various client options and settings
  show     (\sh ) Display various objects and configuration options
  create   (\cr ) Create new object in Sqoop repository
  delete   (\d  ) Delete existing object in Sqoop repository
```

```
update  (\up ) Update objects in Sqoop repository
clone   (\cl ) Create new object based on existing one
start   (\sta) Start job
stop    (\stp) Stop job
status  (\stu) Display status of a job
enable  (\en ) Enable object in Sqoop repository
disable (\di ) Disable object in Sqoop repository
```

2）创建链接对象

检查 Sqoop 服务器上已注册的连接器，执行 show connector 命令可以检查 Sqoop 服务器上已注册的连接器，例如：

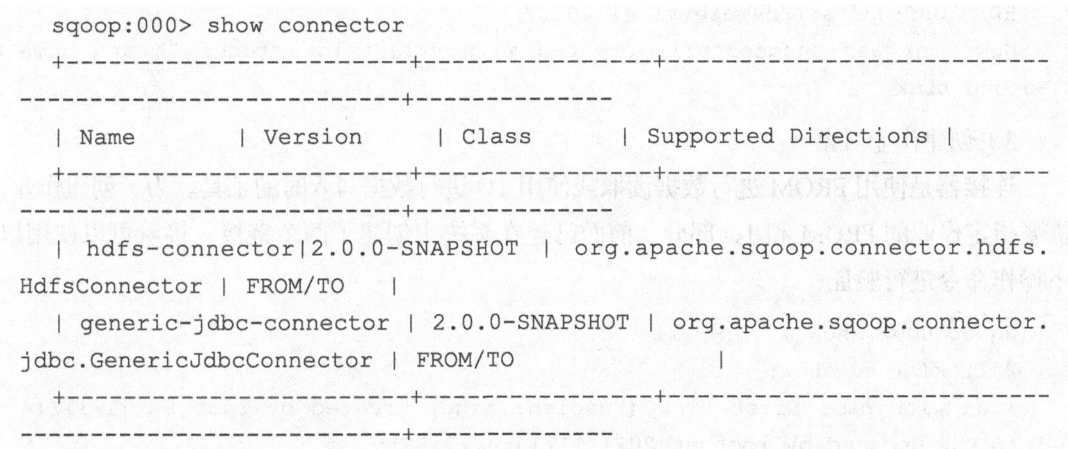

```
sqoop:000> show connector
+-----------------------+-----------------+----------------------------------------------------------+---------------
| Name         | Version      | Class       | Supported Directions |
+-----------------------+-----------------+----------------------------------------------------------+---------------
| hdfs-connector|2.0.0-SNAPSHOT  | org.apache.sqoop.connector.hdfs.HdfsConnector | FROM/TO    |
| generic-jdbc-connector | 2.0.0-SNAPSHOT | org.apache.sqoop.connector.jdbc.GenericJdbcConnector | FROM/TO              |
+-----------------------+-----------------+----------------------------------------------------------+---------------
```

上面示例包含两个连接器，通用 JDBC 连接器是一个基本的连接器，依靠在 Java JDBC 接口用于与数据源的通信，该连接器需要与提供 JDBC 驱动程序的最常见数据库一起使用，并且必须单独安装 JDBC 驱动程序。示例中的通用 JDBC 连接器的名称为 generic-jdbc-connector，下面命令将使用该值为此连接器创建新的链接对象，操作命令中需注意链接名称是唯一的。

```
sqoop:000> create link -connector generic-jdbc-connector
Creating link for connector with name generic-jdbc-connector
Please fill following values to create new link object
Name: First Link

Link configuration
JDBC Driver Class: com.mysql.jdbc.Driver
JDBC Connection String: jdbc:mysql://mysql.server/database
Username: sqoop
Password: *****
JDBC Connection Properties:
There are currently 0 values in the map:
entry#protocol=tcp
```

```
New link was successfully created with validation status OK name First Link
```

新链接对象是使用指定的名称 First Link 创建的。当执行 show connector -all 命令时，可以看到注册了一个 hdfs-connector，下面命令将为 hdfs-connector 创建另一个链接对象：

```
sqoop:000> create link -connector hdfs-connector
Creating link for connector with name hdfs-connector
Please fill following values to create new link object
Name: Second Link

Link configuration
HDFS URI: hdfs://nameservice1:8020/
New link was successfully created with validation status OK and name Second Link
```

3）创建作业对象

连接器是使用 FROM 进行数据读取或使用 TO 进行数据写入时的工具。为了创建作业，需要指定作业的 FROM 和 TO 部分，前面已经在系统中创建了两个链接，接着可以使用以下操作命令进行验证：

```
sqoop:000> show link --all
2 link(s) to show:
link with name First Link (Enabled: true, Created by root at 11/11/14 4:27 PM, Updated by root at 2021/11/14 4:27 PM)
Using Connector with name generic-jdbc-connector
  Link configuration
    JDBC Driver Class: com.mysql.jdbc.Driver
    JDBC Connection String: jdbc:mysql://mysql.ent.cloudera.com/sqoop
    Username: sqoop
    Password:
    JDBC Connection Properties:
      protocol = tcp
link with name Second Link (Enabled: true, Created by root at 11/11/14 4:38 PM, Updated by root at 2021/11/14 4:38 PM)
Using Connector with name hdfs-connector
  Link configuration
    HDFS URI: hdfs://nameservice1:8020/
```

接下来，可以使用两个链接名称来关联作业的 FROM 和 TO，操作命令及结果如下：

```
sqoop:000> create job -f "First Link" -t "Second Link"
 Creating job for links with from name First Link and to name Second Link
 Please fill following values to create new job object
 Name: Sqoopy
```

```
FromJob configuration
  Schema name:(Required)sqoop
  Table name:(Required)sqoop
  Table SQL statement:(Optional)
  Table column names:(Optional)
  Partition column name:(Optional) id
  Null value allowed for the partition column:(Optional)
  Boundary query:(Optional)
ToJob configuration
  Output format:
   0 : TEXT_FILE
   1 : SEQUENCE_FILE
  Choose: 0
  Compression format:
   0 : NONE
   1 : DEFAULT
   2 : DEFLATE
   3 : GZIP
   4 : BZIP2
   5 : LZO
   6 : LZ4
   7 : SNAPPY
   8 : CUSTOM
  Choose: 0
  Custom compression format:(Optional)
  Output directory:(Required)/root/projects/sqoop
  Driver Config
  Extractors:(Optional) 2
  Loaders:(Optional) 2
  New job was successfully created with validation status OK  and name
jobname
```

新作业对象是用指定的名称 Sqoopy 创建的，若分区列允许有空值，则 Sqoop 至少需要两个提取器才能进行数据迁移。在这种情况下，指定一个提取器时，Sqoop 应忽略此设置并继续使用两个提取器。

4）数据迁移

使用以下操作命令启动 Sqoop 数据迁移任务：

```
sqoop:000> start job -name Sqoopy
Submission details
Job Name: Sqoopy
Server URL: http://localhost:12000/sqoop/
Created by: root
Creation date: 2021-11-14 19:43:29 PST
```

```
Lastly updated by: root
External ID: job_1412137947693_0001
  http://vbsqoop-1.ent.cloudera.com:8088/proxy/application_1412137947693_0001/
2021-11-14 19:43:29 PST: BOOTING  - Progress is not available
```

使用 status job 命令反复检查正在运行的作业状态：

```
sqoop:000> status job -n Sqoopy
Submission details
Job Name: Sqoopy
Server URL: http://localhost:12000/sqoop/
Created by: root
Creation date: 2021-11-14 19:43:29 PST
Lastly updated by: root
External ID: job_1412137947693_0001
  http://vbsqoop-1.ent.cloudera.com:8088/proxy/application_1412137947693_0001/
2021-11-14 20:09:16 PST: RUNNING  - 0.00 %
```

或者，也可以使用以下操作命令启动 Sqoop 作业并观察作业运行状态：

```
sqoop:000> start job -n Sqoopy -s
Submission details
Job Name: Sqoopy
Server URL: http://localhost:12000/sqoop/
Created by: root
Creation date: 2021-11-14 19:43:29 PST
Lastly updated by: root
External ID: job_2112137947693_0001
  http://vbsqoop-1.ent.cloudera.com:8088/proxy/application_2112137947693_0001/
2021-11-14 19:43:29 PST: BOOTING  - Progress is not available
2021-11-14 19:43:39 PST: RUNNING  - 0.00 %
2021-11-14 19:43:49 PST: RUNNING  - 10.00 %
```

最后，停止数据迁移任务的运行，操作命令如下：

```
sqoop:000> stop job -n Sqoopy
```

【任务实施】

1. 数据准备

在 Master 节点机上通过 MySQL 写入数据，操作命令及结果如下：

```
[hadoop@Master ~]$ mysql -hmaster -usqoop -pYun@123456
mysql> show databases;
+--------------------+
| Database           |
+--------------------+
```

```
| information_schema |
| hive               |
| mysql              |
| performance_schema |
| sqoop              |
+--------------------+
5 rows in set (0.01 sec)
mysql> use sqoop;
Reading table information for completion of table and column names
You can turn off this feature to get a quicker startup with -A
Database changed
mysql> create table teacher(id int,name varchar(20),primary key(id));
Query OK, 0 rows affected (0.06 sec)
mysql> show tables;
+-----------------+
| Tables_in_sqoop |
+-----------------+
| dept            |
| teacher         |
+-----------------+
2 rows in set (0.00 sec)
mysql> insert into teacher values(2021010001,'石老师');
Query OK, 1 row affected (0.02 sec)
mysql> insert into teacher values(2021010002,'谢老师');
Query OK, 1 row affected (0.00 sec)
mysql> insert into teacher values(2021010003,'花老师');
Query OK, 1 row affected (0.00 sec)
mysql> insert into teacher values(2021010004,'蔡老师');
Query OK, 1 row affected (0.00 sec)
mysql> insert into teacher values(2021010005,'邓老师');
Query OK, 1 row affected (0.00 sec)
mysql> insert into teacher values(2021010006,'陈老师');
Query OK, 1 row affected (0.00 sec)
mysql> select * from teacher;
+------------+-----------+
| id         | name      |
+------------+-----------+
| 2021010001 | 石老师    |
| 2021010002 | 谢老师    |
| 2021010003 | 花老师    |
| 2021010004 | 蔡老师    |
| 2021010005 | 邓老师    |
| 2021010006 | 陈老师    |
```

```
+-------------+-----------+
6 rows in set (0.01 sec)
```

2. 将 MySQL 中的数据迁移到 HBase 中

（1）启动 HBase shell 创建表 hbase_teacher，操作命令及结果如下：

```
[hadoop@Master ~]$ hbase shell
hbase(main):001:0> create 'hbase_teacher','col_family'
Created table hbase_teacher
Took 2.1538 seconds
=> Hbase::Table - hbase_teacher
hbase(main):002:0> list
TABLE
hbase_teacher
1 row(s)
Took 0.0530 seconds
=> ["hbase_teacher"]
```

（2）将 MySQL 的 teacher 表导入 HBase 中，操作命令如下：

```
[hadoop@Master ~]$ sqoop import --connect jdbc:mysql://Master:3306/
sqoop --username sqoop --password Yun@123456 --table teacher --hbase-
create-table --hbase-table hbase_teacher --column-family col_family
--hbase-row-key id
```

（3）进入 HBase shell 环境中查看 HBase 的 teacher 记录，操作命令及结果如下：

```
[hadoop@Master ~]$ hbase shell
hbase(main):002:0> scan 'hbase_teacher', {FORMATTER => 'toString'}
ROW                  COLUMN+CELL
 2021010001            column=col_family:name, timestamp=1640153395356,
value=石老师
 2021010002            column=col_family:name, timestamp=1640153395356,
value=谢老师
 2021010003            column=col_family:name, timestamp=1640153398563,
value=花老师
 2021010004            column=col_family:name, timestamp=1640153389185,
value=蔡老师
 2021010005            column=col_family:name, timestamp=1640153396488,
value=邓老师
 2021010006            column=col_family:name, timestamp=1640153396488,
value=陈老师
6 row(s)
Took 0.0501 seconds
```

3. 在 MySQL 与 Hive 之间进行数据迁移

（1）将 MySQL 的 teacher 表导入 Hive 中，操作命令及结果如下：

```
[hadoop@Master ~]$ sqoop import --connect jdbc:mysql://Master:3306/
sqoop  --username sqoop --password Yun@123456 --table teacher -m 1
--hive-import
...
21/12/22 12:53:57 INFO hive.metastore: Closed a connection to
metastore, current connections: 0
21/12/22 12:53:57 INFO hive.HiveImport: Hive import complete.
21/12/22 12:53:57 INFO hive.HiveImport: Export directory is contains
the _SUCCESS file only, removing the directory.
```

（2）查看 Hive 表的数据，操作命令及结果如下：

```
[hadoop@Master ~]$ hive
hive> show tables;
OK
dept_table
emp_table
teacher
Time taken: 0.78 seconds, Fetched: 3 row(s)
hive> select * from teacher;
OK
2021010001        石老师
2021010002        谢老师
2021010003        花老师
2021010004        蔡老师
2021010005        邓老师
2021010006        陈老师
Time taken: 1.26 seconds, Fetched: 6 row(s)
```

（3）清空 MySQL 的 teacher 表，操作命令及结果如下：

```
[hadoop@Master ~]$ mysql -hmaster -usqoop -pYun@123456
mysql>  use sqoop;
Reading table information for completion of table and column names
You can turn off this feature to get a quicker startup with -A
Database changed
mysql> show tables;
+-----------------+
| Tables_in_sqoop |
+-----------------+
| dept            |
| teacher         |
+-----------------+
```

```
2 rows in set (0.00 sec)
mysql> truncate teacher;
Query OK, 0 rows affected (0.03 sec)
mysql> select * from teacher;
Empty set (0.00 sec)
```

（4）将 Hive 中的 teacher 表导出到 MySQL 中，操作命令如下：

```
[hadoop@Master ~]$ sqoop export --connect jdbc:mysql://master:3306/
sqoop  --username sqoop --password Yun@123456 --table teacher -m 1
--export-dir /hive/warehouse/teacher --input-fields-terminated-by '\0001'
```

（5）在 MySQL 中查询 teacher 表，操作命令及结果如下：

```
[hadoop@Master ~]$ mysql -hmaster -usqoop -pYun@123456
mysql>  use sqoop;
Reading table information for completion of table and column names
You can turn off this feature to get a quicker startup with -A
Database changed
mysql> show tables;
+-----------------+
| Tables_in_sqoop |
+-----------------+
| dept            |
| teacher         |
+-----------------+
2 rows in set (0.00 sec)
mysql>  select * from teacher;
+------------+----------+
| id         | name     |
+------------+----------+
| 2021010001 | 石老师   |
| 2021010002 | 谢老师   |
| 2021010003 | 花老师   |
| 2021010004 | 蔡老师   |
| 2021010005 | 邓老师   |
| 2021010006 | 陈老师   |
+------------+----------+
6 rows in set (0.00 sec)
```

同步训练

一、简答题

1. 简答 Sqoop 的概念。

2. 简答 Sqoop 的优势。

二、操作题

1. 准备数据

student 表的结构如表 9-17 所示。

表 9-17　student 表的结构

序　号	字　段	类　型
1	id	
2	name	
3	class	
4	age	
5	high	

student 表的内容如下：

1001, James, 12, 16, 158

1002, Mark, 34, 17, 169

1003, Henry, 13, 18, 178

1004, Kitte, 24, 17, 175

1005, Tom, 23, 20, 180

2. 使用 Sqoop 把全部数据导入 HDFS 的 /MysqlToHDFS1 目录中。

3. 使用 Sqoop 把部分数据导入 HDFS 的 /MysqlToHDFS2 目录中，并使用 where 指定 age=17 的条件查询语句查询数据。

项目 10　Flume 日志收集系统

【项目介绍】

Apache Flume（以下简称 Flume）是一个分布式、可靠且可用的系统，用于有效地收集、聚合来自许多不同来源的大量日志数据并将其集中存储。Flume 使用一个简单灵活的架构，即流数据模型。Flume 这套架构实现对日志流数据的实时在线分析，这是一个可靠、容错的服务。在开始学习 Flume时，首先要了解Flume的架构，熟悉基本组件的使用，掌握 Flume 的安装和运行方法；能够阅读官方文档并完成简单的案例；重点掌握 Flume 拦截器、日志采集。本项目将首先介绍 Flume 的基本概念、特点和基本架构，然后进行 Flume 的分布式安装和部署，最后通过入门案例和应用案例重点介绍使用 Flume 工具进行日志收集的方法和步骤。

本项目分解为以下 3 个任务：

任务 1　Flume 系统概述

任务 2　Flume 安装和部署

任务 3　Flume 应用案例

【学习目标】

- 了解 Flume 的基本概念和特点；
- 理解 Flume 的基本架构；
- 熟练掌握 Flume 的安装和部署；
- 熟练掌握使用 Flume 工具进行日志收集的方法和步骤；
- 能够部署和配置 Flume 分布式开发环境；
- 熟悉 Source、Sink、Channel 的使用方法。

任务 1　Flume 系统概述

【任务概述】

本任务主要介绍 Flume 的背景知识、基本概念、特点和基本架构。

【支撑知识】

1.Flume 的基本概念

1）Flume 基本概念

Flume 原是 Cloudera 公司提供的一个高可用的、高可靠的、分布式海量日志采集、聚合和传输系统，而后纳入 Apache 旗下，作为一个顶级开源项目。在 Flume 纳入 Apache 旗下后，开发人员对 Cloudera Flume 的代码进行了重构，同时对 Flume 的功能进行了补充和加强，并重命名为 Apache Flume，当前有两个可用的发行版本——0.9.x 和 1.x，本书主要介绍 1.x 版本。

Flume 的核心是把数据从数据源收集过来，再将收集到的数据送到指定的目的地。为了保证传送的过程一定成功，在送到目的地之前，会先缓存数据，待数据真正到达目的地后，Flume 再删除自己缓存的数据。Flume 支持定制各类数据发送方，用于收集各种类型数据；同时，Flume 支持定制各种数据接收方，用于最终存储数据。

2）Flume 的基本思想

Flume 最初是由 Cloudera 工程师开发的日志收集和聚集系统，后来逐步演化成支持任何流式数据收集的通用系统。Flume 采用了插拔式软件架构，所有组件均是可插拔的，用户可以根据自己的需求定制每个组件。Flume 本质上是一个中间件，它屏蔽了流式数据源和后端中心化存储系统之间的异构性，使得整个数据流非常容易扩展和演化。

2.Flume 的应用场景

Flume 是一种高度可靠、分布式和可配置的工具。它主要用于将流式数据（日志数据）从各种 Web 服务器中复制到 HDFS 上。假设电子商务 Web 应用程序想要分析来自特定区域的客户行为，为此需要将可用的日志数据移动到 Hadoop 上进行分析，在此场景中 Flume 工具就可以发挥日志收集的功能。Flume 用于将应用程序服务器生成的日志数据以更高的速度移动到 HDFS 中，Flume 的应用场景如图 10-1 所示。

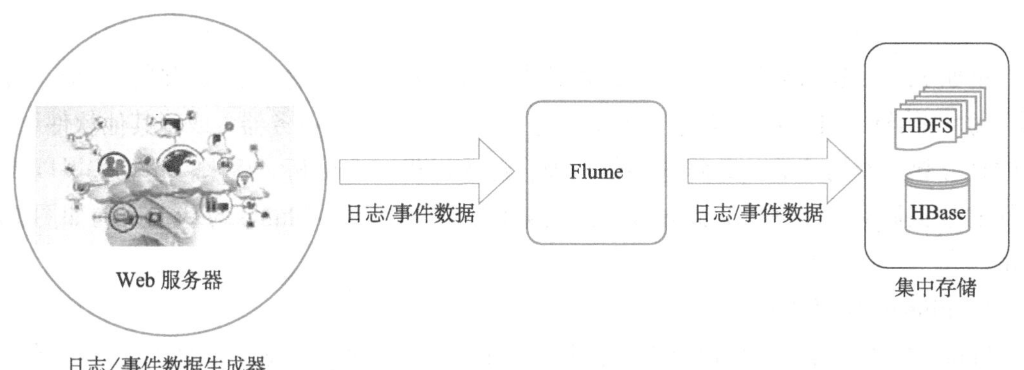

图 10-1　Flume 的应用场景

3. Flume 的特点

总结起来，Flume 主要具备以下几个特点。

（1）良好的扩展性。

Flume 架构是完全分布式的，没有任何中心化组件，这使得它非常容易扩展。

（2）高度定制化。

各个组件（如 Source、Channel 和 Sink 等）是可插拔的，用户很容易根据需求进行定制。

（3）声明式动态化配置。

Flume 提供了一套声明式动态化配置语言，用户可根据需求动态配置一个基于 Flume 的数据流拓扑结构。

（4）语意路由。

可根据用户的设置要求，将流式数据路由到不同的组件或存储系统中，这使得搭建一个支持异构的数据流变得非常容易。

（5）具有高可靠性。

Flume 的源和接收器（Sink）分别封装在事务中，可以确保事件集在数据流中从一个点到另一个点进行可靠的传输。

（6）具有可恢复性。

事件存储在通道中，当 Flume 出现故障时，通道负责恢复数据。

（7）数据缓存。

当收集数据的速度超过写入数据速度的时候，保证 Flume 架构能够在两者之间提供平衡。

（8）容错性高。

Flume 的管道基于事务，保证了数据在传送和接收时的一致性。容错性高、可升级、易管理，并且可定制。

4. Flume 的基本架构

正如 Flume 这个名词的本意，这项技术可以从数据源传输大量数据到目的地。与物理上的水槽类似，Flume 这项技术也是为了传输存储在各个服务器（或者其他软件组件）中的日志数据而构建的，并将这些数据聚合起来以供整合分析。后来，它被扩展以支持不同的数据源和目的地。Flume 基于流式架构，简单灵活。Flume 的基本架构如图 10-2 所示。

1）Flume 基本架构

Flume 日志采集是通过拼装若干个 Agent 完成的，Agent 是最小的日志采集单元。Agent 是一个 JVM 进程，它以事件的形式将数据从源头传送至目的地，是 Flume 数据传输的基本单元。Agent 主要有 3 个部分：Source、Channel、Sink。

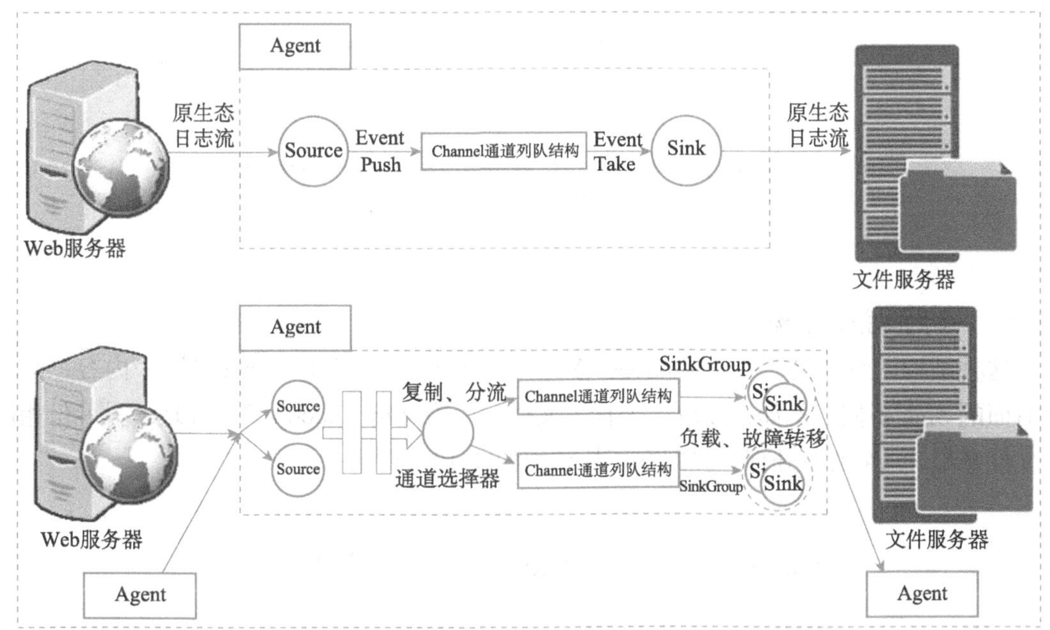

图 10-2　Flume 的基本架构

（1）Source。

Source 是负责接收数据到 Agent 中的组件，Source 组件可以处理各种类型、各种格式的日志数据。

（2）Channel。

Channel 是位于 Source 和 Sink 之间的缓冲区，因此，Channel 允许 Source 和 Sink 运行在不同的速率上。Channel 是线程安全的，可以同时处理几个 Source 的写入操作和几个 Sink 的读取操作。

（3）Sink。

Sink 不断地轮询 Channel 中的事件且批量地移除它们，并将这些事件批量写入存储或索引系统中，或者发送给另一个 Agent。Sink 是完全事务性的，在从 Channel 批量删除数据之前，每个 Sink 使用 Channel 启动一个事件。

（4）Event。

Event（事件）是传输单元，Flume 数据传输的基本单元，以事件的形式将数据从源头传送至目的地。

2）Flume 拓扑结构

Flume 的拓扑结构有以下几种。

（1）点对点拓扑结构。

这是最简单的方式，有两个 Flume，一个 Flume 的 Sink 是另一个 Flume 的 Source，这种结构有点像链式结构，后面还可以加节点。点对点拓扑结构如图 10-3 所示。

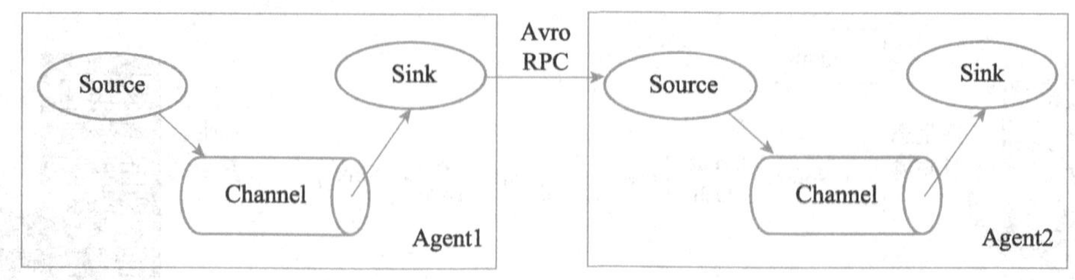

图 10-3　点对点拓扑结构

（2）多副本拓扑结构。

这种结构的特点是：一个 Source，多个 Channel，而多个 Channel 是同一内容，只不过后面的 Sink 不同。例如，读取一个日志文件，一份交给 Hadoop 离线处理，另一份相同的文件交给 Spark 实时处理。多副本拓扑结构如图 10-4 所示。

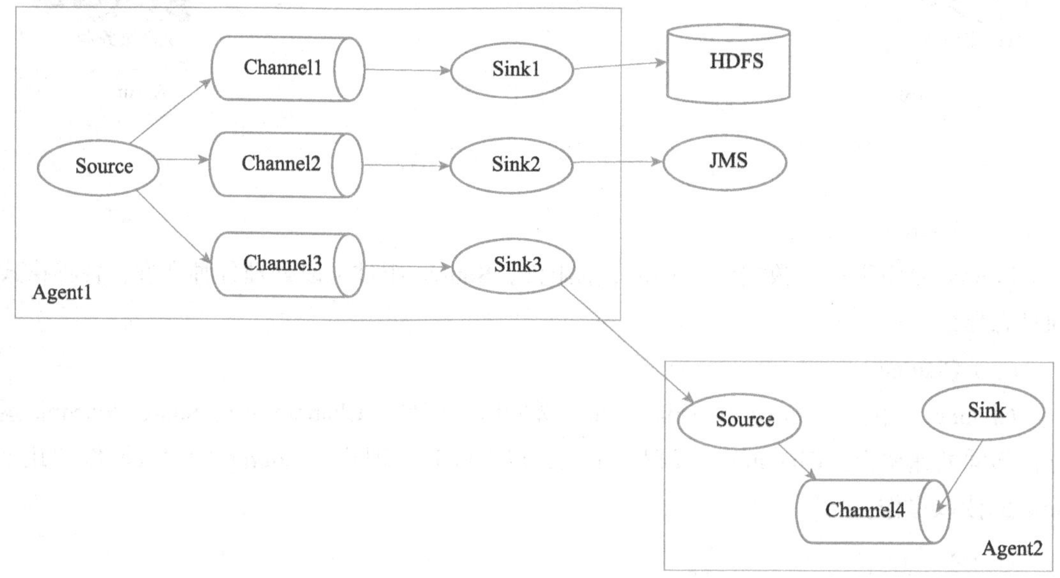

图 10-4　多副本拓扑结构

（3）聚合模式拓扑结构。

这种结构的设计针对的是集群，例如，正常的大数据服务不可能是单个服务器，几乎都是集群，那么每个集群都会产生日志文件，为了收集每个日志文件，就采用这种结构。聚合模式拓扑结构如图 10-5 所示。

任务 2　Flume 安装和部署

【任务概述】

Flume 最主要的作用就是实时地读取服务器本地磁盘的数据，将数据写入 HDFS 中。

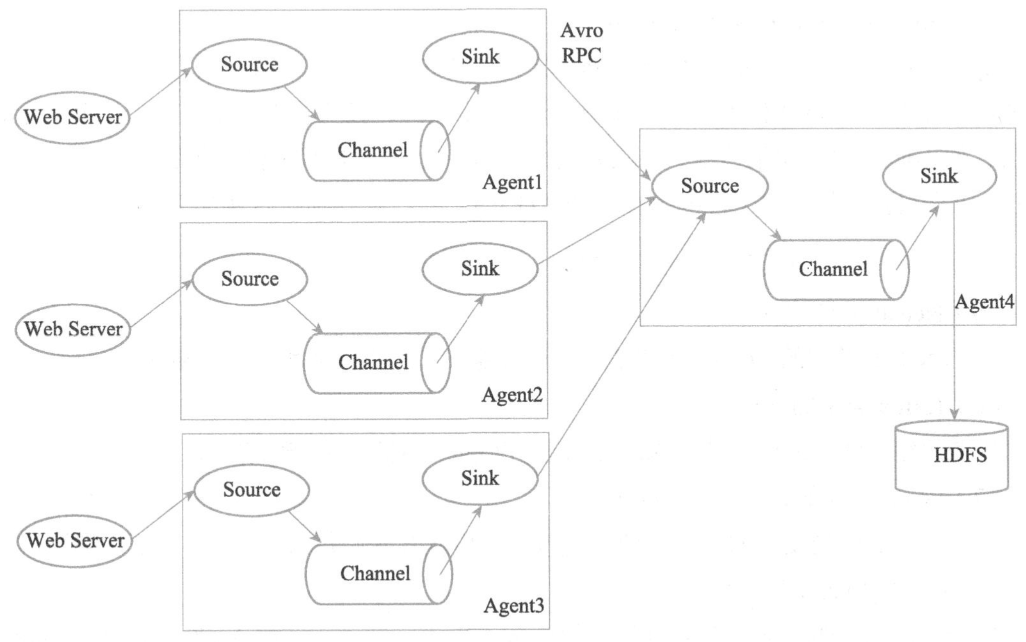

图 10-5　聚合模式拓扑结构

本任务将进行 Flume 的安装和部署。

【支撑知识】

1. Flume 基础组件介绍

1）常见的 Source 类型

（1）Avro 类型的 Source。

通过监听 Avro 端口来接收外部 Avro 客户端的事件流。Avro Source 接收到的是经过 Avro 序列化后的数据，然后反序列化数据继续传送，所以如果是 Avro Source，源数据必须是经过 Avro 序列化后的数据。利用 Avro Source 可以实现多级流动、扇出流、扇入流等效果，接收通过 Flume 提供的 Avro 客户端发送的日志信息。

（2）Exec 类型的 Source。

该类型的 Source 可以将命令产生的输出作为源，例如：

```
a1.sources.r1.command=ping 192.168.234.163
```

（3）Taildir 类型的 Source。

Taildir 类型的 Source 监控指定的多个文件，一旦文件内有新写入的数据，就会将其写入指定的 Sink 内，可靠性高，不会丢失数据，建议使用，但目前不适用于 Windows 系统；其不会对跟踪的文件进行任何处理，不会重命名也不会删除，不会做任何修改，这点比 Spooling Source 有优势；目前不支持读取二进制文件，支持一行一行地读取文本文件；在实时数据处理中，可以用该方式取代 Exec 方式，因为该方式可靠性高。

（4）Spooling Directory 类型的 Source。

Spooling Directory 类型的 Source 将指定的文件加入“自动搜集”目录中。Flume 会持续监听这个目录，将文件作为 Source 来处理。注意：一旦文件被放到“自动收集”目录中后，便不能修改，如果修改，Flume 就会报错。此外，也不能有重名的文件，如果有，Flume 也会报错，如读取文件的路径，即“搜集目录”，操作命令示例如下：

```
a1.sources.r1.spoolDir=/home/work/data
```

（5）Netcat 类型的 Source。

一个 Netcat 类型的 Source 用来监听一个指定端口，并接收监听到的数据。

（6）Kafka 类型的 Source。

Kafka 类型的 Source 支持从 Kafka 指定的 topic（主题）中读取数据。

（7）Sequence Generator 类型的 Source。

一个简单的序列发生器，不断地产生事件，值从 0 开始每次递增 1，主要用来测试。

2）常见的 Channel 类型

Channel 可以理解为一个临时的存储空间，Source 将 Event 放入 Channel 中，Sink 再取走。Flume 提供了 4 种可以用于生产环境的 Channel。

（1）Memory 通道。

基于内存的 Channel，实际上就是将 Event 存放于内存中一个固定大小的队列中。其优点是速度快，缺点是可能丢失数据。Memory 通道可配置属性如表 10-1 所示。

表 10-1　Memory 通道可配置属性

属　性	默　认	说　明
type	memory	type 的默认值为 memory
capacity	100	存储在 Channel 中的最多 Event 个数
transactionCapacity	100	每个事务中从 Source 中获取或者发送到 Sink 中的 Event 的最多个数
keep-alive	3	添加或者删除一个 Event 的超时时间，单位为秒
byteCapacityBufferPercentage	20	byteCapacity 和预估的所有 Event 大小之间的 buffer
byteCapacity	—	内存中允许存放的所有 Event 的字节的最大值

（2）JDBC 通道。

将 Event 存放于一个支持 JDBC 连接的数据库中，目前官方推荐的是 Derby 库，其优点是数据可以恢复，JDBC 通道可配置属性如表 10-2 所示。

表 10-2　JDBC 通道可配置属性

属　性	默　认	说　明
type	—	这里为 jdbc
db.type	DERBY	数据库类型
driver.class	org.apache.derby.jdbc.EmbeddedDriver	数据库驱动类
driver.url	—	jdbc connnection url
db.username	sa	用户名
db.password	—	密码
connection.properties.file	—	连接配置文件
create.scheme	true	如果 scheme 不存在是否创建
create.index	true	是否创建索引
create.foreignkey	true	是否可以有外键约束

（3）File 通道。

在磁盘上指定一个目录用于存放 Event，同时也可以指定目录的大小。优点是数据可恢复，相对 Memory Channel 来说，缺点是要频繁地读取磁盘、速度较慢。File 通道可配置属性如表 10-3 所示。

表 10-3　File 通道可配置属性

属　性	默　认	说　明
type	—	这里为 file
checkpointDir	~/.flume/file-channel/checkpoint	检查点存放目录
useDualCheckpoints	false	检查点的备份。如果这个参数设置为 true，backupCheckpointDir 必须设置
backupCheckpointDir	—	此目录作为检查点目录的备用目录
必须与 checkpointDir 不同	—	
dataDirs	~/.flume/file-channel/data	可以使用逗号分隔多个路径
transactionCapacity	10000	Channel 中能支持的事务的最大数量
maxFileSize	2146435071	单个文件的最大字节数
minimumRequiredSpace	524288000	需要的最小空闲空间，单位为 byte
capacity	1000000	Channel 的最大容量
keep-alive	3	等待 put 操作的总时间，单位为秒
use-log-replay–v1	false	使用旧的 replay（回放）逻辑
use-fast-replay	false	replay 时不使用队列
checkpointOnClose	true	控制是否创建一个 checkpoint，当 Channel 关闭时
encryption.activeKey	—	用来加密数据的 key 的名称
encryption.cipherProvider	—	加密方式，支持的类型有 AESCTRNOPADDING

续表

属　性	默　认	说　明
encryption.keyProvider	—	key 的类型，支持的类型有 JCEKSFILE
encryption.keyProvider.keyStoreFile	—	key 文件存放的路径
encryption.keyProvider.keyStorePasswordFile	—	密码存放的路径

（4）Spillable 内存通道。

Event 存放在内存和磁盘上，内存作为主要存储空间，当内存达到一定临界点的时候会溢写到磁盘上。Spillable 内存通道可配置属性如表 10-4 所示。

表 10-4　Spillable 内存通道可配置属性

属　性	默　认	说　明
type	—	这里为 SPILLABLEMEMORY
memoryCapacity	10000	内存队列中可以存放的 Event 的最多个数
overflowCapacity	100000000	溢写空间能存放的 Event 的最大值
overflowTimeout	3	当内存写满开始溢写到磁盘上的等待时间，单位为秒
byteCapacityBufferPercentage	20	byteCapacity 和预估的所有 Event 大小之间的 buffer
byteCapacity	—	内存中允许存放的所有 Event 的字节最大值

3）常见的 Sink 类型

（1）Logger Sink：将信息显示在标准输出设备上，主要用于测试。

（2）Avro Sink：将 Event 发送到 Sink 中，转换为 Avro Event，并发送到配置好的 hostname 端口，从配置好的 Channel 按照配置好的批量大小批量获取 Event。

（3）null Sink：将接收到的 Event 全部丢弃。

（4）HDFS Sink：将 Event 写入 HDFS 中。支持创建文本和序列文件，支持两种文件类型的压缩。文件可以基于数据的经过时间、大小、事件的数量周期性地滚动。

（5）Hive Sink：该 Sink 流将包含分割文本或者 JSON 数据的 Event 直接传送到 Hive 表或分区中（需开启 Hive 事务写入事件）。

2. Flume 用户指南

1）系统要求

本项目部署的是 Flume1.9 版本，在使用 Flume 进行开发前需要根据官方文档，必须先准备好相关软件，系统要满足以下要求。

（1）Java 运行环境：安装 Java1.8 或更高版本 Java 运行环境。

（2）内存要求：提供足够的内存空间配置 Source、Channel 和 Sink。

（3）磁盘空间：磁盘空间大小能满足 Channel 和 Sink。

（4）目录权限：Agent（代理）有权限对目录进行读取 / 写入操作。

2）数据来源

Flume 支持多种从外部来源获取数据的机制。

（1）RPC。

Flume 发行版本中包含的 Avro 客户端可以使用 Avro RPC 机制将给定文件发送到 Avro Source 中。

（2）执行命令。

通过执行给定命令并使用输出的 Exec Source，输出的单行，即文本后跟回车键（“\r”）或换行键（“\n”）或两者一起。

（3）网络流。

Flume 支持以下机制从常用日志流类型中读取数据，如 Avro、Thrift、Syslog、Netcat。

3）相关设置

（1）Agent 设置。

Agent 配置存储在本地配置文件中。这是一个遵循 Java 属性文件格式的文本文件。可以在同一配置文件中指定一个或多个 Agent 的配置。

（2）配置单个组件。

数据流中的每个组件（Source、Sink 或 Channel）都具有特定类型和实例化的名称，类型和属性集。

（3）将各个部分连接在一起。

Agent 需要知道要加载哪些组件以及它们如何连接以构成流程。这是通过列出 Agent 中每个 Source、Sink 和 Channel 的名称，然后为每个 Sink 和 Source 指定连接 Channel 来完成的。

（4）启动 Agent。

使用名称为 flume-ng 的 shell 脚本启动 Agent 程序，该脚本位于 Flume 发行版本的 bin 目录中，需要在命令行上指定 Agent 名称、Config 目录和配置文件。

（5）示例配置文件。

```
# example.conf: 单节点机 Flume 配置
# 命名这个代理上的组件
a1.sources = r1
a1.sinks = k1
a1.channels = c1
# 描述 / 配置源
a1.sources.r1.type = netcat
a1.sources.r1.bind = localhost
a1.sources.r1.port = 44444
# 描述接收器
a1.sinks.k1.type = logger
# 使用一个通道缓冲内存中的事件
```

```
a1.channels.c1.type  =  memory
a1.channels.c1.capacity  =  1000
a1.channels.c1.transactionCapacity  =  100
# 将 Source 和 Sink 绑定到通道中
a1.sources.r1.channels  =  c1
a1.sinks.k1.channel  =  c1
```

此配置定义名为 a1 的单个 Agent 配置，a1 有一个监听端口 44444 上的数据的 Source，一个缓冲内存中 Event 数据的 Channel，以及一个将 Event 数据记录到控制台中的 Sink。配置文件中定义各种组件，然后描述其类型和配置参数。给定的配置文件可能会定义几个命名的 Agent，当一个给定的 Flume 进程启动时，会传递一个标志，告诉它要显示哪个 Agent。

（6）在配置文件中使用环境变量。

Flume 能够替换配置中的环境变量，例如：

```
a1.sources = r1
a1.sources.r1.type = netcat
a1.sources.r1.bind = 0.0.0.0
a1.sources.r1.port = ${NC_PORT}
a1.sources.r1.channels = c1
```

（7）记录原始数据。

在许多生产环境中可能导致泄露敏感数据或与安全相关配置信息（如密钥）到 Flume 日志文件中。默认情况下，Flume 不会记录此类信息。另外，如果数据管道被破坏，Flume 将尝试提供调试 DEBUG 的线索。调试 Event 管道问题的一种方法是设置连接到 Logger Sink 的附加内存 Channel，它将所有 Event 数据输出到 Flume 日志中。但是，在某些情况下，只有这种方法是不够的。

为了能够记录 Event 和与配置相关的数据，除 log4j 属性外，还必须设置一些 Java 系统属性。要启用与配置相关的日志记录，请设置 Java 系统属性 -Dorg.apache.flume.log.printconfig=true 。这可以在命令行上传递，也可以在 flume-env.sh 文件中的 JAVA_OPTS 变量中设置。要启用数据记录，请按照上述相同方式设置 Java 系统属性 -Dorg.apache.flume.log.rawdata=true 。对于大多数组件，还必须将 log4j 日志记录级别设置为 DEBUG 或 TRACE，以使特定的 Event 的日志记录显示在 Flume 日志中。

（8）基于 Zookeeper 的配置。

Flume 通过 Zookeeper 支持 Agent 配置，这是一个实验性功能。配置文件需要在可配置前缀下的 Zookeeper 中上传，配置文件存储在 Zookeeper 节点机数据中。以下是 Agent 商 a1 和 a2 的 Zookeeper 节点树的外观：

```
- /flume
 |- /a1 [Agent config file]
 |- /a2 [Agent config file]
```

上传配置文件后，使用以下参数（如表 10-5 所示）启动 Agent：

```
$ bin/flume-ng agent -conf conf -z zkhost:2181,zkhost1:2181 -p /flume -
name a1 -Dflume.root.logger=INFO,console
```

表 10-5　Zookeeper 中参数及描述

参　数	默　认	描　述
z	—	Zookeeper 连接字符串。用逗号分隔主机名列表：端口
p	/flume	Zookeeper 中用于存储代理配置的基本路径

Flume 拥有完全基于插件的架构。虽然 Flume 附带了许多即时可用的 Source、Channel、Sink、Serializers（串行器）等，但许多都与 Flume 分开运行。

（9）目录。

plugins.d 目录位于 $FLUME_HOME/plugins.d 。在启动时，flume-ng 启动脚本在 plugins.d 目录中查找格式正确的插件，并在启动 Java 时将它们包含在正确的路径中。

（10）插件的目录布局。

plugins.d 中的每个插件（子目录）最多可以有 3 个子目录：

- lib - the plugin’s jar(s)
- libext - the plugin’s dependency jar(s)
- native - any required native libraries, such as .so files

3. Flume 安装的系统要求

想要使用 Flume 进行开发，根据官方文档，系统必须满足下面的要求：

（1）安装 Java1.8 或更高版本 Java 运行环境；

（2）提供足够的内存空间配置 Source、Channel 和 Sink；

（3）磁盘空间大小能满足 Channel 和 Sink；

（4）Agent 有权限对目录进行读取 / 写入操作。

注意：Java 运行环境的版本与安装使用的 Flume 版本要求，如果使用 Flume1.6 版本，那么要求使用 Java1.6 及以上的版本，本项目以 Flume1.9 为准，因此需要安装 Java1.8 及以上的 Java 运行环境。

【任务实施】

1. 安装 Flume

在创建的 Master 虚拟机上安装 Flume1.9，首先到 Flume 官网上下载 Flume1.9安装包 apach-flume-1.9.0-bin.tar.gz，并上传到 Linux 的 /opt/software 目录下。

（1）解压缩 apach-flume-1.9.0-bin.tar.gz 到 /opt/module/ 下，操作命令如下：

```
[hadoop@Master software]$ tar -zxvf /opt/software/apache-flume-1.9.0-
bin.tar.gz -C /opt/module/
```

（2）修改 apache-flume-1.9.0-bin 的名称为 flume，操作命令如下：

```
[hadoop@Master module]$ mv /opt/module/apache-flume-1.9.0-bin /opt/
module/flume
```

（3）将 lib 文件夹下的 guava-11.0.2.jar 删除以兼容 Hadoop 3.1.3，操作命令如下：

```
[hadoop@Master module]$ cd /opt/module/flume/lib/
[hadoop@Master lib]$ rm /opt/module/flume/lib/guava-11.0.2.jar
```

2. Flume 配置

（1）在 Flume 安装包解压缩安装后，需要对 Flume 解压目录中 conf 目录下的 flume-env.sh 系统环境配置文件进行配置。由于在 conf 目录中默认没有该文件，可以先通过 cp flume-env.sh.template flume-env.sh 命令将文件复制并重命名为 flume-env.sh，利用 flume-env.sh.template 文件生成 flume-env.sh 配置文件，操作命令如下：

```
[hadoop@Master flume]$ cd /opt/module/flume/conf/
[hadoop@Master conf]$ cp flume-env.sh.template flume-env.sh
```

（2）配置 flume-env.sh 文件。

使用 vim flume-env.sh 命令打开 flume-env.sh 文件，找到 JAVA_HOME 变量的配置位置，配置 Flume 所依赖的 JAVA_HOME，做如下的修改（如图 10-6 所示），配置完成后，直接保存退出。

```
[hadoop@Master conf]$ vim flume-env.sh
export JAVA_HOME=/opt/module/jdk.1.8.0_212
```

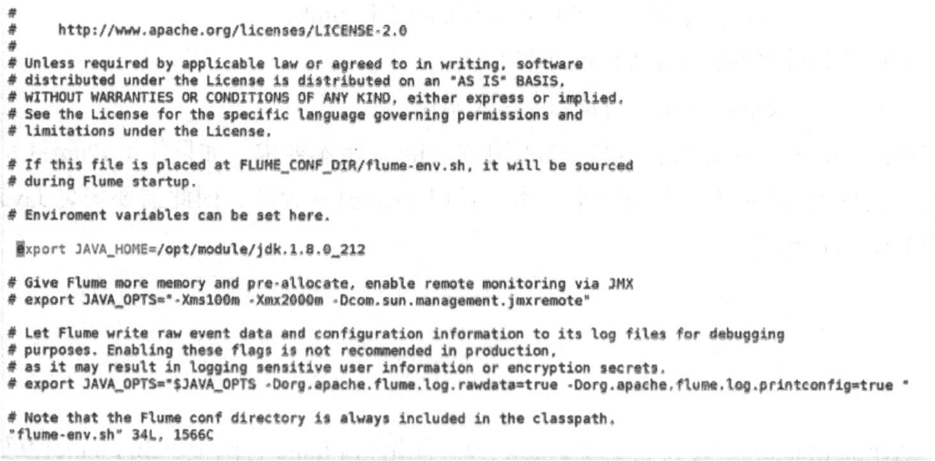

```
#
#     http://www.apache.org/licenses/LICENSE-2.0
#
# Unless required by applicable law or agreed to in writing, software
# distributed under the License is distributed on an "AS IS" BASIS,
# WITHOUT WARRANTIES OR CONDITIONS OF ANY KIND, either express or implied.
# See the License for the specific language governing permissions and
# limitations under the License.

# If this file is placed at FLUME_CONF_DIR/flume-env.sh, it will be sourced
# during Flume startup.

# Enviroment variables can be set here.

export JAVA_HOME=/opt/module/jdk.1.8.0_212

# Give Flume more memory and pre-allocate, enable remote monitoring via JMX
# export JAVA_OPTS="-Xms100m -Xmx2000m -Dcom.sun.management.jmxremote"

# Let Flume write raw event data and configuration information to its log files for debugging
# purposes. Enabling these flags is not recommended in production,
# as it may result in logging sensitive user information or encryption secrets.
# export JAVA_OPTS="$JAVA_OPTS -Dorg.apache.flume.log.rawdata=true -Dorg.apache.flume.log.printconfig=true "

# Note that the Flume conf directory is always included in the classpath.
"flume-env.sh" 34L, 1566C
```

图 10-6　修改 Flume 系统环境变量

（3）修改系统环境变量。

完成 flume-env.sh 环境变量配置后就可以使用 Flume 了。为了方便在所有的位置都能使用 Flume，接下来可以进行 Flume 系统环境变量的配置。使用 vim /etc/profile 命令进入

profile 文件，在系统环境变量文件内容的底部添加以下内容：

```
[root@Master conf]# vim /etc/profile
export FLUME_HOME=/opt/module/flume
export PATH=$PATH:$FLUME_HOME/bin:
```

配置完成后直接保存退出。

（4）使环境变量的配置生效，操作命令如下：

```
source /etc/profile
```

（5）查看是否安装成功，操作命令如下：

```
[root@Master flume]# ./bin/flume-ng version
```

执行操作命令后出现了 Flume 1.9，表示 Flume 安装成功。

任务 3　Flume 应用案例

【任务概述】

Flume 是一个分布式、可靠、高可用的海量日志聚合系统，本任务将通过一个入门案例介绍 Flume 的用法。

【任务实施】

1. 入门案例

本案例目的：使用 Flume 监听一个端口，收集该端口数据，并在控制台打印有关信息，具体实施步骤如下。

（1）安装 netcat 工具，netcat 所做的工作就是在两台计算机之间建立链接并返回两个数据流，操作命令如下：

```
[hadoop@Master ~]$ sudo yum install -y nc
```

（2）判断 44444 端口是否被占用，操作命令如下：

```
[hadoop@Master ~]$ sudo netstat -nlp | grep 44444
```

（3）在 flume 目录下创建 job 文件，操作命令如下：

```
[hadoop@Master ~]$ cd /opt/module/flume/
[hadoop@Master flume]$ mkdir job
[hadoop@Master flume]$ cd job/
```

（4）在 job 文件下面创建一个 flume-netcat-logger.conf 配置文件，操作命令如下：

```
[hadoop@Master job]$ vim flume-netcat-logger.conf
```

（5）在 flume-netcat-logger.conf 文件中添加下面的内容：

```
# 单节点机 Flume 配置
# a1 表示 Agent 的名称
# c1 表示 a1 的 Channel 的名称
a1.sources = r1 #r1 表示 a1 的 Source 的名称
a1.sinks = k1   # k1 表示 a1 的 Sink 的名称
a1.channels = c1 # c1 表示 a1 的 Channel 的名称
a1.sources.r1.type = netcat #表示 a1 的输入源类型为 netcat 端口类型
a1.sources.r1.bind = localhost #表示 a1 监听的主机
a1.sources.r1.port = 44444   #表示 a1 监听的端口
# Describe the sink
a1.sinks.k1.type = logger  #表示 a1 的输出目的地是控制台 logger 类型
# Use a channel which buffers events in memory
a1.channels.c1.type = memory #表示 a1 的 Channel 类型是 Memory 内存型
a1.channels.c1.capacity =1000 #表示 a1 的 Channel 总容量为 1000 个 Event
a1.channels.c1.transactionCapacity=100
#表示 a1 的 Channel 传输时收集到了 100 条 Event 以后再去提交
# Bind the source and sink to the channel
a1.sources.r1.channels = c1 #表示将 r1 和 c1 连接起来
a1.sinks.k1.channel = c1 #表示将 k1 和 c1 连接起来
```

（6）运行 Flume，操作命令如下：

```
[hadoop@Master flume]$ bin/flume-ng agent -c conf/ -n a1 -f job/flume-
netcat-logger.conf -Dflume.root.logger=INFO,console
```

（7）验证：在客户端输入“hello flume”（如图 10-7 所示），服务器接收到“hello flume”（如图 10-8 所示），操作命令如下：

```
[hadoop@Master flume]$ nc localhost 44444
hello flume
```

```
Xshell 7 (Build 0087)
Copyright (c) 2020 NetSarang Computer, Inc. All rights reserved

Type `help' to learn how to use Xshell prompt.
[C:\~]$

Host 'Master' resolved to 192.168.2.101.
Connecting to 192.168.2.101:22...
Connection established.
To escape to local shell, press 'Ctrl+Alt+]'.

Last login: Sat Nov 27 16:31:34 2021 from 192.168.2.1
cd "/opt/module/flume"
[hadoop@Master ~]$ cd "/opt/module/flume"
[hadoop@Master flume]$ nc localhost 44444
hello flume
OK
```

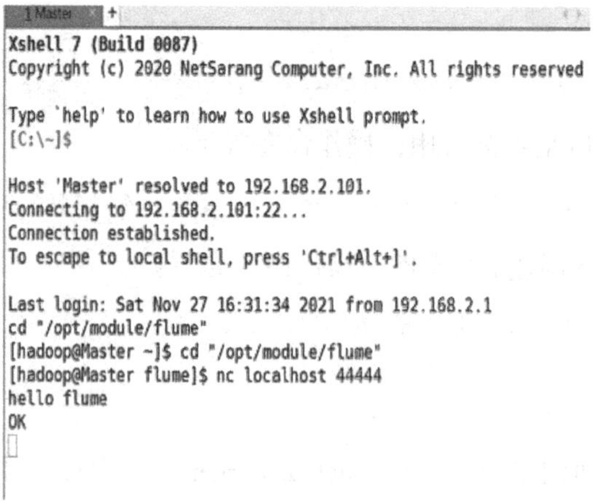

图 10-7　在客户端输入“hello flume”

```
Creating instance of sink: k1, type: logger
2021-11-27 16:34:34,461 (conf-file-poller-0) [INFO - org.apache
ConfigurationProvider.java:120)] Channel c1 connected to [r1, k
2021-11-27 16:34:34,465 (conf-file-poller-0) [INFO - org.apache
tarting new configuration:{ sourceRunners:{r1=EventDrivenSource
:IDLE} }} sinkRunners:{k1=SinkRunner: { policy:org.apache.flume
rs:{} } }} channels:{c1=org.apache.flume.channel.MemoryChannel{
2021-11-27 16:34:34,466 (conf-file-poller-0) [INFO - org.apache
tarting Channel c1
2021-11-27 16:34:34,467 (conf-file-poller-0) [INFO - org.apache
aiting for channel: c1 to start. Sleeping for 500 ms
2021-11-27 16:34:34,696 (lifecycleSupervisor-1-0) [INFO - org.a
dCounterGroup.java:119)] Monitored counter group for type: CHAN
2021-11-27 16:34:34,697 (lifecycleSupervisor-1-0) [INFO - org.a
unterGroup.java:95)] Component type: CHANNEL, name: c1 started
2021-11-27 16:34:34,968 (conf-file-poller-0) [INFO - org.apache
tarting Sink k1
2021-11-27 16:34:34,970 (conf-file-poller-0) [INFO - org.apache
tarting Source r1
2021-11-27 16:34:34,974 (lifecycleSupervisor-1-2) [INFO - org.a
e starting
2021-11-27 16:34:35,010 (lifecycleSupervisor-1-2) [INFO - org.a
ed serverSocket:sun.nio.ch.ServerSocketChannelImpl[/127.0.0.1:4
2021-11-27 16:42:12,565 (SinkRunner-PollingRunner-DefaultSinkPr
ocessor) [INFO - org.apache.flume.sink.LoggerSink.process(Logge
rSink.java:95)] Event: { headers:{} body: 68 65 6C 6C 6F 20 66
6C 75 6D 65                hello flume }
```

图 10-8　服务器接收到“hello flume”

2. 实时监控目录下的多个新文件

在这个案例中，用 Flume 监听整个目录文件，并将符合条件的文件上传到 HDFS 中，具体架构如图 10-9 所示。

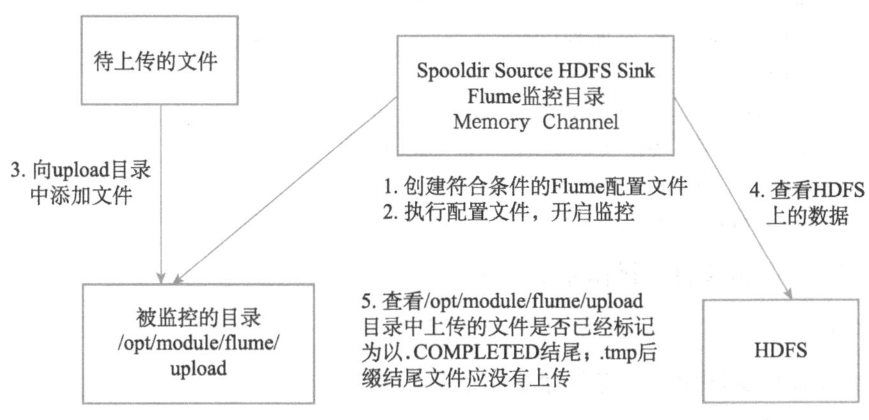

图 10-9　实时监控目录下的多个新文件

案例实现步骤如下。

（1）在 job 下创建 flume-dir-hdfs.conf 配置文件，操作命令如下：

```
[hadoop@Master job]$ vim flume-dir-hdfs.conf
```

在配置文件中写入如下内容：

```
a3.sources = r3  #声明 Source
```

```
a3.sinks = k3 # 声明 Sink
a3.channels = c3 # 声明 Channel
a3.sources.r3.type = spooldir # 定义 Source 类型为目录
a3.sources.r3.spoolDir = /opt/module/flume/upload # 定义监控目录
a3.sources.r3.fileSuffix = .COMPLETED # 定义文件上传完的后缀
a3.sources.r3.fileHeader = true # 是否有文件头
a3.sources.r3.ignorePattern = ([^ ]*\.tmp) # 忽略所有以 .tmp 结尾的文件，不
上传
a3.sinks.k3.type = hdfs #Sink 类型为 HDFS
a3.sinks.k3.hdfs.path =
hdfs://Master:9820/flume/upload/%Y%m%d/%H # 文件上传到 HDFS 的路径
a3.sinks.k3.hdfs.filePrefix = upload- # 上传文件到 HDFS 的前缀
a3.sinks.k3.hdfs.round = true # 是否按时间滚动文件
a3.sinks.k3.hdfs.roundValue = 1  # 多少时间单位创建一个新的文件夹
a3.sinks.k3.hdfs.roundUnit = hour # 重新定义时间单位
a3.sinks.k3.hdfs.useLocalTimeStamp = true # 是否使用本地时间戳
a3.sinks.k3.hdfs.batchSize = 100 # 积攒多少个 Event 才 flush 到 HDFS 一次
a3.sinks.k3.hdfs.fileType = DataStream # 设置文件类型，可支持压缩
a3.sinks.k3.hdfs.rollInterval = 60 # 多久生成一个新的文件
# 设置每个文件的滚动大小大概是 128MB
a3.sinks.k3.hdfs.rollSize = 134217700 # 多久生成新文件
# 文件的滚动与 Event 数量无关
a3.sinks.k3.hdfs.rollCount = 0 # 多少个 Event 生成新文件
# Use a channel which buffers events in memory
a3.channels.c3.type = memory
a3.channels.c3.capacity = 1000
a3.channels.c3.transactionCapacity = 100
# Bind the source and sink to the channel
a3.sources.r3.channels = c3
a3.sinks.k3.channel = c3
```

（2）创建 upload 文件，操作命令如下：

```
[hadoop@Master flume]$ mkdir upload
```

（3）启动监控文件命令，操作命令如下：

```
[hadoop@Master flume]$ bin/flume-ng agent -n a3 -c conf/ -f job/flume-dir-hdfs.conf
```

（4）向 upload 文件中写入内容，操作命令如下：

```
[hadoop@Master flume]$ touch a.txt
[hadoop@Master flume]$ vim a.txt
hello hadoop
hello flume
[hadoop@Master flume]$ mv a.txt upload/
```

```
[hadoop@Master flume]$ cd upload/
[hadoop@Master upload]$ ll
总用量 4
-rw-rw-r--. 1 hadoop hadoop 26 11月 29 22:49 a.txt.COMPLETED
```

（5）查看 HDFS 上的数据，不难发现创建的 a.txt 文件，被上传到 HDFS 中，而另一个文件 a.tmp 并没有上传到 HDFS 中（如图 10-10 所示）。

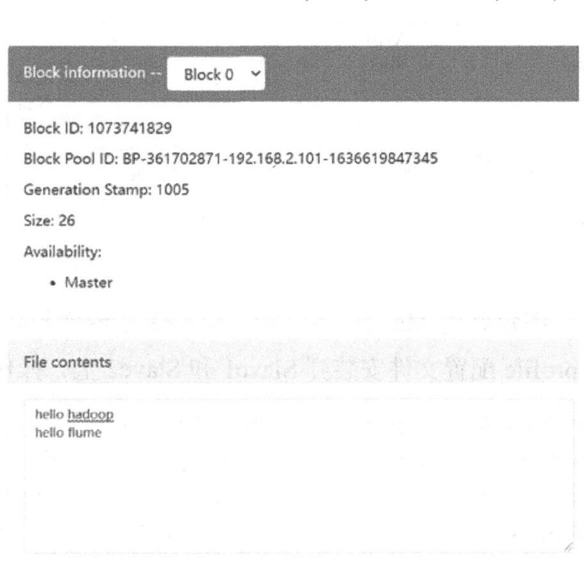

图 10-10　查看 HDFS 上的数据

3. 负载均衡和故障转移

负载均衡接收器处理器（Load Balancing Sink Processor）提供了在多个 Sink 上进行负载均衡流量的功能，它维护一个活跃的 Sink 索引列表，需在其上分配负载，还支持 round_robin（轮询）和 random（随机）选择机制进行流量分配，默认选择机制为 round_robin。Load Balancing Sink Processor 提供的配置属性如表 10-6 所示（加粗部分是必需属性）。

表 10-6　负载均衡中有关配置属性

属性名称	默认值	说　明
sinks		以空格分隔参与 Sink 组的 Sink 列表
processor.type	default	组件类型必须是 load_balance
processor.backoff	false	设置失败的 Sink 进入黑名单
processor.selector	round_robin	选择机制
processor.selector.maxTimeOut()	300000	失败 Sink 放置黑名单的超时时间

下面案例将使用 Load Balancing Sink Processor 相关知识，并结合如图 10-11 所示的结构图，完成一个两个分支的负载均衡演示。

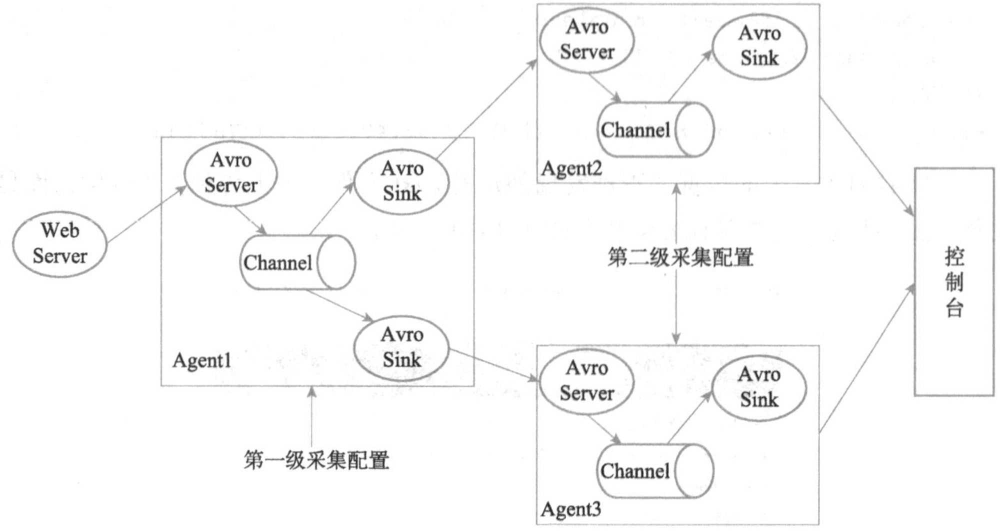

图 10-11 Load balancing Sink Processor 结构图

（1）打开我们以前搭建好的 Master、Slave1、Slave2 三台虚拟机，先使用 scp 命令将 Master 上的 flume 和 profile 配置文件安装到 Slave1 和 Slave2 上，操作命令如下：

```
[hadoop@Master module]$ scp -r /opt/module/flume/ Slave1:/opt/module/
[hadoop@Master module]$ scp -r /opt/module/flume/ Slave2:/opt/module/
[root@Master module]# scp /etc/profile Slave1:/etc/profile
[root@Master module]# scp /etc/profile Slave2:/etc/profile
```

（2）执行完上述命令后，在 Slave1 和 Slave2 上用 source /etc/profile 命令刷新配置信息，操作命令如下：

```
[hadoop@Slave1]$ source /etc/profile
[hadoop@Slave2]$ source /etc/profile
```

（3）在 Master 上配置如图 10-11 所示的第一级采集配置相关参数，在 /opt/module/flume/job 目录下编写 flume-netcat-flume.conf 文件，内容如下：

```
a1.sources = r1
a1.channels = c1
a1.sinkgroups = g1
a1.sinks = k1 k2
# Describe/configure the source
a1.sources.r1.type = netcat
a1.sources.r1.bind = localhost
a1.sources.r1.port = 44444
a1.sinkgroups=g1
a1.sinkgroups.g1.sinks=k1 k2
a1.sinkgroups.g1.processor.type=load_balance
a1.sinkgroups.g1.processor.backoff=true
```

```
a1.sinkgroups.g1.processor.selector=random
a1.sinkgroups.g1.processor.maxTimeOut=10000
# Describe the sink
a1.sinks.k1.type = avro
a1.sinks.k1.hostname = Slave1
a1.sinks.k1.port = 4143
a1.sinks.k2.type = avro
a1.sinks.k2.hostname = Slave2
a1.sinks.k2.port = 4144
# Describe the channel
a1.channels.c1.type = memory
a1.channels.c1.capacity = 1000
a1.channels.c1.transactionCapacity = 100
# Bind the source and sink to the channel
a1.sources.r1.channels = c1
a1.sinkgroups.g1.sinks = k1 k2
a1.sinks.k1.channel = c1
a1.sinks.k2.channel = c1
```

（4）在 Slave1 和 Slave2 上编写两个 Sink 配置第二级 Agent 的采集方案，分别在 Slave1 和 Slave2 的 /opt/module/flume/job 目录下编写各自的配置文件。flume-flume-console1.conf 文件内容如下：

```
a2.sources = r1
a2.sinks = k1
a2.channels = c1
# Describe/configure the source
a2.sources.r1.type = avro
a2.sources.r1.bind = Slave1
a2.sources.r1.port = 4143
# Describe the sink
a2.sinks.k1.type = logger
# Describe the channel
a2.channels.c1.type = memory
a2.channels.c1.capacity = 1000
a2.channels.c1.transactionCapacity = 100
# Bind the source and sink to the channel
a2.sources.r1.channels = c1
a2.sinks.k1.channel = c1
```

flume-flume-console2.conf 文件内容如下：

```
a3.sources = r1
```

```
a3.sinks = k1
a3.channels = c2
# Describe/configure the source
a3.sources.r1.type = avro
a3.sources.r1.bind = Slave2
a3.sources.r1.port = 4144
# Describe the sink
a3.sinks.k1.type = logger
# Describe the channel
a3.channels.c2.type = memory
a3.channels.c2.capacity = 1000
a3.channels.c2.transactionCapacity = 100
# Bind the source and sink to the channel
a3.sources.r1.channels = c2
a3.sinks.k1.channel = c2
```

（5）启动 Flume 系统。

① 在多级 Agent 上传送收集数据时，应从最后一级的 Flume 机器上启动 Flume，分别在 Slave1 和 Slave2 上启动，具体操作命令如下所示，执行命令后如图 10-12、图 10-13 所示。

```
[hadoop@Slave1 flume]$ bin/flume-ng agent --conf conf/ --name a2 --conf-file job/flume-flume-console1.conf -Dflume.root.logger=INFO,console
[hadoop@Slave2 flume]$ bin/flume-ng agent --conf conf/ --name a3 --conf-file job/flume-flume-console1.conf -Dflume.root.logger=INFO,console
```

② 在 Slave1 和 Slave2 上启动后，再在 Master 上执行下列操作命令，结果如图 10-14 所示。

```
[hadoop@Master flume]$ bin/flume-ng agent --conf conf/ --name a1 --conf-file job/flume-netcat-flume.conf
```

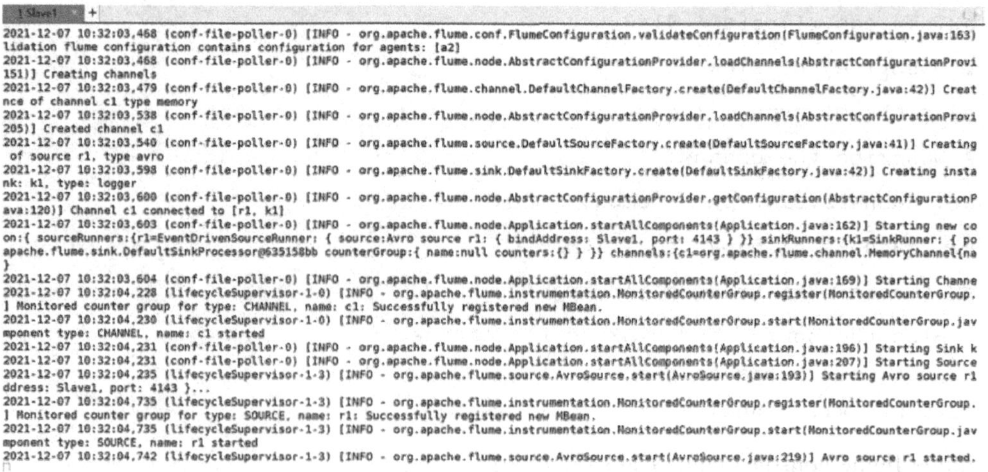

```
2021-12-07 10:32:03,468 (conf-file-poller-0) [INFO - org.apache.flume.conf.FlumeConfiguration.validateConfiguration(FlumeConfiguration.java:163)
lidation flume configuration contains configuration for agents: [a2]
2021-12-07 10:32:03,468 (conf-file-poller-0) [INFO - org.apache.flume.node.AbstractConfigurationProvider.loadChannels(AbstractConfigurationProvi
151)] Creating channels
2021-12-07 10:32:03,479 (conf-file-poller-0) [INFO - org.apache.flume.channel.DefaultChannelFactory.create(DefaultChannelFactory.java:42)] Creat
nce of channel c1 type memory
2021-12-07 10:32:03,538 (conf-file-poller-0) [INFO - org.apache.flume.node.AbstractConfigurationProvider.loadChannels(AbstractConfigurationProvi
205)] Created channel c1
2021-12-07 10:32:03,540 (conf-file-poller-0) [INFO - org.apache.flume.source.DefaultSourceFactory.create(DefaultSourceFactory.java:41)] Creating
 of source r1, type avro
2021-12-07 10:32:03,598 (conf-file-poller-0) [INFO - org.apache.flume.sink.DefaultSinkFactory.create(DefaultSinkFactory.java:42)] Creating insta
nk: k1, type: logger
2021-12-07 10:32:03,600 (conf-file-poller-0) [INFO - org.apache.flume.node.AbstractConfigurationProvider.getConfiguration(AbstractConfigurationP
ava:120)] Channel c1 connected to [r1, k1]
2021-12-07 10:32:03,603 (conf-file-poller-0) [INFO - org.apache.flume.node.Application.startAllComponents(Application.java:162)] Starting new co
on:{ sourceRunners:{r1=EventDrivenSourceRunner: { source:Avro source r1: { bindAddress: Slave1, port: 4143 } }} sinkRunners:{k1=SinkRunner: { po
apache.flume.sink.DefaultSinkProcessor@635158bb counterGroup:{ name:null counters:{} } }} channels:{c1=org.apache.flume.channel.MemoryChannel{na
}
2021-12-07 10:32:03,604 (conf-file-poller-0) [INFO - org.apache.flume.node.Application.startAllComponents(Application.java:169)] Starting Channe
2021-12-07 10:32:04,228 (lifecycleSupervisor-1-0) [INFO - org.apache.flume.instrumentation.MonitoredCounterGroup.register(MonitoredCounterGroup.
] Monitored counter group for type: CHANNEL, name: c1: Successfully registered new MBean.
2021-12-07 10:32:04,230 (lifecycleSupervisor-1-0) [INFO - org.apache.flume.instrumentation.MonitoredCounterGroup.start(MonitoredCounterGroup.jav
mponent type: CHANNEL, name: c1 started
2021-12-07 10:32:04,231 (conf-file-poller-0) [INFO - org.apache.flume.node.Application.startAllComponents(Application.java:196)] Starting Sink k
2021-12-07 10:32:04,231 (conf-file-poller-0) [INFO - org.apache.flume.node.Application.startAllComponents(Application.java:207)] Starting Source
2021-12-07 10:32:04,235 (lifecycleSupervisor-1-3) [INFO - org.apache.flume.source.AvroSource.start(AvroSource.java:193)] Starting Avro source r1
ddress: Slave1, port: 4143 }...
2021-12-07 10:32:04,735 (lifecycleSupervisor-1-3) [INFO - org.apache.flume.instrumentation.MonitoredCounterGroup.register(MonitoredCounterGroup.
] Monitored counter group for type: SOURCE, name: r1: Successfully registered new MBean.
2021-12-07 10:32:04,735 (lifecycleSupervisor-1-3) [INFO - org.apache.flume.instrumentation.MonitoredCounterGroup.start(MonitoredCounterGroup.jav
mponent type: SOURCE, name: r1 started
2021-12-07 10:32:04,742 (lifecycleSupervisor-1-3) [INFO - org.apache.flume.source.AvroSource.start(AvroSource.java:219)] Avro source r1 started.
```

图 10-12　在 Slave1 上启动 Flume

```
2021-12-07 10:35:42,495 (conf-file-poller-0) [INFO - org.apache.flume.node.AbstractConfigurationProvider.loadChanne
151)] Creating channels
2021-12-07 10:35:42,505 (conf-file-poller-0) [INFO - org.apache.flume.channel.DefaultChannelFactory.create(DefaultC
nce of channel c2 type memory
2021-12-07 10:35:42,527 (conf-file-poller-0) [INFO - org.apache.flume.node.AbstractConfigurationProvider.loadChanne
205)] Created channel c2
2021-12-07 10:35:42,528 (conf-file-poller-0) [INFO - org.apache.flume.source.DefaultSourceFactory.create(DefaultSou
 of source r1, type avro
2021-12-07 10:35:42,570 (conf-file-poller-0) [INFO - org.apache.flume.sink.DefaultSinkFactory.create(DefaultSinkFac
nk: k1, type: logger
2021-12-07 10:35:42,572 (conf-file-poller-0) [INFO - org.apache.flume.node.AbstractConfigurationProvider.getConfigu
ava:120)] Channel c2 connected to [r1, k1]
2021-12-07 10:35:42,575 (conf-file-poller-0) [INFO - org.apache.flume.node.Application.startAllComponents(Applicati
on:{ sourceRunners:{r1=EventDrivenSourceRunner: { source:Avro source r1: { bindAddress: Slave2, port: 4144 } }} sin
apache.flume.sink.DefaultSinkProcessor@59b0ba36 counterGroup:{ name:null counters:{} } }} channels:{c2=org.apache.f
}
2021-12-07 10:35:42,577 (conf-file-poller-0) [INFO - org.apache.flume.node.Application.startAllComponents(Applicati
2021-12-07 10:35:42,578 (conf-file-poller-0) [INFO - org.apache.flume.node.Application.startAllComponents(Applicati
to start. Sleeping for 500 ms
2021-12-07 10:35:43,236 (lifecycleSupervisor-1-0) [INFO - org.apache.flume.instrumentation.MonitoredCounterGroup.re
] Monitored counter group for type: CHANNEL, name: c2: Successfully registered new MBean.
2021-12-07 10:35:43,248 (lifecycleSupervisor-1-0) [INFO - org.apache.flume.instrumentation.MonitoredCounterGroup.st
mponent type: CHANNEL, name: c2 started
2021-12-07 10:35:43,248 (conf-file-poller-0) [INFO - org.apache.flume.node.Application.startAllComponents(Applicati
2021-12-07 10:35:43,251 (conf-file-poller-0) [INFO - org.apache.flume.node.Application.startAllComponents(Applicati
2021-12-07 10:35:43,254 (lifecycleSupervisor-1-4) [INFO - org.apache.flume.source.AvroSource.start(AvroSource.java:
ddress: Slave2, port: 4144 }...
2021-12-07 10:35:43,817 (lifecycleSupervisor-1-4) [INFO - org.apache.flume.instrumentation.MonitoredCounterGroup.re
] Monitored counter group for type: SOURCE, name: r1: Successfully registered new MBean.
2021-12-07 10:35:43,818 (lifecycleSupervisor-1-4) [INFO - org.apache.flume.instrumentation.MonitoredCounterGroup.st
mponent type: SOURCE, name: r1 started
```

图 10-13　在 Slave2 上启动 Flume

```
Last login: Mon Dec  6 16:13:34 2021 from 192.168.2.1
[hadoop@Master ~]$ cd /opt/module/flume/
[hadoop@Master flume]$ cd job/
[hadoop@Master job]$ ls
exce-avro.conf  flume-netcat-flume.conf  group2  netcat-flume.conf
[hadoop@Master job]$ vim netcat-flume.conf
[hadoop@Master job]$ vim flume-netcat-flume.conf
[hadoop@Master job]$ pwd
/opt/module/flume/job
[hadoop@Master job]$ cd ..
[hadoop@Master flume]$ bin/flume-ng agent --conf conf/ --name \
> a1 --conf-file job/flume-netcat-flume.conf
Info: Sourcing environment configuration script /opt/module/flume/conf/flume-env.sh
Info: Including Hadoop libraries found via (/opt/module/hadoop-3.1.3/bin/hadoop) for
Info: Including Hive libraries found via () for Hive access
+ exec /opt/module/jdk1.8.0_212/bin/java -Xmx20m -cp '/opt/module/flume/conf:/opt/mo
hadoop:/opt/module/hadoop-3.1.3/share/hadoop/common/lib/*:/opt/module/hadoop-3.1.3/s
share/hadoop/hdfs:/opt/module/hadoop-3.1.3/share/hadoop/hdfs/lib/*:/opt/module/hadoo
-3.1.3/share/hadoop/mapreduce/lib/*:/opt/module/hadoop-3.1.3/share/hadoop/mapreduce/
opt/module/hadoop-3.1.3/share/hadoop/yarn/lib/*:/opt/module/hadoop-3.1.3/share/hadoo
ule/hadoop-3.1.3/lib/native org.apache.flume.node.Application --name a1 --conf-file
SLF4J: Class path contains multiple SLF4J bindings.
SLF4J: Found binding in [jar:file:/opt/module/flume/lib/slf4j-log4j12-1.7.25.jar!/or
SLF4J: Found binding in [jar:file:/opt/module/hadoop-3.1.3/share/hadoop/common/lib/s
LoggerBinder.class]
SLF4J: See http://www.slf4j.org/codes.html#multiple_bindings for an explanation.
SLF4J: Actual binding is of type [org.slf4j.impl.Log4jLoggerFactory]
```

图 10-14　在 Master 上启动 Flume

（6）Flume 系统负载均衡测试。

① 在数据一级采集节点 Master 上，重新打开或克隆一个终端，操作命令如下：

```
[hadoop@Master flume]$ nc localhost 44444
```

② 在当前的终端窗口中输入“hello java hadoop flume”等词汇，会发现在两台机器上的 Flume 系统几乎是轮流采集并打印出收集到的数据信息，效果如图 10-15、图 10-16 所示。

```
1 Slave1
ava:120)] Channel c1 connected to [r1, k1]
2021-12-07 10:50:53,493 (conf-file-poller-0) [INFO - org.apache.flum
on:{ sourceRunners:{r1=EventDrivenSourceRunner: { source:Avro source
apache.flume.sink.DefaultSinkProcessor@89b3307 counterGroup:{ name:n
2021-12-07 10:50:53,495 (conf-file-poller-0) [INFO - org.apache.flum
2021-12-07 10:50:53,497 (conf-file-poller-0) [INFO - org.apache.flum
to start. Sleeping for 500 ms
2021-12-07 10:50:53,538 (lifecycleSupervisor-1-0) [INFO - org.apache
] Monitored counter group for type: CHANNEL, name: c1: Successfully
2021-12-07 10:50:53,539 (lifecycleSupervisor-1-0) [INFO - org.apache
mponent type: CHANNEL, name: c1 started
2021-12-07 10:50:53,997 (conf-file-poller-0) [INFO - org.apache.flum
2021-12-07 10:50:53,998 (conf-file-poller-0) [INFO - org.apache.flum
2021-12-07 10:50:54,000 (lifecycleSupervisor-1-0) [INFO - org.apache
ddress: Slave1, port: 4143 }...
2021-12-07 10:50:54,176 (lifecycleSupervisor-1-0) [INFO - org.apache
] Monitored counter group for type: SOURCE, name: r1: Successfully r
2021-12-07 10:50:54,176 (lifecycleSupervisor-1-0) [INFO - org.apache
mponent type: SOURCE, name: r1 started
2021-12-07 10:50:54,181 (lifecycleSupervisor-1-0) [INFO - org.apache
2021-12-07 10:51:49,553 (New I/O server boss #5) [INFO - org.apache.
: 0x336076e5, /192.168.2.101:60322 => /192.168.2.102:4143] OPEN
2021-12-07 10:51:49,554 (New I/O worker #1) [INFO - org.apache.avro.
36076e5, /192.168.2.101:60322 => /192.168.2.102:4143] BOUND: /192.16
2021-12-07 10:51:49,554 (New I/O worker #1) [INFO - org.apache.avro.
36076e5, /192.168.2.101:60322 => /192.168.2.102:4143] CONNECTED: /19
2021-12-07 10:52:44,056 (SinkRunner-PollingRunner-DefaultSinkProcess
aders:{} body: 66 6C 75 6D 65                                   flume
2021-12-07 10:53:06,072 (SinkRunner-PollingRunner-DefaultSinkProcess
aders:{} body: 68 65 65 1B 5B 44 08                             hee.[
2021-12-07 10:53:06,073 (SinkRunner-PollingRunner-DefaultSinkProcess
aders:{} body: 6A 61 76 61                                      java
```

图 10-15　Slave1 负载均衡效果图

```
1 Slave2
2021-12-07 10:51:14,889 (conf-file-poller-0) [INFO - org.apache.flume.node
2021-12-07 10:51:14,929 (lifecycleSupervisor-1-0) [INFO - org.apache.flume
] Monitored counter group for type: CHANNEL, name: c2: Successfully regist
2021-12-07 10:51:14,929 (lifecycleSupervisor-1-0) [INFO - org.apache.flume
mponent type: CHANNEL, name: c2 started
2021-12-07 10:51:14,930 (conf-file-poller-0) [INFO - org.apache.flume.node
2021-12-07 10:51:14,930 (conf-file-poller-0) [INFO - org.apache.flume.node
2021-12-07 10:51:14,932 (lifecycleSupervisor-1-5) [INFO - org.apache.flume
ddress: Slave2, port: 4144 }...
2021-12-07 10:51:15,258 (lifecycleSupervisor-1-5) [INFO - org.apache.flume
] Monitored counter group for type: SOURCE, name: r1: Successfully registe
2021-12-07 10:51:15,259 (lifecycleSupervisor-1-5) [INFO - org.apache.flume
mponent type: SOURCE, name: r1 started
2021-12-07 10:51:15,264 (lifecycleSupervisor-1-5) [INFO - org.apache.flume
2021-12-07 10:51:49,336 (New I/O server boss #5) [INFO - org.apache.avro.i
: 0x2e006105, /192.168.2.101:60572 => /192.168.2.103:4144] OPEN
2021-12-07 10:51:49,337 (New I/O worker #1) [INFO - org.apache.avro.ipc.Ne
e006105, /192.168.2.101:60572 => /192.168.2.103:4144] BOUND: /192.168.2.10
2021-12-07 10:51:49,337 (New I/O worker #1) [INFO - org.apache.avro.ipc.Ne
e006105, /192.168.2.101:60572 => /192.168.2.103:4144] CONNECTED: /192.168.
2021-12-07 10:52:25,181 (SinkRunner-PollingRunner-DefaultSinkProcessor) [I
aders:{} body: 68 65 6C 6C 6F                                   hello }
2021-12-07 10:52:25,181 (SinkRunner-PollingRunner-DefaultSinkProcessor) [I
aders:{} body: 6A 61 76 61                                      java }
2021-12-07 10:52:40,193 (SinkRunner-PollingRunner-DefaultSinkProcessor) [I
aders:{} body: 68 61 64 64 6F 1B 5B 44                          haddo.[D }
2021-12-07 10:53:11,149 (SinkRunner-PollingRunner-DefaultSinkProcessor) [I
aders:{} body: 66 6C 75 6D 65                                   flume }
2021-12-07 10:53:17,086 (SinkRunner-PollingRunner-DefaultSinkProcessor) [I
aders:{} body: 68 61 64 6F 6F 70                                hadoop }
2021-12-07 10:53:21,294 (SinkRunner-PollingRunner-DefaultSinkProcessor) [I
aders:{} body: 68 65 6C 6C 6F                                   hello }
```

图 10-16　Slave2 负载均衡效果图

故障转移接收器（Failover Sink Processor）维护一个具有优先级的 Sink 列表，在处理 Event 时只有一个可用的 Sink。它的工作原理是将有故障的 Sink 降级到故障池中，在池中为这些故障 Sink 各自分配一个冷却期，在重试之前冷却时间会增加，当 Sink 成功发送

Event 后，它才能重新恢复到活跃状态。Sink 优先级，数值越大，相应的优先级就越高。在发送 Event 时如果发生了故障，就会尝试下一个最高优先级的 Sink 继续发送。若没有指定优先级，则会按配置文件中指定 Sink 的顺序来确定优先级。

Failover Sink Processor 提供的配置属性，如表 10-7 所示（加粗部分为必需属性）。

表 10-7　故障转移中有关配置属性

属性名称	默认值	说　明
sinks	—	以空格分隔参与 Sink 组的 Sink 列表
processor.type	default	组件类型必须是 failover
processor.priority.<sinkName>	—	设置 Sink 的优先级
processor.maxpenalty	30000	失败 Sink 的最大退避时间

关于故障转移案例可以参考上面负载均衡案例进行简单的配置。

4. Flume 拦截器

Flume Interceptor（拦截器）主要负责对 Flume 系统数据流中的 Event 进行修改和删除操作。在使用 Flume 拦截器时，只需参考官方文档选择所需要的属性配置即可，若涉及多个拦截器，拦截器名称中间需要用空格隔开，并且拦截器的顺序和拦截器的配置顺序要一致。Flume 自带的拦截器主要有时间戳拦截器（Timestamp Interceptor）、静态拦截器（Static Interceptor）、主机拦截器（Host Interceptor）。

1）时间戳拦截器（Timestamp Interceptor）

时间戳拦截器是最常用的拦截器，主要用于在 Event 的 header（头部）加入时间戳。Timestamp Interceptor 提供常用的配置属性，如表 10-8 所示（加粗部分为必需属性）。

表 10-8　Timestamp Interceptor 属性配置说明

属性名称	默认值	说　明
type	timestamp	组件类型名必须是 timestamp
header	—	用于放置生成时间戳的标头的名称
preserveExisting	false	如果时间戳已存在，是否应保留，true 或 false

为 a1 的 Agent 配置时间戳拦截器的示例如下：

```
a1.sources=r1
a1.channels=c1
a1.sources.r1.channels=c1
a1.sources.r1.type=seq
a1.sources.r1.interceptors=i1
a1.sources.r1.interceptors.i1.type=timestamp
```

2）静态拦截器（Static Interceptor）

静态拦截器允许用户将具有静态值的静态图附加到所有的 Event 中。当前实现不支持一次指定多个 header（头部），但是用户可以定义多个 Static Interceptor 来为每个拦截器都追加一个 header。

Static Interceptor 提供常用的配置属性，如表 10-9 所示（加粗部分为必需属性）。

表 10-9 Static Interceptor 属性配置说明

属性名称	默认值	说　明
type	static	组件类型必须是 static
processorExisting	true	若配置的 header 已存在，是否保留
key	key	应创建的 header 的内容
value	value	应创建的 header 对应的静态值

为 a1 的 Agent 配置静态拦截器的示例如下：

```
a1.sources=r1
a1.channels=c1
a1.sources.r1.channels=c1
a1.sources.r1.type=seq
a1.sources.r1.interceptors=i1
a1.sources.r1.interceptors.i1.type=static
a1.sources.r1.interceptors.i1.key=datacenter
a1.sources.r1.interceptors.i1.value=SAN_WEI
```

3）主机拦截器（Host Interceptor）

主机拦截器插入服务器的 IP 地址或者主机名，Agent 将这些内容插入事件的报头中。事件报头中的 key 使用 hostHeader 配置，默认是 host。Host Interceptor 属性配置说明如表 10-10 所示。

表 10-10 Host Interceptor 属性配置说明

属性名称	默认值	说　明
type	host	类型名称为 host，也可以使用类名的全路径 org.apache.flume.interceptor.HostInterceptor$Builder
hostHeader	host	事件报头的 key
useIP	true	如果设置为 false，host 键插入主机名
preserveExisting	false	如果设置为 true，若事件中报头已经存在，不会替换时间戳报头的值

为 a1 的 Agent 配置主机拦截器的示例如下：

```
a1.sources.r1.interceptors=i1
a1.sources.r1.interceptors.i1.type=host
a1.sources.r1.interceptors.i1.useIP=false
a1.sources.r1.interceptors.i1.preserveExisting=false
```

下面以最常用的时间戳拦截器为例介绍拦截器的使用方法。

（1）在虚拟机 Master 上，切换到 /opt/module/flume/job 目录下，新建 Flume 的配置文

件 interceptor_time.conf。

```
[root@Master job] vim interceptor_time.conf
```

在配置文件 interceptor_time.conf 中添加以下内容：

```
# interceptor_time.conf
# 命名 Agent
a1.sources=r1
a1.sinks=k1
a1.channels=c1
# 配置 Source
a1.sources.r1.type=netcat
a1.sources.r1.bind=localhost
a1.sources.r1.port=9876
# 命名拦截器
a1.sources.r1.interceptors=i1
# 指定拦截器的类型
a1.sources.r1.interceptors.i1.type=timestamp
# 配置 Sink
a1.sinks.k1.type=logger
# 配置 Channel
a1.channels.c1.type=memory
a1.channels.c1.capacity=1000
a1.channels.c1.transactionCapacity=100
# 配置 Source 和 Sink 使用的 Channel
a1.sources.r1.channels=c1
a1.sinks.k1.channel=c1
```

（2）在 Master 上启动 Flume Agent a1，操作命令如下：

```
[hadoop@Master flume]$ bin/flume-ng agent -n a1 -f job/interceptor_time.
conf
```

以上命令执行结果如图 10-17 所示。

```
ocessor@704b5fad counterGroup:{ name:null counters:{} } }} channels:{c1=org.apache.flume.channel.MemoryChannel{name: c1}}
2021-12-26 16:56:45,895 INFO node.Application: Starting Channel c1
2021-12-26 16:56:45,902 INFO node.Application: Waiting for channel: c1 to start. Sleeping for 500 ms
2021-12-26 16:56:45,941 INFO instrumentation.MonitoredCounterGroup: Monitored counter group for type: CHANNEL, name: c1: S
lly registered new MBean.
2021-12-26 16:56:45,941 INFO instrumentation.MonitoredCounterGroup: Component type: CHANNEL, name: c1 started
2021-12-26 16:56:46,403 INFO node.Application: Starting Sink k1
2021-12-26 16:56:46,405 INFO node.Application: Starting Source r1
2021-12-26 16:56:46,405 INFO source.NetcatSource: Source starting
2021-12-26 16:56:46,412 INFO source.NetcatSource: Created serverSocket:sun.nio.ch.ServerSocketChannelImpl[/127.0.0.1:9876]
```

图 10-17　命令执行结果

（3）在 Master 上重新打开一个终端，启动 netcat 客户端，输入“sanwei”，按回车键，操作命令如下：

```
[hadoop@Master flume]$ nc localhost 9876
sanwei
```

```
OK
```

（4）查看启动的 Flume Agent a1 的终端，如图 10-18 所示，发现增加了一行 Event（sanwei）。

```
2021-12-26 16:56:46,405 INFO node.Application: Starting Source r1
2021-12-26 16:56:46,405 INFO source.NetcatSource: Source starting
2021-12-26 16:56:46,412 INFO source.NetcatSource: Created serverSocket:sun.nio.ch.ServerSocketChannelImpl[/127.0.0.1:9876]
2021-12-26 16:59:01,446 INFO sink.LoggerSink: Event: { headers:{timestamp=1640509141445} body: 73 61 6E 77 65 69
           sanwei }
```

图 10-18　查看启动的 Flume Agent a1 的终端

Flume 通过时间拦截器在 Event 的 Header 中加入了时间戳 timestamp=1640509141445。

同步训练

一、选择题

1. Fulme 中常见的 Source 有（　　）。

A. Netcat Source　　B. Exec Source

C. Spooling Directory Source　　D. Syslog Source

2. Flume 是一种可配置、高可用的（　　）。

A. 数据采集器　　B. 数据挖掘工具

C. 数据驱动工具　　D. 数据可视化工具

3. Flume 以（　　）为最小的独立运行单位。

A. Stage　　B. Agent

C. Task　　D. Job

二、简答题

1. 简答 Flume 中 Source、Sink、Channel 的作用。
2. 简答 Flume 的事件机制。

三、操作题

参照本项目中负载均衡案例完成 Flume 系统故障转移测试的案例。

项目 11 Spark 部署及数据分析

【项目介绍】

Apache Spark（以下简称 Spark）是一个用于海量数据处理的快速通用的引擎。Spark 是 UC Berkeley AMP Lab（加州大学伯克利分校的 AMP 实验室）所开源的类 Hadoop MapReduce 的通用并行框架。Spark 启用了内存分布数据集，除能够提供交互式查询外，它还可以优化迭代工作负载，可用来构建大型的、低延迟的数据分析应用程序。本项目首先介绍 Spark 的基本概念和运行模式，然后进行 Spark 的部署和安装，最后介绍 Spark 的基本应用。

本项目分为以下 4 个任务：

任务 1　Spark 基本概念

任务 2　Spark 安装及部署

任务 3　Spark 数据分析

任务 4　Spark 应用案例

【学习目标】

- 理解 Spark 的基本概念；
- 理解 Spark 的基本架构和运行生态；
- 掌握使用 Scala 编写 Spark 程序的基本方法；
- 能够进行 Spark 的安装和部署；
- 能够使用 Scala 编写简单的 Spark 程序；
- 能够使用 Spark 工具命令进行简单的数据分析。

任务 1 Spark 基本概念

【任务概述】

Spark 是一个围绕速度、易用性和复杂分析构建的大数据处理框架，本任务将介绍 Spark 的基本架构及运行生态、Spark 与 Hadoop 的对比、运行流程及特点等。

【支撑知识】

1. Spark 的基本架构及运行生态

1）Spark 的应用场景

在数据科学应用中，数据工程师可以利用 Spark 进行数据分析与建模，由于 Spark 具有良好的易用性，数据工程师只需要具备一定的 SQL 语言基础、统计学、机器学习等方面的知识，以及使用 Python、Matlab 或者 R 语言的基础编程能力，就可以使用 Spark 完成上述工作。在数据处理应用中，数据工程师将 Spark 应用于广告、报表、推荐系统等业务场景中。在广告业务场景中，利用 Spark 系统进行应用分析、效果分析、定向优化等业务。在推荐系统业务场景中，利用 Spark 内置机器学习算法训练模型数据，进行个性化推荐及热点点击分析等业务。

Spark 拥有完整而强大的技术栈，如今已吸引了国内外各个大公司研发与使用，淘宝技术团队使用 Spark 来实现多次迭代的机器学习算法、高计算复杂度的算法等，应用于商品推荐、社区发现等方面。腾讯大数据精准推荐借助 Spark 快速迭代的优势，实现了“数据实时采集、算法实时训练、系统实时预测”的全流程实时并行高维算法，最终成功应用于广点通投放系统上。优酷土豆则将 Spark 应用于视频推荐（图计算）、广告等业务的研发与拓展中，相信未来，Spark 会在更多的应用场景中发挥重要作用。

2）Spark 基本架构及运行生态概述

与 Hadoop 和 Storm 等其他大数据和 MapReduce 技术相比，Spark 有如下优势：① Spark 提供了一个全面、统一的框架用于管理各种有着不同性质（文本数据、图表数据等）的数据集和数据源（批量数据或实时的数据流）；② Spark 可以将 Hadoop 集群中的应用在内存中的运行速度提升 100 倍，甚至能够将应用在磁盘上的运行速度提升 10 倍，Spark 基本架构示意图如图 11-1 所示。

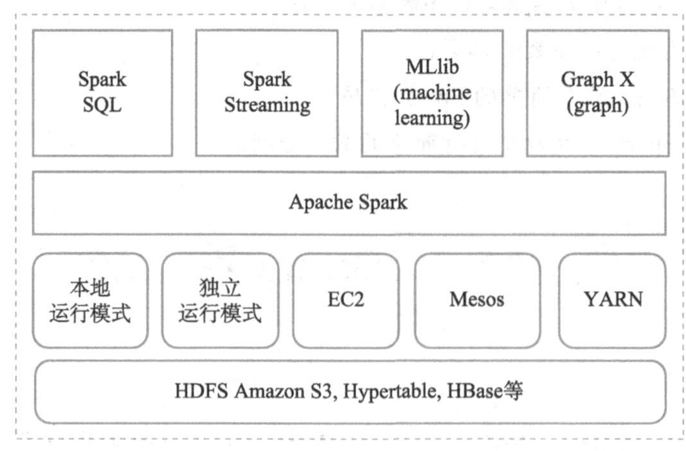

图 11-1　Spark 基本架构示意图

Spark 基本架构的部分组件解释如下。

（1）Apache Spark：包含 Spark 的基本功能，尤其是定义 RDD（弹性分布式数据集）的

API（应用程序编程接口）、操作。

（2）Spark SQL：提供通过 Apache Hive 的 SQL 变体 Hive 查询语言（HiveQL）与 Spark 进行交互的 API。

（3）Spark Streaming：对实时数据流进行处理和控制。

（4）MLlib：一个常用机器学习算法库，算法实现为对 RDD 的 Spark 操作。

（5）Graph X：控制图、并行图操作和计算的一组算法和工具的集合。

Spark 架构的组成如图 11-2 所示。

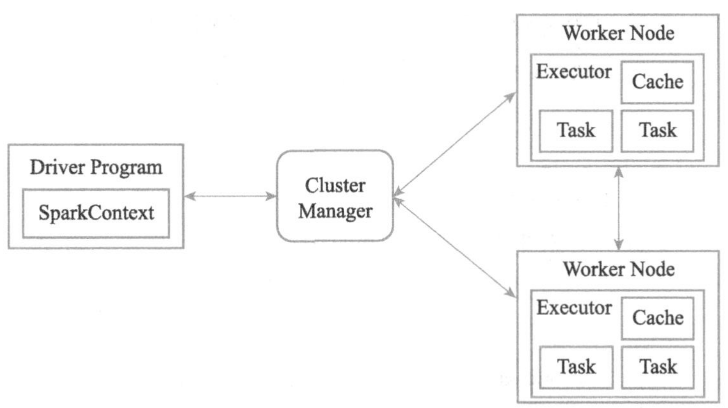

图 11-2　Spark 架构的组成图

在图 11-2 中，Driver Program 是每个应用的任务控制节点，Cluster Manager 代表资源管理器，Worker Node 代表运行作业任务的工作节点。

Spark 中的基本概念解释如下。

（1）Application：用户编写的 Spark 应用程序。

（2）Driver：Spark 中的 Driver 即运行上述 Application 的 main 函数并创建 SparkContext。

（3）SparkContext 的目的是准备 Spark 应用程序的运行环境，在 Spark 中有 SparkContext 负责与 Cluster Manager 通信，进行资源申请、任务的分配和监控等，当 Executor 部分运行完毕后，Driver 同时负责将 SparkContext 关闭。

（4）Executor：运行在工作节点（Worker Node）上的一个进程，负责运行 Task。

（5）RDD：弹性分布式数据集，是分布式内存的一个抽象概念，提供了一种高度受限的共享内存模型。

（6）DAG：有向无环图，反映 RDD 之间的依赖关系。

（7）Task：运行在 Executor 上的工作单元。

（8）Job：一个 Job 包含多个 RDD 及作用于相应 RDD 上的各种操作。

（9）Stage：Job 的基本调度单位，一个 Job 会分为多组 Task，每组 Task 被称为 Stage，或者被称为 TaskSet，代表一组关联的、相互之间没有 Shuffle 依赖关系的任务组成的任务集。

（10）Cluster Manager：指的是在集群上获取资源的外部服务。目前有 3 种类型。

- Standalon：Spark 原生的资源管理服务，由 Master 负责资源的分配。

- Apache Mesos：与 Hadoop MR 兼容性良好的一种资源调度框架。
- Hadoop YARN：主要是指 YARN 中的 ResourceManager（资源管理器）。

2. Spark 的基本运行流程

Spark 的基本运行流程如图 11-3 所示。

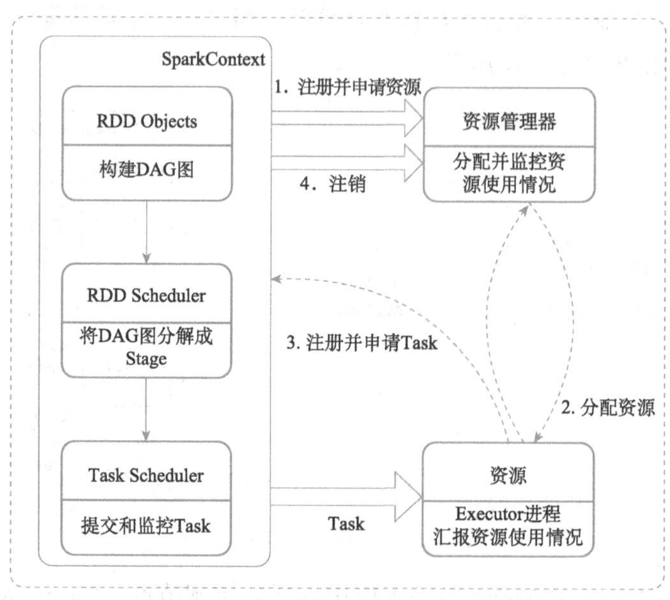

图 11-3 Spark 的基本运行流程

Spark 基本运行流程如下所示。

第一步：为应用构建基本的运行环境，即由 Driver 创建一个 SparkContext 进行资源的申请、任务的分配和监控。

第二步：资源管理器为 Executor 分配资源，并启动 Executor 进程。

第三步：SparkContext 根据 RDD 的依赖关系构建 DAG 图，DAG 图提交给 DAG Scheduler 解析成 Stage，然后把一个个 TaskSet 提交给底层调度器 Task Scheduler 处理。

第四步：Executor 向 SparkContext 申请 Task，Task Scheduler 将 Task 发放给 Executor 运行并提供应用程序代码。

第五步：Task 在 Executor 上运行并把执行结果反馈给 Task Scheduler，然后反馈给 DAG Scheduler，运行完毕后写入数据并释放所有资源。

任务 2 Spark 安装及部署

【任务概述】

Spark 是一种通用的大数据计算框架，是一种基于 RDD（弹性分布式数据集）的计算模型。

Spark 是基于内存的计算框架，性能要优于 MapReduce，可以实现 Hadoop 生态圈中的多个组件，是一个非常优秀的大数据框架，是 Apache 的顶级项目。本任务进行 Spark 的安装及部署。

【支撑知识】

1. RDD

1）RDD 的概念

RDD 的英文全名是 Resilient Distributed Dataset，弹性分布式数据集，即一个弹性可复原的分布式数据集。RDD 是一个逻辑概念，一个 RDD 中有多个分区，一个分区在 Executor 节点上执行时，就是一个迭代器。可以将 RDD 理解为一个分布式存储在集群中的大型数据集合，不同 RDD 之间可以通过转换操作形成依赖关系实现管道化，从而避免了中间结果的读取 / 写入操作，提高数据处理的速度和性能。一个 RDD 有多个分区，一个分区在一台机器上，但是一台机器可以有多个分区，我们要操作的是分布在多台机器上的数据，而 RDD 相当于一个代理，对 RDD 进行操作其实就是对分区进行操作，就是对每台机器上的迭代器进行操作，因为迭代器引用着我们要操作的数据，RDD 原理图如图 11-4 所示。

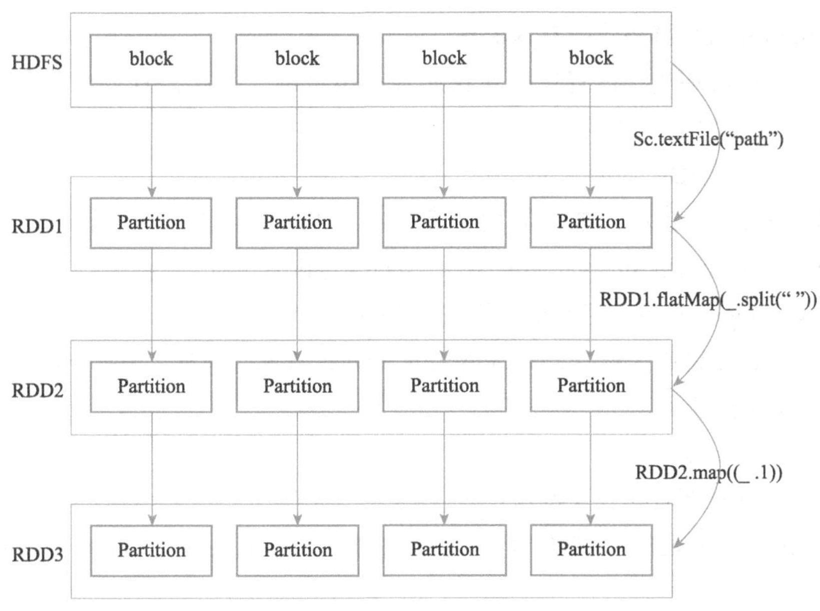

图 11-4　RDD 原理图

图 11-4 中 textFile 方法底层封装的是 MapReduce 读取文件的方式，读取文件之前先进行数据切割，默认数据切割大小是一个 block（块）大小，每个切割后的数据单片对应一个 Partition。RDD 实际上不存储数据，存储的是计算逻辑，RDD 中 Partition 的数量、大小没有限制，体现了 RDD 的弹性，Partition 的个数可以控制，可以提高并行度。RDD 之间的依赖关系体现在：可以基于上一个 RDD 重新计算出 RDD，RDD 是由 Partition 组成的，Partition 是分布在不同节点上的。RDD 提供计算最佳位置，体现了数据本地化，也体现了

大数据中“计算移动数据不移动”的理念。

2）RDD 的特征

总结起来，RDD 的特征主要有以下几个。

（1）RDD 是一组分区，分区是 Spark 中数据集的最小单位。Spark 中的数据是以分区为单位存储的，不同的分区被存储在不同的节点上，这也是分布式计算的基础。

（2）在 Spark 中数据和执行操作是分开的，并且 Spark 基于懒计算的机制，也就是在真正触发计算的行动操作出现之前，Spark 会存储对哪些数据执行哪些计算操作，数据和计算之间的映射关系就存储在 RDD 中。

（3）RDD 之间存在转化关系，一个 RDD 可以通过转化操作转化成其他 RDD，这些转化操作都会被记录下来。当部分数据丢失的时候，Spark 可以通过记录的依赖关系重新计算丢失部分的数据，而不是重新计算所有数据。

（4）Spark 支持基于 Hash 的 Hash 分区方法和基于范围的 Range 分区方法。

（5）一个列表，存储每个分区的优先存储的位，Partition 对外提供数据处理的本地化。

2. Spark 的部署模式

1）Spark 分布式集群搭建的基本步骤

（1）准备 Linux 环境，设置集群新建账号和用户组，设置 SSH，关闭防火墙，关闭 SELinux 服务，配置 Host、Hostname。

（2）安装并配置 JDK 环境变量。

（3）搭建 Hadoop 集群，如果需要配置主节点机，需要搭建 Zookeeper 集群，修改 hdfs-site.xml、hadoop_env.sh、yarn-site.xml、slaves 等配置文件。

（4）启动 Hadoop 集群，启动前要格式化 NameNode。

（5）配置 Spark 集群，修改 spark-env.xml、slaves 等配置文件，复制 Hadoop 相关配置文件到 spark conf 目录下。

（6）启动 Spark 集群。

2）Spark 的几种部署模式及特点

（1）Local（本地模式）：常用于本地开发测试，本地还分为 Local 单线程和 Local-cluster 多线程。

（2）Standalone（集群模式）：分布式部署集群，自带完整的服务，资源管理和任务监控由 Spark 自己监控，这个模式也是其他模式的基础。

（3）Spark on YARN 模式：分布式部署集群，资源和任务监控交给 YARN 管理，Spark 客户端直接连接 YARN，不需要额外构建 Spark 集群。

3. 集群模式概述

Spark 应用程序作为集群上的独立进程集运行，由 SparkContext 主程序（驱动程序）

中的对象协调。具体来说，为了在集群上运行，SparkContext 可以连接多种类型的集群管理器（Spark 自己的独立集群管理器、Mesos、YARN 或 Kubernetes），它们在应用程序之间分配资源。连接后，Spark 会在集群中的节点上获取执行程序，这些程序进行计算和存储数据操作。接着将应用程序代码（由传递给 SparkContext 的 jar 或 Python 文件定义）发送到执行程序。最后，SparkContext 将任务发送给执行程序运行。

系统目前支持多种集群管理器：①独立集群管理器：Spark 附带的简单集群管理器，可以轻松设置集群。② Apache Mesos：一个通用的集群管理器，也可以运行 Hadoop MapReduce 和服务应用程序（已弃用）。③ Hadoop YARN ：Hadoop 2 中的资源管理器。④ Kubernetes ：一个开源系统，用于自动部署、扩展和管理容器化应用程序。

可以使用 spark-submit 脚本将应用程序提交到任何类型的集群上。每个驱动程序都有一个 Web UI，通常在端口 4040 中，显示正在运行的任务、执行程序和存储使用情况的信息，只需在 Web 浏览器中输入“http://<driver-node>:4040”即可访问信息界面。Spark 可以控制跨应用程序（在集群管理器级别）和应用程序内部（如果在同一个 SparkContext 上存在多个计算）的资源分配。表 11-1 总结了 Spark 集群概念中的术语。

表 11-1　Spark 集群概念中的术语

术　语	意　义
Application	基于 Spark 构建的用户程序。由集群上的驱动程序和执行程序组成
Application jar	包含用户的 Spark 应用程序的 jar。在某些情况下，用户会想要创建一个“uber jar”，其中包含他们的应用程序及其依赖项。用户的 jar 不应包含 Hadoop 或 Spark 库，但是，这些将在运行时添加
Driver Program	运行应用程序的 main() 函数并创建 SparkContext 的过程
Cluster Manager	用于获取集群资源的外部服务（如独立管理器、Mesos、YARN、Kubernetes）
Deploy Mode	区分驱动程序运行的位置。在集群模式下，框架在集群内部启动驱动程序；在客户端模式下，提交者在集群外部启动驱动程序
Worker Node	任何可以在集群中运行应用程序代码的节点
Executor	工作节点上的应用程序启动的进程，该进程运行任务并将数据保存在内存或磁盘存储中。每个应用程序都有自己的执行程序
Task	发送给执行者的工作单元
Job	由多个任务组成的并行计算操作，这些任务响应 Spark 操作（如 save、collect），会在驱动程序日志中看到这个术语
Stage	每个作业被分成更小的任务集，称为阶段，这些任务相互依赖（类似 MapReduce 中的 Map 和 Reduce 阶段）。会在驱动程序日志中看到这个术语

【任务实施】

1. 在 Master 节点机上安装软件

（1）从 Scala、Spark 官网下载 Scala 和 Spark 软件包，本书使用的是 spark-2.4.8-bin-hadoop2.7.tgz 和 scala-2.13.7.tgz 版本，下载后的软件包如图 11-5 所示。

图 11-5　Scala 和 Spark 软件包

（2）上传下载后的 Scala 和 Spark 软件包到 Master 节点机的 /opt 目录下，解压缩并完成软件的安装，操作命令如下：

```
[hadoop@Master opt]$ cd /opt
[hadoop@Master opt]$ sudo tar xvzf scala-2.13.7.tgz
[hadoop@Master opt]$ sudo tar xvzf spark-2.4.8-bin-hadoop2.7.tgz
```

（3）修改解压缩后的 Scala 和 Spark 文件夹，操作命令如下：

```
[hadoop@Master opt]$ sudo chown -R hadoop:hadoop scala-2.13.7
[hadoop@Master opt]$ sudo chown -R hadoop:hadoop spark-2.4.8-bin-hadoop2.7
```

2. 在 Master 节点机上设置 Spark 参数

（1）新建 spark-env.sh 文件，操作命令如下：

```
[hadoop@Master opt]$ cd /opt/spark-2.4.8-bin-hadoop2.7/conf/
[hadoop@Master conf]$ vi spark-env.sh
```

spark-env.sh 文件内容如下：

```
export JAVA_HOME=/opt/jdk1.8.0_301
export HADOOP_HOME=/opt/hadoop-2.8.5
export HADOOP_CONF_DIR=$HADOOP_HOME/etc/hadoop
export SCALA_HOME=/opt/scala-2.13.7
export SPARK_HOME=/opt/spark-2.4.8-bin-hadoop2.7
export SPARK_MASTER_IP=Master
export SPARK_WORKER_MEMORY=2g
```

（2）新建 slaves 文件，操作命令如下：

```
[hadoop@Master conf]$ vi slaves
```

slaves 文件内容如下：

```
Slave1
Slave2
```

（3）修改环境变量，操作命令如下：

```
[hadoop@Master ~]$ cd
```

```
[hadoop@Master ~]$ vi .bash_profile
```

在 .bash_profile 文件中添加如下内容：

```
export SCALA_HOME=/opt/scala-2.13.7
export PATH=$PATH:$SCALA_HOME/bin
export SPARK_HOME=/opt/spark-2.4.8-bin-hadoop2.7
export PATH=$PATH:$SPARK_HOME/bin
```

（4）使环境变量生效，操作命令如下：

```
[hadoop@Master ~]$ source .bash_profile
```

3. 将 Master 节点机上配置好的 Spark、Scala 文件分发给从节点机

（1）分发给 Slave1 节点机，并修改文件的属性，操作命令如下：

```
[hadoop@Slave1 ~]$ sudo scp -r hadoop@Master:/opt/scala-2.13.7 /opt
[hadoop@Slave1 ~]$ sudo scp -r hadoop@Master:/opt/spark-2.4.8-bin-hadoop2.7 /opt
[hadoop@Slave1 ~]$ cd /opt
[hadoop@Slave1 opt]$ sudo chown -R hadoop:hadoop scala-2.13.7/
[hadoop@Slave1 opt]$ sudo chown -R hadoop:hadoop spark-2.4.8-bin-hadoop2.7/
```

（2）分发给 Slave2 节点机，并修改文件的属性，操作命令及结果如下：

```
[hadoop@Slave2 opt]$ sudo scp -r hadoop@Master:/opt/scala-2.13.7 /opt
[hadoop@Slave2 opt]$ sudo scp -r hadoop@Master:/opt/spark-2.4.8-bin-hadoop2.7 /opt
[hadoop@Slave2 ~]$ cd /opt
[hadoop@Slave2 opt]$ sudo chown -R hadoop:hadoop scala-2.13.7/
[hadoop@Slave2 opt]$ sudo chown -R hadoop:hadoop spark-2.4.8-bin-hadoop2.7/
```

（3）修改 Slave1 节点机的环境变量，操作命令如下：

```
[hadoop@Slave1 opt]$ cd
[hadoop@Slave1 ~]$ vi .bash_profile
```

在 .bash_profile 文件中添加如下内容：

```
export SCALA_HOME=/opt/scala-2.13.7
export PATH=$PATH:$SCALA_HOME/bin
export SPARK_HOME=/opt/spark-2.4.8-bin-hadoop2.7
export PATH=$PATH:$SPARK_HOME/bin
```

使 Slave1 节点机的环境变量生效，操作命令如下：

```
[hadoop@Slave1 ~]$ source .bash_profile
```

（4）修改 Slave2 节点机的环境变量，操作命令如下：

```
[hadoop@Slave2 opt]$ cd
[hadoop@Slave2 ~]$ vi .bash_profile
```

在 .bash_profile 文件中添加如下内容：

```
export SCALA_HOME=/opt/scala-2.13.7
export PATH=$PATH:$SCALA_HOME/bin
export SPARK_HOME=/opt/spark-2.4.8-bin-hadoop2.7
export PATH=$PATH:$SPARK_HOME/bin
```

使 Slave2 节点机的环境变量生效，操作命令如下：

```
[hadoop@Slave2 ~]$ source .bash_profile
```

4. 测试 Spark

（1）在 Master 节点机上启动 Spark 服务，操作命令及结果如下：

```
[hadoop@Master opt]$ /opt/spark-2.4.8-bin-hadoop2.7/sbin/start-all.sh
starting org.apache.spark.deploy.master.Master, logging to /opt/spark-2.4.8-bin-hadoop2.7/logs/spark-hadoop-org.apache.spark.deploy.master.Master-1-Master.out
Slave1: starting org.apache.spark.deploy.worker.Worker, logging to /opt/spark-2.4.8-bin-hadoop2.7/logs/spark-hadoop-org.apache.spark.deploy.worker.Worker-1-Slave1.out
Slave2: starting org.apache.spark.deploy.worker.Worker, logging to /opt/spark-2.4.8-bin-hadoop2.7/logs/spark-hadoop-org.apache.spark.deploy.worker.Worker-1-Slave2.out
```

（2）查看集群各节点机上的进程，操作命令及结果如下。

Master 节点机（开启了 Hadoop、HBase、Hive、Spark 等服务后）：

```
[hadoop@Master ~]$ jps
10690 Jps
5846 NameNode
6534 NodeManager
6183 SecondaryNameNode
6919 QuorumPeerMain
7463 HMaster
10603 Master
7660 RunJar
7756 RunJar
6829 JobHistoryServer
6350 ResourceManager
5999 DataNode
```

Slave1 节点机：

```
[hadoop@Slave1 ~]$ jps
7136 Jps
3970 HMaster
7048 Worker
3802 QuorumPeerMain
3644 NodeManager
3517 DataNode
3887 HRegionServer
```

Slave2 节点机：

```
[hadoop@Slave2 ~]$ jps
6131 Jps
3592 QuorumPeerMain
3672 HRegionServer
3434 NodeManager
3307 DataNode
6046 Worker
```

（3）在浏览器中输入“http://Master:8080”，查看 Spark 集群情况，如图 11-6 所示。

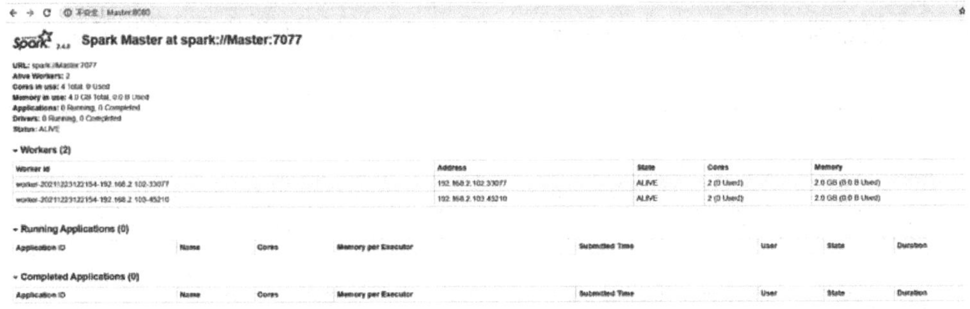

图 11-6　查看 Spark 集群情况

（4）在浏览器中输入“http://Slave1:8081”，查看 Spark Worker 执行情况，如图 11-7 所示。

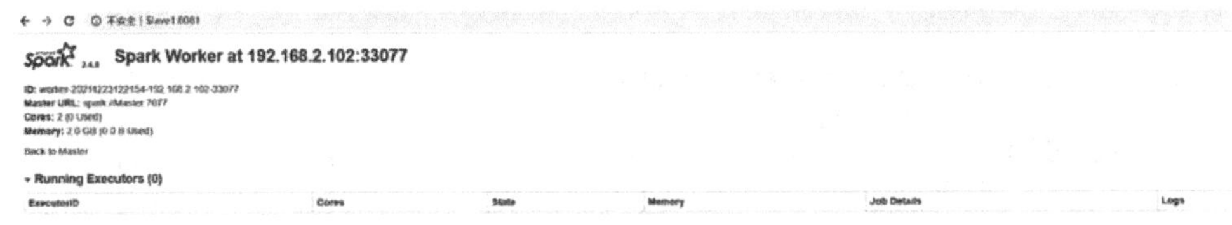

图 11-7　查看 Spark Worker 执行情况

（5）启动 Spark shell，操作命令及结果如下：

```
[hadoop@Master ~]$ spark-shell
21/12/23 12:32:39 WARN util.NativeCodeLoader: Unable to load native-hadoop library for your platform... using builtin-java classes where applicable
Setting default log level to "WARN".
```

```
To adjust logging level use sc.setLogLevel(newLevel). For SparkR, use
setLogLevel(newLevel).
Spark context Web UI available at http://Master:4040
Spark context available as 'sc' (master = local[*], app id =
local-1640233969468).
Spark session available as 'spark'.
Welcome to
      ____              __
     / __/__  ___ _____/ /__
    _\ \/ _ \/ _ `/ __/  '_/
   /___/ .__/\_,_/_/ /_/\_\   version 2.4.8
      /_/

Using Scala version 2.11.12 (Java HotSpot(TM) 64-Bit Server VM, Java
1.8.0_301)
Type in expressions to have them evaluated.
Type :help for more information.

scala>
```

（6）在浏览器中输入“http://Master:4040”，查看 Spark Jobs，如图 11-8 所示。

图 11-8　查看 Spark Jobs

（7）单击“Environment”菜单查看 Spark Environment，如图 11-9 所示。

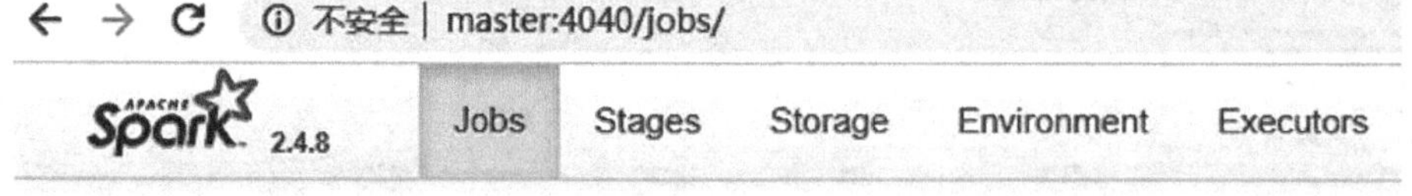

图 11-9　查看 Spark Environment

（8）单击“Executors”菜单查看 Spark Executors，如图 11-10 所示。

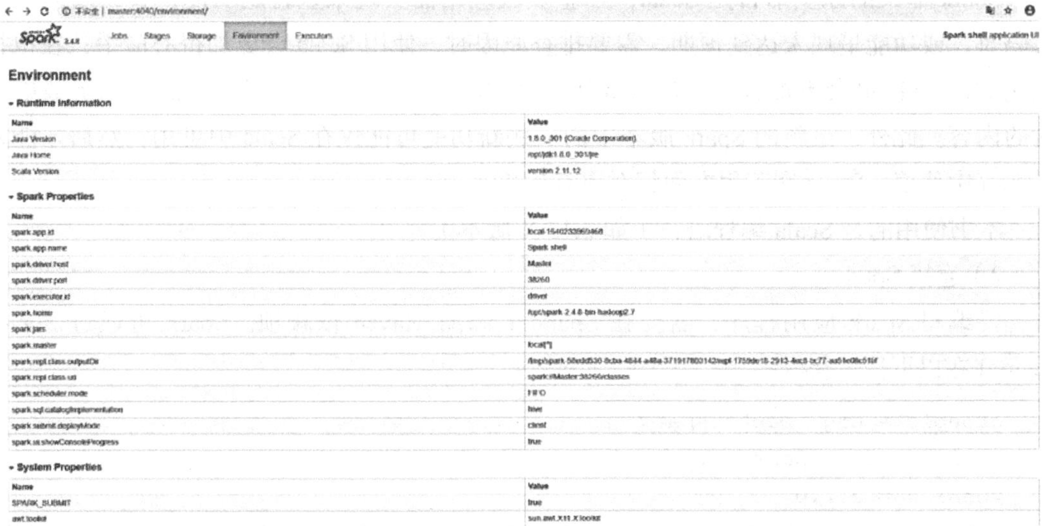

Environment

- Runtime Information

Name	Value
Java Version	1.8.0_301 (Oracle Corporation)
Java Home	/opt/jdk1.8.0_301/jre
Scala Version	version 2.11.12

- Spark Properties

Name	Value
spark.app.id	local-1640233869468
spark.app.name	Spark shell
spark.driver.host	Master
spark.driver.port	38260
spark.executor.id	driver
spark.home	/opt/spark-2.4.8-bin-hadoop2.7
spark.jars	
spark.master	local[*]
spark.repl.class.outputDir	[illegible]
spark.repl.class.uri	spark://Master:38260/classes
spark.scheduler.mode	FIFO
spark.sql.catalogImplementation	hive
spark.submit.deployMode	client
spark.ui.showConsoleProgress	true

- System Properties

Name	Value
SPARK_SUBMIT	true
awt.toolkit	sun.awt.X11.XToolkit

图 11-10　Spark Executors

任务 3　Spark 数据分析

【任务概述】

Spark 是一种流行的大数据集群计算框架，通常被大数据工程师、大数据科学家和大数据分析师用于各种大数据案例中。除提供基于 Python、Java、Scala 和 SQL 语言的简单易用的 API 以及内建的丰富程序库外，Spark 还能和其他大数据工具密切配合使用。本任务将介绍使用 Spark 进行数据分析的基本方法。

【支撑知识】

1. RDD 的基本用法

1）Spark 支持的编程语言

RDD 是记录的只读分区集合，是 Spark 的基本数据结构。RDD 是通过从 Hadoop 文件系统（或任何其他 Hadoop 支持的文件系统）的文件或驱动程序中现有的 Scala 集合开始，然后对其进行转换来创建的。

Spark 的框架使用 Scala 编写（Scala 是一种运行在 Java 虚拟机上，实现和 Java 类库之间互通的面向对象及函数式编程语言），而 Spark 的开发目前主要使用 3 种语言：Scala、Python、Java。相比 Java，Spark 用 Scala 开发语法要简洁许多，并且支持类型推断，可大大提高开发效率。更重要的是，Java 不支持 REPL（Read Evaluate Print Loop，交互式编程环境），而 REPL 又对数据处理十分关键（很多时候需要即时查看结果）。

Spark 框架的原生语言是 Scala，当企业级应用需实现某些特定功能，要修改底层源代码时，或功能呈现未达到预期，需要排查原因时，使用 Scala 会更加得心应手；在执行优化时，Scala 也会更加方便。Python 代码在 JVM 中会被封装，因此无法控制函数中包含的内容。此外，最新的 Spark 版本中的一些新功能可能仅在 Scala 中可用，然后才能在 Python 中移植。Scala 在工程方面相对更有优势。

本书使用的是 Scala 编程语言（如 2.12.X 版本）。

2）连接 Spark

要编写 Spark 应用程序，需要在 Spark 上添加 Maven 依赖项。Spark 可通过 Maven Central 在以下位置获得：

```
groupId = org.apache.spark
artifactId = spark-core_2.12
version = 3.2.0
```

此外，如果需要访问 HDFS 集群，就需要 hadoop-client 为 HDFS 版本添加以下依赖项：

```
groupId = org.apache.hadoop
artifactId = hadoop-client
version = <your-hdfs-version>
```

最后，需要将一些 Spark 类导入程序中，操作命令如下：

```
import org.apache.spark.SparkContext
import org.apache.spark.SparkConf
```

3）初始化 Spark

Spark 程序必须做的第一件事是创建一个 SparkContext 对象，指定 Spark 访问集群的方式，例如：

```
val conf = new SparkConf().setAppName(appName).setMaster(master)
new SparkContext(conf)
```

AppName 参数是应用程序在集群用户接口上显示的名称。Master 是一个 Spark、Mesos 或 YARN 集群 URL，或者一个特殊的“本地”字符串在本地模式下运行。

4）使用 shell 命令

在 Spark shell 中，可以使用 --master 参数设置上下文连接到指定主机，并且可以通过将逗号分隔的列表传递给参数来将 jar 包添加到类路径 --jars。还可以通过向参数提供以逗号分隔的 Maven 坐标列表来向 shell 会话添加依赖项（如 Spark 包），任何可能存在依赖关系的附加存储库（如 Sonatype）都可以传递给 --repositories 参数。运行 spark-shell–help 命令可以了解更多 Spark shell 的详细用法。

5）创建 RDD

有两种方法可以创建 RDD：在驱动程序中并行化现有集合，或者引用外部存储系统中的数据集。

6）并行化集合

并行化集合是通过在驱动程序中现有集合上调用 Spark 集群的 parallelize 方法来创建的。

7）外部数据集

Spark 可以从 Hadoop 支持的任何存储源创建分布式数据集，包括本地文件系统、HDFS、Cassandra、HBase、Amazon S3 等。Spark 支持文本文件、SequenceFiles 和任何其他 Hadoop 数据输入格式。

2. RDD 的常见操作

RDD 支持两种类型的操作：transformations（转换）和 actions（动作），transformations（转换）操作从现有的数据集中创建一个新的数据集，actions（动作）操作在对数据集运行计算后返回一个值给驱动程序。Spark 中的所有转换操作不会立即计算结果，仅当操作需要将结果返回给驱动程序时才计算，这种设计使 Spark 能够更高效地运行。

1）transformations（转换）

表 11-2 列出了 Spark 支持的一些常见转换操作。

表 11-2　转换操作

操　　作	含　　义
map	将原数据的每个元素传给函数进行格式化，返回一个新的分布式数据集
filter	返回一个新的数据集，该数据集是由通过 func 函数处理后返回值为 true 的元素组成的
flatMap	与 map 类似，但每个输入项可以映射到 0 个或多个输出项（因此 func 函数应返回 Seq 而不是单个项）
mapPartitions	与 map 类似，但在 RDD 的每个分区（块）上单独运行，因此在 T 类型的 RDD 上运行时，func 函数必须是 Iterator<T> => Iterator<U> 类型
mapPartitionsWithIndex	与 mapPartitions 类似，但也为 func 函数提供了一个表示分区索引的整数值，因此在 T 类型的 RDD 上运行时，func 函数必须是 (Int, Iterator<T>) => Iterator<U> 类型
sample	使用给定的随机数生成器种子对数据的一小部分进行采样，无论是否有替换操作
union	返回一个新的数据集，其中包含源数据集中的元素和参数的并集
intersection	返回一个新的 RDD，它包含源数据集中元素和参数的交集
distinct	返回包含源数据集不同元素的新数据集
groupByKey	当在 (K, V) 对的数据集上调用时，返回 (K, Iterable<V>) 对的数据集。 注意：如果分组是为了对每个键执行聚合（如求和或平均值），使用 reduceByKey 或 aggregateByKey 将会有更好的性能。 注意：默认情况下，输出中的并行级别取决于父 RDD 的分区数。可以传递一个可选 numPartitions 参数来设置不同数量的任务
reduceByKey	当在 (K, V) 对的数据集上调用时，返回 (K, V) 对的数据集，其中每个键的值使用给定的 func 函数聚合，该函数必须是 (V,V) => V

续表

操　作	含　义
aggregateByKey	当在 (K, V) 对的数据集上调用时，返回 (K, U) 对的数据集，其中每个键的值使用给定的组合函数和中性“零”值聚合。允许与输入值类型不同的聚合值类型，同时避免不必要的分配。
sortByKey	当在一个 (K, V) 对的数据集上调用时，返回一个按照 K 值排序的 (K, V) 对数据集
join	当调用类型为 (K, V) 和 (K, W) 的数据集时，返回一个 (K, (V, W)) 对的数据集，其中包含每个键的所有元素对。外连接支持 leftOuterJoin，rightOuterJoin 和 fullOuterJoin
cogroup	当调用类型为 (K, V) 和 (K, W) 的数据集时，返回一个包含 (K, (Iterable<V>, Iterable<W>)) 元组的数据集。此操作也称为 groupWith
cartesian	当调用类型为 T 和 U 的数据集时，返回一个 (T, U) 对（所有元素对）的数据集
pipe	通过 shell 命令（如 Perl 或 bash 脚本）来管理 RDD 的每个分区。RDD 元素被写入进程的标准输入中，输出到标准输出的行作为字符串的 RDD 返回
coalesce	将 RDD 中的分区数减少到 numPartitions。对过滤大型数据集后更有效地运行操作很有用
repartition	随机重组 RDD 中的数据以创建更多或更少的分区并在它们之间进行平衡
repartitionAndSortWithinPartitions	根据给定的分区器对 RDD 重新分区，并在每个结果分区内，按键对记录进行排序。这比 repartition 在每个分区内调用然后排序更有效，因为它可以将排序下推到 shuffle 机器中

2）actions（动作）

表 11-3 列出了 Spark 支持的一些常见动作操作。

表 11-2　动作操作

操　作	含　义
reduce	使用 func 函数（它接受两个参数并返回一个）聚合数据集的元素。该函数应该是可交换和关联的，以便它可以被正确地并行计算
collect	在驱动程序中将数据集的所有元素作为数组返回。这通常在过滤器或其他返回足够小的数据子集的操作之后使用
count()	返回数据集中元素的数量
first()	返回数据集的第一个元素（类似 take(1)）
take(n)	返回一个包含数据集前 *n* 个元素的数组
takeSample	返回一个数组，其中包含数据集的 num 个元素的随机样本，可以选择预先指定随机数生成器种子
takeOrdered	使用自然顺序或自定义比较器返回 RDD 的前 *n* 个元素
saveAsTextFile	将数据集的元素作为文本文件（或一组文本文件）写入本地文件系统、HDFS 或任何其他 Hadoop 支持的文件系统的给定目录中。Spark 将对每个元素调用 toString 以将其转换为文件中的一行文本
saveAsSequenceFile	将数据集的元素作为 Hadoop SequenceFile 写入本地文件系统、HDFS 或任何其他 Hadoop 支持的文件系统的给定路径中。这在实现 Hadoop 的 Writable 接口的键值对的 RDD 上可用。在 Scala 中，它也可用于隐式转换为 Writable 的类型（Spark 包括对 Int、Double、String 等基本类型的转换）
saveAsObjectFile	使用 Java 序列化以简单格式编写数据集的元素，然后可以使用 SparkContext.objectFile()

续表

操　作	含　义
countByKey	仅适用于 (K, V) 类型的 RDD。返回 (K, Int) 对的哈希图，其中包含对每个键的计数
foreach	对数据集的每个元素运行 func 函数。这通常是为了实现其他功能，如更新累加器或与外部存储系统交互。 注意：除修改累加器的变量外，foreach() 可能会导致未定义的行为

3. Shuffle 操作

Shuffle 是 Spark 中重新分配数据的机制，以便它在不同分区之间进行不同的分组。

1）Shuffle 操作的概念

要了解 Shuffle 操作期间发生了什么，我们可以考虑 reduceByKey 操作示例。该 reduceByKey 操作生成一个新的 RDD，其中单个键的所有值都组合成一个元组—键和针对与该键关联的所有值执行 reduce 函数的结果。但问题是单个键的所有值不一定都位于同一分区内，甚至同一台机器上，但它们必须位于同一位置以计算结果。

在 Spark 中，数据通常不会跨区分布在特定操作的必要位置。在计算过程中，单个任务将在单个分区上运行，因此为了组织单个 reduceByKey Reduce 任务执行的所有数据，Spark 需要执行 all-to-all 操作。它必须从所有分区中读取数据以找到所有键的所有值，然后将跨分区的值组合在一起以计算每个键的最终结果，这称为 Shuffle 操作。

2）性能影响

Shuffle 操作涉及磁盘的 I/O、数据序列和网络 I/O，为了组织 Shuffle 的数据，Spark 生成了一组 Map 任务来组织数据以及一组 Reduce 任务来聚合数据。某些 Shuffle 操作会消耗大量的堆内存，因为它们在传输之前或之后使用内存数据结构来组织记录。

3）RDD 持久化

Spark 中最重要的功能之一是在内存中持久化（或缓存）数据集。当持久化一个 RDD 时，每个节点都会存储它在内存中计算的任何分区，并在该数据集的其他操作中重用它们。这使未来的动作可以更快（通常超过 10 倍），缓存是迭代算法和快速交互使用的关键工具。可以使用 persist() 或 cache() 方法将 RDD 标记为持久化，Spark 的缓存是允许出现容错的，如果 RDD 的任何分区丢失，Spark 将使用最初创建的 transformations 操作自动重新计算。此外，每个持久化的 RDD 都可以使用不同的存储级别来存储，存储级别如表 11-4 所示。

表 11-4　存储级别

存储级别	含　义
MEMORY_ONLY	将 RDD 作为反序列化的 Java 对象存储在 JVM 中。如果 RDD 不适合内存，某些分区就不会被缓存，并且会在每次需要时重新计算。这是默认级别
MEMORY_AND_DISK	将 RDD 作为反序列化的 Java 对象存储在 JVM 中。如果 RDD 不适合内存，那么 RDD 分区也不适合存储在磁盘的分区中

续表

存储级别	含　义
MEMORY_ONLY_SER	将 RDD 存储为序列化的 Java 对象（每个分区一个字节数组）。这通常比反序列化对象更节省空间，尤其是在使用快速序列化器时，但读取时更占用 CPU
MEMORY_AND_DISK_SER	与 MEMORY_ONLY_SER 类似，但将不适合内存的分区溢出到磁盘的情况，不是在每次需要时即时重新计算
DISK_ONLY	仅将 RDD 分区存储在磁盘上
MEMORY_ONLY_2，MEMORY_AND_DISK_2	与上述级别相同，但在两个集群节点上复制每个分区
OFF_HEAP	与 MEMORY_ONLY_SER 类似，但将数据存储在堆外内存中，这需要启用堆外内存

Spark 的存储级别能在内存使用和 CPU 效率之间进行均衡，可以选择以下方式之一。

（1）如果 RDD 与默认存储级别（MEMORY_ONLY）相适应，请保持原样默认存储级别。这是 CPU 效率最高的选项，允许 RDD 上的操作尽可能快地运行。

（2）如果没有，请尝试使用 MEMORY_ONLY_SER 并选择一个快速序列化库，使对象的空间效率更高，但访问速度仍然相当快（Java 和 Scala）。

（3）不要溢出到磁盘，除非计算数据集的函数的运行时间成本或存储成本很高，或者它们过滤了大量数据。否则，重新计算分区可能与从磁盘读取分区一样快。

（4）如果想要实现快速故障恢复（例如，使用 Spark 来处理来自 Web 应用程序的请求），请使用复制的存储级别。

4）删除数据

Spark 自动监控每个节点上的缓存使用情况，并以最近最少使用（LRU）的方式丢弃旧数据分区。使用 RDD.unpersist() 方法可以手动删除 RDD，此方法默认不删除缓存的数据，如要删除需等到资源被释放，在调用 RDD.unpersist() 方法时需指定参数 blocking=true。

4. 共享变量

通常当传递给 Spark 操作（如 map 或 reduce）的函数在远程集群节点上被执行时，会在函数中使用的所有变量的单独副本上工作。Spark 为两种常见的使用模式提供了两种有限类型的共享变量：广播变量和累加器。

1）广播变量

广播变量允许在每台机器上缓存一个只读变量，而不是随任务一起传送它的副本，可用于以有效的方式为每个节点提供大型输入数据集的副本，Spark 还尝试使用有效的广播算法来分发广播变量以降低通信成本。

要释放广播变量复制到执行程序的资源，需要调用 .unpersist() 函数，如果此后再次使用该广播，就会重新广播。要永久释放广播变量使用的所有资源，需要调用 .destroy() 函数，之后就不能使用广播变量了。

2）累加器

累加器是仅通过关联和交换操作“添加”的变量，因此可以有效地支持并行化计算。它们可用于实现计数器（如在 MapReduce 中）或总和。如图 11-11 所示，一个命名的累加器（在本例中为 counter）将显示在 Web UI 中，用于修改该累加器的阶段。Spark 在“任务”列表中显示由任务修改的每个累加器的值。

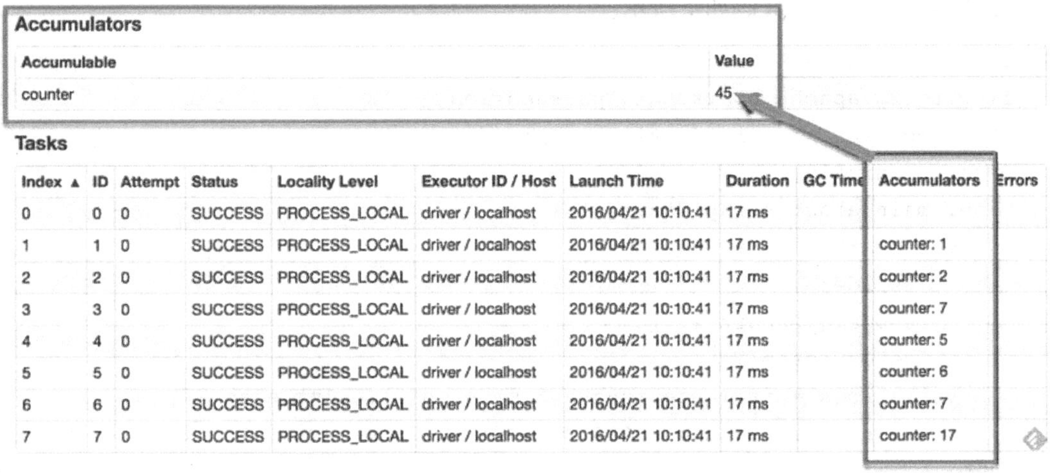

Accumulators

Accumulable	Value
counter	45

Tasks

Index ▲	ID	Attempt	Status	Locality Level	Executor ID / Host	Launch Time	Duration	GC Time	Accumulators	Errors
0	0	0	SUCCESS	PROCESS_LOCAL	driver / localhost	2016/04/21 10:10:41	17 ms			
1	1	0	SUCCESS	PROCESS_LOCAL	driver / localhost	2016/04/21 10:10:41	17 ms		counter: 1	
2	2	0	SUCCESS	PROCESS_LOCAL	driver / localhost	2016/04/21 10:10:41	17 ms		counter: 2	
3	3	0	SUCCESS	PROCESS_LOCAL	driver / localhost	2016/04/21 10:10:41	17 ms		counter: 7	
4	4	0	SUCCESS	PROCESS_LOCAL	driver / localhost	2016/04/21 10:10:41	17 ms		counter: 5	
5	5	0	SUCCESS	PROCESS_LOCAL	driver / localhost	2016/04/21 10:10:41	17 ms		counter: 6	
6	6	0	SUCCESS	PROCESS_LOCAL	driver / localhost	2016/04/21 10:10:41	17 ms		counter: 7	
7	7	0	SUCCESS	PROCESS_LOCAL	driver / localhost	2016/04/21 10:10:41	17 ms		counter: 17	

图 11-11　累加器

对于仅在操作内部执行的累加器更新，Spark 保证每个任务对累加器的更新只会应用一次，即重新启动的任务不会更新值。在转换操作中，用户应该意识到如果重新执行任务或作业阶段，每个任务的更新可能会应用多次。

累加器不会改变 Spark 的惰性求值模型。如果累加器在对 RDD 的操作中被更新，那么累加器的值仅在该 RDD 作为操作的一部分被计算时才会更新，下面的代码描述了该特点。

```
val accum = sc.longAccumulator
data.map { x => accum.add(x); x }
// Here, accum is still 0 because no actions have caused the map
operation to be computed.
```

【任务实施】

1. 入门案例：使用 Spark 自带的 jar 包

（1）运行 SparkPi 求圆周率实例。

Spark 也可用于计算密集型任务。本实例通过向圆圈“投掷飞镖”来估计 π（圆周率）。我们在单位正方形［(0, 0) 到 (1,1)］中随机选取点，看看有多少个点落在单位圆内，分数应该是 π / 4，所以用它来得到估计结果。

①查看示例版本，操作命令及结果如下：

```
[hadoop@Master jars]$ cd /opt/spark-2.4.8-bin-hadoop2.7/examples/jars
[hadoop@Master jars]$ ll
总用量 2124
-rw-r--r-- 1 hadoop hadoop  153982 5月   8 2021 scopt_2.11-3.7.0.jar
-rw-r--r-- 1 hadoop hadoop 2017859 5月   8 2021 spark-examples_2.11-2.4.8.jar
```

② SparkPi 的 Scala 代码如下所示：

```
import scala.math.random
import org.apache.spark.sql.SparkSession
/** Computes an approximation to pi */
object SparkPi {
  def main(args: Array[String]) {
    val spark = SparkSession
      .builder
      .appName("Spark Pi")
      .getOrCreate()
    val slices = if (args.length > 0) args(0).toInt else 2
    val n = math.min(100000L * slices, Int.MaxValue).toInt // avoid overflow
    val count = spark.sparkContext.parallelize(1 until n, slices).map { i =>
      val x = random * 2 - 1
      val y = random * 2 - 1
      if (x*x + y*y <= 1) 1 else 0
    }.reduce(_ + _)
    println(s"Pi is roughly ${4.0 * count / (n - 1)}")
    spark.stop()
  }
}
// scalastyle:on println
```

③运行 SparkPi 求圆周率，操作命令如下：

```
[hadoop@Master jars]$ spark-submit \
--class org.apache.spark.examples.SparkPi \
--master spark://Master:7077 \
--executor-memory 1G \
--total-executor-cores 2 \
spark-examples_2.11-2.4.8.jar \
100 > SparkPi01.txt
```

④查看运行结果，操作命令如下：

```
[hadoop@Master jars]$ cat SparkPi01.txt
Pi is roughly 3.1417283141728314
```

⑤查看 Spark 监控：可以监控之前任务的执行情况，如图 11-12 所示。

图 11-12　查看 Spark 监控

（2）运行 WordCount 单词计数实例。

①在 Master 节点机上新建两个数据文件 test01.txt、test02.txt。

新建 test01.txt 文件，操作命令及结果如下：

```
[hadoop@Master ~]$ vi test01.txt
hello hi hadoop pig spark
hadoop good
hello spark
hi hbase
hello pig
hi sqoop
hello flume
hi mysql
mysql hive hbase
sqoop spark
```

新建 test02.txt 文件，操作命令及结果如下：

```
[hadoop@Master ~]$ vi test02.txt
hi hbase spark
very good ok
hadoop hive
hi Guangdo
spark hive hbase
hadoop hive flume
spark hbase pig
sqoop pig spark flume
hello Guangdo
hello spark
```

②将数据文件 test01.txt、test02.txt 上传至 HDFS 上，操作命令及结果如下：

```
[hadoop@Master ~]$ hdfs dfs -mkdir /in02
```

```
[hadoop@Master ~]$ hdfs dfs -put test*.txt /in02
[hadoop@Master ~]$ hdfs dfs -ls /in02
Found 2 items
-rw-r--r--    2 hdfs supergroup        130 2021-12-23 14:22 /in02/
test01.txt
-rw-r--r--    2 hdfs supergroup        150 2021-12-23 14:22 /in02/
test02.txt
```

③ JavaWordCount.java 的代码如下所示：

```
package org.apache.spark.examples;
import scala.Tuple2;
import org.apache.spark.api.java.JavaPairRDD;
import org.apache.spark.api.java.JavaRDD;
import org.apache.spark.sql.SparkSession;
import java.util.Arrays;
import java.util.List;
import java.util.regex.Pattern;
public final class JavaWordCount {
  private static final Pattern SPACE = Pattern.compile(" ");
  public static void main(String[] args) throws Exception {
    if (args.length < 1) {
      System.err.println("Usage: JavaWordCount <file>");
      System.exit(1);
    }
    SparkSession spark = SparkSession
      .builder()
      .appName("JavaWordCount")
      .getOrCreate();
    JavaRDD<String> lines = spark.read().textFile(args[0]).javaRDD();
    JavaRDD<String> words = lines.flatMap(s -> Arrays.asList(SPACE.
split(s)).iterator());
    JavaPairRDD<String, Integer> ones = words.mapToPair(s -> new
Tuple2<>(s, 1));
    JavaPairRDD<String, Integer> counts = ones.reduceByKey((i1, i2) ->
i1 + i2);
    List<Tuple2<String, Integer>> output = counts.collect();
    for (Tuple2<?,?> tuple : output) {
      System.out.println(tuple._1() + ": " + tuple._2());
    }
    spark.stop();
  }
}
```

④运行 JavaWordCount.java 的代码，操作命令如下：

```
[hadoop@Master jars]$spark-submit --master spark://Master:7077 \
--class org.apache.spark.examples.JavaWordCount \
--executor-memory 2g \
spark-examples_2.11-2.4.8.jar \
/in02 > WordCount01.txt
```

⑤查看运行结果，操作命令如下：

```
[hadoop@Master jars]$ cat WordCount01.txt
hive: 4
mysql: 2
very: 1
hello: 6
pig: 4
ok: 1
sqoop: 3
spark: 8
hadoop: 4
hi: 6
flume: 3
good: 2
Guangdo: 2
hbase: 5
```

2. Spark shell 交互式编程

（1）数据集基础操作。

①将 Spark 目录下的 README.md 文件上传至 HDFS 中，操作命令如下：

```
[hadoop@Master spark-2.4.8-bin-hadoop2.7]$ cd /opt/spark-2.4.8-bin-hadoop2.7
[hadoop@Master spark-2.4.8-bin-hadoop2.7]$ hdfs dfs -put README.md /user/hdfs
```

②在 Master 节点机上打开 Spark shell，操作命令及结果如下：

```
[hadoop@Master spark-2.4.8-bin-hadoop2.7]$ spark-shell
21/12/23 15:27:39 WARN util.NativeCodeLoader: Unable to load native-hadoop library for your platform... using builtin-java classes where applicable
Setting default log level to "WARN".
To adjust logging level use sc.setLogLevel(newLevel). For SparkR, use setLogLevel(newLevel).
Spark context Web UI available at http://Master:4040
Spark context available as 'sc' (master = local[*], app id = local-1640244465915).
```

```
Spark session available as 'spark'.
Welcome to
      ____              __
     / __/__  ___ _____/ /__
    _\ \/ _ \/ _ `/ __/  '_/
   /___/ .__/\_,_/_/ /_/\_\   version 2.4.8
      /_/

Using Scala version 2.11.12 (Java HotSpot(TM) 64-Bit Server VM, Java 1.8.0_301)
Type in expressions to have them evaluated.
Type :help for more information.
scala>
```

sc 代表 Spark context，master = local[*]，spark 代表 Spark session。

③使用 Spark session 的 read 函数读取 README.md 文本生成一个新的 Dataset（数据集），操作命令及结果如下：

```
scala> val textFile = spark.read.textFile("README.md")
textFile: org.apache.spark.sql.Dataset[String] = [value: string]
```

④计算数据集的元素个数，即行数，操作命令及结果如下：

```
scala> textFile.count()
res0: Long = 104
```

⑤返回数据集的第一个元素（第一行内容），操作命令及结果如下：

```
scala> textFile.first()
res1: String = # Apache Spark
```

⑥用 filter 转换算子把包含 Spark 的元素过滤出来，结果也是一个 Dataset，操作命令及结果如下：

```
scala> val lineWithSpark = textFile.filter(line => line.contains("Spark"))
lineWithSpark: org.apache.spark.sql.Dataset[String] = [value: string]
```

⑦应用转换算子 filter 和行动算子 count，返回包含 Spark 的行数，操作命令及结果如下：

```
scala> textFile.filter(line => line.contains("Spark")).count()
res2: Long = 19
```

（2）更多数据集操作。

①首先使用 map 算子把每行拆成一个个单词然后计算单词个数，生成一个 Dataset，在新生成的 Dataset 上使用 reduce 算子求出最大的行单词数，map 算子和 reduce 算子的参数是迭代函数，操作命令及结果如下：

```
scala> textFile.map(line => line.split(" ").size).reduce((a,b) => if
```

```
(a>b) a else b)
  res3: Int = 16
```

②上述步骤也可以使用 Math.max() 函数来实现，首先要导入 Math 模块，操作命令及结果如下：

```
  scala> import java.lang.Math
  import java.lang.Math
  scala> textFile.map(line => line.split(" ").size).reduce((a,b) =>
Math.max(a,b))
  res7: Int = 16
```

③使用 flatMap 算子把 Dataset< 行 > 转换成 Dataset< 单词 >，然后使用 groupByKey 算子按单词分组，再使用count算子计算不同单词的个数，将结果存到变量wordCounts中，数据格式是 Dataset< 单词 , 个数 >，操作命令如下：

```
  scala> val wordCounts = textFile.flatMap(line => line.split(" ")).
groupByKey(identity).count()
  wordCounts: org.apache.spark.sql.Dataset[(String, Long)] = [value:
string, count(1): bigint]
```

④调用行动算子 collect 完成运算，并返回结果，操作命令及结果如下：

```
  scala> wordCounts.collect()
  res8: Array[(String, Long)] = Array((online,1), (graphs,1),
(["Building,1), (documentation,3), (command,,2), (abbreviated,1),
(overview,1), (rich,1), (set,2), (-DskipTests,1), (name,1), (page]
(http://spark.apache.org/documentation.html).,1), (["Specifying,1),
(stream,1), (run:,1), (not,1), (programs,2), (tests,2), (./dev/run-
tests,1), (will,1), ([run,1), (particular,2), (Alternatively,,1),
(must,1), (using,3), (you,4), (MLlib,1), (DataFrames,,1), (variable,1),
(Note,1), (core,1), (protocols,1), (guidance,2), (shell:,2), (can,6),
(site,,1), (systems.,1), ([building,1), (configure,1), (for,12),
(README,1), (Interactive,2), (how,3), ([Configuration,1), (Hive,2),
(system,1), (provides,1), (Hadoop-supported,1), (pre-built,1),
(["Useful,1), (directory.,1), (Example,1), (example,3), (Kubernete...
```

（3）交互执行一个实例。

当产生的数据集需要重复多次访问时，可以将数据集放入缓存中。

①导入 SparkSession 模块，操作命令如下：

```
scala> import org.apache.spark.sql.SparkSession
import org.apache.spark.sql.SparkSession
```

②创建 SparkSession 对象，操作命令如下：

```
scala> val spark = SparkSession.builder.appName("app").getOrCreate()
21/12/23 16:20:00 WARN sql.SparkSession$Builder: Using an existing
```

```
SparkSession; some spark core configurations may not take effect.
  spark: org.apache.spark.sql.SparkSession = org.apache.spark.sql.
SparkSession@4bf6e483
```

③读取 README.md 文件，创建 Dataset，放入缓存中，操作命令如下：

```
scala> val logData = spark.read.textFile("../README.md").cache()
logData: org.apache.spark.sql.Dataset[String] = [value: string]
```

④把包含 a 的行过滤出来，计算行数，操作命令及结果如下：

```
scala> val numAs = logData.filter(line => line.contains("a")).count()
numAs: Long = 61
```

⑤把包含 b 的行过滤出来，计算行数，操作命令及结果如下：

```
scala> val numBs = logData.filter(line => line.contains("b")).count()
numBs: Long = 30
```

⑥打印结果，关闭当前 session，并退出 Spark shell，操作命令及结果如下：

```
scala> println(s"Lines with a:$numAs,Lines with b: $numBs")
Lines with a:61,Lines with b: 30
scala> spark.stop()
scala> :quit
```

（4）在 Spark shell 中进行交互式编程：以 python 为例。

①进入 /opt/spark-2.4.8-bin-hadoop2.7/bin 目录，执行 pyspark 命令，打开 Spark shell，操作命令及结果如下：

```
  [hadoop@Master bin]$ cd /opt/spark-2.4.8-bin-hadoop2.7/bin
  [hadoop@Master bin]$ pyspark
  Python 2.7.5 (default, Nov 16 2020, 22:23:17)
  [GCC 4.8.5 20150623 (Red Hat 4.8.5-44)] on linux2
  Type "help", "copyright", "credits" or "license" for more information.
  21/12/23 16:34:25 WARN util.NativeCodeLoader: Unable to load native-
hadoop library for your platform... using builtin-java classes where
applicable
  Setting default log level to "WARN".
  To adjust logging level use sc.setLogLevel(newLevel). For SparkR, use
setLogLevel(newLevel).
  Welcome to
        ____              __
       / __/__  ___ _____/ /__
      _\ \/ _ \/ _ `/ __/  '_/
     /__ / .__/\_,_/_/ /_/\_\   version 2.4.8
        /_/

  Using Python version 2.7.5 (default, Nov 16 2020 22:23:17)
```

```
SparkSession available as 'spark'.
>>>
```

②基本操作。在 Python 中，所有的 Dataset 都是 Dataset[Row]（按行组织的数据集），称作 DataFrame，和 Pandas 中的 DataFrame 概念一致。可以直接从 DataFrame 中获取值，也可以调用一些转换算子（如 filter），从已有 DataFrame 中转换得到新的 DataFrame，操作命令及结果如下：

```
>>> textFile = spark.read.text("../README.md")
>>> textFile.count()
104
>>> textFile.first()
Row(value=u'# Apache Spark')
>>> linesWithSpark = textFile.filter(textFile.value.contains("Spark"))
>>> textFile.filter(textFile.value.contains("Spark")).count()
19
```

③切分每行单词并计算单词个数，列名为“numWords”，生成一个新的 DataFrame。调用 agg 函数求出最大的行长度。select 和 agg 函数的参数都是 Column，能使用 df.colName 从 DataFrame 中取出一列，操作命令及结果如下：

```
>>> from pyspark.sql.functions import *
>>> textFile.select(size(split(textFile.value,"\s+")).
name("numWords")).agg(max(col("numWords"))).collect()
[Row(max(numWords)=16)]
```

④在 select 函数中使用 explode 把 Dataset<line> 转换成 Dataset<word>，操作命令如下：

```
>>> wordCounts = textFile.select(explode(split(textFile.value,"\s+")).
alias("word")).groupBy("word").count()
```

⑤打印结果，操作命令如下：

```
>>> wordCounts.collect()
[Row(word=u'online', count=1), Row(word=u'graphs', count=1),
Row(word=u'["Building', count=1), Row(word=u'documentation',
count=3), Row(word=u'command,', count=2), Row(word=u'abbreviated',
count=1), Row(word=u'overview', count=1), Row(word=u'rich', count=1),
Row(word=u'set', count=2), Row(word=u'-DskipTests', count=1),
Row(word=u'name', count=1), Row(word=u'page](http://spark.apache.org/
documentation.html).', count=1)...
```

⑥退出 Spark shell，操作命令如下：

```
>>> exit()
```

（5）编写 Python 应用程序。

编写 SimpleApp.py 文件的操作命令如下：

```
[hadoop@Master bin]$ vi SimpleApp.py
```

在 SimpleApp.py 文件中编写如下内容：

```
#SimpleApp.py
from pyspark.sql import SparkSession
spark = SparkSession.builder.appName("app").getOrCreate()
logData = spark.read.text("../README.md").cache()
numAs = logData.filter(logData.value.contains('a')).count()
numBs = logData.filter(logData.value.contains('b')).count()
print("Lines with a: %i, lines with b: %i " % (numAs, numBs))
spark.stop()
```

使用 spark-submit 命令执行 SimpleApp.py 文件程序：

```
[hadoop@Master bin]$ spark-submit  --master spark://Master:7077 \
  SimpleApp.py >  SimpleAppOut.txt
[hadoop@Master bin]$ cat SimpleAppOut.txt
Lines with a: 61, lines with b: 30
```

任务 4　Spark 应用案例

【任务概述】

本任务介绍 Spark 应用案例：分析法律服务网站数据。本案例的目标是对用户进行网页推荐，即以一定的方式在用户与网页之间建立联系，从而研究用户的兴趣偏好，分析用户的需求和行为，发现用户的兴趣点，从而引导用户发现自己的信息需求，为用户提供个性化的服务。

【支撑知识】

某电子商务类的大型法律服务网站，致力于为用户提供丰富的法律信息与专业咨询服务，并为律师与律师事务所提供卓有成效的互联网整合营销解决方案。随着网站访问量增加，数据信息量也在大幅度增长。用户在面对大量信息时无法及时从中获得自己需要的信息，对信息的使用效率越来越低，因此用户需要花费大量的时间才能找到自己需要的信息，从而用户不断流失，这给企业造成了巨大的损失。为了能够更好地满足用户需求，企业依据其网站海量的数据，研究用户的兴趣偏好，分析用户的需求和行为，发现用户的兴趣点，从而引导用户发现自己的信息需求。

当用户访问网站页面时，系统会记录用户访问网站的日志，其中记录了用户 ID、用户访问的时间、访问内容等信息，访问记录属性表如表 11-5 所示。

表 11-5　访问记录属性表

属性名称	属性说明	属性名称	属性说明
realIP	真实 IP	fullURLId	页面类型
realAreacode	地区编号	hostname	主机名
userAgent	浏览器代理	pageTitle	页面标题
userOS	用户浏览器类型	pageTitleCategoryId	标题类型 ID
userID	用户 ID	pageTitleCategoryName	标题类型名称
clientID	客户端 ID	PageTitleKw	标题类型关键字
timestamp	时间戳	FullReferrer	入口源
timestamp_format	标准时间	fullReferrerURL	入口网址
pagePath	页面路径	organicKeyword	搜索关键字
ymd	年月日	source	搜索源
fullURL	访问网页	—	—

由于用户访问网站的数据记录很多，需要根据用户浏览的网页信息进行分类处理。而在分类处理数据之前，数据探索分析步骤是必不可少的。因此本案例利用 Spark SQL 对法律服务网站数据进行分析。对原始数据中的网页类型、点击次数和网页排名等各个维度进行分析，获得其内在的规律。并通过验证数据，解释其出现结果可能的原因。

【任务实施】

1. 获取数据

以用户的访问时间为条件，选取三个月内（2015-02-01—2015-04-29）用户的访问数据作为原始数据集。每个地区的用户访问习惯以及兴趣爱好存在差异，本任务抽取部分地区的用户访问数据进行分析，其数据量总计有 837450 条记录，部分数据如图 11-13 所示。其中包括真实 IP、地区编号、浏览器代理、用户浏览器类型、用户 ID、客户端 ID、时间戳、标准时间、页面路径、年月日、访问网页、页面类型、主机名、页面标题等。

真实IP	地区编号	浏览器代理	用户浏览器	用户ID	客户端ID	时间戳	标准时间	页面路径	年月日	访问网页	页面类型	主机名	页面标题
2.68E+09	140100	Mozilla/5	Windows X	7.85E+08	7.85E+08	1.42E+12	2015/2/3 22:21	/info/hun	20150203	http://www.X	107001	www.XXX.c	广东省人口与计划
9.74E+08	140100	Mozilla/5	Windows 7	2.05E+09	2.05E+09	1.42E+12	2015/2/3 22:21	/ask/exp/	20150203	http://www.X	1999001	www.XXX.c	非广州户籍人员可
3.1E+09	140100	Mozilla/5	Windows X	1.64E+09	1.64E+09	1.42E+12	2015/2/3 22:21	/ask/ques	20150203	http://www.X	101003	www.XXX.c	汽车碰撞自行车或
3.08E+08	140106	Mozilla/4	Windows X	1.6E+09	1.6E+09	1.42E+12	2015/2/3 22:21	/ask/ques	20150203	http://www.X	101003	www.XXX.c	交通事故销案后不
2.68E+09	140100	Mozilla/5	Windows X	7.85E+08	7.85E+08	1.42E+12	2015/2/3 22:21	/info/hun	20150203	http://www.X	107001	www.XXX.c	广东省人口与计划
2.07E+08	140100	Mozilla/5	Windows X	5.9E+08	5.9E+08	1.42E+12	2015/2/3 22:21	/ask/ques	20150203	http://www.X	101003	www.XXX.c	b2驾驶证提交身体
4.32E+08	140100	Mozilla/5	Windows 7	2.26E+08	2.26E+08	1.42E+12	2015/2/3 22:21	/info/lac	20150203	http://www.X	107001	www.XXX.c	2014职业病分类和
2.85E+08	140100	Mozilla/5	iOS	2.11E+09	2.11E+09	1.42E+12	2015/2/3 22:21	/ask/ques	20150203	http://www.X	101003	www.XXX.c	在银行购买保险到
7.76E+08	140100	Mozilla/5	iOS	1.58E+09	1.58E+09	1.42E+12	2015/2/3 22:21	/ask/ques	20150203	http://www.X	101003	www.XXX.c	请问事业单位退休
1.28E+09	140100	Mozilla/5	Windows 7	3.03E+08	3.03E+08	1.42E+12	2015/2/3 22:21	/info/hun	20150203	http://www.X	107001	www.XXX.c	离婚协议书范本（
1.77E+09	140100	Mozilla/5	Windows 7	3.86E+08	3.86E+08	1.42E+12	2015/2/3 22:22	/info/zhe	20150203	http://www.X	107001	www.XXX.c	债务免除协议书 -
2.89E+09	140100	Mozilla/5	Windows X	1.47E+09	1.47E+09	1.42E+12	2015/2/3 22:22	/ask/ques	20150203	http://www.X	101003	www.XXX.c	网签商品房买卖合
2.96E+09	140100	Mozilla/5	Windows 7	33209881	33209881	1.42E+12	2015/2/3 22:22	/ask/ques	20150203	http://www.X	101003	www.XXX.c	邻里宅基地纠纷调
2.98E+09	140100	Mozilla/5	Windows 7	9.47E+08	9.47E+08	1.42E+12	2015/2/3 22:22	/ask/ques	20150203	http://www.X	101003	www.XXX.c	网上扣缴社保扣款
4.21E+09	140100	Mozilla/5	Windows 7	2.57E+08	2.57E+08	1.42E+12	2015/2/3 22:22	/ask/ques	20150203	http://www.X	101003	www.XXX.c	急急急，关于请假
4.17E+09	140100	Mozilla/5	Windows X	1.47E+09	1.47E+09	1.42E+12	2015/2/3 22:22	/ask/ques	20150203	http://www.X	101003	www.XXX.c	我不是在医院出生
3.55E+09	140107	Mozilla/5	iOS	1.84E+08	1.84E+08	1.42E+12	2015/2/3 22:22	/ask/ques	20150203	http://www.X	101003	www.XXX.c	公司帐户能开支票
3.05E+09	140100	Mozilla/5	Windows 7	8.31E+08	8.31E+08	1.42E+12	2015/2/3 22:22	/ask/ques	20150203	http://www.X	101003	www.XXX.c	两个小孩的离婚协
3.02E+09	140100	Mozilla/5	Windows 7	1.7E+09	1.7E+09	1.42E+12	2015/2/3 22:22	/ask/ques	20150203	http://www.X	101003	www.XXX.c	我在别的驾校报的
2.63E+09	140100	Mozilla/5	Windows 7	1.47E+09	1.47E+09	1.42E+12	2015/2/3 22:22	/ask/brow	20150203	http://www.X	101002	www.XXX.c	广州法律咨询 -
1.15E+08	140100	Mozilla/4	Windows X	9.11E+08	9.11E+08	1.42E+12	2015/2/3 22:22	/ask/ques	20150203	http://www.X	101003	www.XXX.c	小规模纳税人未达
3.8E+09	140100	Mozilla/4	Windows X	2.03E+09	2.03E+09	1.42E+12	2015/2/3 22:22	/ask/ques	20150203	http://www.X	101003	www.XXX.c	如果想买房子，但
3.56E+09	140100	Mozilla/5	iOS	1.89E+09	1.89E+09	1.42E+12	2015/2/3 22:22	/ask/ques	20150203	http://www.X	101003	www.XXX.c	一店铺老营业执照
1.56E+09	140100	Mozilla/5	Windows X	1.61E+09	1.61E+09	1.42E+12	2015/2/3 22:22	/ask/ques	20150203	http://www.X	101003	www.XXX.c	退职与退休的区别
3.6E+09	140100	Mozilla/5	Windows X	1.81E+08	1.81E+08	1.42E+12	2015/2/3 22:22	/info/jie	20150203	http://www.X	107001	www.XXX.c	回家过年拼车需要
4.18E+09	140100	Mozilla/5	Windows X	1.52E+09	1.52E+09	1.42E+12	2015/2/3 22:22	/ask/ques	20150203	http://www.X	101003	www.XXX.c	怎样查询车辆是否

图 11-13　法律服务网站部分数据

可以在 Hive 中创建数据库 law，在 law 数据库下创建 law 表并将数据导入 law 表中，由于 Hive 查询需启动 MapReduce 任务，延迟性较高，使用 Spark SQL 查询 Hive 表的效率相对来说会比较高。因此可以启动 Spark shell，进入 Spark SQL 与 shell 的交互模式，创建 hiveContext 对象，使用 hiveContext 读取 law 表中的数据进行分析。

（1）在Master节点机中输入“hive”进入hive shell，建立 law表，操作命令及结果如下：

```
hive> create database law;
OK
Time taken: 2.148 seconds
hive> use law;
OK
Time taken: 0.133 seconds
hive> CREATE TABLE  law (
    > ip bigint,
    > area int,
    > ie_proxy string,
    > ie_type string ,
    > userid string,
    > clientid string,
    > time_stamp bigint,
    > time_format string,
    > pagepath string,
    > ymd int,
    > visiturl string,
    > page_type string,
    > host string,
    > page_title string,
    > page_title_type int,
    > page_title_name string,
    > title_keyword string,
    > in_port string,
    > in_url string,
    > search_keyword string,
    > source string)
    > ROW FORMAT DELIMITED FIELDS TERMINATED BY ','
    > STORED AS TEXTFILE;
OK
Time taken: 0.55 seconds
```

（2）将 law_utf8.csv 数据先上传至 Master 节点机的 /home/hadoop 目录下，再上传至 HDFS 中，操作命令及结果如下：

```
[hadoop@Master ~]$ hdfs dfs -ls /user
Found 2 items
```

```
drwxr-xr-x   - hdfs supergroup          0 2021-12-22 01:41 /user/dept
drwxr-xr-x   - hdfs supergroup          0 2021-12-22 12:53 /user/hdfs
[hadoop@Master ~]$ hdfs dfs -put law_utf8.csv /user
[hadoop@Master ~]$ hdfs dfs -ls /user
Found 3 items
drwxr-xr-x   - hdfs supergroup          0 2021-12-22 01:41 /user/dept
drwxr-xr-x   - hdfs supergroup          0 2021-12-22 12:53 /user/hdfs
-rw-r--r--   2 hdfs supergroup  479138898 2021-12-27 23:06 /user/law_
utf8.csv
```

（3）在 hive shell 中加载数据，操作命令及结果如下：

```
hive> load data inpath '/user/law_utf8.csv' overwrite into table law;
Loading data to table law.law
OK
Time taken: 0.953 seconds
```

2. 网页类型分析

对原始数据中用户单击的网页类型进行统计，网页类型是指“页面类型”中的前三位数字（它本身有 6/7 位数字）。统计内容为网页类型、记录数及其所占总记录百分比。

（1）导入相关库，操作命令如下：

```
scala> import org.apache.spark.sql.SaveMode
import org.apache.spark.sql.SaveMode
scala> import org.apache.spark.sql.hive.HiveContext
import org.apache.spark.sql.hive.HiveContext
```

（2）定义 hiveContext 和 sparkContex，操作命令如下：

```
scala> val hiveContext=new org.apache.spark.sql.hive.HiveContext(sc)
warning: there was one deprecation warning; re-run with -deprecation
for details
hiveContext: org.apache.spark.sql.hive.HiveContext = org.apache.spark.
sql.hive.HiveContext@1e186006
scala> val sparkContext=new org.apache.spark.sql.SQLContext(sc)
warning: there was one deprecation warning; re-run with -deprecation
for details
sparkContext: org.apache.spark.sql.SQLContext = org.apache.spark.sql.
SQLContext@1e9afe4e
```

（3）查看 hive 数据库，操作命令及结果如下：

```
scala>  spark.sql("show databases").collect.foreach(println)
...
[default]
[law]
```

（4）使用 law 数据库，操作命令如下：

```
scala> hiveContext.sql("use law")
res1: org.apache.spark.sql.DataFrame = []
```

（5）网页类型分析。

①对网页类型进行分析，操作命令及结果如下：

```
scala> val pageType=hiveContext.sql("select substring(page_type,1,3)
as page_type,count(*) as count_num,round((count(*)/837450.0)*100,4) as
weights from law group by substring(page_type,1,3)")
pageType: org.apache.spark.sql.DataFrame = [page_type: string, count_
num: bigint ... 1 more field]
scala> pageType.orderBy(-pageType("count_num")).show()
...
21/12/28 00:54:53 WARN lazy.LazyStruct: Extra bytes detected at the
end of the row! Ignoring similar problems.
+---------+---------+-------+
|page_type|count_num|weights|
+---------+---------+-------+
|      101|   411665|49.1570|
|      199|   201399|24.0491|
|      107|   182900|21.8401|
|      301|    18430| 2.2007|
|      102|    17357| 2.0726|
|      106|     3957| 0.4725|
|      103|     1715| 0.2048|
|      "ht|       14| 0.0017|
|      201|       12| 0.0014|
|      cfr|        1| 0.0001|
+---------+---------+-------+
```

从上面内容中发现单击与咨询相关的网页（网页类型为 101）的记录占比约为 49.16%，其次是其他类型网页（网页类型为 199），占比约 24.05%，然后是知识相关网页（网页类型为 107），约 21.84%。

②对网页类别进行统计，操作命令及结果如下：

```
scala> val pageLevel=hiveContext.sql("select substring(page_type,1,7)
as page_type,count(*) as count_num from law where visiturl like
'%faguizt%' and substring(page_type,1,7) like '%199%' group by page_
type")
pageLevel: org.apache.spark.sql.DataFrame = [page_type: string, count_
num: bigint]
scala>  pageLevel.show()
...
```

```
21/12/28 01:06:12 WARN lazy.LazyStruct: Extra bytes detected at the end of the row! Ignoring similar problems.
+---------+---------+
|page_type|count_num|
+---------+---------+
|  1999001|    47407|
+---------+---------+
```

执行代码后，可以得到类别为 199，并且包含法律法规记录个数为 47407。

③咨询类别统计。进一步针对咨询类别信息进行统计分析，统计网页类型为 101 的子类型、记录数及所占 101 网页类型总记录百分比，操作命令及结果如下：

```
scala> val consultCount=hiveContext.sql("select substring(page_type,1,6) as page_type,count(*) as count_num,round((count(*)/411665.0)*100,4) as weights from law where substring(page_type,1,3)=101 group by substring(page_type,1,6)")
consultCount: org.apache.spark.sql.DataFrame = [page_type: string, count_num: bigint ... 1 more field]
scala> consultCount.orderBy(-consultCount("count_num")).show()
...
21/12/28 01:15:38 WARN lazy.LazyStruct: Extra bytes detected at the end of the row! Ignoring similar problems.
+---------+---------+-------+
|page_type|count_num|weights|
+---------+---------+-------+
|   101003|   396612|96.3434|
|   101002|     7776| 1.8889|
|   101001|     5603| 1.3611|
|   101009|      854| 0.2075|
|   101008|      378| 0.0918|
|   101007|      147| 0.0357|
|   101004|      125| 0.0304|
|   101006|      107| 0.0260|
|   101005|       63| 0.0153|
+---------+---------+-------+
```

其结果显示：其中浏览咨询内容页（101003）记录最多，其次是咨询列表页（101002）和咨询首页（101001）。结合上述初步结论，可以得出用户都喜欢通过浏览问题的方式找到自己需要的信息，而不是以提问的方式或者查看长篇知识的方式。

④访问网页中带有“?”的记录统计。统计分析访问网页中带有“？”的所有记录中各网页类型、记录数、记录数的百分比，操作命令及结果如下：

```
scala> val pageWith=hiveContext.sql("select substring(page_type,1,7) as page_type,count(*) as count_num,round((count(*)*100)/65477.0,4) as
```

```
weights from law where visiturl like '%?%' group by substring(page_type,1,7)")
  pageWith: org.apache.spark.sql.DataFrame = [page_type: string, count_num: bigint ... 1 more field]
  scala>  pageWith.orderBy(-pageWith("weights")).show()
  ...
  21/12/28 01:20:42 WARN lazy.LazyStruct: Extra bytes detected at the end of the row! Ignoring similar problems.
  +---------+---------+-------+
  |page_type|count_num|weights|
  +---------+---------+-------+
  |  1999001|    64691|98.7996|
  |   301001|      356| 0.5437|
  |   107001|      346| 0.5284|
  |   101003|       47| 0.0718|
  |   102002|       25| 0.0382|
  |  2015020|        5| 0.0076|
  |  2015042|        3| 0.0046|
  |  2015021|        2| 0.0031|
  |  2015031|        2| 0.0031|
  +---------+---------+-------+
```

其结果显示：包含“？”的网页总记录数为 65477，特别是在其他网页这一类别中占 98% 左右，比重较大。

⑤分析其他类别网页的内部规律，操作命令及结果如下：

```
  scala>  val otherPage=hiveContext.sql("select count(*) as count_num,round((count(*)/64691.0)*100,4) as weights,page_title from law where visiturl like '%?%' and substring(page_type,1,7)=1999001 group by page_title")
  otherPage: org.apache.spark.sql.DataFrame = [count_num: bigint, weights: decimal(32,4) ... 1 more field]
  scala> otherPage.orderBy(-otherPage("count_num")).limit(5).show()
  ...
  21/12/28 01:23:05 WARN lazy.LazyStruct: Extra bytes detected at the end of the row! Ignoring similar problems.
  +---------+-------+--------------------------------------+
  |count_num|weights|                            page_title|
  +---------+-------+--------------------------------------+
  |    49894|77.1267|                     法律快车 - 律师助手 |
  |     6166| 9.5315|免费发布法律咨询 - 法律快车法律咨询|
  |     4455| 6.8866|                           咨询发布成功 |
  |      765| 1.1825|                   咨询发布成功 - 法律快车 |
  |      342| 0.5287|法律快搜 - 中国法律搜索第一品牌 (s...|
```

```
+---------+------+------------------------------------+
```

统计结果说明在 1999001 类型中，标题为“法律快车 - 律师助手”的这类网页占比约 77.13%，通过对业务了解，这是律师的登录页面。该网页标题为咨询发布成功时自动跳转页面，是一个带有“？”的页面，如“http://www.XXX.cn/ask/question_9152354.html?&from =androidqq”，代表该网页曾被分享，因此可以通过截取“？”前面的网址对其进行处理，还原为原类型。

⑥统计“瞎逛用户”单击的网页类型，操作命令及结果如下：

```
scala>  val streel=hiveContext.sql("select count(*) as count_num,substring(page_type,1,3) as page_type from law where visiturl not like '%.html' group by substring(page_type,1,3)")
streel: org.apache.spark.sql.DataFrame = [count_num: bigint, page_type: string]
scala> streel.orderBy(-streel("count_num")).limit(6).show()
...
21/12/28 01:26:38 WARN lazy.LazyStruct: Extra bytes detected at the end of the row! Ignoring similar problems.
+---------+---------+
|count_num|page_type|
+---------+---------+
|   118011|      199|
|    18175|      107|
|    17357|      102|
|     7130|      101|
|     3957|      106|
|     1024|      301|
+---------+---------+
```

在查看数据的过程中，发现存在一部分用户，他们没有单击具体的网页（以 .html 扩展名结尾），他们单击的大部分是目录网页，这样的用户可定义为“瞎逛用户”。

从上述命令执行结果中，可以看出小部分是与知识、咨询相关的，大部分是与地区、律师和事务相关的。这部分用户有可能是找律师服务的，也可能是随意浏览的。通过上述网址类型分析，可以发现与分析目标无关的数据清洗规则。记录这些规则，有利于在数据清洗阶段对数据进行清洗操作。上述过程就是对网址类型进行统计得到的分析结果，针对网页的单击次数也可以进行类似分析。

3. 单击次数分析

（1）统计用户单击次数。

统计分析原始数据用户浏览网页次数的情况，统计内容为单击次数、用户数、用户百分比、记录百分比，操作命令及结果如下：

```
scala> val clickCount=hiveContext.sql("select click_num,count(click_num) as count,round(count(click_num)*100/350090.0,2),round((count(click_num)*click_num)*100/837450.0,2) from (select count(userid) as click_num from law group by userid)tmp_table group by click_num order by count desc")
clickCount: org.apache.spark.sql.DataFrame = [click_num: bigint, count: bigint ... 2 more fields]
scala> clickCount.limit(7).show()
...
21/12/28 01:29:36 WARN lazy.LazyStruct: Extra bytes detected at the end of the row! Ignoring similar problems.
|click_num| count|round((CAST(CAST((count(click_num) * CAST(100 AS BIGINT)) AS DECIMAL(20,0)) AS DECIMAL(21,1)) / CAST(350090.0 AS DECIMAL(21,1))), 2)|round((CAST(CAST(((count(click_num) * click_num) * CAST(100 AS BIGINT)) AS DECIMAL(20,0)) AS DECIMAL(21,1)) / CAST(837450.0 AS DECIMAL(21,1))), 2)|
...
+---------+------+-----+-----+
|click_num| count|  _c2|  _c3|
+---------+------+-----+-----+
|        1|229365|65.52|27.39|
|        2| 63605|18.17|15.19|
|        3| 20992|  6.0| 7.52|
|        4| 12079| 3.45| 5.77|
|        5|  6177| 1.76| 3.69|
|        6|  4181| 1.19|  3.0|
|        7|  2556| 0.73| 2.14|
+---------+------+-----+-----+
```

在上述执行命令的运行结果中，click_num、count、_c2、_c3 字段对应的分别是浏览次数、用户数、用户百分比、记录百分比。将用户数累加，得到用户总数为 338959，将用户总数除以记录百分比，得到总记录数为 837450。浏览次数为 1 次和 2 次的用户记录占比较大，分析可以发现浏览 1 次的用户占 65% 左右，大约 84% 的用户只提供了约 42% 的浏览量，即浏览 1～2 次的用户占了大部分。

（2）统计浏览一次用户。

针对浏览次数为一次的用户进行统计，统计内容为网页类型、记录个数、记录占浏览一次的用户百分比，操作命令及结果如下：

```
scala> val onceScan=hiveContext.sql("select page_type,count(page_type) as count,round((count(page_type)*100)/229365.0,4) from (select substring(a.page_type,1,7) as page_type from law a,(select userid from law group by userid having(count(userid)=1))b where a.userid=b.userid)c group by page_type order by count desc")
```

```
onceScan: org.apache.spark.sql.DataFrame = [page_type: string, count: bigint ... 1 more field]
scala> onceScan.limit(5).show()
...
|page_type| count|round((CAST(CAST((count(page_type) * CAST(100 AS BIGINT)) AS DECIMAL(20,0)) AS DECIMAL(21,1)) / CAST(229365.0 AS DECIMAL(21,1))), 4)|
+---------+------+----------------------------------------------------------------------------------------------------------------+
|   101003|171804|                                                                                                         74.9042|
|   107001| 36915|                                                                                                         16.0944|
|  1999001| 18581|                                                                                                          8.1011|
|   301001|  1314|                                                                                                          0.5729|
|   102001|   173|                                                                                                          0.0754|
+---------+------+----------------------------------------------------------------------------------------------------------------+
```

分析命令执行结果，其中问题咨询页面占比为 74.90% 左右，知识页面占比为 16.09% 左右，而且这些用户访问基本上都是通过搜索引擎进入的，可以对该类用户情况做出两种猜测：用户为流失用户，在问题咨询页面与知识页面上没有找到相关的信息；用户找到其需要的信息，因此直接退出。综合这些情况，可将这些单击一次的用户行为定义为网页的跳出行为，用于计算网页跳出率。

（3）统计单击一次用户访问 URL 排名。

为了降低网页的跳出率，需要对这些网页进行针对用户的个性化推荐，帮助用户发现其感兴趣或者需要的网页。针对单击一次的用户浏览的网页进行统计分析，操作命令及结果如下：

```
scala> val urlRank=hiveContext.sql("select a.visiturl,count(*) as count from law a,(select userid from law group by userid having(count(userid)=1))b where a.userid=b.userid group by a.visiturl")
urlRank: org.apache.spark.sql.DataFrame = [visiturl: string, count: bigint]
scala> urlRank.orderBy(-urlRank("count")).limit(7).show(false)
...
21/12/28 01:38:27 WARN lazy.LazyStruct: Extra bytes detected at the end of the row! Ignoring similar problems.
+--------------------------------------------------------+-----+
|visiturl                                                |count|
+--------------------------------------------------------+-----+
|http://www.×××.cn/info/shuifa/slb/2012111978933.html    |2130 |
|http://www.×××.cn/ask/exp/13655.html                    |859  |
|http://www.×××.cn/info/hunyin/lhlawlhxy/20110707137693.html|804  |
```

```
|http://www.×××.cn/info/shuifa/slb/2012111978933_2.html      |684  |
|http://www.×××.cn/ask/question_925675.html                  |682  |
|http://www.×××.cn/ask/exp/8495.html                         |534  |
|http://www.×××.cn/guangzhou                                 |375  |
+------------------------------------------------------------+------+
```

从上述命令执行结果中，可以看出排名靠前的页面均为知识页面与问题咨询页面，因此可以猜测大量用户的关注点为法律知识或法律咨询。

4. 网页排名分析

（1）统计原始数据中包含 .html 扩展名的网页点击率。

个性化推荐主要针对以 .html 为扩展名的网页。从原始数据中统计以 .html 为扩展名的网页的点击率，操作命令及结果如下：

```
scala> val clickHtml=hiveContext.sql("select a.visiturl,count(*) as count from law a where a.visiturl like '%.html%' group by a.visiturl")
clickHtml: org.apache.spark.sql.DataFrame = [visiturl: string, count: bigint]
scala> clickHtml.orderBy(-clickHtml("count")).limit(10).show(false)
...
21/12/28 01:42:36 WARN lazy.LazyStruct: Extra bytes detected at the end of the row! Ignoring similar problems.
+------------------------------------------------------------+-----+
|visiturl                                                    |count|
+------------------------------------------------------------+-----+
|http://www.×××.cn/faguizt/23.html                           |6503 |
|http://www.×××.cn/info/hunyin/lhlawlhxy/20110707137693.html |4938 |
|http://www.×××.cn/faguizt/9.html                            |4562 |
|http://www.×××.cn/info/shuifa/slb/2012111978933.html        |4495 |
|http://www.×××.cn/faguizt/11.html                           |3976 |
|http://www.×××.cn/info/hunyin/lhlawlhxy/20110707137693_2.html|3305 |
|http://www.×××.cn/faguizt/43.html                           |3251 |
|http://www.×××.cn/faguizt/15.html                           |2718 |
|http://www.×××.cn/faguizt/117.html                          |2670 |
|http://www.×××.cn/faguizt/41.html                           |2455 |
+------------------------------------------------------------+--
```

从上述命令执行结果中，可以看出在单击次数排名前 10 名的网页中，法规专题页面占了大部分，其次是知识。但是从前面分析的结果中可知，原始数据中与咨询相关的记录占了大部分，但是在其以 .html 为扩展名的网页排名中，法规专题与知识页面占了大部分。通过业务了解，法规专题页面是知识大类里的一个小类。在统计以 .html 为扩展名的网页单击排名时出现这种现象的原因是法规专题页面页面相比问题咨询页面要少很多，当大量的用户在浏览问题咨询页面时，呈现一种比较分散的浏览次数分布，即各个页面点击率不高，但是总的浏览量高于知识页面，所以造成网页排名中咨询页面的排名比较低。

（2）统计翻页网页。

从原始 HTML 的点击率排行榜中可以发现如下情况，排行榜中存在这样两种类似的网址："http://www.×××.cn/info/hunyin/lhlawlhxy/20110707137693.html" 和 "http://www.×××.cn/ info/hunyin/lhlawlhxy/20110707137693_2.html"，通过简单访问网址，发现其本身属于同一类网页，但由于系统在记录用户访问网址的信息时会同时记录翻页信息，因此在用户访问网址的数据中存在翻页的情况。针对这些翻页的网页进行统计，操作命令及结果如下：

```
scala> hiveContext.sql("select count(*)  from law where visiturl like
'http://www.%.cn/info/gongsi/slbgzcdj/201312312876742.html'").show()
...
21/12/28 01:44:41 WARN lazy.LazyStruct: Extra bytes detected at the
end of the row! Ignoring similar problems.
+--------+
|count(1)|
+--------+
|     221|
scala> hiveContext.sql("select count(*)  from law where visiturl like
'http://www.%.cn/info/gongsi/slbgzcdj/201312312876742_2.html'").show()
...
21/12/28 01:45:47 WARN lazy.LazyStruct: Extra bytes detected at the
end of the row! Ignoring similar problems.
+--------+
|count(1)|
+--------+
|     141|
+--------+
scala> hiveContext.sql("select count(*)  from law where visiturl like
'http://www.%.cn/info/hetong/ldht/201311152872128.html'").show()
...
21/12/28 01:46:50 WARN lazy.LazyStruct: Extra bytes detected at the
end of the row! Ignoring similar problems.
+--------+
|count(1)|
+--------+
|     144|
+--------+
scala>  hiveContext.sql("select count(*)  from law where visiturl like
'http://www.%.cn/info/hetong/ldht/201311152872128_2.html'").show()
...
21/12/28 01:48:12 WARN lazy.LazyStruct: Extra bytes detected at the
```

```
end of the row! Ignoring similar problems.
  +--------+
  |count(1)|
  +--------+
  |     377|
  +--------+
  scala> hiveContext.sql("select count(*) from law where visiturl like
'http://www.%.cn/info/hetong/ldht/201311152872128_3.html'").show()
  ...
  21/12/28 01:48:55 WARN lazy.LazyStruct: Extra bytes detected at the
end of the row! Ignoring similar problems.
  +--------+
  |count(1)|
  +--------+
  |     218|
  +--------+
  scala> hiveContext.sql("select count(*) from law where visiturl like
'http://www.%.cn/info/hetong/ldht/201311152872128_4.html'").show()
  ...
  21/12/28 01:49:48 WARN lazy.LazyStruct: Extra bytes detected at the
end of the row! Ignoring similar problems.
  +--------+
  |count(1)|
  +--------+
  |     146|
  +--------+
```

通过业务了解，登录次数最多的页面基本为可从外部搜索引擎直接搜索到的页面。对其中浏览翻页的情况进行分析，平均 60%～80% 的人会选择看下一页，基本每页都会丢失 20%～40% 的点击率，点击率会出现衰减的情况。同时对知识网页进行检查，可以发现页面上并无全页显示功能，但是知识页面中大部分都存在翻页的情况。这样就造成了大量的用户基本只会选择浏览 2～5 页，极少数用户会选择浏览全部内容。因此用户会直接放弃此次搜索，从而增加了网站的跳出率，降低了客户的满意度，不利于网站的长期稳定发展。

 同步训练

一、选择题

1. 下列关于 Spark 中的 RDD 描述正确的有（　　）。（多选题）

A. RDD（Resilient Distributed Dataset）称为弹性分布式数据集，是 Spark 中最基本的数据抽象形式

B. Resilient 表示弹性的

C. Distributed 表示分布式的，可以并行在集群计算

D. Dataset 就是一个集合，用于存放数据

2. 下面哪些是 Spark 比 MapReduce 计算快的原因（　　）。（多选题）

A. 基于内存的计算　　B. 基于 DAG 的调度框架

C. 基于 Lineage 的容错机制　　D. 基于分布式计算的框架

3. Spark 组件包括（　　）。（多选题）

A. Resource Manager　　B. Executor

C. Driver　　D. RDD

4. SparkContext 是（　　）。

A. 主节点　　B. 从节点

C. 执行器　　D. 上下文

5. Spark 是 Hadoop 生态下哪个组件的替代方案（　　）。

A. Hadoop　　B. YARN

C. HDFS　　D. MapReduce

二、简答题

1. 简答 Spark 的特点。

2. 简答 Spark 中有哪些组件，每个组件都有什么功能，适合什么业务场景。

三、操作题

将以下学生成绩数据文件存放在 HDFS 上，使用 Spark 读取数据并完成下面的数据分析任务。

① students.txt 数据如下：

2100100001, 小红 , 16, 女 , 文科六班

2100100002, 小明 , 15, 男 , 文科六班

2100100003, 小珍 , 15, 女 , 理科六班

2100100004, 小亮 , 17, 男 , 理科三班

2100100005, 小琴 , 15, 女 , 理科五班

② score.txt 数据如下：

2100100001, 语文 , 98

2100100001, 数学 , 5

2100100001, 英语 , 137

2100100001, 政治 , 29

2100100001, 历史 , 85

③ course.txt 数据如下：

语文 , 150

数学 , 150

英语 , 150

政治 , 100

历史 , 100

地理 , 100

化学 , 100

生物 , 100

物理 , 100

其中：

students 表字段描述：学号、姓名、年龄、性别、班级。

score 表字段描述：学号、科目、分数。

course 表字段描述：科目、总分。

（1）使用 Spark SQL 分别建立 students、score、course 三张表。

（2）将本地数据文件 students.txt、score.txt、course.txt 上传到 HDFS 中。

（3）从 HDFS 中导入数据。

（4）使用 Spark 统计每个班级学生的人数。

（5）使用 Spark SQL 统计每个班级总分排名前三的学生。

（6）统计每科都及格（分数≥60 分）的学生。

项目 12　大数据技术编程实例

【项目介绍】

能耗数据分析是 MapReduce 大数据处理的典型应用，使用 Java 编程。本项目使用 Spark SQL 对用户用餐后评价打分数据进行分析及预处理，为今后设计餐饮大数据智能推荐系统提供可靠数据支持。

本项目分为以下两个任务：

任务 1　能耗数据分析及处理

任务 2　餐饮大数据分析及处理

【学习目标】

- 了解 Map 与 Reduce 之间的数据传递过程；
- 能够使用 MapReduce 编写大数据处理程序；
- 学会处理 JSON 格式文件；
- 掌握使用 Spark SQL 框架对数据进行预处理。

任务 1　能耗数据分析及处理

【任务概述】

某企业部署了能耗分项计量处理系统，共有两栋楼，每栋楼两个采集器，共部署了 4 个采集器，每个采集器有 6 块功能电表，共计 24 块功能电表，每个功能电表采集 6 个功能项的值。采集器接收功能电表发来的数据，然后按规定格式把这些数据写入 XML 文件中，发送到能耗分项计量处理系统。处理系统会把从采集器接收到的数据写入指定的 HDFS 文件系统中。采集器每 10 秒发送一次数据到处理系统。4 个采集器独立工作，但是能耗分项计量处理系统会把不同采集器在同一时间发送的数据作为一组数据进行存放，并使用“采集器编号 + 数据采集时间”作为文件名。

程序设计要求：

（1）MapReduce 程序从 HDFS 中获取能耗数据；

（2）MapReduce 程序的 Map 阶段对 XML 格式的能耗数据进行解析，得到能耗基础用能数据，包括楼编号、采集器编号、采集时间、电表编号、电表功能项编号、电表功能项值，并将能耗基础用能数据写入 HBase 数据库中；

（3）MapReduce 程序的 Reduce 阶段需要计算每 10 秒（同一个采集器相邻采集时间）内的每个电表用电量的变化值，并将变化值写入 HBase 数据库中。

【任务分析】

1. 能耗数据描述

采集器接收到的数据最终会以 XML 文件格式写入指定的 HDFS 文件系统中，如图 12-1 所示。

```
hadoop@sw-desktop:~$ hdfs dfs -ls /input/xml
Found 8 items
-rw-r--r--   3 hadoop supergroup       4295 2017-03-12 08:21 /input/xml/100001A000101_2016-11-16-18-15-25.xml
-rw-r--r--   3 hadoop supergroup       4296 2017-03-12 08:21 /input/xml/100001A000101_2016-11-16-18-15-35.xml
-rw-r--r--   3 hadoop supergroup       4296 2017-03-12 08:21 /input/xml/100001A000101_2016-11-16-18-15-45.xml
-rw-r--r--   3 hadoop supergroup       4294 2017-03-12 08:21 /input/xml/100001A000102_2016-11-16-18-15-25.xml
-rw-r--r--   3 hadoop supergroup       4295 2017-03-12 08:21 /input/xml/100001A000102_2016-11-16-18-15-35.xml
-rw-r--r--   3 hadoop supergroup       4295 2017-03-12 08:21 /input/xml/100001A000201_2016-11-16-18-15-25.xml
-rw-r--r--   3 hadoop supergroup       4296 2017-03-12 08:21 /input/xml/100001A000201_2016-11-16-18-15-35.xml
-rw-r--r--   3 hadoop supergroup       4295 2017-03-12 08:21 /input/xml/100001A000202_2016-11-16-18-15-25.xml
```

图 12-1 HDFS 中的能耗数据

能耗数据的 XML 文件内容如图 12-2 所示。

```xml
<?xml version='1.0' encoding='UTF-8'?>
<root>
    <common>
      <building_id>100001A0001</building_id>
      <gateway_id>100001A000101</gateway_id>
      <type>peroid</type>
    </common>
    <data operation=" query/reply/report/continuous/continuous_ack">
      <sequence>2016-11-16-18-15-25</sequence>
      <parser>no</parser>
      <time>1479291325770</time>
      <total>0</total>
      <current>0</current>
      <meter id="510107D001010001">
       <function id="100001A0001000101" error="0" coding="100001A000101A00">98</function>
       <function id="100001A0001000102" error="0" coding="100001A000101A00">217</function>
       <function id="100001A0001000103" error="0" coding="100001A000101A00">128</function>
       <function id="100001A0001000104" error="0" coding="100001A000101A00">59</function>
          <function id="100001A0001000105" error="0" coding="100001A000101A00">5398</
function>
          <function id="100001A0001000106" error="0" coding="100001A000101A00">1083</
function>
```

图 12-2 能耗数据的 XML 文件内容

该文件由编号为 100001A000101 的采集器（由 gateway_id 指明采集器编号）产生。

该采集器从属于编号为 100001A0001 的楼栋（由 building_id 指明楼编号）。每个采集器采集了多个电表的值，电表用 <meter id="×××××"> 表示，电表编号由 id 定义。每个电表有多个功能项，<function id="×××××"> 定义了功能项编号（由 id 指定），功能项 id 的最后一位（功能标记）定义了该功能项所代表的物理测量含义。common：表示一个采集器的共有属性部分。building_id：表示楼编号。gateway_id：由 building_id 和最后两位数字编号组成，表示采集器编号。sequence：表示采集器收集数据的时间，也就是读取能耗数据的时间。time：表示采集器收集数据的时间，同 sequence 含义一样，采用 Linux 时间戳。meter：表示一个多功能电表，每个电表编号由 meter id 指定。function：每个电表包括多个功能项，每个功能项由 id 区分。各个功能项的物理测量含义字典如表 12-1 所示。

表 12-1　各个功能项的物理测量含义字典

功能标记	功能含义
100001A0001000101 功能标记“1”	用电量，单位为 kW
100001A0001000102 功能标记“2”	瞬时电流，单位 为 V
100001A0001000103 功能标记“3”	其他能源，单位为 A
100001A0001000104 功能标记“4”	其他能源，单位为 B
100001A0001000105 功能标记“5”	其他能源，单位为 C
100001A0001000106 功能标记“6”	未定义，可忽略

2. MapReduce 大数据处理流程分析

程序执行流程如图 12-3 所示。

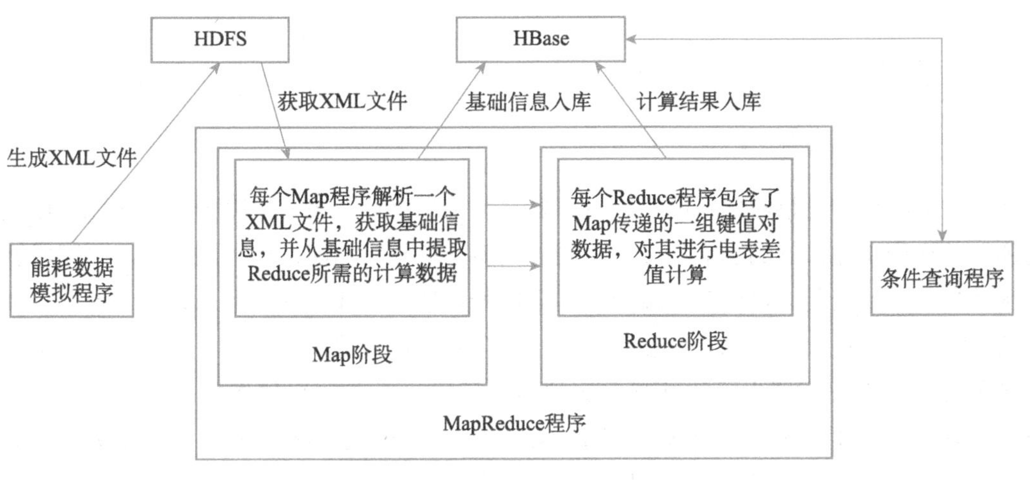

图 12-3　程序执行流程

（1）main() 模块。

① 完成 job 的启动。

② 使用 XmlFileInputFormat.class 避免 XML文件被切分。

（2）map() 模块。

① 调用 Tools 类，读取 XML 文件信息。

② 调用 HBaseOps 类，将 XML 读取的信息存入 HBase 数据库中。

③ 生成 <Key,Value> 键值对，传递给 reduce() 模块进行计算。Key 格式为：采集器_电表编号。Value 格式为：采集时间_用电量。

（3）reduce() 模块。

① KVmap 用于保存不同批次（job）的最后一组 <Key,Value> 键值对（按采集时间排序）。并把 Value 传递给下个 job 一起计算，避免计算电表用电量的变化值缺失。

② 对 map() 模块传递过来的 Value 进行拆分。

③ 计算电表用电量的变化值并存入 HBase 数据库中。

（4）Tools 类。

Tools 类已经被封装到 XmlTool.jar 中并添加到工程的 library（库）中，在给定代码框架中已经通过 import xmltool.Tools 命令引入该类，Tools API 如表 12-2 所示。

表 12-2　Tools API

private HashMap<T, T> publicMap	存储 XML 文件解析后的 common 数据
private static HashMap<T, HashMap<T, T>> contentMap	存储 XML 文件解析后的 meter 数据
private static HashMap<T, T> funcMap	存储 XML 文件解析后的 function 数据
public void initXml(String xml)	该方法将传入 XML 文件中进行解析，并存入上面的 3 种 HashMap
public HashMap<T, HashMap<T, T>> getContent()	返回 contentMap
public HashMap<T, T> getPublic()	返回 publicMap

【支撑知识】

1. 能耗分项计量

能耗分项计量是指对建筑的水、电、燃气、集中供热、集中供冷等各种能耗数据进行监测，从而得出建筑物的总能耗量和不同种类能源、不同功能系统的能耗量。要完成能耗分项计量，需要安装大量仪表，按分钟甚至按秒对各项能耗数据进行采集和上报。一个普通建筑需要几十块仪表，每块仪表每秒会产生多项能耗数据。而要对一个单位进行全面能耗分项计量，需要部署上千块能耗采集仪表，所以每个单位每秒将会产生上万条能耗数据，并且每个分项能耗数据的格式不同。由此可见，能耗分项计量是一个典型的大数据应用，具有数据量大、数据产生速度快、数据结构复杂等特点。

2. Map 任务

MapReduce 的一个输入切片（split）就是由单个 Map 处理的输入块。每个 Map 操作只处理一个输入切片，切片大小通常与 HDFS 块大小一样。每个切片被划分为若干条记录，每条记录就是一个键值对，Map 一个接一个地处理每条记录。InputFormat 负责产生输入切片并将它们分割成记录。在 tasktracker 上，Map 任务把输入切片传给 InputFormat 的 createRecordReder() 方法来获得这个切片的 RecordReader，Map 任务用一个 RecordReader 来生成记录的键值对，然后传递给 map 函数。FileInputFormat 是所有使用文件作为其数据源的 InputFormat 实现的基类。它提供了两个功能：一个功能是定义那些文件包含在一个作业的输入中；另一个功能是为输入文件生成切片。把切片分割成记录的作业由其子类来完成。FileInputFormat 只分割大文件，这里的"大"指的是超过 HDFS 块的大小。

有些应用程序可能不希望文件被切分，而是用一个 Mapper 完整地处理每个输入文件。为了避免切分，可以重载 FileInputFormat 的 isSplitable() 方法，把返回值设为 false，那么 Map 任务就会只有一个。

TextInputFormat 是默认的 InputFormat，每条记录是一行输入。键是 LongWritable 类型，存储该行在整个文件中的字节偏移量。值是这行的内容，不包括任何行终止符，它是 Text 类型。

【任务实施】

1. 创建 MapReduce 项目

运行 Eclipse，新建 MapReduce 项目，添加 XmlTool.jar、Hadoop 和 HBase 的 jar 包。

（1）编写 HBaseOps 类。

HBaseOps.java 程序如下：

```
public class HBaseOps {
    static Configuration hbaseConf;
    static HBaseAdmin hbaseAdmin;
    // HBase 连接初始化
      static public HBaseAdmin HBaseOpsconnectHBase(String zookeeperAddress) throws IOException {
        Configuration conf = new Configuration();
        conf.set("hbase.zookeeper.quorum", zookeeperAddress);
        hbaseConf = HBaseConfiguration.create(conf);
        hbaseAdmin = new HBaseAdmin(hbaseConf);
        return hbaseAdmin;
    }
    // 关闭 HBase 连接
    static public void disconnect() throws IOException {
        hbaseAdmin.close();
    }
    // 插入一行记录
     public void insertRecord(String tableName, String rowkey, String family, String qualifier, String value) throws IOException {
```

```
        HTable table = new HTable(hbaseConf, tableName);
        Put put = new Put(rowkey.getBytes());
            put.add(family.getBytes(), qualifier.getBytes(), value.
getBytes());
        table.put(put);
        System.out.println("插入行成功");
    }
    // 删除一行记录
    public void deleteRecord(String tableName, String rowkey)
            throws IOException {
        HTable table = new HTable(hbaseConf, tableName);
        Delete del = new Delete(rowkey.getBytes());
        table.delete(del);
        System.out.println("删除行成功");
    }
    // 获取一行记录
    public Result getOneRecord(String tableName, String rowkey)
            throws IOException {
        HTable table = new HTable(hbaseConf, tableName);
        Get get = new Get(rowkey.getBytes());
        Result rs = table.get(get);
        return rs;
    }
    // 获取所有记录
     public List<Result> getAllRecord(String tableName) throws
IOException {
        HTable table = new HTable(hbaseConf, tableName);
        Scan scan = new Scan();
        ResultScanner scanner = table.getScanner(scan);
        List<Result> list = new ArrayList<Result>();
        for (Result r : scanner) {
            list.add(r);
        }
        scanner.close();
        return list;
    }
}
```

（2）重写 job 的 InputFormatClass 类。

① XmlFileInputFormat.java 程序如下：

```
public class XmlFileInputFormat extends FileInputFormat<Text, Text> {
    @Override
     public RecordReader<Text, Text> createRecordReader(InputSplit
```

```
arg0,
                    TaskAttemptContext arg1) throws IOException,
InterruptedException {
          // 重写 RecordReader
          RecordReader<Text, Text> recordReader = new XmlRecordReader();
          return recordReader;
      }
      @Override
      protected boolean isSplitable(JobContext context, Path filename) {
          // 避免文件被拆分
          return false;
      }
  }
```

② XmlRecordReader.java 程序如下：

```
public class XmlRecordReader extends RecordReader<Text,Text> {
    private FileSplit fileSplit;
    private JobContext jobContext;
    private Text currentKey = new Text();
    private Text currentValue = new Text();
    private boolean finishConverting = false;
    @Override
    public void close() throws IOException {
    }
    @Override
    public Text getCurrentKey() throws IOException, InterruptedException {
        return currentKey;
    }
    @Override
    public Text getCurrentValue() throws IOException, InterruptedException {
        return currentValue;
    }
    @Override
    public float getProgress() throws IOException, InterruptedException {
        float progress = 0;
        if(finishConverting){
            progress = 1;
        }
        return progress;
    }
    // 初始化，获取文件名并赋值给 currentKey
    @Override
    public void initialize(InputSplit arg0, TaskAttemptContext arg1)
            throws IOException, InterruptedException {
```

```
            this.fileSplit = (FileSplit) arg0;
            this.jobContext = arg1;
            String filename = fileSplit.getPath().getName();
            this.currentKey = new Text(filename);
        }
        // 读取整个 XML 文件内容，并赋值给 currentValue
        @Override
        public boolean nextKeyValue() throws IOException, InterruptedException {
          if(!finishConverting) {
                int len = (int)fileSplit.getLength();
                Path file = fileSplit.getPath();
                FileSystem fs = file.getFileSystem(jobContext.getConfiguration());
                FSDataInputStream in = fs.open(file);
                BufferedReader br = new BufferedReader(new InputStreamReader(in,"gbk"));
                String total="";
                String line="";
                while((line= br.readLine())!= null){
                    total =total+line+"\n";
                }
                br.close();
                in.close();
                fs.close();
                currentValue = new Text(total);
                finishConverting = true;
                return true;
            }
            return false;
        }
}
```

（3）编写 MapReduce 程序。

MeterCompute.java 程序如下：

```
public class MeterCompute {
  // KVmap 用于保存不同批次（job）的最后一组 <Key,Value> 键值对
   static Map<String,String> KVmap=new HashMap<String,String>();
    public static class CustomerMapper extends Mapper<Object, Text,
Text, Text> {
      private Text word = new Text();
      private Text values=new Text();
      // 生成 Tools 实例，用于读取 XML 文件内容
      Tools tool = new Tools();
      public void map(Object key, Text value, Context context)
          throws IOException, InterruptedException {
```

```
        Tools.runCounter+=1;
        // zookeeperAddress 地址与 Hadoop 集群环境一致
        String zookeeperAddress= "master,slave1,slave2";
        // 生成 HBaseOps 实例
        HBaseOps hbaseOps = new HBaseOps();
        hbaseOps.HBaseOpsconnectHBase(zookeeperAddress);
        String xmlString = value.toString();
        // 调用 Tools 类，xmlString 是整个 XML 文件内容
        tool.initXml(xmlString);
        // commonMap 包含采集器编号、楼编号、采集时间
        HashMap<String, String> commonMap = tool.getPublic();
        // gatewayId 表示采集器编号
        String gatewayId = commonMap.get("gateway_id");
        // building 表示楼编号
        String building = gatewayId.substring(0, 11);
        // sequence 表示采集时间，也就是读取能耗数据的时间
        String sequence = commonMap.get("sequence");
        // contentMap 包含：Key< 电表编号 >、Value< 电表功能项编号、电表功能项值 >
          HashMap<String, HashMap<String, String>> contentMap = tool.
getContent();
         Iterator<Entry<String, HashMap<String, String>>> contentIter =
contentMap
              .entrySet().iterator();
        while (contentIter.hasNext()) {
          Entry<String, HashMap<String, String>> entry = (Entry<String,
HashMap<String, String>>) contentIter
                .next();
          // meterId 表示电表编号
          String meterId = (String) entry.getKey();
          // funId 表示电表功能项编号
          String funId1 = entry.getValue().get("id_1").toString();
          …
          String funId6 = entry.getValue().get("id_6").toString();
          // funVal 表示电表功能项值
          String funVal1 = entry.getValue().get("text_1").toString();
          …
          String funVal6 = entry.getValue().get("text_6").toString();
          // rowkey 表示采集器编号 _ 电表编号，作为 HBase 的行键
          String rowkey = gatewayId + "_" + meterId ;
          // 插入公共部分记录（楼编号、采集器编号、采集时间、电表编号）
           hbaseOps.insertRecord("BaseInfo",rowkey,"building","building",
building);
           hbaseOps.insertRecord("BaseInfo",rowkey,"gatewayId","gatewayId
```

```
",gatewayId);
          hbaseOps.insertRecord("BaseInfo",rowkey,"sequence","sequence",
sequence);
          hbaseOps.insertRecord("BaseInfo",rowkey,"meterId","meterId",me
terId);
        // 插入电表功能项编号
            hbaseOps.insertRecord("BaseInfo",rowkey,"funId","funId1",fu
nId1);
        …
            hbaseOps.insertRecord("BaseInfo",rowkey,"funId","funId6",fu
nId6);
        // 插入电表功能项值
          hbaseOps.insertRecord("BaseInfo",rowkey,"funVal","funVal1",fun
Val1);
        …
          hbaseOps.insertRecord("BaseInfo",rowkey,"funVal","funVal6",fun
Val6);
        // 传送给 reducer 的 key：采集器编号 _ 电表编号
        String reducerKey = gatewayId + "_" + meterId;
        // 传送给 reducer 的 value：采集时间 _ 用电量
        String reducerValue = sequence + "_" + funVal1;
        word.set(reducerKey);
        values.set(reducerValue);
        context.write(word, values);
      }
     // 关闭 HBase 连接
     hbaseOps.disconnect();
     }
   }

    public static class CustomerReducer extends Reducer<Text, Text,
Text, Text> {
     //private Text result = new Text();
     public void reduce(Text key, Iterable<Text> values,
        Context context) throws IOException, InterruptedException {
       List<String> valueList = new ArrayList<String>();
       // 对 map() 传递过来的 value< 采集时间 _ 用电量 >，转为列表 valueList
       for (Text value : values) {
         valueList.add(value.toString());
       }
       // 如果 KVmap<Key,Value> 不为空，那么 Value 加入列表 valueList
       if (KVmap.containsKey(key.toString())) {
         valueList.add(KVmap.get(key.toString()));
```

```
        }
        // 列表 valueList 排序（采集时间）
        Collections.sort(valueList);
        // KVmap 保存 Key 最新的值，以便参与下次 job 计算
        KVmap.put(key.toString(), valueList.get(valueList.size()-1));
        // tlist 存放采集时间
        List<String> tlist = new ArrayList<String>();
        // vlist 存放用电量
        List<String> vlist = new ArrayList<String>();
        for (int i=0;i<valueList.size();i++) {
          String[] mid=valueList.get(i).split("_");
          tlist.add(mid[0]);
          vlist.add(mid[1]);
        }
        String zookeeperAddress= "master,slave1,slave2";
        HBaseOps hbaseOps = new HBaseOps();
        hbaseOps.HBaseOpsconnectHBase(zookeeperAddress);
        // rowkey 表示 HBase 的行键
        String rowkey = key.toString();
        // kkk[0] 表示采集器编号，kkk[1] 表示电表编号
        String[] kkk = key.toString().split("_");
        // building 表示楼编号
        String building = kkk[0].substring(0, 11);
        // 计算用电量变化值，并存入 HBase
        for (int i=0;i<vlist.size()-1;i++) {
          String t1=tlist.get(i);
          String t2=tlist.get(i+1);
          // ch 表示两个时间段的用电量变化值
          int ch=Integer.parseInt(vlist.get(i+1))-Integer.parseInt(vlist.
get(i));
          String chs=String.valueOf(ch);
          // 插入记录（楼编号、采集器编号、电表编号、起始时间、结束时间、用电量变化）
           hbaseOps.insertRecord("ComputeResult",rowkey,"building","build
ing",building);
           hbaseOps.insertRecord("ComputeResult",rowkey,"gatewayId","gate
wayId",kkk[0]);
           hbaseOps.insertRecord("ComputeResult",rowkey,"meterId","meterI
d",kkk[1]);
           hbaseOps.insertRecord("ComputeResult",rowkey,"times","startTim
e",t1);
            hbaseOps.insertRecord("ComputeResult",rowkey,"times","endTime
",t2);
           hbaseOps.insertRecord("ComputeResult",rowkey,"change","change"
```

```
,chs);
            }
            // 关闭 HBase 连接
            hbaseOps.disconnect();
        }
    }

    public static void main(String[] args) throws Exception {
        Configuration conf = new Configuration();
        String[] otherArgs = new GenericOptionsParser(conf, args)
            .getRemainingArgs();
        if (otherArgs.length < 2) {
            System.err.println("Usage: wordcount <in> [<in>...] <out>");
            System.exit(2);
        }
        Job job = Job.getInstance(conf, "MeterCompute");
        job.setJarByClass(MeterCompute.class);
        job.setMapperClass(CustomerMapper.class);
        job.setReducerClass(CustomerReducer.class);
        job.setOutputKeyClass(Text.class);
        job.setOutputValueClass(Text.class);
        // 设置 job 的 setInputFormatClass 为自定义 XmlFileInputFormat.class 类
        job.setInputFormatClass(XmlFileInputFormat.class);
        for (int i = 0; i < otherArgs.length - 1; ++i) {
            FileInputFormat.addInputPath(job, new Path(otherArgs[i]));
        }
        FileOutputFormat.setOutputPath(job, new Path(
            otherArgs[otherArgs.length - 1]));
        System.exit(job.waitForCompletion(true) ? 0 : 1);
    }
}
```

2. 创建 HBase 的表

（1）创建 HBase 的 BaseInfo 表，操作命令及结果如下：

```
hbase(main):001:0> create 'BaseInfo','building','gatewayId','sequen
ce', 'meterId', 'funId', 'funVal'
0 row(s) in 9.1700 seconds
```

BaseInfo 表的列族：楼编号，采集器编号，采集时间，电表编号，电表功能项编号（funId），电表功能项值（funVal）。

funId 的列：6 个电表的功能项编号（funId1，funId2，…，funId6）。

funVal 的列：6 个功能项的读数值（funVal1，funVal2，…，funVal6）。

（2）创建 HBase 的 ComputeResult 表，操作命令及结果如下：

```
hbase(main):002:0> create 'ComputeResult','building','gatewayId','meterId','times', 'change'
0 row(s) in 2.3190 seconds

=> Hbase::Table - ComputeResult
```

ComputeResult 表的列族：楼编号，采集器编号，电表编号，时间戳（times），在起始时间和结束时间内的用电量变化。

times 的列：起始时间（startTime）、结束时间（endTime）。

3. 配置参数

配置 MeterCompute.java 程序可运行的参数环境，在参数栏中写上如下内容：

```
hdfs://master:9000/input/xml
hdfs://master:9000/output
```

4. 查看 HBase 数据库信息

（1）查看 BaseInfo 表，操作命令及结果如下：

```
hbase(main):005:0> scan 'BaseInfo'
ROW                                  COLUMN+CELL
100001A000101_510107D001010001       column=building:building,
timestamp=1489311363969, value=100001A0001
  100001A000101_510107D001010001       column=funId:funId1,
timestamp=1489311363984, value=100001A0001000101
…
  100001A000101_510107D001010001       column=funId:funId6,
timestamp=1489311364014, value=100001A0001000106
  100001A000101_510107D001010001       column=funVal:funVal1,
timestamp=1489311364017, value=98
…
  100001A000101_510107D001010001       column=funVal:funVal6,
timestamp=1489311364032, value=1083
…
24 row(s) in 0.9310 seconds
```

（2）查看 ComputeResult 表，操作命令及结果如下：

```
hbase(main):031:0> scan 'ComputeResult'
ROW                                  COLUMN+CELL
  100001A000101_510107D001010001       column=building:building,
timestamp=1489311370210, value=100001A0001
    100001A000101_510107D001010001       column=change:change,
```

```
timestamp=1489311371067, value=1
    100001A000101_510107D001010001    column=gatewayId:gatewayId,
timestamp=1489311370300, value=100001A000101
    100001A000101_510107D001010001    column=meterId:meterId,
timestamp=1489311370427, value=510107D001010001
    100001A000101_510107D001010001    column=times:endTime,
timestamp=1489311370829, value=2016-11-16-18-15-45
    100001A000101_510107D001010001    column=times:startTime,
timestamp=1489311370508, value=2016-11-16-18-15-35
    100001A000101_510107D001010002    column=building:building,
timestamp=1489311371700, value=100001A0001
    100001A000101_510107D001010002    column=change:change,
timestamp=1489311371829, value=0
  …
  18 row(s) in 0.5400 seconds
```

任务 2　餐饮大数据分析及处理

【任务概述】

餐饮外卖平台向广大用户提供网上订餐服务，当用户在平台订餐完成后，平台会引导用户对品尝过的菜品进行评价打分。本项目依据收集到的用户用餐评价的真实数据，使用 Spark shell 编程实现用户评分数据的探索分析及预处理。

【支撑知识】

1. 用户数据分析

数据是指导解决方案的基础，因此需要先梳理已有的与用户行为相关的数据。当用户对菜品进行打分评论后，网站的后台服务器就会以 JSON 格式保存这些用户评分数据，如图 12-4 所示。

```
[{"UserID":"A2WOH395IHGS0T",
"Rating":5.0,
"ReviewTime":1483202656,
"Review":"风味独特，真的不错！ ",
"MealID":"B0040HNZTW"},
{"UserID":"A32KHS0VN0N0HB",
"Rating":3.0,
"ReviewTime":1483202708,
```

图 12-4　用户评分数据集

续表

```
"Review":"有特色，也比较卫生",
"MealID":"B006Z48TZS"},
{"UserID":"A1YQ4Z5U9NIGP",
"Rating":5.0,
"ReviewTime":1483202876,
"Review":"家常美味，推荐！",
"MealID":"B00CDBTQCW"},
```

图 12-4　用户评分数据集（续）

考虑业务数据的安全性，用户评分数据集已做了脱敏处理，只保留部分重要属性，其各属性及说明如表 12-3 所示。

表 12-3　网站日志数据属性名称及说明

属性名称	属性说明
UserID	用户 ID
Rating	用户评分
ReviewTime	评论时间戳
Review	用户评论
MealID	菜品 ID

在用户评分数据集中，保存了用户对菜品的评分信息，很大程度上反映了用户对菜品的满意度。值得注意的是，由于用户评分数据集的数据量比较多，存储了近两年的数据，那么是否需要使用全部的数据集呢？考虑季节、天气等因素，如冬天与夏天，同一用户的口味偏好也会有差异，所以对菜品选择的差别也较大。另外，调查表明，大部分人的口味并不是永久不变的，但在一定时期中还是相对固定的。因此本案例只选择 2017 年 5 月至 2017 年 6 月的用户评分数据作为建立推荐模型的基础数据。

2. 系统架构设计

选定了用户数据后，结合餐饮外卖平台系统，设计出一个推荐方案，其架构如图 12-5 所示。其中，新增加的菜品智能推荐系统，作为餐饮外卖平台系统的重要支持模块。与推荐相关的整体流程：当用户在餐饮外卖平台系统订餐并评分后，服务器后台生成用户评分数据，定期传输到推荐系统的分布式文件系统（HDFS）中。推荐系统针对用户评分数据进行数据预处理，再应用推荐算法建立推荐模型，最后生成推荐菜品数据集。根据定时任务，推荐菜品数据集会传输到餐饮外卖平台系统中。当用户再次登录时，系统就可以向此用户推荐菜品。

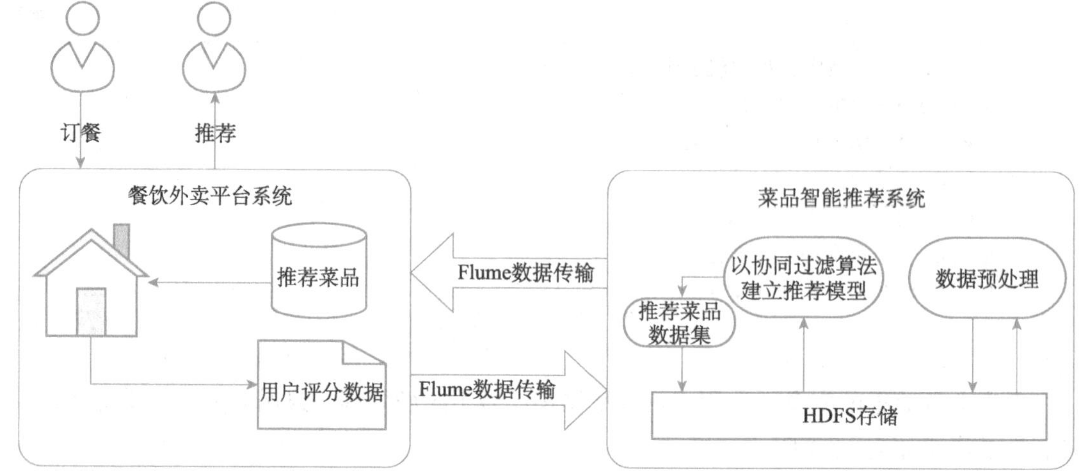

图 12-5　推荐方案的系统架构图

参照图 12-5 中的推荐方案的相关模块，按顺序简要说明如下。

（1）用户评分数据的生成。用户登录餐饮外卖平台系统，订餐并评分后生成用户评分数据。这些评分数据以 JSON 文件的格式存储在网站服务器上。

（2）用户评分数据的传输。当用户评分数据生成后，通过 Flume 管道传输到推荐系统所需要的分布式文件系统（HDFS）上。

（3）数据预处理。对用户评分数据进行统计、异常值处理以及数据转换，最终构造出可供建立推荐模型的数据集。

（4）以协同过滤算法建立推荐模型。使用协同过滤的多种算法对用户评分数据集进行建模，并调整相关的模型参数，以获取最优模型。

（5）推荐菜品数据集。使用最优推荐模型导出推荐结果，并将结果存储到 HDFS 上。

（6）推荐结果上传。将推荐菜品数据集通过 Flume 管道传输到网站服务器上，或者存储到 MySQL 数据库中。

（7）向用户进行推荐。当某用户登录餐饮外卖平台系统时，系统从数据库中读取与该用户相关的推荐结果，推送给用户。

【任务实施】

本任务将从原始的用户评分数据着手，首先进行数据分析，然后根据分析结果判定是否存在异常数据。若有异常数据，则对这些异常数据进行处理。为了便于存储以及加快数据处理效率，有必要对原始的数据格式进行编码处理。最后对原始数据集进行分割，分为训练集、验证集和测试集。此任务主要包括探索性与分析性的工作，因此选择在 Spark shell 环境下编程实现。

1. 原始数据探索分析

（1）加载原始的用户评分数据。

原始数据是以 JSON 格式存储的，数据结构是固定的，每条记录由 5 个属性构成，分别是用户 ID、菜品 ID、用户评分、用户评论、评论时间戳。因此它非常适合以 Spark SQL 方式来加载，生成 DataFrame 后进行数据查询，操作命令如下：

```
import org.apache.spark.sql.hive.HiveContext
// 初始化 HiveContext
val hiveCtx = new org.apache.spark.sql.hive.HiveContext(sc)
// 读取原始数据，加载到 DataFrame 中
val inputPath = "/data/spark/MealRatings/MealRatings_201705_201706.
json"
val mealData = hiveCtx.jsonFile(inputPath)
mealData.registerTempTable("mealData")
val mealResults = hiveCtx.sql("select UserID,MealID,Rating,Review,Revi
ewTime from mealData")
// 读取前 5 条用户评分数据
mealResults.take(5).toList.foreach(println)
```

将原始数据加载到 DataFrame 中进行评分数据的查询，可以看到显示前 5 条记录，如图 12-6 所示。

```
scala> // 读取前5条用户评分数据

scala> mealResults.take(5).toList.foreach(println)
[A2WOH395IHGS0T,B0040HNZTW,5.0,风味独特，真的不错！,1496177056]
[A32KHS0VN0N0HB,B006Z48TZS,3.0,有特色，也比较卫生,1496177108]
[A1YQ4Z5U9NIGP,B00CDBTQCW,5.0,家常美味，推荐！,1496177276]
[A3E5V5TSTAY3R9,B00751IYQ4,4.0,好吃,1496179256]
[A1V50CTTDJ73ZM,B00C00LT6S,5.0,不得不赞,1496180009]
```

图 12-6　显示原始数据的前 5 条记录

（2）用户评分数据的探索与统计。

在 Spark SQL 的处理框架下，可以非常方便地使用 SQL 语句对数据进行查询，对数据的分布及其他属性进行统计。对用户评分数据的探索与统计的操作命令如下：

```
// 总记录数
hiveCtx.sql("select count(*) AS Records_Sum from mealData").show()
// 总用户数
hiveCtx.sql("select count(distinct UserID) AS User_Sum from mealData").show()
// 总菜品数
hiveCtx.sql("select count(distinct MealID) AS Meal_Sum from mealData").
show()
// 最低评分与最高评分
hiveCtx.sql("select MIN(Rating) as MIN_Rating, MAX(Rating) AS MAX_Rating
from mealData").show()
// 各级评分的分组统计
```

```
    hiveCtx.sql("select Rating,count(*) AS Num from mealDatagroup by
Rating
     order by Rating").show()
    // 各用户的评分次数统计，返回评分次数最多的前 5 名用户
    hiveCtx.sql("select UserID,count(*) AS Num from mealDatagroup by
UserID
    order by Num desc ").show(5)
    // 各菜品的评分次数统计，返回评分次数最多的前 5 名菜品
    hiveCtx.sql("select MealID,count(*) AS Num from mealDatagroup by
MealID
    order by Num desc ").show(5)
```

汇总对原始数据进行统计的结果，如表 12-4 所示。

表 12-4 原始数据的探索与统计结果

总记录数	总用户数	总菜品数	最高评分	最低评分
38384	5130	1685	5.0	1.0

再针对评分项进行分组统计，其实现程序与结果如图 12-7 所示。结果表明大部分用户的评分为 4 分与 5 分，约占总体数量的 79%。这说明用户对餐饮外卖平台系统推荐的菜品，总体评价还是比较正面的。

```
scala> // 各级评分的分组统计

scala> hiveCtx.sql("select Rating,count(*) AS Num from mealData group by Rating order by Rat
ing").show()
+------+-----+
|Rating|  Num|
+------+-----+
|   1.0| 1782|
|   2.0| 1960|
|   3.0| 4475|
|   4.0| 9142|
|   5.0|21025|
+------+-----+
```

图 12-7 按评分进行分组统计的程序及结果

分别针对用户、菜品进行分组统计，其实现程序与结果如图 12-8 所示。结果列出了热衷于评分的用户，最多评分数为 128 次，以及受到热评的菜品被评分 467 次。

```
scala> // 各用户的评分次数统计，返回评分次数最多的前5名用户

scala> hiveCtx.sql("select UserID,count(*) AS Num from mealData group by UserID order
 by Num desc ").show(5)
+--------------+---+
|        UserID|Num|
+--------------+---+
| AV6QDP8Q0ONK4|128|
|A27H9DOUGY9FOS|120|
| AW3VZ5O895LRK|106|
|A1XT8AJB7S9JJG| 89|
|A16XRPF40679KG| 68|
+--------------+---+
only showing top 5 rows

scala> // 各菜品的评分次数统计，返回评分次数最多的前5名菜品

scala> hiveCtx.sql("select MealID,count(*) AS Num from mealData group by MealID order
 by Num desc ").show(5)
+----------+---+
|    MealID|Num|
+----------+---+
|B00I3MPDP4|467|
|B00DAHSVYC|460|
|B00I3MMN4I|432|
|B00APE00H4|398|
|B00CDBTQCW|371|
+----------+---+
only showing top 5 rows
```

图 12-8 按用户与菜品进行分组统计的程序及结果

统计出原始数据中的日期属性，包括最早评分日期与最晚评分日期，以及按日期的分布。按日期统计数据分布情况的操作命令如下：

```
// 统计最早评分日期与最晚评分日期
hiveCtx.sql("select MIN(From_Unixtime(ReviewTime)) AS StartDate,MAX(From_ Unixtime(ReviewTime)) AS EndDate from mealData").show()
// 按日期统计用户评分的分布情况
val mealDataWithDate = hiveCtx.sql("select *, (From_Unixtime(ReviewTime, 'yyyy-MM-dd')) AS ReviewDate from mealData")
mealDataWithDate.registerTempTable("mealDataWithDate")
hiveCtx.sql("select ReviewDate, count(*) AS Num from mealDataWithDate Group By ReviewDate order by ReviewDate").show(100)
```

统计结果如图 12-9 所示。最早与最晚评分日期都在给定的日期范围中，无异常发现。按日期分组的统计次数分布也比较平均，没有集中或断续的异常情况。

```
scala> // 统计最早评分日期与最晚评分日期

scala> hiveCtx.sql("select MIN(From_Unixtime(ReviewTime)) AS StartDate,MAX(From_Unixt
ime(ReviewTime)) AS EndDate from mealData").show()
+-------------------+-------------------+
|          StartDate|            EndDate|
+-------------------+-------------------+
|2017-05-01 02:13:20|2017-06-30 22:13:20|
+-------------------+-------------------+


scala> // 按日期统计用户评分的分布

scala> val mealDataWithDate = hiveCtx.sql("select *, (From_Unixtime(ReviewTime,'yyyy-
MM-dd')) AS ReviewDate from mealData")
mealDataWithDate: org.apache.spark.sql.DataFrame = [MealID: string, Rating: double, R
eview: string, ReviewTime: bigint, UserID: string, ReviewDate: string]

scala> mealDataWithDate.registerTempTable("mealDataWithDate")

scala> hiveCtx.sql("select ReviewDate, count(*) AS Num from mealDataWithDate Group By
 ReviewDate order by ReviewDate").show(100)
+----------+----+
|ReviewDate| Num|
+----------+----+
|2017-05-01| 465|
|2017-05-02| 520|
|2017-05-03| 451|
|2017-05-04| 422|
|2017-05-05| 477|
|2017-05-06| 554|
|2017-05-07| 557|
|2017-05-08| 701|
|2017-05-09| 647|
```

图 12-9 按日期统计数据分布情况的结果

在原始数据中，是否存在用户对某一菜品重复评分的记录？如果存在，那么重复记录的特征又是什么样的？接下来依次进行数据统计。

统计是否存在重复评分记录，并且输出重复记录总数，实现程序及统计结果如图 12-10 所示。

```
scala> // 统计用户重复评分的记录

scala> // 检查是否存在重复评分记录

scala> hiveCtx.sql("select UserID,MealID,count(*) AS Num from mealData Group by UserI
D,MealID Having Num > 1 Order by Num desc").count
res13: Long = 1259
```

图 12-10 统计用户重复评分记录的总数

经过统计发现，原始数据中存在 1259 组重复评分记录。为了查询这些重复记录的特性，首先将重复评分记录保存在临时表中，再进行排序与查询，具体实现如图 12-11 与图 12-12 所示。

```
scala> // 创建重复记录集的DataFrame

scala> val repeatedRatings = hiveCtx.sql("select UserID,MealID,count(*) AS Num from m
ealData Group by UserID,MealID Having Num > 1 Order by Num desc")
repeatedRatings: org.apache.spark.sql.DataFrame = [UserID: string, MealID: string, Nu
m: bigint]

scala> repeatedRatings.registerTempTable("repeatedRatings")
```

图 12-11　将重复评分记录保存到临时表中

```
scala> // 联表查询重复记录的特性

scala> val repeatedRatingsList = hiveCtx.sql("select a.* from mealData a join repeate
dRatings b where a.UserID=b.UserID and a.MealID=b.MealID order by a.UserID,a.MealID")

repeatedRatingsList: org.apache.spark.sql.DataFrame = [MealID: string, Rating: double
, Review: string, ReviewTime: bigint, UserID: string]

scala> repeatedRatingsList.select("UserID","MealID","Rating","ReviewTime").show(10)
+--------------------+----------+------+----------+
|              UserID|    MealID|Rating|ReviewTime|
+--------------------+----------+------+----------+
|      A1029QPGAKN80T|B00DQISQX6|   5.0|1497465600|
|      A1029QPGAKN80T|B00DQISQX6|   3.0|1496961600|
|A1041053SID37WN8GTT8|B004AUGJS8|   4.0|1493664000|
|A1041053SID37WN8GTT8|B004AUGJS8|   5.0|1495752000|
|      A108QN0VQPX1W2|B003NRWVMC|   4.0|1494009600|
|      A108QN0VQPX1W2|B003NRWVMC|   5.0|1498689600|
|      A108QN0VQPX1W2|B009AP2G26|   3.0|1497120000|
|      A108QN0VQPX1W2|B009AP2G26|   4.0|1496616000|
|      A10CJINP7KBR4W|B000MPGI68|   3.0|1495822400|
|      A10CJINP7KBR4W|B000MPGI68|   5.0|1496326400|
+--------------------+----------+------+----------+
```

图 12-12　查询重复评分数据的明细信息

通过对这些重复记录进行明细查询，发现重复的评分都是由同一用户在不同时间对同一菜品进行评分引起的，简单来说，就是某个用户对某个菜品做了多次评分。

经过对原始数据的探索与分析后，发现除用户对菜品有重复评分外，其他各项数据指标（如数据的上下限值、按日期的分布等）都是正常合理的。

2. 异常数据处理

异常数据处理是数据预处理的一个重要环节。在原始数据中，存在着同一用户对同一菜品的重复评分记录，这是由于同一用户对同一菜品多次评分所产生的。如图 12-13 所示，用户 A1041053SID37WN8GTT8 对菜品 B004AUGJS8 进行了两次评分，按评论时间戳来判断，第 1 次的评分为 4.0 分，第 2 次的评分为 5.0 分。

```
|A1041053SID37WN8GTT8|B004AUGJS8|   4.0|1493664000|
|A1041053SID37WN8GTT8|B004AUGJS8|   5.0|1495752000|
```

图 12-13　用户 A1041053SID37WN8GTT8 的重复评分

通常情况下，最新的评分被认定为该用户对菜品的最终评分。因此对于同一用户对菜品的评分，应保留最新的评分记录，其他的评分记录不计入。通过 Spark SQL 对原始数据集中的重复记录进行删除处理，只抽取出各用户对菜品的最新评分记录。删除重复评分记录的操作命令如下：

```
// 清洗数据，删除重复的评分记录
// 获得用户与菜品的最新评分日期的组合（UserID,MealID,LastestDate）
val latestRatingPair= hiveCtx.sql("select UserID, MealID,
MAX(ReviewTime) AS LastestDate
 from mealDatagroup by UserID, MealID")
latestRatingPair.registerTempTable("latestRatingPair")
// 联表查询获得各用户最新的评分记录
val lastestRatings = hiveCtx.sql("select a.UserID,a.MealID,a.Rating,a.
ReviewTime
from mealData a join latestRatingPair b
where  a.UserID=b.UserID and a.MealID=b.MealID and a.ReviewTime =
b.LastestDate")
// 去重后的记录数
lastestRatings.count
// 保存去重后的用户评分记录
import org.apache.spark.sql.SaveMode
val outputPath="/data/spark/MealRatings/cleanMealRatings"
lastestRatings.save(outputPath,"json",SaveMode.Overwrite)
```

经过数据去重后，用户对菜品的评分记录总数为 37125 条，如图 12-14 所示。

```
scala> // 去重后的记录数

scala> lastestRatings.count
res17: Long = 37125
```

图 12-14　去重后的评分记录总数

3. 数据变换处理

数据变换是将数据转换成“适当的”格式，以适应挖掘任务及算法的需要。本案例中主要采用的数据变换方式就是数据标准化。为了节省数据存储空间以及提高建模效率，可先将数据预处理后的数据进行编码。当然这里的数据编码不是指通信中的数据编码，而是指将数据从一种表现形式变为另一种表现形式。由于用户 ID 及菜品 ID 均使用字符串表示，占用存储空间较大，并且在计算分析的时候效率较低，所以可以考虑将其转换为数值类型。一般情况下，编码类型使用 Long 整数类型，本案例中由于原始数据中的用户与菜品的数量范围较小，使用 Integer 类型也可以满足要求，已知 Integer 类型的最大取值为 2147483647，所以将用户 ID 及菜品 ID 都转换为 Integer 类型的编码。

进行编码的思路大体上可分为以下 3 步：

（1）对用户数据与菜品数据进行去重，再进行排序；

（2）使用排序后的原始用户与菜品的下标值来代替该用户或菜品；

（3）使用编码后的值替换原始数据中的值。

使用 Spark shell 对原始数据进行上述编码处理，并将编码后的数据分别存储，操作命令如下：

```
// 数据变换：对原始数据进行编码处理
// 初始化 HiveContext
import org.apache.spark.sql.hive.HiveContext
val hiveCtx = new org.apache.spark.sql.hive.HiveContext(sc)
// 读取清洗后的数据，加载到 DataFrame 中
val inputPath = "/data/spark/MealRatings/cleanMealRatings"
val cleanMealData = hiveCtx.jsonFile(inputPath)
// 选取属性（UserID,MealID,Rating,ReviewTime），生成用户评分数据集
val MealRatings = cleanMealData.select("UserID","MealID","Rating","Rev
iewTime")
val RatingRDD = MealRatings.map(row => (row.getString(0),row.
getString(1),
row.getDouble(2),row.getLong(3)))
// 构造用户、菜品的编码集
valuserZipCode = RatingRDD.map(_._1).distinct.sortBy(x=>x).
zipWithIndex.map(data=>(data._1,data._2.toInt))
valmealZipCode = RatingRDD.map(_._2).distinct.sortBy(x=>x).
zipWithIndex.map(data=>(data._1,data._2.toInt))
 val userZipCodeMap =  userZipCode.collect.toMap
 val mealZipCodeMap = mealZipCode.collect.toMap
// 以用户菜品编码，重新构造评分数据集
val RatingCodeList = RatingRDD.map(x=>(userZipCodeMap(x._1),
mealZipCodeMap(x._2),x._3,x._4)).sortBy(x=>x._4)
RatingCodeList.take(5)
// 存储用户、菜品的编码集和评分数据集
userZipCode.repartition(1).saveAsTextFile("/data/spark/MealRatings/
userZipCode")
mealZipCode.repartition(1).saveAsTextFile("/data/spark/MealRatings/
mealZipCode")
RatingCodeList.repartition(1).saveAsTextFile("/data/spark/MealRatings/
RatingCodeList")
```

编码后的用户评分数据格式为（用户编码，菜品编码，评分，评论时间戳），如图 12-15 所示。

```
(236, 89, 5.0, 1493576000)
(4882, 42, 2.0, 1493576000)
(1753, 74, 4.0, 1493576000)
(2764, 152, 3.0, 1493576000)
(4866, 162, 5.0, 1493576000)
(867, 195, 5.0, 1493576000)
(2983, 588, 4.0, 1493592000)
(2498, 701, 4.0, 1493592000)
(815, 940, 4.0, 1493592000)
```

图 12-15　编码后的用户评分数据格式

4. 数据集分割

通常把原始数据分为训练集、验证集和测试集 3 部分。训练集用于训练模型，验证集用于评估模型以找到最优模型，测试集对最优模型进行评测。训练集的占比通常为整个数据集的 80%～90%。在本案例中，考虑用户对菜品的评分可能受到时间先后顺序的影响，因此数据集的分割也按照时序规则来处理。最后确定训练集、验证集和测试集的对应占比为 80%、10%、10%。对数据集进行分割的操作命令如下：

```
// 数据集分割（训练集，验证集，测试集）
// 加载数据，按时间戳排序并进行编码
val inputPath = "/data/spark/MealRatings/RatingCodeList"
val RatingCodeList = sc.textFile(inputPath,6).map{x => val fields=x.slice (1,x.size-1).split(","); (fields(0).toInt,fields(1).toInt,fields(2).toDouble,fields(3).toLong)}.sortBy(_._4)
val zipRatingCodeList = RatingCodeList.zipWithIndex.mapValues(x=>(x+1))
// 定义数据分割点
 val totalNum = RatingCodeList.count()
 val splitPoint1 = totalNum * 0.8 toInt
 val splitPoint2 = totalNum * 0.9 toInt
// 生成训练集数据
val train = zipRatingCodeList.filter(x=>(x._2<splitPoint1)).map(x=>(x._1._1, x._1._2,x._1._3))
// 生成验证集数据
val validate = zipRatingCodeList.filter(x=>(x._2>=splitPoint1 && x._2<splitPoint2) ).map(x=>(x._1._1,x._1._2,x._1._3))
// 生成测试集数据
val test = zipRatingCodeList.filter(x=>(x._2>= splitPoint2)).map(x=>(x._1._1, x._1._2,x._1._3))
// 训练集数据总数
train.count
// 验证集数据总数
validate.count
// 测试集数据总数
test.count
// 存储训练集、验证集、测试集数据
train.repartition(6).saveAsTextFile("/data/spark/MealRatings/trainRatings")
validate.repartition(6).saveAsTextFile("/data/spark/MealRatings/validateRatings")
test.repartition(6).saveAsTextFile("/data/spark/MealRatings/testRatings")
```

输出分割后的各个数据集的数据总数，如图 12-16 所示。

```
scala> // 训练集数据总数

scala> train.count
res10: Long = 29699

scala> // 验证集数据总数

scala> validate.count
res11: Long = 3712

scala> // 测试集数据总数

scala> test.count
res12: Long = 3714
```

图 12-16　分割后的数据集的数据总数

同步训练

一、简答题

1. 简答协同过滤算法的概念。

2. 简答设计一个智能推荐系统的主要流程。

二、操作题

1. 编写 MapReduce 程序，查找每栋楼的采集器，将每 10 秒采集到的最大瞬间电流写入 HBase 中。

2. 使用 Spark shell 将案例的 JSON 数据分割为训练集和测试集，对应占比为 80% 和 20%。

参考文献

[1] 李俊杰，石慧，谢志明，等．云计算和大数据技术实战 [M]．北京：人民邮电出版社，2015.

[2] 刘遄．Linux 就该这么学 [M]．北京：人民邮电出版社，2017.

[3] 程宁，吴丽萍，王兴宇．Linux 服务器搭建与管理 [M]．北京：上海交通大学出版社，2018.

[4] 王鹏，周岩．面向高性能应用的 MPI 大数据处理 [J]. 计算机应用，2018, 38（12）: 3496-3499.

[5] 李俊杰，谢志明．大数据技术与应用基础项目教程 [M]．北京：人民邮电出版社，2017.

[6] 肖政宏，李俊杰，谢志明．大数据技术与应用 [M]．北京：清华大学出版社，2020.

[7] 张良均，樊哲，位文超，等．Hadoop 与大数据挖掘 [M]．北京：机械工业出版社，2017.

[8] 余明辉，张良均．Hadoop 大数据开发基础 [M]．北京：人民邮电出版社，2021.

[9] 姚晓峰，章伟，曾庆玲．HBase 分布式数据库技术与应用 [M]．北京：中国铁道出版社，2021.

[10] 林子雨．大数据基础编程、实验和案例教程 [M]．北京：清华大学出版社，2020.

[11] 林子雨．大数据技术原理与应用 [M]．北京：清华大学出版社，2021.

[12] 孙宇熙．云计算与大数据 [M]．北京：人民邮电出版社，2017.

[13] 徐小龙．云计算与大数据 [M]．北京：电子工业出版社，2021.

[14] 王鹏，李俊杰，谢志明，等．云计算和大数据技术：概念应用与实战（第 2 版）[M]. 北京：人民邮电出版社，2016.

[15] 吴章勇，杨强．大数据 Hadoop 3.X 分布式处理实战 [M]. 北京：人民邮电出版社，2020.

[16] 杨丹，张晶，赵骥，等．“分布式计算与开发模式”综合设计性实验案例 [J]．实验技术与管理，2019, 36（10）: 197-200.

[17] 颜烨，张学文，王立婧．基于迭代 MapReduce 的混合云大数据分析 [J]．计算机工程与设计，2021, 42（04）: 1028-1035.

[18] 金国栋，卞昊穹，陈跃国，等．HDFS 存储和优化技术研究综述 [J]．软件学报，2020, 31（01）: 137-161.